AF349409

# COURS

## DE

# MÉCANIQUE

## DE

## L'ÉCOLE POLYTECHNIQUE,

### Par Ch. STURM,

Membre de l'Institut.

REVU ET CORRIGÉ

### Par E. PROUHET,

Répétiteur d'Analyse à l'École Polytechnique.

5ᵉ ÉDITION, SUIVIE DE

### NOTES ET ÉNONCÉS DE PROBLÈMES,

Par M. DE SAINT-GERMAIN,

Professeur à la Faculté des Sciences de Caen.

*TOME SECOND.*

# PARIS,

## GAUTHIER-VILLARS, IMPRIMEUR-LIBRAIRE

DE L'ÉCOLE POLYTECHNIQUE, DU BUREAU DES LONGITUDES

SUCCESSEUR DE MALLET-BACHELIER,

Quai des Augustins, 55.

## 1883

(Mademoiselle Anna Sturm, propriétaire des Œuvres posthumes de son frère et M. Gauthier-Villars, éditeur, se réservent le droit de traduction.)

# COURS

## DE

# MÉCANIQUE

## DE

# L'ÉCOLE POLYTECHNIQUE.

Mademoiselle Anna Sturm, propriétaire des OEuvres posthumes de son frère, et M. Gauthier-Villars, éditeur, se réservent le droit de traduire ou de faire traduire cet Ouvrage en toutes langues. Ils poursuivront, en vertu des Lois, Décrets et Traités internationaux, toutes contrefaçons, soit du texte, soit des gravures, ou toutes traductions faites au mépris de leurs droits.

Le dépôt légal de cet Ouvrage a été fait à Paris et toutes les formalités prescrites par les Traités sont remplies dans les divers États avec lesquels la France a conclu des conventions littéraires.

Tout exemplaire du présent Ouvrage qui ne porterait pas, comme ci-dessous, la griffe de l'Éditeur, sera réputé contrefait. Les mesures nécessaires seront prises pour atteindre, conformément à la loi, les fabricants et les débitants de ces exemplaires.

8340   PARIS. — IMPRIMERIE DE GAUTHIER-VILLARS,
Quai des Grands-Augustins, 55.

# TABLE DES MATIÈRES.

## STATIQUE.

### DEUXIÈME PARTIE.

# DYNAMIQUE.

### DEUXIÈME PARTIE.

## QUARANTE ET UNIÈME LEÇON.



## QUARANTE-DEUXIÈME LEÇON.



## QUARANTE-TROISIÈME LEÇON.



## QUARANTE-QUATRIÈME LEÇON.



## QUARANTE-CINQUIÈME LEÇON.



## QUARANTE-SIXIÈME LEÇON.

## QUARANTE-SEPTIÈME LEÇON.



## QUARANTE-HUITIÈME LEÇON.



## QUARANTE-NEUVIÈME LEÇON.



## CINQUANTIÈME LEÇON.



## CINQUANTE ET UNIÈME LEÇON.



## CINQUANTE-DEUXIÈME LEÇON.

# HYDROSTATIQUE.



# HYDRODYNAMIQUE.

# NOTES.



FIN DE LA TABLE DES MATIÈRES DU TOME SECOND.

# COURS

## DE

# MÉCANIQUE.

---

## STATIQUE.

### DEUXIÈME PARTIE.

---

## VINGT-SEPTIÈME LEÇON.

### TRANSFORMATION ET COMPOSITION DES COUPLES.

Translation d'un couple dans un plan parallèle au sien. — Équivalence des couples qui ont le même moment. — Composition des couples situés dans le même plan ou dans des plans parallèles. — Composition des couples situés dans des plans quelconques. — Autre manière de présenter la composition des couples.

---

### TRANSLATION D'UN COUPLE DANS UN PLAN PARALLÈLE AU SIEN.

339. On appelle *couple* l'ensemble de deux forces égales, parallèles et de sens contraires, agissant aux extrémités d'une droite. On sait qu'un couple ne peut pas être tenu en équilibre par une simple force (33).

Le *bras de levier* d'un couple est la perpendiculaire commune menée entre les directions des forces. On nomme *moment* d'un couple le produit de l'une de ses forces par le bras de levier.

**340.** *Un couple peut être transporté parallèlement à lui-même dans son plan ou dans tout plan parallèle et tourné comme on voudra dans ce plan sans que son action sur le corps auquel il est appliqué soit changée, pourvu qu'on suppose le nouveau bras de levier invariablement fixé au premier.*

En effet, soient $(P, -P)$ le couple proposé et AB son bras de levier. Soit CD une droite égale et parallèle à AB. Appliquons perpendiculairement à CD, aux points C et D, les forces $P''$, $-P'$, $P'$, $-P''$, égales et parallèles à P. L'état du système ne sera pas changé par l'introduction de ces nouvelles forces. Or les forces P et $P'$ se composent en une seule $2P$, parallèle à leur direction et appliquée au point O, milieu de la diagonale AD. Les forces $-P$, $-P'$ ont de même pour résultante une force $-2P$ appliquée au point O et qui détruit la force $2P$. Il ne reste donc que les deux forces $P''$, $-P''$, c'est-à-dire le couple $(P, -P)$ transporté parallèlement à lui-même.

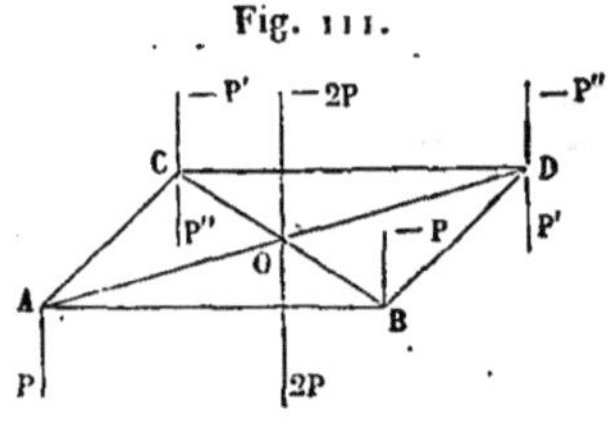

Fig. 111.



**341.** Soit ensuite un couple $(P, -P)$ dont AB est le bras de levier, et soit CD une droite égale à AB, située dans le plan des forces. Supposons que les deux droites AB et CD se coupent au point O en deux parties égales.

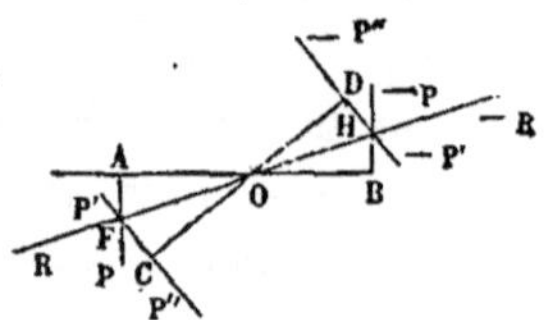

Fig. 112.



Appliquons aux deux points C et D, perpendiculairement à CD, quatre forces égales à P et parallèles, savoir: $P'$, $P''$, $-P'$, $-P''$. Les deux forces P et $P'$ se composent en une seule R dirigée suivant le prolongement de la bissectrice de l'angle AFC, c'est-à-dire suivant OF, car les deux triangles rectangles OFA et OFC ont même hypoténuse et deux côtés égaux OA, OC. De même les deux forces — P et — P' ont une résultante — R égale et directement opposée à R. Les deux forces R, — R, se détruisant, il reste le couple (P'', — P'') qui n'est autre chose que le couple (P, — P) que l'on aurait fait tourner dans son plan et d'un angle quelconque autour du milieu de son bras de levier.

De ces deux propositions réunies on conclut le théorème énoncé (340).

ÉQUIVALENCE DES COUPLES QUI ONT LE MÊME MOMENT.

342. *Un couple peut être remplacé par un autre couple, de bras de levier différent, pourvu que leurs moments soient égaux.*

En effet, soit le couple (P, — P) dont le bras de levier est AB. Appliquons sur BC, comme bras de levier, deux couples (Q, — Q), (Q', — Q'), égaux et contraires, ce qui ne change pas l'état du système. Les forces — P et — Q', appliquées au même point, ont une résultante — (P + Q').

Fig. 113.

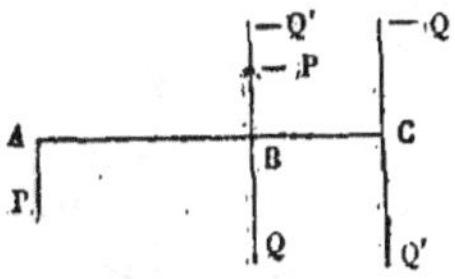

Les deux forces P et Q', parallèles et de même sens, ont une résultante P + Q', qui passera par le point B, si l'on a

$$(1) \qquad \frac{P}{Q'} = \frac{BC}{AB},$$

et qui détruira la force — (P + Q') appliquée au même point. Il ne restera donc que le couple (Q, — Q) appliqué au bras de levier BC et de même moment que le couple proposé, car l'égalité (1) donne

$$(2) \qquad P \times AB = Q \times BC.$$

343. Il n'y a donc à considérer dans un couple que la position de son plan, son moment et le sens suivant lequel

il tend à faire tourner son plan. Pour connaître le sens
d'un couple, il faut supposer fixe le milieu du bras de
levier et examiner dans quel sens chaque force tend à faire
tourner ce bras de levier dans son plan. Il ne faut pas
confondre cette rotation fictive avec celle du corps auquel
le couple est supposé appliqué, car en général le corps
ne tournerait pas autour d'une droite perpendiculaire au
plan du couple, menée par le milieu du bras de levier.

### COMPOSITION DES COUPLES SITUÉS DANS UN MÊME PLAN OU DANS DES PLANS PARALLÈLES.

**344.** *Deux couples situés dans un même plan ou dans
des plans parallèles se composent en un seul, situé dans
un plan parallèle à celui des couples proposés, et dont
le moment est égal à la somme ou à la différence des
moments des couples composants, suivant qu'ils tendent
à faire tourner leur plan dans le même sens ou en sens
contraires.*

Soient, en effet, $(P, -P)$ et $(Q, -Q)$ ces deux couples, et $p$, $q$ leurs bras de levier. Nous pouvons les remplacer par deux autres couples $(P', -P')$, $(Q', -Q')$,
appliqués sur un même bras de levier $d$ et situés dans un
plan parallèle aux plans des couples composants, pourvu
que l'on ait

$$P'd = Pp, \quad Q'd = Qq.$$

Ces deux couples, ayant même bras de levier, se composent
évidemment en un seul $[P' + Q', -(P' + Q')]$ s'ils sont
de même sens et $[P' - Q', -(P' - Q')]$ s'ils sont de
sens contraires. Dans le premier cas, le moment du couple
résultant sera

$$(P' + Q')d = P'd + Q'd = Pp + Qq,$$

et, dans le second cas,

$$(P' - Q')d = P'd - Q'd = Pp - Qq,$$

ce qui démontre le théorème énoncé.

**345**. On conclut de là que *des couples en nombre quelconque, situés dans un même plan ou dans des plans parallèles, se composent en un seul situé dans un plan parallèle à ceux des couples proposés, et dont le moment est égal à la somme algébrique des moments de ces derniers*, en regardant comme *positifs* les moments des couples qui tendent à faire tourner leur plan dans un certain sens, et comme *négatifs* les moments des couples qui tendent à faire tourner leur plan dans le sens opposé.

**346**. D'où résulte qu'un couple peut être décomposé d'une infinité de manières en autant de couples que l'on voudra, situés dans des plans parallèles ; car on peut prendre à volonté les moments de tous ces couples, à l'exception d'un seul.

COMPOSITION DES COUPLES SITUÉS DANS DES PLANS

QUELCONQUES.

**347**. Considérons maintenant deux couples situés dans deux plans IAH, KAH, qui font un angle quelconque.

On peut d'abord remplacer ces deux couples respectivement par deux autres équivalents, $(P, -P)$, $(Q, -Q)$,

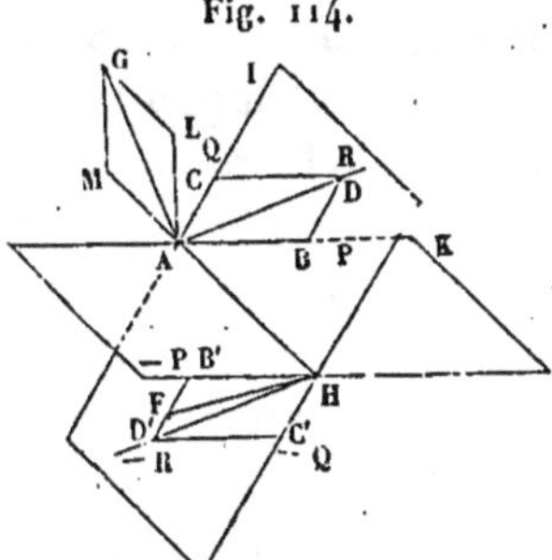

Fig. 114.

ayant un même bras de levier AH, pris sur l'intersection des deux plans. Les forces P et Q, représentées par les droites AB et AC, se composent en une seule R représentée par AD, diagonale du parallélogramme ABCD. De même les forces — P et — Q donnent une résultante évidemment égale et parallèle à la première, mais de sens contraire. Donc les deux couples $(P, -P)$, $(Q, -Q)$ se composent en un seul $(R, -R)$.

Les moments des trois couples sont

$$P \times AH, \quad Q \times AH, \quad R \times AH.$$

Ils sont donc entre eux comme les forces P, Q, R et peuvent être représentés par les droites AB, AC, AD. De là le théorème suivant :

*Si l'on mène dans les plans des deux couples donnés deux droites AB, AC, perpendiculaires à l'intersection de ces plans et proportionnelles aux moments de ces couples, la diagonale AD du parallélogramme ABCD, construit sur ces deux droites, représentera en grandeur le moment du couple résultant, dont le plan passera par cette diagonale et par l'intersection AH.*

### AUTRE MANIÈRE DE PRÉSENTER LA COMPOSITION DES COUPLES.

**348.** On peut présenter sous une autre forme les théorèmes relatifs à la composition des couples. Soit (P, — P)

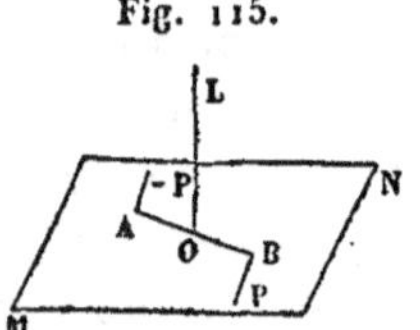

Fig. 115.

un couple quelconque dont le bras de levier AB est $p$. Par un point O pris à volonté sur le bras de levier soit menée une droite OL, perpendiculaire au plan du couple, et dont la grandeur représente le moment $Pp$ du couple. Supposons cette droite dirigée d'un côté de ce plan tel, qu'un observateur placé sur cette perpendiculaire, les pieds sur le plan et l'œil au point L, verrait tourner ce plan dans un sens convenu, par exemple de sa gauche vers sa droite. La direction et la longueur de OL déterminent complétement le sens et la grandeur du couple (P, — P). Nous appellerons cette droite le *moment linéaire* du couple.

**349.** La considération du moment linéaire rend les énoncés relatifs à la composition des couples entièrement semblables à ceux qui se rapportent à la composition des forces.

D'abord on voit aisément que *le moment linéaire du couple résultant de plusieurs couples situés dans des plans parallèles est égal à la somme algébrique des moments linéaires des couples composants.*

350. Considérons maintenant deux couples dont les plans forment un angle (*fig.* 114, p. 5). Menons dans le plan ABDC, perpendiculaire à AH, la droite AL perpendiculaire et égale à AB. Si la droite AL est dirigée dans un sens tel, qu'un observateur placé sur AL voie le couple (P, — P) entraîner son plan de la gauche vers la droite, cette ligne sera le moment linéaire du couple (P, — P). Menons ensuite dans le plan ABDC les deux droites AG = AD et AM = AC faisant avec AL des angles respectivement égaux aux angles BAD et BAC : AG sera à la fois perpendiculaire aux lignes AC, AH et par suite au plan DAH du couple (R, — R) : par la même raison AM sera perpendiculaire au plan CAH du couple (Q, — Q). En outre, si l'on imagine que ces plans DAH, CAH tournent autour de AH jusqu'à ce qu'ils soient rabattus sur le plan BAH, les perpendiculaires à ces trois plans coïncideront et seront dirigées dans le même sens. Ces trois perpendiculaires sont donc les moments linéaires des trois couples. Or la figure ALGM est un parallélogramme égal au parallélogramme ABCD. Car en plaçant AL sur AB, AG tombera sur AD et AM sur AC. Donc *deux couples situés dans des plans différents se composent en un seul dont le moment linéaire est la diagonale du parallélogramme qui a pour côtés les moments linéaires des deux couples composants.*

351. Ainsi les couples se composent comme des forces qui seraient représentées en grandeur et en direction par leurs moments linéaires, et qui passeraient par un même point, puisqu'on peut transporter les plans des couples

parallèlement à eux-mêmes, de manière que leurs plans
passent par un même point. Par conséquent, le moment
linéaire de la résultante d'un nombre quelconque de
couples sera représenté par le dernier côté d'un polygone
dont les autres côtés seraient égaux et parallèles aux
moments linéaires des couples composants; trois couples
se composeront en un seul dont le moment linéaire sera
la diagonale du parallélipipède construit sur les moments
linéaires des couples composants, etc. Ces théorèmes
conduiront à l'expression analytique de la résultante d'un
nombre quelconque de couples dont les moments linéaires
seraient rapportés à trois axes rectangulaires quelconques.

# VINGT-HUITIÈME LEÇON.

## COMPOSITION ET ÉQUILIBRE DES FORCES APPLIQUÉES A UN SYSTÈME INVARIABLE.

Réduction des forces appliquées à un système invariable. — Équilibre d'un système de forces parallèles situées dans un même plan. — Composition et équilibre d'un système de forces situées dans un même plan. — Équations générales de l'équilibre.

---

### RÉDUCTION DES FORCES APPLIQUÉES A UN SYSTÈME INVARIABLE.

352. Considérons un corps solide invariable, auquel

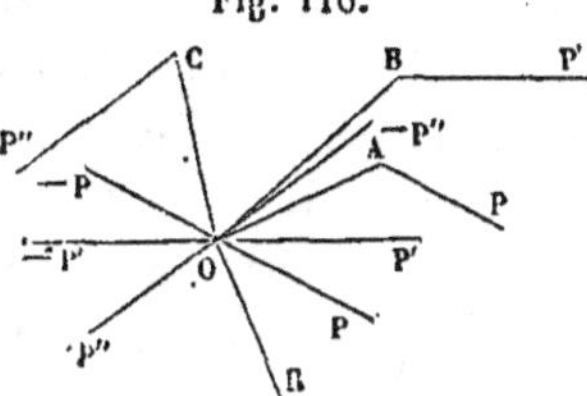

Fig. 116.

sont appliquées en différents points A, B, C, . . . ., les forces P, P′, P″, . . . . Appliquons au point O, pris à volonté dans le corps ou lié invariablement avec lui, des forces égales et contraires deux à deux et égales respectivement à P, P′, P″, . . . . L'introduction de ces nouvelles forces ne change pas l'état du système, mais elle permet de réduire l'ensemble des forces à une force unique et à un couple. En effet, on peut d'abord composer toutes les forces P, P′, P″, . . . ., appliquées au point O, en une seule R et ensuite réduire à un seul couple tous les couples (P, — P), (P′, — P′), (P″, — P″), etc. Par conséquent, *toutes les forces appliquées à un corps solide peuvent se réduire à une force unique* R,

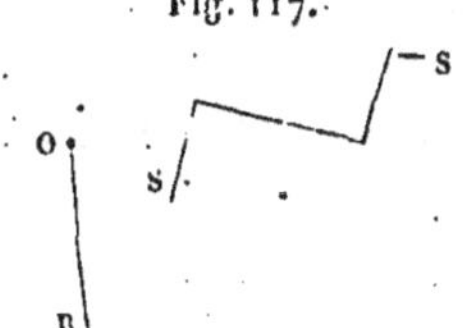

Fig. 117.

*résultante des forces* P, P′, P″, . . . ., *transportées pa-*

*rallèlement à elles-mêmes en un point arbitraire* O *et à un couple unique* (S, — S).

On doit remarquer que la grandeur, la direction et le sens de la résultante R ne changent pas avec le point O : mais le moment et la position du couple résultant changent avec ce point.

353. Comme une force ne peut pas faire équilibre à un couple, il faut, pour qu'il y ait équilibre, que la force R et le couple (S, — S) soient nuls séparément ; en d'autres termes, *quand un système de forces est en équilibre, les forces transportées parallèlement à elles-mêmes en un point quelconque se font équilibre autour de ce point, et les couples résultant de la translation de ces forces doivent aussi se faire équilibre.* Ces conditions sont d'ailleurs suffisantes.

354. Si le système admet une résultante unique, une force R′ égale et contraire à cette résultante devra faire équilibre à la force R et au couple (S, — S). Appliquons donc au point O deux forces R′, — R′. Il doit y avoir équilibre entre les deux

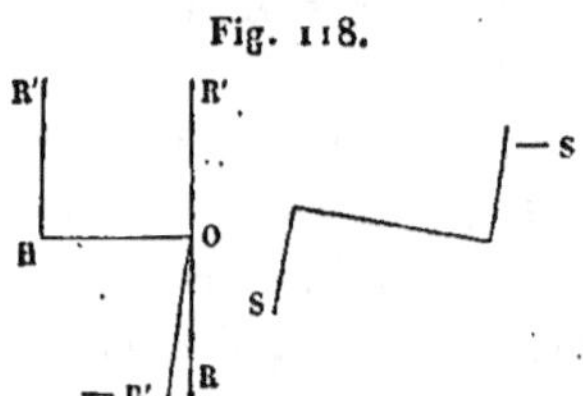

Fig. 118.

couples (R′, — R′), (S, — S) et les deux forces R et R′. Or ces deux dernières, devant nécessairement se détruire, doivent être égales et directement opposées. Donc, en supprimant les forces R′ et — R′ qu'on avait appliquées au point O, on voit que la force R appliquée en O et la force R′ appliquée en H forment un couple qui fait équilibre au couple (S, — S). Donc les plans de ces deux couples sont parallèles, et par conséquent la force R est parallèle au plan du couple résultant.

Cette condition est d'ailleurs suffisante, car, si elle est remplie, on pourra toujours, dans un plan parallèle au plan du couple (S, — S), placer une force (R′ = R), de telle sorte que le couple $(R, -R)$ détruise le couple $(S, -S)$. Alors la force $R'$ faisant équilibre à la force $R$ et au couple $(S, -S)$, une force égale et directement opposée à $R'$ sera la résultante du système.

355. Nous avons vu qu'un nombre quelconque de forces appliquées à un système invariable dans l'espace se réduisait à une force $R$ et à un couple $(S, -S)$ qui ne sont pas en général situés dans des plans parallèles. En transportant le couple $(S, -S)$ parallèlement à lui-même jusqu'à ce que l'une des forces, $-S$, passe par un point O de la force $R$, les forces $-S$ et $R$ se composent en une seule $T$, non située dans le plan du couple $(S, -S)$, si la force $R$ elle-même n'y est pas contenue. Ainsi, *un nombre quelconque de forces appliquées à un système invariable peuvent se réduire à deux forces S et T qui sont, en général, dans des plans différents, et dont l'une passe par un point O, entièrement arbitraire.* Cette réduction peut s'opérer d'une infinité de manières, même sans déplacer le point O, soit en faisant tourner le couple autour du point O, soit en changeant ce couple en un autre de même moment.

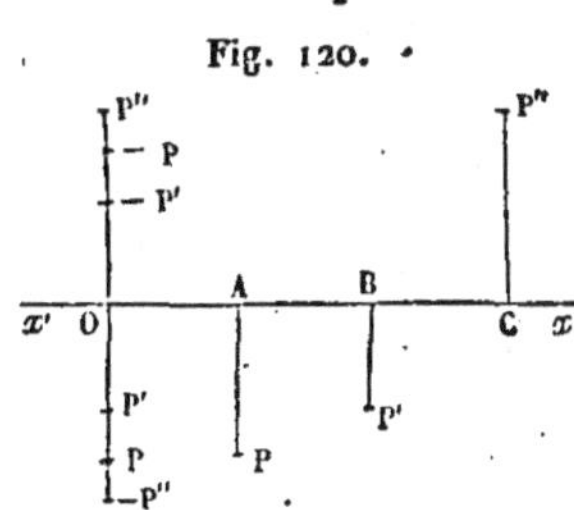

Fig. 119.

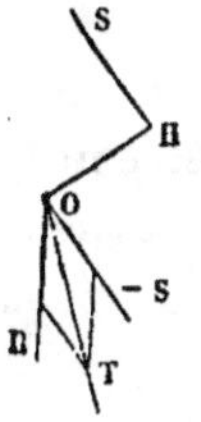

ÉQUILIBRE D'UN SYSTÈME DE FORCES PARALLÈLES SITUÉES DANS UN MÊME PLAN.

356. Par un point O du plan des forces $P, P', P'', \ldots,$ menons une droite $x'Ox$ perpendiculaire à la direction commune de ces forces. Appliquons au point O des forces égales et directement opposées, d'ailleurs égales et parallèles respectivement à $P, P', P'', \ldots$. On n'aura plus qu'à considérer les forces $P, P', P'', \ldots,$ appliquées

Fig. 120.

au point O, et les couples $(P, -P)$, $(P', -P')$, . . . . La résultante des forces appliquées en O devant être nulle, on aura

$$(1) \qquad P + P' + P'' + \ldots = 0,$$

en considérant comme positives les forces qui tirent dans un sens, et comme négatives celles qui tirent dans le sens opposé.

357. Ensuite le moment du couple résultant de tous les couples $(P, -P)$ $(P', -P')$, . . . devant être nul, on aura, en nommant $x$, $x'$, $x''$, . . . les bras de leviers des couples composants,

$$(2) \qquad Px + P'x' + P''x'' \ldots = 0.$$

Cette égalité aura lieu en regardant les forces $P$, $P'$, $P''$, . . . comme positives ou négatives, suivant leur sens, et les bras de levier comme positifs ou négatifs, suivant qu'ils seront situés d'un côté ou de l'autre du point O. En discutant les quatre cas qui peuvent se présenter relativement au sens de chaque force et à la position de son point d'application, on verra que chacun des produits $Px$, $P'x'$, . . . prend de lui-même le signe qui convient au moment qu'il représente.

358. Si les forces données ne se font pas équilibre, elles se réduiront à une force R et à un couple $(S, -S)$, lesquels auront une résultante unique ; car R et $(S, -S)$ sont dans un même plan. En effet, en introduisant une force $-R$, égale et parallèle à R, appliquée à un point dont $x_1$ sera l'abscisse, il y aura équilibre, si l'on pose

$$R x_1 = Px + P'x' + \ldots$$

Puisque d'ailleurs

$$R = P + P' + P'' + \ldots,$$

on aura donc

$$x_1 = \frac{Px + P'x' + P''x'' + \ldots}{P + P' + P'' \ldots}.$$

Ces formules déterminent la grandeur et la position de la résultante du système, laquelle est égale et directement opposée à la force — R qui lui fait équilibre.

359. Si la force R était nulle, le système se réduirait au couple (S, —: S), qui ne pourrait pas être tenu en équilibre par une simple force. Dans ce cas seulement il n'y aurait pas de résultante unique.

COMPOSITION ET ÉQUILIBRE D'UN SYSTÈME DE FORCES<br>SITUÉES DANS UN MÊME PLAN.

360. Soient P, P′, P″, ..., les forces données; d'un

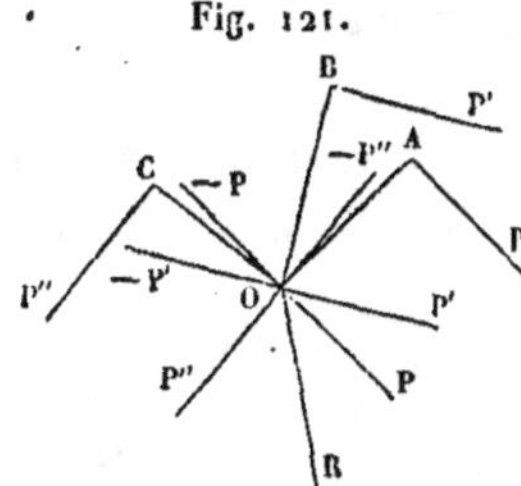


point quelconque O, pris dans leur plan, abaissons sur leurs directions les perpendiculaires OA, OB, OC, ..., et regardons A, B, C, ... comme les points d'application des forces correspondantes. Transportons toutes ces forces parallèlement à elles-mêmes au point O. Elles auront une certaine résultante R, et les couples provenant de cette translation se composeront en un seul dont le moment G sera donné par la formule

$$G = Pp + P'p' + \ldots,$$

$p, p', \ldots$ désignant les bras de levier OA, OB, ...; on convient en outre de prendre positivement les moments des couples qui tendent à faire tourner leur plan dans un certain sens et négativement ceux des couples qui agissent dans le sens contraire.

361. Dans le cas de l'équilibre, G doit être nul. On aura donc

$$(1) \qquad Pp + P'p' + P''p'' + \ldots = 0.$$

Ensuite la résultante R devant être nulle, si X, Y,

$X'$, $Y'$,... désignent les composantes des forces suivant deux axes pris dans le plan, on aura

$$(2) \qquad X + X' + X'' + \ . \ = 0,$$

$$(3) \qquad Y + Y' + Y'' + \ldots = 0.$$

On appelle *moment d'une force par rapport à un point* le produit de cette force par sa distance au point en question.

On convient de regarder le moment d'une force comme positif ou négatif, suivant que cette force tend à faire tourner la perpendiculaire abaissée du point fixe sur sa direction dans le sens direct ou dans le sens rétrograde. En adoptant cette définition, on voit que :

1° *La somme des moments des forces par rapport à un point quelconque de leur plan doit être nulle ; 2° les sommes des composantes suivant deux axes quelconques doivent être nulles séparément.*

**362.** On peut écrire l'équation $(1)$ sous une autre forme, d'après laquelle les moments prennent d'eux-mêmes les signes qui leur conviennent.

Soit P l'une quelconque des forces données. Avant de

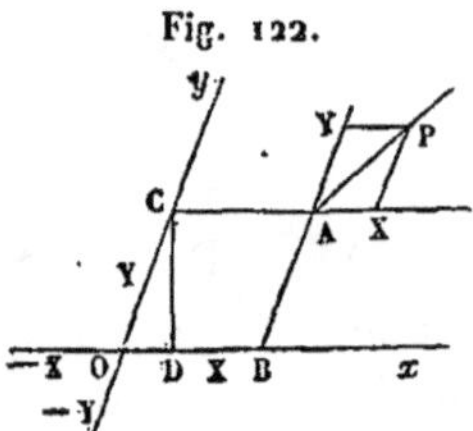

Fig. 122.

la transporter au point O, décomposons-la en deux forces X et Y, parallèles aux axes. La translation des forces X et Y au point O donnera naissance à deux couples $(X, - X)$, $(Y, - Y)$, et en appelant $\theta$ l'angle des axes, et $x, y$ les coordonnées du point A, les moments de ces deux couples sont $Xy \sin\theta$, $Yx \sin\theta$. Pour un observateur placé sur la perpendiculaire menée par le point O au plan $xOy$, le couple $(X, - X)$ tendrait à faire tourner son plan de gauche à droite, et le couple $(Y, - Y)$ de droite à gauche, en supposant les forces dirigées suivant les parties positives des axes. Il faut donc désigner leurs moments par $Xy \sin\theta$ et par $-Yx \sin\theta$. On reconnaîtra ensuite aisément que si une force ou l'une des coordonnées change de signe, le couple changera de sens, et par conséquent son moment prendra de lui-même le signe convenable. En opérant de même sur $p'$, $p''$, ..., l'équation (1), après la suppression du facteur commun, prendra la forme

$$(4) \quad Xy - Yx + X'y' - Y'x' + X''y'' - Y''x'' + \ldots = 0.$$

363. Si les forces données ne se font pas équilibre, elles se réduiront à une force R et à un couple $(S, -S)$ qui auront une résultante unique, si R n'est pas nul, puisque cette force et ce couple sont dans le même plan.

Une force $R' = -R$ égale et contraire à la force cherchée devant former avec R un couple qui détruise $(S, -S)$, en appelant $r$ le bras de levier du couple $(R, -R)$, on aura

$$R r = Pp + P'p' + \ldots,$$

d'où l'on déduira $r$. La force R sera donc connue en grandeur et en direction.

Pour obtenir la direction suivant laquelle agit la résultante unique $-R'$, soient $x_1$, $y_1$ les coordonnées d'un point quelconque de cette droite, et $X_1$, $Y_1$ les composantes de la force R parallèles aux axes. Il y aura équilibre dans le système après l'introduction de la force $-R$ ou, ce qui revient au même, des forces $-X_1$, $-Y_1$. On doit donc avoir

$$-X_1 y_1 + Y x_1 + Xy - Yx + X'y' - \ldots = 0,$$

ou en posant

$$G = Xy - Yx + X'y' - Y'x' + \ldots,$$

on aura

$$(5) \quad -X_1 y_1 + Y x_1 + G = 0,$$

équation de la droite cherchée.

ÉQUATIONS GÉNÉRALES DE L'ÉQUILIBRE.

**364.** Considérons maintenant un système quelconque de forces P, P′, P″,... appliquées à des points A, A′, A″.... liés entre eux d'une manière invariable. Décomposons la force P en trois autres X, Y, Z parallèles à trois axes rectangulaires $Ox$, $Oy$, $Oz$. Soient $x = AB$, $y = OC$, $z = OD$, les coordonnées du point A.

Fig. 123.

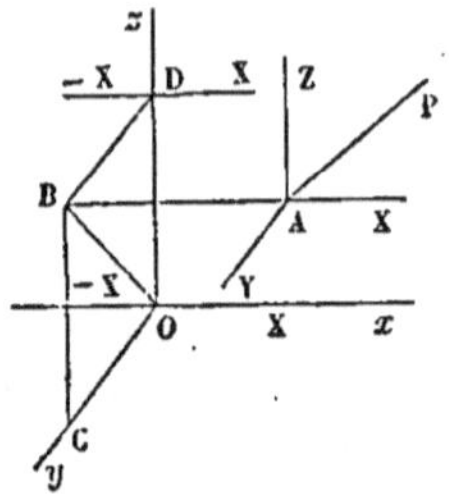

Appliquons aux points D et O des forces égales et parallèles à X, mais deux à deux de sens contraires. Il en résulte une force X appliquée en O et deux couples $(X, -X)$ appliqués sur BD et OD; le premier couple peut être transporté parallèlement à lui-même dans le plan $xOy$. Il reste une force X appliquée au point O et un couple $(X, -X)$, ayant OD pour bras de levier et situé dans le plan $zOx$. En opérant de la même manière sur les composantes Y, Z, X′, Y′, Z′,..., on ramènera le système proposé à plusieurs forces dirigées suivant les axes et à un certain nombre de couples situés dans les plans coordonnés. En appelant $X$, $Y$, $Z$, les résultantes des forces dirigées suivant les axes et L, M, N les moments résultants obtenus en composant les couples situés dans chacun des plans coordonnés, on aura

$$X = X + X' + X'' + \cdots,$$
$$Y = Y + Y' + Y'' + \cdots,$$
$$Z = Z + Z' + Z'' + \cdots;$$

$$L = Zy - Yz + Z'y' - Y'z' + \cdots,$$
$$M = Xz - Zx + X'z' - Z'x' + \cdots,$$
$$N = Yx - Xy + Y'x' - X'y' + \cdots,$$

365. Quand il y a équilibre, la résultante de toutes les forces dirigées suivant le même axe doit être nulle, et le couple résultant de tous les couples situés dans le même plan coordonné doit être aussi nul. Donc les six équations suivantes

$$(\alpha) \qquad \begin{cases} X = 0, \quad Y = 0, \quad Z = 0, \\ L = 0, \quad M = 0, \quad N = 0 \end{cases}$$

auront lieu dans le cas d'un système de forme invariable.

366. On peut mettre ces équations sous une autre forme, en y introduisant les intensités des forces $P$, $P'$, $P''$,..., et les angles $\alpha$, $\beta$, $\gamma$, $\alpha'$, $\beta'$, $\gamma'$,..., que leurs directions font avec les axes. Les composantes $X$, $Y$, $Z$, $X'$, ..., sont alors représentées pour la grandeur et pour le signe par $P\cos\alpha$, $P\cos\beta$, $P\cos\gamma$, $P'\cos\alpha'$, .... On aura donc, au lieu des équations qui précèdent,

$$(1) \qquad P\cos\alpha + P'\cos\alpha' + \ldots = 0,$$
$$(2) \qquad P\cos\beta + P'\cos\beta' + \ldots = 0,$$
$$(3) \qquad P\cos\gamma + P'\cos\gamma' + \ldots = 0.$$
$$(4) \quad P(y\cos\gamma - z\cos\beta) + P'(y'\cos\gamma' - z'\cos\beta') + \ldots = 0,$$
$$(5) \quad P(z\cos\alpha - x\cos\gamma) + P'(z'\cos\alpha' - x'\cos\gamma') + \ldots = 0,$$
$$(6) \quad P(x\cos\beta - y\cos\alpha) + P'(x'\cos\beta' - y'\cos\alpha') + \ldots = 0.$$

367. Au lieu de décomposer la force $P$ en trois autres $X$, $Y$, $Z$, parallèles aux axes rectangulaires, on peut la

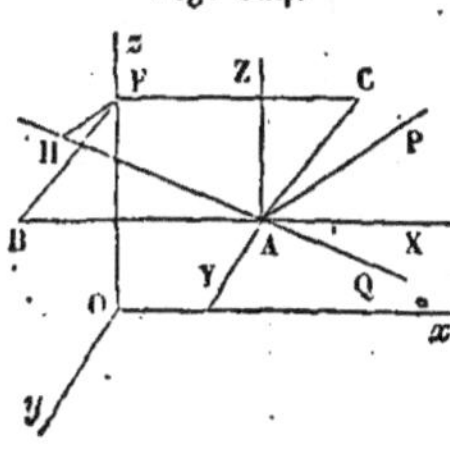

Fig. 124.

décomposer en deux forces seulement, une force $Z$ parallèle à l'axe $Oz$ et une force $Q$ située dans le plan ABFC perpendiculaire à $Oz$. Abaissons du point F où ce plan coupe l'axe $Oz$, $FH = q$ perpendiculaire à la direction de cette force. La longueur $q$ est la plus courte distance de l'axe $Oz$ à la

droite AH et aussi à la direction de la force P, puisque
O $z$ est parallèle au plan PAQ. Comme la force Q est la
résultante des deux forces X et Y situées dans ce même
plan, son moment est égal à la somme algébrique de leurs
moments par rapport au point F. On a donc

$$Q q = Y x - X y.$$

Pour la force P', on trouverait de même

$$Q' q' = Y' x' - X' y'.$$

L'équation N $=$ o prend alors la forme

$$Q q + Q' q' + Q'' q'' + \ldots = o.$$

On aurait des équations de même forme relatives aux
deux autres axes.

On appelle moment d'une force par rapport à un axe
le produit de la projection de cette force sur un plan
perpendiculaire à l'axe multipliée par la plus courte
distance entre cet axe et cette projection. On peut donc
dire que *si un système de forces appliquées à un corps
solide est en équilibre, la somme des moments des forces,
par rapport à trois axes rectangulaires menés par un
même point, doit être nulle pour chacun de ces axes.*

368. Les six équations

$$X = o, \quad Y = o, \quad Z = o,$$
$$L = o, \quad M = o, \quad N = o$$

sont vérifiées dans l'état d'équilibre d'un système quelconque de forces, lors même que ses différents points ne
seraient pas liés les uns aux autres d'une manière invariable, comme par exemple si un point était lié à un
autre par un cordon inextensible. Dans ce cas, les équations d'équilibre sont toujours vérifiées (*); car si l'on

---

(*) On doit cependant apporter certaines restrictions à cette assertion,
comme nous le verrons plus loin, lorsque nous parlerons du mouvement
des systèmes dont les liaisons varient avec le temps.

solidifie le système, c'est-à-dire si l'on fixe les différents
points de manière que leurs distances mutuelles restent
invariables, l'équilibre ne sera pas troublé et par conséquent les forces immédiatement appliquées à ce corps
satisferont aux six équations. Mais ces conditions ne
seront plus suffisantes pour assurer l'équilibre, et il faudra y joindre de nouvelles équations qui dépendront du
mode de liaison des différentes parties du système.

# VINGT-NEUVIÈME LEÇON.

## SUITE DE LA COMPOSITION ET DE L'ÉQUILIBRE DE FORCES APPLIQUÉES A UN SYSTÈME DE FORME INVARIABLE.

Cas d'une résultante unique. — Cas d'un point fixe. — Cas d'un axe fixe. — Équilibre d'un corps qui repose sur un plan fixe par un ou plusieurs points.

### CAS D'UNE RÉSULTANTE UNIQUE.

369. Quand il y a une résultante unique, on sait que le résultante R des forces transportées parallèlement à elles-mêmes au point O doit être parallèle au plan du couple résultant, dont nous avons désigné le moment par G. Les cosinus des angles que la résultante R fait avec les axes sont

$$\frac{X}{R}, \quad \frac{Y}{R}, \quad \frac{Z}{R},$$

et les cosinus des angles que le *moment linéaire* du couple résultant fait avec ces mêmes axes sont

$$\frac{L}{G}, \quad \frac{M}{G}, \quad \frac{N}{G}.$$

Il suffit évidemment d'exprimer que la force R et la direction du moment linéaire sont perpendiculaires entre elles, ce qui donne

$$(1) \qquad XL + YM + ZN = 0.$$

Cette équation exprime que les forces se réduisent à une force unique pourvu que $X, Y, Z$ ne soient pas nulles à la fois, sans quoi le système se réduirait à un couple, et il n'y aurait pas de résultante unique.

370. On peut encore arriver à ce résultat d'une autre manière et déterminer en même temps la position de la

droite suivant laquelle agit la résultante. Introduisons une force $R_1$ égale et directement opposée à la résultante, le système sera en équilibre. Par conséquent, si $X_1$, $Y_1$, $Z_1$ sont les composantes de $R_1$ et $x_1$, $y_1$, $z_1$, les coordonnées d'un point quelconque de sa direction, on aura

$$(2) \qquad X + X_1 = 0, \quad Y + Y_1 = 0, \quad Z + Z_1 = 0$$

et ensuite

$$(3) \qquad \begin{cases} Z_1 y_1 - Y_1 z_1 + L = 0, \\ X_1 z_1 - Z_1 x_1 + M = 0, \\ Y_1 x_1 - X_1 y_1 + N = 0. \end{cases}$$

Les trois premières équations donnent

$$X_1 = -X, \quad Y_1 = -Y, \quad Z_1 = -Z.$$

On retrouve ainsi ce résultat connu que la résultante unique des forces proposées est égale et parallèle à la force $R$ et qu'elle agit dans le même sens.

On a ensuite les équations (3) pour déterminer $x_1$, $y_1$, $z_1$. Mais on voit *à priori* que l'on ne trouvera pas de valeurs déterminées pour ces trois inconnues, car, s'il y a une résultante, on doit pouvoir transporter son point d'application en un point quelconque de sa direction. Ces trois équations doivent donc se réduire à deux et à une équation de condition. En effet, à cause de $X_1 = -X$, $Y_1 = -Y$, $Z_1 = -Z$, on peut écrire ces équations ainsi :

$$(4) \qquad \begin{cases} Y z_1 - Z y_1 + L = 0, \\ Z x_1 - X z_1 + M = 0, \\ X y_1 - Y x_1 + N = 0. \end{cases}$$

Puis, si on les ajoute membre à membre, après les avoir multipliées respectivement par $X$, $Y$, $Z$, on aura

$$X L + Y M + Z N = 0,$$

équation déjà obtenue. Si elle est vérifiée, deux des trois

équations (4) seront les équations de la droite. suivant laquelle agit la résultante.

### CAS D'UN POINT FIXE.

371. Soit O le point fixe. En y transportant toutes les forces, on obtiendra une résultante R et un couple $(S, -S)$. La résultante est détruite par la fixité du point. Quant au couple $(S, -S)$, il doit être nul : car, en transportant le couple parallèlement à lui-même jusqu'à ce que la force S vienne passer par le point fixe, cette force S serait détruite et la force $-S$ aurait tout son effet. Donc le moment du couple $(S, -S)$ est nul et la pression qu'éprouve le point fixe est égale à la résultante de toutes les forces transportées parallèlement à elles-mêmes en ce point.

372. On peut encore obtenir ces conditions en introduisant la résistance $R_1$ du point fixe. Soient $X_1, Y_1, Z_1$ les composantes de la force $R_1$ : puisqu'il y a équilibre, on aura

$$X + X_1 = 0, \quad Y + Y_1 = 0, \quad Z + Z_1 = 0.$$

L'introduction de la force $R_1$ ne donnant aucun nouveau terme dans les expressions L, M, N, on aura

$$L = 0, \quad M = 0, \quad N = 0.$$

Les trois premières équations déterminent $X_1, Y_1, Z_1$ et font voir que la résistance $R_1$ est égale et directement opposée à R. Les trois autres sont les équations de condition et expriment que le couple résultant $(S, -S)$ est nul.

### CAS D'UN AXE FIXE.

373. Supposons qu'il y ait dans le système un axe fixe, ou, ce qui revient au même, deux points fixes O et H. Prenons pour axe des $z$, la droite OH, et pour axes des $x$ et des $y$, deux droites passant par le point O.

La résultante des forces transportées parallèlement à elles-mêmes au point O est détruite, puisque ce point est

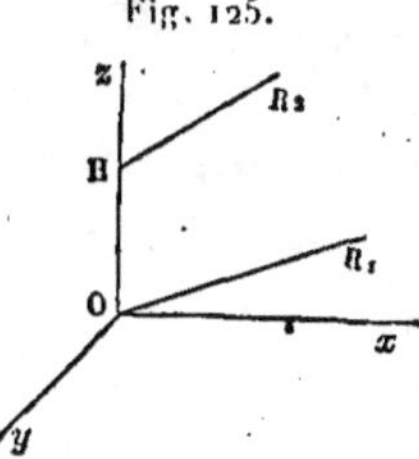

Fig. 125.

fixe. Quant aux couples résultant de cette translation et situés dans les plans $zOx$ et $zOy$, ils sont détruits par la résistance de l'axe $Oz$, car on peut faire tourner chacun d'eux jusqu'à ce que les deux forces qui le composent soient perpendiculaires à l'axe fixe qui les détruit toutes. Il ne reste donc plus que le couple N situé dans le plan $xOy$, qui doit être nul ; sans quoi, en le transportant jusqu'à ce qu'une de ses forces passe par le point O, celle-ci serait détruite et l'autre ferait tourner le système autour de l'axe $Oz$.

La seule condition d'équilibre est donc

$$N = o.$$

On peut l'énoncer en disant que *la somme des moments des forces par rapport à l'axe fixe doit être nulle.*

374. Si le corps peut glisser le long de l'axe, par exemple, s'il est traversé par une tige fixe et inflexible, les composantes $X$, $Y$ et les couples L, M sont détruits par la résistance de l'axe, mais la force Z ne l'est pas. On a alors deux équations d'équilibre

$$Z = o, \quad N = o.$$

375. Nous avons établi, pour conditions d'équilibre, dans le cas d'un point fixe, les équations

$$L = o, \quad M = o, \quad N = o;$$

donc, pour qu'un nombre quelconque de forces appliquées à un corps solide soit en équilibre autour d'un point fixe, il faut et il suffit qu'elles le soient autour de trois axes passant par le point fixe.

376. On peut encore traiter la question en introdui-

sant les résistances des points fixes. Si les points O et H devenaient libres, on rétablirait l'équilibre en appliquant en ces points des forces convenables $R_1$ et $R_2$. Soit $OH = h$. Appelons $X_1$, $Y_1$, $Z_1$, $X_2$, $Y_2$, $Z_2$ les composantes parallèles aux axes des forces $R_1$ et $R_2$. Les équations d'équilibre seront alors

$$X + X_1 + X_2 = 0,$$
$$Y + Y_1 + Y_2 = 0,$$
$$Z + Z_1 + Z_2 = 0,$$
$$L - Y_2 h = 0, \quad M + X_2 h = 0, \quad N = 0.$$

La dernière équation est la seule condition d'équilibre déjà trouvée. Quant aux cinq autres, elles feront connaître les résistances des points O et H ou les pressions qu'ils supportent. On en tire

$$X_2 = -\frac{M}{h}, \quad Y_2 = \frac{L}{h},$$
$$X_1 = -X + \frac{M}{h}, \quad Y_1 = -Y - \frac{L}{h},$$
$$Z_1 + Z_2 = -Z.$$

Ces équations déterminent $X_1$, $X_2$, $Y_1$ et $Y_2$, mais elles ne donnent que la somme $Z_1 + Z_2$ des composantes parallèles à l'axe des $z$, ce qui doit être ; car, s'il y a équilibre, les deux forces $Z_1$ et $Z_2$ qui agissent suivant la même droite, peuvent être appliquées au même point O, et l'on peut partager leur somme en deux parties quelconques appliquées aux points O et H.

ÉQUILIBRE D'UN CORPS QUI REPOSE SUR UN PLAN FIXE.

377. Supposons un corps pressé contre un plan en un de ses points par une force, passant par ce point et normale au plan ; ce corps sera en équilibre, car il n'y a pas de raison pour qu'il se meuve dans une direction plutôt que dans une autre.

Si la force, au lieu d'être normale au plan, lui était oblique, on pourrait la décomposer en deux autres, l'une normale et l'autre située dans le plan. La première ne ferait qu'appuyer le corps sur le plan et la seconde aurait tout son effet pour le déplacer. Ainsi *la condition néces- saire et suffisante pour l'équilibre est que la force qui passe par le point de contact soit normale au plan.* La même conséquence s'appliquerait au plan tangent, si le corps était pressé contre une surface courbe par une force qui passerait par le point de contact.

378. Supposons maintenant qu'un corps M, sollicité par plusieurs forces P, P′, P″,..., repose par un de ses

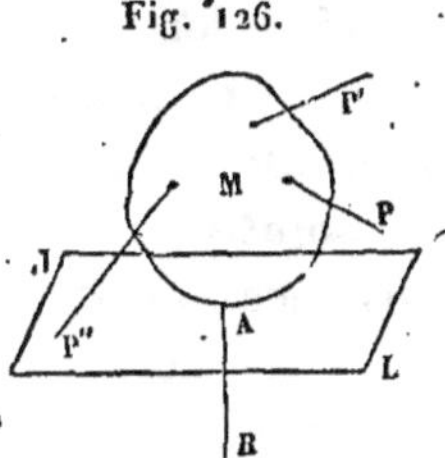
Fig. 126.

points A sur un plan IL ou sur une surface dont IL serait le plan tangent au point A. Concevons qu'il y ait équilibre. Si l'on ôtait le plan, le point A se mouvrait dans une certaine direction, et en appliquant suivant cette di- rection une force déterminée, on rétablirait l'équilibre. Cette force peut donc remplacer la résistance du plan, et elle doit être égale, puisqu'il y a équilibre, à la résultante des forces P, P′, P″,.... Donc il faut que celles-ci aient une résultante unique, normale au plan et passant par le point d'appui.

379. On est conduit à une conséquence analogue, quand le corps M repose par différents points A, B, C,...

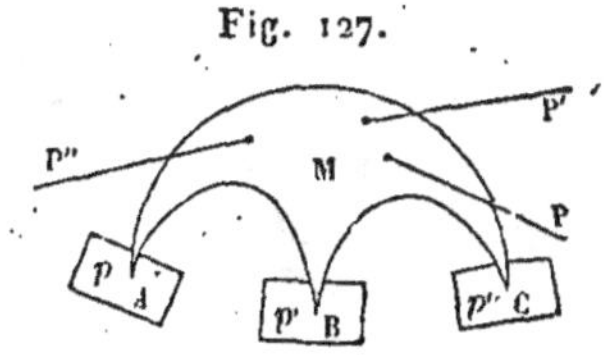
Fig. 127.

sur plusieurs plans ou sur- faces fixes, comme par exemple une table suppor- tée par trois pieds. Si l'on ôtait le plan *p*, l'équilibre serait en général détruit, mais on le rétablirait en appliquant au point A une force convenable dans la direction que ce point prendrait immédiatement. Cette force peut donc remplacer la résistance du plan $p$; de même deux autres forces appliquées aux points B et C peuvent tenir lieu des résistances des plans $p'$ et $p''$. Si l'on joint ces deux dernières aux forces données P, P', P''... et qu'on regarde le corps M comme appuyé seulement sur le plan $p$ par le point A, la résultante de toutes les forces passe par le point A et est normale au plan $p$; par conséquent la résistance de ce plan lui est elle-même normale. Le même raisonnement s'applique aux résistances des plans $p'$ et $p''$.

380. Voyons ce que deviennent les équations d'équilibre dans le cas d'un corps pressé contre un plan $xOy$ ou contre une surface dont $xOy$ serait le plan tangent au point O.

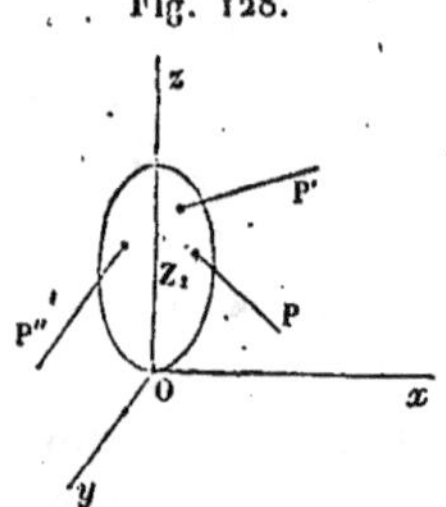


Prenons ce plan pour celui des $xy$ et le point O pour origine. La résistance du plan équivalant à une force normale $Z_1$, nous aurons d'abord

$$X = 0, \quad Y = 0, \quad Z + Z_1 = 0;$$

et comme $Z_1$ n'introduit évidemment aucun terme dans les équations des moments, on aura

$$L = 0, \quad M = 0, \quad N = 0.$$

Ces trois équations expriment que le système des forces se réduit à une force unique, et les deux premières que cette force unique est normale au plan et passe par le point O. Quant à l'équation $Z + Z_1 = 0$, elle indique que la résultante est la pression supportée par le plan. Il faut, en outre, que la résultante appuie le corps sur le plan, c'est-à-dire qu'elle soit négative. On devra donc joindre aux cinq équations d'équilibre l'inégalité

$$Z < 0.$$

**381.** Imaginons maintenant que le corps repose sur le plan $xOy$ par deux points O et H. Prenons OH pour axe des $x$. Remplaçons la résistance du plan fixe par deux forces normales $Z_1$, $Z_2$. Puisqu'il y a équilibre, la résultante $Z_1 + Z_2$ de ces deux forces, laquelle a son point d'application entre O et H, doit être égale et contraire à la résultante de toutes les forces données. Il faut donc que celle-ci soit normale au plan et qu'elle ait son point d'application entre O et H.

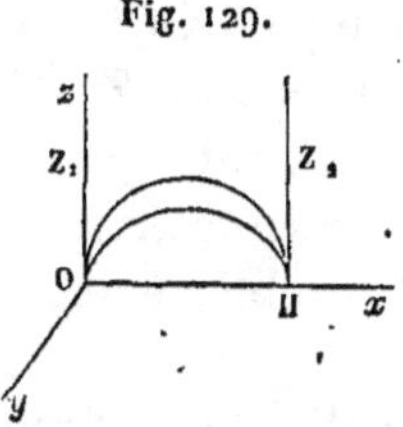


En posant $OH = h$, les six équations d'équilibre donnent

$$X = 0, \quad Y = 0, \quad Z + Z_1 + Z_2 = 0,$$
$$L = 0, \quad M - Z_2 h = 0, \quad N = 0.$$

Quatre de ces équations expriment les conditions que doivent remplir les forces données; les deux autres font connaître les inconnues et donnent

$$Z_2 = \frac{M}{h}, \quad Z_1 = -Z - \frac{M}{h}.$$

**382.** Si le corps repose sur le plan $xOy$ par un nombre quelconque de points d'appui A $(x_1, y_1)$, B $(x_2, y_2)$, C, D,..., la résistance du plan en ces divers points équivaudra à des forces normales $Z_1, Z_2, Z_3,...$ qui y seraient appliquées; il faut donc qu'il y ait une résultante unique et tombant dans l'intérieur du polygone ABCDA.

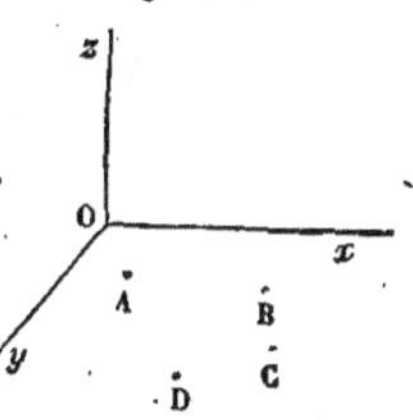


Dans ce cas, les équations générales se réduisent à

$$X = 0, \quad Y = 0, \quad Z + Z_1 + Z_2 + \ldots = 0,$$
$$L + Z_1 y_1 + Z_2 y_2 + \ldots = 0,$$
$$M - Z_1 x_1 - Z_2 x_2 - \ldots = 0,$$
$$N = 0.$$

On a donc seulement trois équations d'équilibre $X = 0$, $Y = 0$, $N = 0$. Les trois autres équations font connaître les pressions du plan aux points d'appui. On voit que s'il y a trois points d'appui, les pressions $Z_1$, $Z_2$, $Z_3$ seront déterminées; mais si le corps repose sur le plan $x O y$ par plus de trois points, le nombre des inconnues surpassera le nombre des équations et le problème sera indéterminé.

En réalité dans chaque cas particulier la pression sur chacun des points d'appui sera déterminée; mais cette pression ne pourra pas être calculée par l'analyse précédente; seulement, ce que l'on doit conclure des formules que nous venons de démontrer, c'est qu'il y aura équilibre si elles ont lieu, et réciproquement elles sont nécessaires pour l'équilibre.

Observons enfin qu'il n'existe pas dans la nature de corps parfaitement solide et que les forces $Z_1$, $Z_2$, ... dépendront généralement de la constitution du corps donné. Quoi qu'il en soit, il est utile d'étudier le cas hypothétique du solide parfait, parce que les conditions d'équilibre des corps naturels se ramènent à celles des solides parfaits.

# TRENTIÈME LEÇON.

## ÉQUILIBRE DES FORCES APPLIQUÉES A DES CORDONS.

Équilibre des forces appliquées à des cordons qui passent par un même point. — Cas où l'une des cordes passe dans un anneau. — Équilibre du polygone funiculaire. — Cas où les forces sont appliquées à des anneaux. — Cas où plusieurs cordons sont attachés au même sommet.

---

### ÉQUILIBRE DES FORCES APPLIQUÉES A DES CORDONS QUI PASSENT PAR UN MÊME POINT.

383. Soient P et Q deux forces qui agissent aux extrémités d'une corde supposée flexible et inextensible. Si ces forces se font équilibre, la corde doit être tendue en ligne droite, et ces forces doivent être égales et contraires ; car si ces deux forces n'avaient pas la même direction que le cordon, rien ne les empêcherait de le faire tourner, et si, étant dans la même direction, elles n'étaient pas égales et contraires elles feraient avancer la corde dans sa direction. La valeur commune des deux forces est ce qu'on appelle la *tension du fil*.

384. Si trois forces P, Q, R, agissent sur un point A, par l'intermédiaire de trois cordons qui se réunissent en ce point, et si elles se font équilibre, l'une quelconque de ces forces devra être égale et directement opposée à la résultante des deux autres ; d'où l'on conclut que ces trois cordons sont

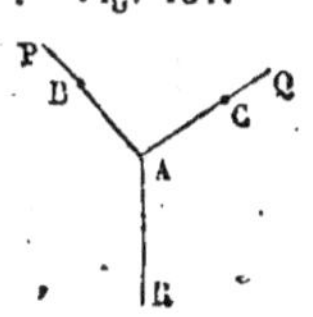


dans un même plan, et que chaque force peut être représentée en grandeur par le sinus de l'angle formé par les directions des deux autres.

385. Supposons qu'on fixe un point B du cordon AP. La force P devient alors inutile, et en la supprimant on ne troublera pas l'équilibre. La pression que supporte le point B, égale et directement contraire à la force P qu'il faudrait appliquer en ce point devenu libre, pour rétablir l'équilibre, est donc égale et contraire à la résultante des forces Q et R. Si l'on fixe à la fois un point B du cordon AP et un point C du cordon AQ, la pression que supporte le point C sera égale et contraire à Q.

## CAS OU L'UNE DES CORDES PEUT GLISSER DANS UN ANNEAU.

386. Si les deux forces P et Q sont appliquées aux extrémités d'une corde PAQ, qui passe dans un anneau retenu par une troisième force R, quand l'équilibre aura lieu, il ne sera pas détruit en supposant l'anneau fixe. Alors le cordon PAQ ayant la liberté de glisser dans cet anneau, si les forces P et Q sont égales entre elles, elles se font équilibre; si elles sont inégales, on peut décomposer la plus grande en deux parties : l'une égale à l'autre force et qui détruira celle-ci, l'autre égale à leur différence et qui fera mouvoir le cordon suivant sa direction, d'où l'on conclut que P = Q est la condition nécessaire et suffisante pour qu'il y ait équilibre quand l'anneau est fixe.

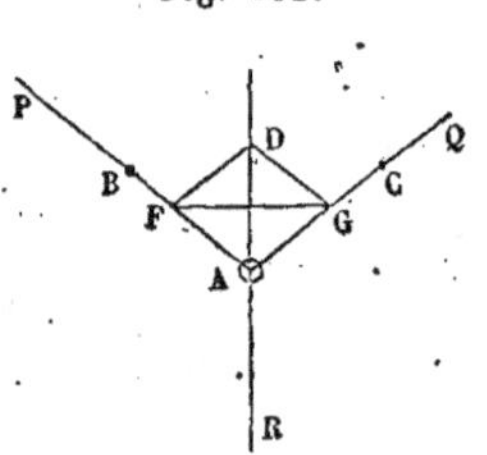

Fig. 132.

387. On peut encore démontrer ce résultat de la manière suivante : Si l'équilibre est établi, il ne sera pas troublé quand on fixera deux points B et C pris respectivement sur les cordons AP et AQ. Dans tous les mouvements que le point A peut prendre, la somme de ses distances aux deux points B et C demeure constante, de sorte que, dans tous ses déplacements, le point A reste sur un ellipsoïde de révolution. On peut donc supprimer

le cordon BAC, pourvu qu'on regarde le point A comme
assujetti à rester constamment sur cette surface. Mais
alors, pour que ce point soit en équilibre, il faut que le
cordon AR, suivant lequel est dirigée la force R, soit normal à la surface; et comme celle-ci est de révolution, la
normale est dirigée dans le plan de la courbe méridienne
suivant la bissectrice de l'angle PAQ; mais la bissectrice
est la direction de la résultante des forces P et Q. Donc
$P = Q$.

388. Si l'on représente ces deux forces par les droites
égales AF, AG, prises sur leur direction, leur résultante
sera représentée par la diagonale AD du losange AFDG.
Or en désignant par $\alpha$ l'angle BAC, on a

$$AD = 2\,AF \cos \frac{1}{2}\alpha;$$

donc, puisque la force R doit être égale et directement
opposée à cette résultante, on a

$$R = 2\,P \cos \frac{1}{2}\alpha.$$

R représente également la pression supportée par le
point A, quand on fixe l'anneau.

ÉQUILIBRE DU POLYGONE FUNICULAIRE.

389. Considérons maintenant un polygone funiculaire
ou un système de points, A,
B, C, D, E, F, liés entre eux
par des cordons. Le premier
et le dernier cordon, AB et
EF, sont sollicités par des
forces H et K dirigées nécessairement suivant les prolongements de ces cordons,

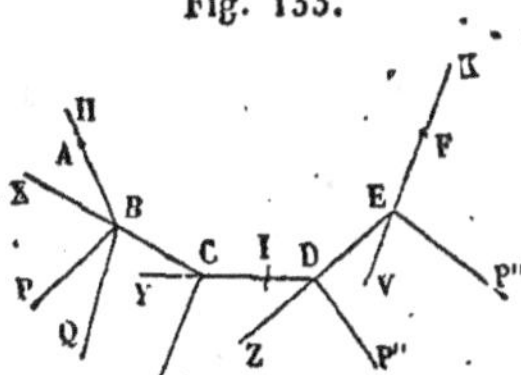

Fig. 133.

sans quoi il n'y aurait pas équilibre. Aux différents sommets B, C, D, E sont appliquées des forces quelconques P, P′, P″, P‴, agissant par l'intermédiaire de cordons qui se réunissent en ces points. Il est inutile de supposer plus de trois cordons réunis au même sommet; car si l'on avait, au sommet B, un autre cordon sollicité par une force Q, on pourrait composer cette force avec la première et ne considérer que la résultante des deux forces P et Q.

390. *Dans l'état d'équilibre, chaque cordon, tel que CD, doit être tiré par deux forces égales et contraires qu'on peut supposer appliquées à ses deux extrémités.* En effet, si l'on coupait le cordon CD au point I, l'équilibre serait détruit et chacun des deux points C et D serait entraîné dans une certaine direction. Les deux forces qui solliciteraient ces deux points étant actuellement détruites par la liaison que le cordon établit entre eux, sont nécessairement contraires et dirigées suivant le prolongement du cordon CD. Chacune de ces forces représente la tension du cordon.

391. Ce principe conduit aux conditions d'équilibre du polygone funiculaire.

La force P et la force H, dont on peut supposer le point d'application transporté de A en B, ont une résultante X dirigée suivant le prolongement du cordon CB. En effet, puisqu'il y a équilibre, il ne sera pas troublé, si l'on suppose le point C fixe, et on voit bien alors que X doit avoir la direction BC. La force X mesure en même temps la tension du cordon BC; car puisqu'il y a équilibre, celui-ci doit être tiré en C par une force égale et contraire à X. En transportant X au point C, on voit de même que la résultante Y des deux forces X et P′ est dirigée suivant le prolongement de CD et mesure la tension de ce cordon. Cette tension Y est donc la résultante des forces H, P, P′ transportées parallèlement à elles-mêmes au point C. En continuant ainsi, on verra que la tension V du dernier cordon s'obtient en composant les forces H, P, P′, P″, P‴ transportées parallèlement à elles-mêmes au point E, et comme il y a équilibre, cette force V est égale et directement contraire à la dernière force K.

Ainsi *toutes les forces immédiatement appliquées au polygone funiculaire, transportées parallèlement à elles-mêmes en un point quelconque, se font équilibre autour de ce point, et la tension de chaque cordon est la résultante de toutes les forces qui agissent d'un même côté de ce cordon.*

392. On peut arriver à ce résultat d'une autre manière, en supposant le polygone solidifié de telle sorte que les droites qui joignent les points consécutifs ne puissent pas changer de longueur. Il en résulte d'abord que toutes les forces transportées parallèlement à elles-mêmes en un point doivent s'y faire équilibre. Ensuite l'équilibre ne devant pas être troublé, si, en supprimant la partie DEC, on applique au point D, suivant le prolongement CD, une force égale à la tension Y de ce cordon, il faut que la force Y et toutes celles qui agissent sur la partie conservée ABCD, se détruisent. La tension du cordon CD est donc égale à la résultante des forces H, P, P′, comme on l'a vu par l'autre méthode.

393. En supposant connue la figure du polygone en équilibre, on peut déterminer le rapport de deux forces ou de deux tensions quelconques. En effet, comme chaque sommet doit être séparément en équilibre sous l'action des forces et des tensions qui y sont appliquées, on a

$$\frac{H}{P} = \frac{\sin PBC}{\sin ABC}, \qquad \frac{P}{X} = \frac{\sin ABC}{\sin ABP},$$

$$\frac{X}{P'} = \frac{\sin P'CD}{\sin BCD}, \qquad \frac{P'}{Y} = \frac{\sin BCD}{\sin BCP'},$$

et ainsi de suite.

Si l'on veut avoir le rapport de deux forces ou tensions quelconques, on multipliera un certain nombre de ces proportions terme à terme.

394. Lorsque l'on connaît la grandeur et la direction des forces, les conditions d'équilibre peuvent s'exprimer analytiquement par trois équations. Appelons $a$, $b$, $c$; $e$, $f$, $g$; $\alpha$, $\beta$, $\gamma$; $\alpha'$, $\beta'$, $\gamma'$, ..., les angles que font avec trois axes rectangulaires les directions des forces données H, K, P, P',..., on aura

$$(1) \quad \begin{cases} \text{H}\cos a + \text{K}\cos e + \text{P}\cos\alpha + \text{P}'\cos\alpha' + \ldots = 0, \\ \text{H}\cos b + \text{K}\cos f + \text{P}\cos\beta + \text{P}'\cos\beta' + \ldots = 0, \\ \text{H}\cos c + \text{K}\cos g + \text{P}\cos\gamma + \text{P}'\cos\gamma' + \ldots = 0. \end{cases}$$

395. Réciproquement, si ces conditions sont remplies, c'est-à-dire *si les forces sont telles, que, transportées parallèlement à elles-mêmes en un point quelconque, elles s'y fassent équilibre, il y aura toujours une figure d'équilibre* : en d'autres termes, on pourra toujours assigner au polygone dont les côtés sont donnés, une figure telle, qu'il demeure en équilibre sous l'action de ces forces.

En effet, plaçons le premier côté AB du polygone dans la direction de la première force H. Dirigeons ensuite le second côté BC dans le prolongement de la résultante X des deux forces H et P. Plaçons de même le côté suivant CD dans le prolongement de la résultante des forces X et P', ou, ce qui revient au même, des forces H, P, P' transportées parallèlement à elles-mêmes au point C, et ainsi de suite. Il est évident, d'après cette construction, que les sommets B, C, D resteront en équilibre sous l'action des forces H, P, P', P''; il en sera de même du dernier sommet E. En effet, il résulte des équations (1) que le cordon EF a la direction de la force K et que celle-ci est égale et directement opposée à la résultante de toutes les forces H, P, P', P'', P'''.

396. Supposons fixées les extrémités A et F du polygone funiculaire, dont la forme est donnée. On peut supprimer les forces H et K, sans détruire l'équilibre. Or,
en supposant connues les forces P, P', P'',..., on peut se
proposer de déterminer les pressions que supportent les
points fixes A et F, pressions égales et contraires aux
forces H et K:

Puisqu'on suppose connue la figure du polygone, on
connaît les directions $(a, b, c)$; $(e, f, g)$ de ces pressions.
Leurs intensités s'obtiennent au moyen des deux proportions

$$\frac{H}{P} = \frac{\sin PBC}{\sin ABC}, \qquad \frac{K}{P'''} = \frac{\sin DEP'''}{\sin DEF}.$$

397. Si la figure du polygone n'est pas donnée, on aura,
pour déterminer les huit inconnues H, K, $a$, $b$, $c$, $e$, $f$, $g$,
d'abord les cinq équations

$$H \cos a + K \cos e + P \cos \alpha + \ldots = 0,$$
$$H \cos b + K \cos f + P \cos \beta + \ldots = 0,$$
$$H \cos c + K \cos g + P \cos \gamma + \ldots = 0;$$
$$\cos^2 a + \cos^2 b + \cos^2 c = 1,$$
$$\cos^2 e + \cos^2 f + \cos^2 g = 1.$$

On obtiendra trois autres équations en exprimant que la
différence des coordonnées de même-nom des extrémités
A et F du polygone est égale à la projection du polygone
sur l'axe correspondant.

### CAS OU IL Y A DES ANNEAUX

398. S'il y a au sommet B un anneau tiré par la force P,
et dans lequel passe le seul cordon ABC, on aura (386)
H = X et la direction prolongée de la force P partagera
l'angle ABC en deux parties égales. La même chose peut
se dire de tous les anneaux, en sorte que si tous les sommets portent des anneaux, les tensions de tous les cordons

sont égales, d'où résulte que $H = K$. Toutes les forces peuvent alors s'exprimer au moyen de la tension $H$ et des angles B, C,... du polygone par les formules

$$P = 2\,H \cos\tfrac{1}{2}\,B, \quad P' = 2\,H \cos\tfrac{1}{2}\,C, \ldots$$

399. Si l'on se donnait la figure du polygone, on connaîtrait par là en grandeur et en direction les forces qu'il faudrait appliquer à chaque sommet pour le tenir en équilibre. Ces forces prises en sens contraire seraient les pressions exercées sur les points B, C, D,.... s'ils devenaient des points fixes sur lesquels passerait la corde ABC...F.

400. Supposons que les cordes extrêmes AB, EF soient dans un même plan. Soit I le point de rencontre

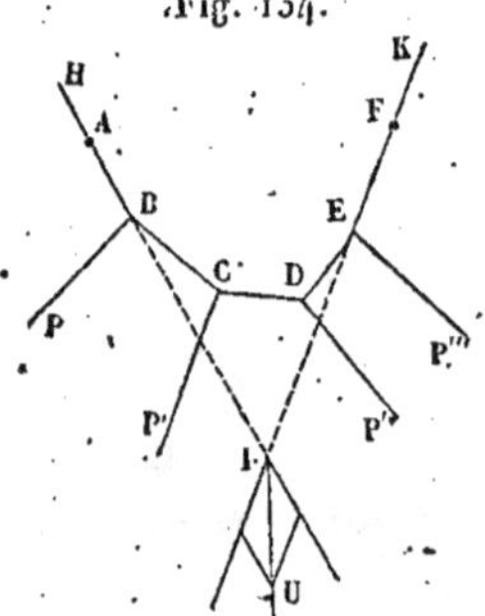

Fig. 134.

de leurs directions, et soit U une force égale et contraire à la résultante de H et de K. D'après un principe connu (391), U est la résultante des forces P, P', P'', P'''. Par conséquent, pour avoir la tension des cordons extrêmes, il suffit de décomposer suivant leurs directions la résultante de toutes les forces transportées parallèlement à elles-mêmes au point de rencontre de ces cordons.

401. Si toutes ces forces sont parallèles, si elles représentent des poids, par exemple, tout le polygone est compris dans un même plan vertical. Pour exprimer que toutes les forces transportées parallèlement à elles-mêmes en un point se font équilibre, il suffira de deux équations. Si l'on prend deux axes dans le plan des forces, l'un horizontal, l'autre vertical, et si $a$ et $b$, $e$ et $f$

sont les angles formés avec ces axes par les cordons extrèmes, on aura

$$H \cos a + K \cos e = 0,$$

$$H \cos b + K \cos f + P + P' + P'' + \ldots = 0;$$

la première équation exprime que les composantes horizontales des tensions H et K sont égales et contraires.

### CAS OÙ IL Y A PLUSIEURS CORDONS A UN MÊME SOMMET DU POLYGONE.

402. Nous avons supposé qu'il n'y avait que trois
forces appliquées à un même sommet du polygone. Quand
un nombre quelconque de cordons, sollicités par des forces,
se réunissent en un même point, il faut, pour l'équilibre, que l'une quelconque d'entre elles soit égale et directement contraire à la résultante de toutes les autres.

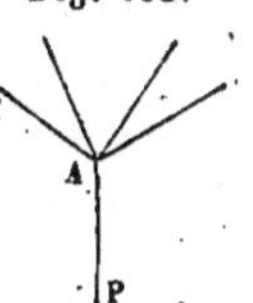

Fig. 135.

Si l'on fixe un point sur chacun
des cordons, excepté sur un seul
AP, on peut se proposer de trouver les pressions que la force P
exerce sur les points fixes. S'il
n'y a que trois cordons, non si-
tués dans le même plan, la question se résoudra en décomposant la force P en trois autres agissant suivant les
prolongements des cordons. S'il y a plus de trois cordons, le problème devient indéterminé, puisqu'on peut
décomposer la force P d'une infinité de manières en
d'autres forces dirigées suivant ces cordons. Cette in-
détermination est analogue à celle que l'on rencontre
quand on cherche les pressions exercées par un corps
contre un plan sur lequel ce corps repose par plus de trois
points.

# TRENTE ET UNIÈME LEÇON.

## ÉQUILIBRE D'UN FIL FLEXIBLE.

Direction de la tension dans un fil en équilibre. — Équations de l'équilibre d'un fil sollicité par de petites forces. — Intégration de ces équations. — Valeur de la tension en chaque point du fil. — Forme affectée
par le fil.

### DIRECTION DE LA TENSION DANS UN FIL EN ÉQUILIBRE.

**403.** Soit AMB un fil flexible, d'une très-petite épaisseur, attaché par ses extrémités à deux points fixes A et B,
et dont tous les points sont solli-
cités par de très-petites forces.

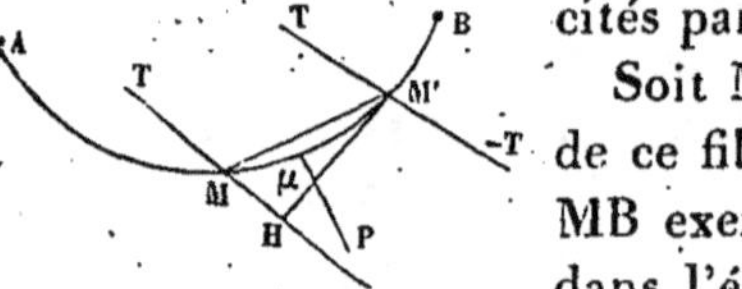


Soit M un point quelconque
de ce fil. Les deux parties AM,
MB exercent l'une sur l'autre,
dans l'état d'équilibre, des ac-
tions moléculaires égales et contraires. On ne connaît
pas la nature de ces actions, mais on admet que toutes
celles qui proviennent de AM agissant sur MB, se réduisent à une force unique T appliquée au point M, et de
même que la partie MB exerce sur AM une action qui
se réduit à une force égale et contraire à T. La valeur
commune de ces deux forces est ce qu'on appelle *la tension du fil* au point M. On pourra donc, si l'équilibre
existe, supprimer la partie AM, pourvu qu'on applique
au point M une force égale à T.

**404.** En considérant le fil comme la limite d'un polygone funiculaire dont les côtés deviennent infiniment
petits, on est conduit à admettre que *la tension s'exerce
suivant la tangente au point M à la courbe que forme*

*le fil*. Mais on peut démontrer directement ce principe de la manière suivante :

Fixons un point M′, voisin de M, sur le fil et solidifions la partie intermédiaire MM′; l'équilibre ne sera pas troublé. Mais alors, d'après les conditions d'équilibre d'un système dans lequel se trouve un point fixe, les couples qui résultent de la translation au point M′ de la force T et des forces qui agissent sur tous les points matériels du fil compris entre M et M′, doivent se détruire. Comme ces forces ne sont pas nécessairement dans un même plan, le moment du couple $(T, -T)$ est moindre que la somme des moments des couples provenant de la translation des autres forces ou au plus égal à cette somme.

Si l'on abaisse la perpendiculaire M′H sur la direction de la force T, et si l'on désigne par $\theta$ l'angle M′MH, le moment du couple $(T, -T)$ est

$$T \cdot M'H = T \cdot MM' \sin\theta.$$

Soient $\mu$ la masse d'un point compris entre M et M′ et P la force appliquée à ce point, rapportée à l'unité de masse; $\mu P$ sera la force motrice appliquée à ce point. Le moment du couple $(\mu P, -\mu P)$ est plus petit que $\mu P \cdot \mu M'$ et *à fortiori* que $\mu P \cdot MM'$.

La somme des moments de tous les couples analogues est donc moindre que $MM' \cdot P_1 \Sigma\mu$, $P_1$ désignant la plus grande valeur de la force P dans toute la portion MM′ du fil et $\Sigma\mu$ la somme des masses des molécules qui composent cette portion du fil.

On a donc

$$T \cdot MM' \sin\theta < P_1 \cdot MM' \, \Sigma\mu,$$

d'où

$$\sin\theta < \frac{P_1}{T} \, \Sigma\mu.$$

La tension T a une valeur finie, car elle doit faire

équilibre aux forces qui sollicitent la partie BM. Comme
l'inégalité précédente a lieu quelque petit que soit
l'arc MM′, on voit que si le point M′ se rapproche indéfiniment du point M, $\sin\theta$ et par conséquent $\theta$ deviendra
plus petit que toute quantité donnée. Mais à la limite la
corde MM′ devient la tangente en M à la courbe; donc
c'est suivant la tangente qu'agit la tension T.

### ÉQUILIBRE D'UN FIL SOLLICITÉ PAR DE PETITES FORCES.

**405.** Cherchons maintenant les conditions d'équilibre
d'un fil AMB, fixé à ses deux extrémités A $(a, b, c)$ et
B $(a', b', c')$ et dont tous les points sont sollicités par de pe-

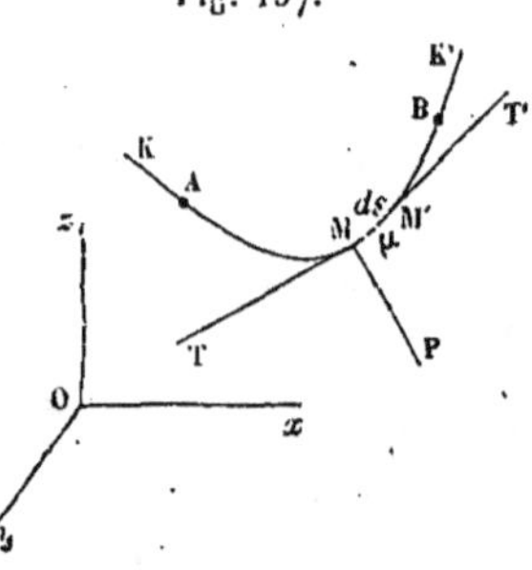


tites forces. Soient M $(x, y, z)$
et M′ $(x+dx, y+dy, z+dz)$
deux points infiniment rapprochés sur le fil. Soit
MM′ $= ds$. Si T et T′ sont
les tensions du fil aux points
M et M′, l'arc MM′ doit être
en équilibre sous l'action de
T, de T′ et des forces qui
sollicitent les points compris
entre M et M′. Cet équilibre a encore lieu, si l'on suppose l'arc MM′ solidifié. Donc les forces doivent être
telles, qu'en les transportant parallèlement à elles-mêmes
en un point elles se fassent équilibre.

**406.** Soient $\varepsilon$ le produit de la section normale par la
densité au point M, P la force qui agit en ce point,
et X, Y, Z ses composantes parallèles à trois axes
O$x$, O$y$, O$z$. L'arc MM′ étant infiniment petit, on peut
considérer $\varepsilon$, X, Y, Z comme constants pour tous les
points de MM′. Or T agissant dans le sens M′M, ses
composantes seront

$$-\mathrm{T}\frac{dx}{ds}, \quad -\mathrm{T}\frac{dy}{ds}, \quad -\mathrm{T}\frac{dz}{ds}.$$

Les composantes de T$'$ seront égales à celles de T, prises en sens contraire et augmentées de leurs différentielles,

$$\mathrm{T}\frac{dx}{ds} + d\left(\mathrm{T}\frac{dx}{ds}\right), \quad \mathrm{T}\frac{dy}{ds} + d\left(\mathrm{T}\frac{dy}{ds}\right), \quad \mathrm{T}\frac{dz}{ds} + d\left(\mathrm{T}\frac{dz}{ds}\right).$$

D'ailleurs en considérant MM$'$ comme un petit cylindre,

$$\mathrm{X}\varepsilon\,ds, \quad \mathrm{Y}\varepsilon\,ds, \quad \mathrm{Z}\varepsilon\,ds,$$

sont les sommes des composantes des forces qui agissent sur les points de l'arc MM$'$. On a donc

$$(1) \quad \begin{cases} d\left(\mathrm{T}\dfrac{dx}{ds}\right) + \mathrm{X}\varepsilon\,ds = 0, \\[2mm] d\left(\mathrm{T}\dfrac{dy}{ds}\right) + \mathrm{Y}\varepsilon\,ds = 0 \\[2mm] d\left(\mathrm{T}\dfrac{dz}{ds}\right) + \mathrm{Z}\varepsilon\,ds = 0. \end{cases}$$

Dans la question qui nous occupe il n'y a qu'une seule variable indépendante; supposons que ce soit $x$. Les équations (1) serviront à déterminer $y$, $z$, et l'inconnue auxiliaire T en fonction de $x$. Ces équations sont nécessaires et suffisantes, et nous allons vérifier, après leur intégration, que si elles ont lieu, toutes les forces qui agissent sur le fil, en y comprenant les tensions K et K$'$, aux extrémités A et B de ce fil, satisferont aux six équations générales de l'équilibre.

INTÉGRATION DES ÉQUATIONS (1).

407. Intégrons d'abord la première des équations (1) par rapport à $s$, entre les limites qui correspondent aux extrémités du fil, dont la longueur est $l$, on aura

$$(2) \quad \int_0^l d\left(\mathrm{T}\frac{dx}{ds}\right) + \int_0^l \mathrm{X}\varepsilon\,ds = 0.$$

Soient $e, f, g$ ; $e', f', g'$ les angles que les tangentes à

la courbe aux points A et B font avec les axes, et K, H les
forces qui proviennent de la fixité des points A, B, forces
égales et directement opposées aux tensions des éléments
extrêmes du fil. Cette équation devient

$$(3) \qquad \mathrm{K}\cos e + \mathrm{K}'\cos e' + \int_0^l \mathrm{X}\varepsilon\, ds = 0;$$

elle signifie que *la somme algébrique des composantes
parallèles à l'axe* $\mathrm{O}x$, *de toutes les forces qui agissent
sur le fil, est nulle.* En intégrant les deux autres équations du système (1), on arriverait à la même conclusion,
par rapport aux deux autres axes. Ainsi les trois premières équations de l'équilibre (365) sont satisfaites.

408. On peut aussi retrouver les équations des moments. Multiplions les deux premières équations (1)
par $y$ et $x$, et retranchons la première de la seconde. Il
en résulte

$$x\, d\left(\mathrm{T}\,\frac{dy}{ds}\right) - y\, d\left(\mathrm{T}\,\frac{dx}{ds}\right) + \left(\mathrm{Y}x - \mathrm{X}y\right)\varepsilon\, ds = 0.$$

Or

$$x\, d\left(\mathrm{T}\,\frac{dy}{ds}\right) - y\, d\left(\mathrm{T}\,\frac{dx}{ds}\right) = d\left(x\mathrm{T}\,\frac{dy}{ds} - y\mathrm{T}\,\frac{dx}{ds}\right);$$

par conséquent, en intégrant entre o et $l$, on aura

$$\mathrm{K}\,(a\cos f - b\cos e) + \mathrm{K}'\,(a'\cos f' - b'\cos e')$$
$$+ \int_0^l (\mathrm{Y}x - \mathrm{X}y)\,\varepsilon\, ds = 0$$

Cette équation signifie que *la somme des moments de
toutes les forces qui agissent sur le fil, par rapport à
l'axe* $\mathrm{O}z$, *est nulle.* On obtiendrait de même les équations des moments par rapport aux deux autres axes.

La même chose peut se dire d'une partie quelconque du
fil, pourvu qu'on joigne aux forces qui sollicitent tous ses
points, deux forces appliquées tangentiellement à ses
extrémités et équivalentes aux tensions que cette partie
éprouverait de la part du reste du fil.

**409.** La première des équations (1) peut être mise sous la forme

$$dT \frac{dx}{ds} + T d \frac{dx}{ds} + X \varepsilon \, ds = 0.$$

Soient $\alpha$, $\beta$, $\gamma$ les angles que la tangente au point M fait avec les axes et $\lambda$, $\mu$, $\nu$ les angles que le rayon de courbure $\rho$ fait avec les mêmes axes : on a

$$\frac{dx}{ds} = \cos\alpha, \quad d\frac{dx}{ds} = \frac{ds \cos\lambda}{\rho};$$

les équations (1) peuvent donc s'écrire comme il suit :

$$(4) \quad \begin{cases} dT\cos\alpha + \dfrac{T\,ds}{\rho}\cos\lambda + X\varepsilon\,ds = 0, \\[2mm] dT\cos\beta + \dfrac{T\,ds}{\rho}\cos\mu + Y\varepsilon\,ds = 0, \\[2mm] dT\cos\gamma + \dfrac{T\,ds}{\rho}\cos\nu + Z\varepsilon\,ds = 0. \end{cases}$$

Sous cette forme elles expriment qu'il y a équilibre entre la force $dT$ dirigée suivant la tangente, la force $\dfrac{T\,ds}{\rho}$ dirigée suivant le rayon de courbure et la force motrice $P\varepsilon\,ds$ de l'élément de masse. D'où l'on conclut que le plan osculateur à la courbe est déterminé par la tangente et par la direction de la force P.

VALEUR DE LA TENSION.

**410.** Pour obtenir la tension, multiplions les équations (4) respectivement par $\cos\alpha$, $\cos\beta$, $\cos\gamma$, ou $\dfrac{dx}{ds}$, $\dfrac{dy}{ds}$, $\dfrac{dz}{ds}$. En observant que

$$\cos^2\alpha + \cos^2\beta + \cos^2\gamma = 1,$$
$$\cos\alpha \cos\lambda + \cos\beta \cos\mu + \cos\gamma \cos\nu = 0,$$

on aura

$$dT + \varepsilon(X\,dx + Y\,dy + Z\,dz) = 0,$$

d'où

(5)          $dT = -\varepsilon(X\,dx + Y\,dy + Z\,dz).$

La différentielle de la tension se trouve ainsi exprimée en fonction des composantes de la force qui agit au point considéré.

411. Si la densité et l'épaisseur ne changent pas dans toute l'étendue du fil, alors $\varepsilon$ est constant; si l'on suppose en outre que

$$\varepsilon(X\,dx + Y\,dy + Z\,dz)$$

soit la différentielle exacte d'une fonction de $x$, $y$, $z$, $-f(x, y, z)$, alors on aura

$$T = f(x, y, z) + C;$$

et pour un autre point $x'$, $y'$, $z'$,

$$T' = f(x', y', z') + C,$$

d'où

(6)          $T - T' = f(x, y, z) - f(x', y', z').$

*Ainsi quand* $\varepsilon(X\,dx + Y\,dy + Z\,dz)$ *est une différentielle exacte, l'accroissement de tension, quand on passe d'un point à un autre, est indépendant de la figure du fil,* puisqu'il est indépendant de la relation qui existe entre $x$, $y$ et $z$.

412. Un pareil cas se présente lorsque toutes les forces qui sollicitent le fil lui sont normales. Puisque $\dfrac{X}{P}$, $\dfrac{Y}{P}$, $\dfrac{Z}{P}$ sont les cosinus des angles que la force fait avec les axes, on a

$$\frac{X}{P}\frac{dx}{ds} + \frac{Y}{P}\frac{dy}{ds} + \frac{Z}{P}\frac{dz}{ds} = 0$$

ou

$$X\,dx + Y\,dy + Z\,dz = 0.$$

On a donc

$$dT = 0, \quad \text{d'où} \quad T = C,$$

c'est-à-dire que la tension est constante. Dans ce cas, les équations (4) deviennent

$$(7) \quad \begin{cases} \dfrac{T}{\rho}\cos\lambda = -\,X\varepsilon, \\[2mm] \dfrac{T}{\rho}\cos\mu = -\,Y\varepsilon, \\[2mm] \dfrac{T}{\rho}\cos\nu = -\,Z\varepsilon; \end{cases}$$

élevant au carré et ajoutant, on aura

$$\frac{T^2}{\rho^2} = (X^2 + Y^2 + Z^2)\,\varepsilon^2;$$

et comme

$$X^2 + Y^2 + Z^2 = P^2,$$

il en résulte

$$T = P\rho\varepsilon,$$

ou

$$(8) \quad P = \frac{T}{\rho\varepsilon}.$$

Comme la tension est constante, on voit que *la force motrice est en raison inverse du rayon de courbure.*

Soient $\alpha'$, $\beta'$, $\gamma'$ les angles que la force P fait avec les axes : on a

$$X = P\cos\alpha' = \frac{T}{\rho\varepsilon}\cos\alpha',$$

$$Y = P\cos\beta' = \frac{T}{\rho\varepsilon}\cos\beta',$$

$$Z = P\cos\gamma' = \frac{T}{\rho\varepsilon}\cos\gamma'.$$

En substituant ces valeurs dans les équations (7), on a

$$(9) \quad \cos\alpha' = \cos\lambda, \quad \cos\beta' = \cos\mu, \quad \cos\gamma' = \cos\nu,$$

d'où l'on conclut que la force P est dirigée suivant le prolongement du rayon de courbure du fil au point M.

413. Ces circonstances sont réalisées lorsqu'un fil est tendu sur une surface S par deux forces qui le tirent à

ses extrémités, car l'équilibre étant supposé exister, la résistance de la surface en ses différents points équivaut à de petites forces normales à cette surface, et par conséquent au fil. La tension du fil doit donc être la même en tous ses points, et par conséquent les forces qui le tirent à ses extrémités doivent être égales entre elles et à cette tension. En outre, le plan osculateur du fil est en chaque point normal à la surface fixe, d'où il résulte que *ce fil traverse sur la surface la ligne la plus courte entre deux quelconques de ses points.*.

COURBE FORMÉE PAR LE FIL.

**414.** Pour avoir la courbe formée par le fil, il faut éliminer T entre les équations (1). On peut à cet effet commencer par intégrer ces équations, ce qui donne

$$- T \frac{dx}{ds} = A + \int X \varepsilon \, ds,$$

$$- T \frac{dy}{ds} = B + \int Y \varepsilon \, ds,$$

$$- T \frac{dz}{ds} = C + \int Z \varepsilon \, ds,$$

d'où l'on déduit

$$\frac{dx}{A + \int X \varepsilon \, ds} = \frac{dy}{B + \int Y \varepsilon \, ds} = \frac{dz}{C + \int Z \varepsilon \, ds}.$$

**415.** Mais si l'on veut arriver à des équations purement différentielles, on commencera par éliminer $dT$ entre les équations (1) mises sous cette forme :

$$T d \frac{dx}{ds} + dT \frac{dx}{ds} + X \varepsilon \, ds = 0,$$

$$T d \frac{dy}{ds} + dT \frac{dy}{ds} + Y \varepsilon \, ds = 0,$$

$$T d \frac{dz}{ds} + dT \frac{dz}{ds} + Z \varepsilon \, ds = 0;$$

on obtient ainsi

$$(a) \quad \begin{cases} \dfrac{X\,dy - Y\,dx}{ds}\,\varepsilon = T\left(\dfrac{dx}{ds}\,d\,\dfrac{dy}{ds} - \dfrac{dy}{ds}\,d\,\dfrac{dx}{ds}\right), \\[2ex] \dfrac{X\,dz - Z\,dx}{ds}\,\varepsilon = T\left(\dfrac{dz}{ds}\,d\,\dfrac{dx}{ds} - \dfrac{dx}{ds}\,d\,\dfrac{dz}{ds}\right); \end{cases}$$

d'où

$$(b) \quad \frac{X\,dy - Y\,dx}{X\,dz - Z\,dx} = \frac{dx\,d\,\dfrac{dy}{ds} - dy\,d\,\dfrac{dx}{ds}}{dz\,d\,\dfrac{dx}{ds} - dx\,d\,\dfrac{dz}{dx}}.$$

On a d'ailleurs

$$(c) \quad dT = -\,\varepsilon\,(X\,dx + Y\,dy + Z\,dz).$$

On substituera dans cette équation la valeur de T tirée d'une des équations $(a)$, et l'on aura une équation contenant les différentielles de $y$ considérée comme fonction de $x$ jusqu'au troisième ordre et celles de $z$ jusqu'au deuxième. L'équation $(b)$ ne les contient qu'au deuxième seulement. L'intégration de ces équations introduira donc cinq constantes arbitraires, que l'on déterminera en exprimant que la courbe passe par deux points donnés et qu'elle a une longueur donnée.

# TRENTE-DEUXIÈME LEÇON.

## CHAINETTE. — COURBE DES PONTS SUSPENDUS.

Équation différentielle de la chaînette. — Équation de la chaînette en
termes finis. — Propriétés de la chaînette. — Détermination de la tension en un point quelconque de la chaînette. — Remarque sur le centre
de gravité de cette courbe. — Courbe des ponts suspendus. — Valeur
de la tension. — Autre méthode — Construction de la courbe.

---

### ÉQUATION DIFFÉRENTIELLE DE LA CHAINETTE.

**416.** La courbe ABC, formée par un fil pesant et homogène, suspendu à deux points
fixes A et C, a reçu le nom de
*chaînette.*

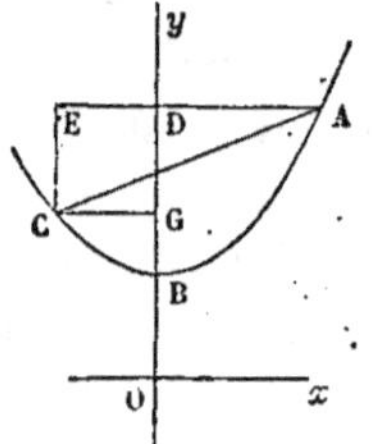

Fig. 138.

Cette courbe est contenue
dans le plan vertical passant par
les points A et C; car si une portion de cette courbe était hors
de ce plan, en la supposant soli-
difiée, et fixant les points où elle rencontre le plan, elle
tournerait autour de la droite qui joint ces points, à cause
de la pesanteur de ses molécules. Prenons ce plan vertical pour plan de $xy$ et traçons deux axes rectangulaires $Ox$ et $Oy$, le premier horizontal et le second vertical et dirigé de bas en haut. Le système des équations (1),
n° **406**, se réduit à

$$d\left(T\,\frac{dx}{ds}\right) + \varepsilon X\,ds = 0, \quad d\left(T\,\frac{dy}{ds}\right) + \varepsilon Y\,ds = 0.$$

**417.** On peut mettre ces équations sous une forme plus
simple. En premier lieu on a $X = 0$. Ensuite le fil étant
supposé homogène, si $\varpi$ est le poids de l'unité de lon-

gueur, $\varpi\,ds$ sera le poids d'un élément $ds$. On aura donc $\varepsilon Y ds = \varpi\,ds$, et les deux équations se réduisent à

$$(1) \qquad d\left(T\,\frac{dx}{ds}\right) = 0, \quad d\left(T\,\frac{dy}{ds}\right) = \varpi\,ds.$$

418. La première équation donne $T\dfrac{dx}{ds} = \text{const.}$ Appelons $\varpi h$ la tension au point le plus bas de la courbe, tension qui s'exerce horizontalement. On aura

$$T\,\frac{dx}{ds} = \varpi h, \quad \text{d'où} \quad T = \varpi h\,\frac{ds}{dx}.$$

Portant cette valeur dans la seconde équation, on a

$$(2) \qquad ds = h d\,\frac{dy}{dx}.$$

Telle est l'*équation différentielle de la chaînette*. Il s'agit maintenant de l'intégrer.

ÉQUATION DE LA CHAINETTE EN TERMES FINIS.

419. En remplaçant $ds$ par $dx\sqrt{1+\dfrac{dy^2}{dx^2}}$, puis $\dfrac{dy}{dx}$ par $p$, il vient

$$(1) \qquad dx = \frac{h\,dp}{\sqrt{1+p^2}},$$

d'où

$$(2) \qquad x = h\,l\left(\frac{dy}{dx} + \sqrt{1+\frac{dy^2}{dx^2}}\right).$$

Il faudrait ajouter une constante; mais on peut supposer cette constante nulle, si l'on prend pour axe des $y$ la verticale qui passe par le point le plus bas de la courbe, sans du reste fixer l'origine; car, dans cette hypothèse, on doit avoir $x = 0$ pour $\dfrac{dy}{dx} = 0$.

STURM. — *Méc.*, II.                4

**420.** On tire de l'équation ( 2 )

$$\sqrt{1+\frac{dy^2}{dx^2}} + \frac{dy}{dx} = e^{\frac{x}{h}},$$

$$\sqrt{1+\frac{dy^2}{dx^2}} - \frac{dy}{dx} = e^{-\frac{x}{h}};$$

ajoutant et retranchant successivement ces équations l'une de l'autre, on a

$$\frac{dy}{dx} = \frac{1}{2}\left(e^{\frac{x}{h}} - e^{-\frac{x}{h}}\right),$$

$$\sqrt{1+\frac{dy^2}{dx^2}} = \frac{1}{2}\left(e^{\frac{x}{h}} + e^{-\frac{x}{h}}\right).$$

Ces deux équations s'intègrent immédiatement. La première donne

$$(3)\qquad y = \frac{h}{2}\left(e^{\frac{x}{h}} + e^{-\frac{x}{h}}\right),$$

et la seconde, en remplaçant le radical $\sqrt{1+\frac{dy^2}{dx^2}}$ par $\frac{ds}{dx}$,

$$(4)\qquad s = \frac{h}{2}\left(e^{\frac{x}{h}} - e^{-\frac{x}{h}}\right).$$

Il n'y a pas de constante à ajouter dans ces deux intégrales, si l'on prend pour origine sur la verticale qui passe par le point B, un point tel que $OB = h$, et si en outre on convient de compter les arcs à partir du point B.

PROPRIÉTÉS DE LA CHAINETTE.

**421.** D'après son équation

$$(1)\qquad y = \frac{h}{2}\left(e^{\frac{x}{h}} + e^{-\frac{x}{h}}\right),$$

la chaînette est symétrique par rapport à l'axe des $y$.

En comparant les équations différentielles avec celles qui résultent de leur intégration, on trouve

$$(2) \qquad y = h \frac{ds}{dx},$$

$$(3) \qquad s = h \frac{dy}{dx},$$

d'où

$$(4) \qquad y^2 - s^2 = h^2.$$

En voici l'interprétation géométrique :

La première signifie qu'en chaque point M de la chaînette, la projection MK de l'ordonnée de la courbe sur la normale MN est constante et égale à $h$. En effet,

Fig. 139.

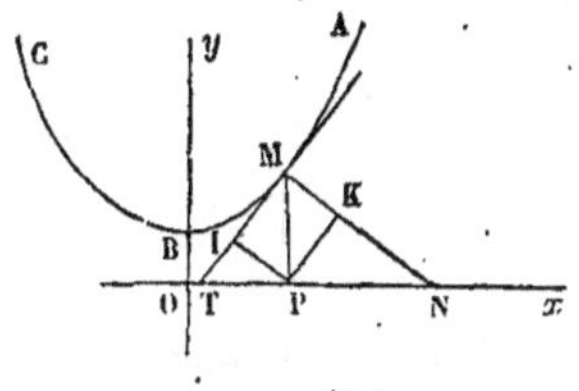

$$MK = y \cos PMK = \frac{y}{\sqrt{1 + \frac{dy^2}{dx^2}}}.$$

L'équation (3) exprime que la projection MI de l'ordonnée sur la tangente MT est égale à l'arc BM, compté à partir du point le plus bas de la courbe. En effet

$$MI = IP \tan T = h \frac{dy}{dx};$$

mais $\frac{dy}{dx} = \frac{s}{h}$ : donc

$$(5) \qquad MI = s.$$

Enfin l'équation (4), conséquence des deux autres, signifie que la longueur désignée par $h$, l'arc MB et l'ordonnée $y$ forment un triangle rectangle dont l'ordonnée est l'hypoténuse.

422. On peut obtenir les formules précédentes d'une manière un peu différente. Reprenons l'équation (418)

$$(6) \qquad ds = hd \frac{dy}{dx}.$$

Elle donne d'abord l'équation (3). En y remplaçant $as$

4.

par $dx \sqrt{1 + \dfrac{dy^2}{dx^2}}$, on a

$$(7) \qquad dx \sqrt{1 + \frac{dy^2}{dx^2}} = h\, d\frac{dy}{dx},$$

d'où

$$dy = \frac{dy}{dx}\, dx = \frac{dy}{dx}\, h\, \frac{d\dfrac{dy}{dx}}{\sqrt{1 + \dfrac{dy^2}{dx^2}}},$$

d'où, en intégrant,

$$(8) \qquad y = h \sqrt{1 + \frac{dy^2}{dx^2}} = h\, \frac{ds}{dx}.$$

On verra comme précédemment qu'il n'y a pas de constantes à ajouter à ces valeurs.

423. La courbe, lieu des points I tels que MI = arc BM, est une développante de la chaînette. La droite IP est tangente à cette courbe au point I, et la longueur IP de cette tangente comprise entre le point I et l'axe des $x$ est constante et égale à $h$.

424. *Le rayon de courbure de la chaînette est égal à la normale* MN, *mais dirigé en sens contraire.* En effet, l'équation

$$dx \sqrt{1 + \frac{dy^2}{dx^2}} = h\, d\frac{dy}{dx}$$

donne

$$\frac{d^2 y}{dx^2} = \frac{\sqrt{1 + \dfrac{dy^2}{dx^2}}}{h};$$

donc, si $\rho$ désigne le rayon de courbure, on a

$$\rho = \frac{\left(1 + \dfrac{dy^2}{dx^2}\right)^{\frac{3}{2}}}{\dfrac{d^2 y}{dx^2}} = h\left(1 + \frac{dy^2}{dx^2}\right).$$

Mais l'équation

$$y = h \sqrt{1 + \frac{dy^2}{dx^2}}$$

donne

$$1 + \frac{dy^2}{dx^2} = \frac{y^2}{h^2}.$$

Donc enfin

(9) $$\rho = \frac{y^2}{h} :$$

mais

$$\mathrm{MN} = y \sqrt{1 + \frac{dy^2}{dx^2}} = y \times \frac{y}{h} = \frac{y^2}{h};$$

donc

(10) $$\rho = \mathrm{MN}.$$

D'ailleurs ce rayon de courbure est en sens inverse de la normale MN : en effet, on sait qu'il est toujours dans la concavité de la courbe; mais celle-ci tourne sa convexité vers l'axe des $x$, puisque son équation étant $ds = h\, d\frac{dy}{dx}$, et $s$ croissant en même temps que $x$, la dérivée seconde $\frac{d^2 y}{dx^2}$ est toujours positive.

### DE LA TENSION EN UN POINT DE LA CHAÎNETTE.

425. On a vu (418) que $T = \varpi h \frac{ds}{dx}$; donc, puisque $y = h\frac{ds}{dx}$, on a

(1) $$T = \varpi y$$

Ainsi *la tension de la chaînette en chaque point est proportionnelle à l'ordonnée de ce point.* Au point le plus bas, pour lequel $y = h$, on trouve $T = \varpi h$, comme on devait s'y attendre.

426. On peut encore obtenir la tension au moyen de la formule générale

$$dT = - \varepsilon (X\, dx + Y\, dy + Z\, dz).$$

Ici on a
$$X = 0, \quad Z = 0, \quad \varepsilon Y = \varpi;$$
donc
$$d\mathrm{T} = \varpi\, dy,$$
d'où
$$\mathrm{T} = \varpi y.$$

On n'ajoute pas de constante, parce que l'on doit avoir $\mathrm{T} = \varpi h$ pour $y = h$.

### CONSTRUCTION DE LA CHAINETTE.

**427.** Menons (*fig.* 141, p. 59) la verticale CE et les horizontales AE et CG qui rencontrent l'axe des $y$ en D et G. Posons

$$\mathrm{AE} = a, \quad \mathrm{CE} = b, \quad \mathrm{ABC} = l;$$
$$\mathrm{AD} = k, \quad \mathrm{DE} = k', \quad \mathrm{OB} = h, \quad \mathrm{BD} = f.$$

$a$, $b$ et $l$ sont connues, et il s'agit de déterminer $k$, $k'$, $h$ et $f$.

On a d'abord une première relation en exprimant que la somme des arcs BA et BC est égale à $l$. Or de

$$s = \frac{h}{2}\left(e^{\frac{x}{h}} - e^{-\frac{x}{h}}\right)$$

on tire

$$\mathrm{BA} = \frac{h}{2}\left(e^{\frac{k}{h}} - e^{-\frac{k}{h}}\right), \quad \mathrm{BC} = \frac{h}{2}\left(e^{\frac{k'}{h}} - e^{-\frac{k'}{h}}\right);$$

par conséquent

$$(1) \qquad l = \frac{h}{2}\left(e^{\frac{k}{h}} - e^{-\frac{k}{h}} + e^{\frac{k'}{h}} - e^{-\frac{k'}{h}}\right).$$

On a une autre équation en calculant les ordonnées des points A et C et égalant leur différence à $b$ :

$$(2) \qquad b = \frac{h}{2}\left(e^{\frac{k}{h}} + e^{-\frac{k}{h}} - e^{\frac{k'}{h}} - e^{-\frac{k'}{h}}\right).$$

On peut remplacer ces deux équations par les deux suivantes :

$$(3) \quad \begin{cases} l + b = h \left( e^{\frac{k}{h}} - e^{-\frac{k'}{h}} \right), \\ l - b = h \left( e^{\frac{k'}{h}} - e^{-\frac{k}{h}} \right), \end{cases}$$

qui, multipliées membre à membre et observant que
$k + k' = a$, donnent

$$l^2 - b^2 = h^2 \left( e^{\frac{a}{h}} + e^{-\frac{a}{h}} - 2 \right),$$

d'où

$$(4) \quad \sqrt{l^2 - b^2} = h \left( e^{\frac{a}{2h}} - e^{-\frac{a}{2h}} \right).$$

**428.** Cette équation ne contient que la seule inconn-
nue $h$. Pour la résoudre, posons $\dfrac{a}{2h} = \theta$, $\sqrt{l^2 - b^2} = an$,
d'où

$$\frac{e^{\theta} - e^{-\theta}}{2\theta} = n,$$

et en développant le numérateur en série,

$$(5) \quad \frac{\theta^2}{1.2.3} + \frac{\theta^4}{1.2.3.4.5} + \ldots = n - 1.$$

Observons que l'on a $n > 1$, car

$$n = \frac{\sqrt{l^2 - b^2}}{a} > \frac{\sqrt{\overline{AC}^2 - b^2}}{a} = 1;$$

or pour $\theta = 0$ le premier membre de l'équation (5) est
nul, et il est infini pour $\theta = \infty$. D'ailleurs il croît avec $\theta$
d'une manière continue. Il existe donc toujours une
valeur de $\theta$, et une seule, qui rend le premier membre
égal à $n - 1$.

**429.** Si $l$ est peu supérieur à la corde AC, $n - 1$ et
par suite $\theta$ est une quantité très-petite. On peut donc

avec une grande approximation, poser

$$\frac{\theta^2}{6} = n - 1,$$

d'où

$$\theta = \sqrt{6(n-1)} = \sqrt{6\left(\frac{\sqrt{l^2 - b^2}}{a} - 1\right)},$$

on aura ensuite $h$ au moyen de la formule $h = \dfrac{a}{2\,\theta}$

430. L'équation

$$l + b = h\left(e^{\frac{k}{h}} - e^{-\frac{k'}{h}}\right),$$

à cause de $k + k' = a$ devient

$$l + b = h\left(1 - e^{-\frac{a}{h}}\right) e^{\frac{k}{h}},$$

d'où l'on tirera $k$. Enfin on aura $k'$ par l'équation

$$k' = a - k,$$

et l'on obtiendra la quatrième inconnue $f$ au moyen de l'équation évidente

$$h + f = \frac{h}{2}\left(e^{\frac{k}{h}} + e^{-\frac{k}{h}}\right).$$

431. Si les deux points A et C sont à la même hauteur, on a $b = 0$ et les formules se simplifient. On a alors $k = k' = \dfrac{a}{2}$, puisque la courbe est symétrique par rapport à B$y$.

REMARQUE SUR LE CENTRE DE GRAVITÉ DE LA CHAINETTE.

432. Le calcul des variations apprend que de toutes les courbes d'une longueur donnée, tracées sur un plan entre deux points donnés et qui tournent autour d'un

axe situé dans ce plan, la chaînette est celle qui engendre l'aire minimum. Il résulte de là que, de toutes les courbes qui remplissent les mêmes conditions, la chaînette est celle dont le centre de gravité est le plus voisin de cet axe, ou le plus bas si celui-ci est horizontal; car la surface engendrée ayant pour mesure, d'après le théorème de Guldin, la longueur de l'arc multipliée par la circonférence que décrit le centre de gravité de cet arc, on voit que cette circonférence sera la plus petite possible dans le cas de la surface de révolution minimum.

### COURBE DES PONTS SUSPENDUS.

433. Soit un fil homogène ABC, suspendu à deux points fixes A et C, et dont les éléments sont sollicités par des forces verticales proportionnelles aux projections de ces éléments sur une horizontale B$x$.
La courbe affectée par ce fil est

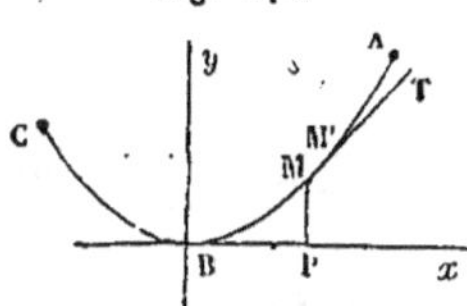



celle que forme la chaîne d'un pont suspendu lorsqu'on néglige le poids de la chaîne elle-même.

Il est clair d'abord que la courbe formée par cette chaîne est dans le plan vertical mené par AC. Traçons dans ce plan deux axes, l'un vertical, l'autre horizontal. En appelant T la tension au point M, et $\varpi$ la force totale qui sollicite une portion de la chaîne dont la projection horizontale est égale à l'unité de longueur, on a par les formules générales (406)

$$(1) \qquad d\left(T\,\frac{dx}{ds}\right) = 0, \qquad d\left(T\,\frac{dy}{ds}\right) = \varpi\,dx.$$

Si l'on appelle $\varpi h$ la tension de la courbe en son point le plus bas, on a, en intégrant la première équation,

$$(2) \qquad T\,\frac{dx}{ds} = \varpi h.$$

On voit déjà que la composante horizontale de la tension est constante. Portant cette valeur de T dans la seconde équation, on aura

$$hd\,\frac{dy}{dx} = dx,$$

d'où

(3)
$$h\,\frac{dy}{dx} = x.$$

Il n'y a pas de constante à ajouter, si l'on convient de prendre pour origine le point le plus bas de la courbe, car alors on doit avoir $\frac{dy}{dx} = 0$ pour $x = 0$. En intégrant cette équation, l'on a

(4)
$$2hy = x^2.$$

On n'ajoute pas de constante, parce qu'on doit avoir simultanément $x = 0$, $y = 0$.

On voit que la courbe est *une parabole* dont l'axe est vertical et dont le sommet est au point B.

VALEUR DE LA TENSION.

434. La tension T se détermine au moyen de la relation (2)

$$T = \varpi h\,\frac{ds}{dx}.$$

L'équation (4) donne $\frac{ds}{dx} = \frac{\sqrt{h^2 + x^2}}{h}$, et par conséquent

(5)
$$T = \varpi\,\sqrt{h^2 + x^2}.$$

Ainsi la tension, égale à $\varpi h$ pour $x = 0$, augmente avec $x$.

#### AUTRE MANIÈRE D'OBTENIR LES RÉSULTATS PRÉCÉDENTS.

435. On peut arriver sans intégration aux résultats précédents. Soit ABC la courbe cherchée. Prenons pour

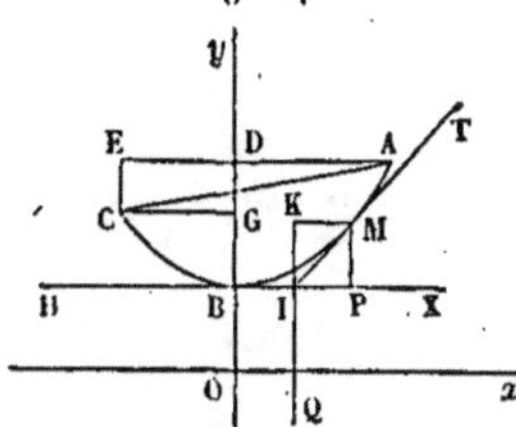

Fig. 141.

axes la tangente BX au point le plus bas et la droite B$y$ perpendiculaire à BX.

Soient M un point quelconque de la courbe, T la tension en ce point, H la tension au point B. En supposant la partie BM solidifiée, il doit y avoir équilibre entre T, H et toutes les forces qui sollicitent les éléments compris entre les points B et M. Ces dernières ont une résultante Q dont la direction rencontre BP en son milieu I. En effet, si l'on partage l'arc BM en un très-grand nombre d'éléments ayant des projections égales, la force qui sollicite chaque élément pourra être considérée comme ayant son point d'application au milieu de la projection correspondante. Leur résultante Q doit donc passer par le milieu I de BP. Cette force devant faire équilibre aux tensions H et T, il faut que la tangente MT prolongée passe au point I. En outre les trois forces H, T, Q se faisant équilibre, on doit avoir

$$\frac{H}{Q} = \frac{IP}{IK}.$$

Or la force Q étant proportionnelle à $x$, on peut poser

$$Q = \varpi x,$$

en désignant par $\varpi$ la force totale qui tire une portion de la corde dont la projection est égale à l'unité. Soit aussi comme précédemment $\varpi h = $ H : comme IP $= \dfrac{x}{2}$, IK $= y$, la proportion précédente peut s'écrire

$$\frac{\varpi h}{\varpi x} = \frac{\frac{x}{2}}{y},$$

d'où

$$2hy = x^2 :$$

la courbe est donc une parabole.

436. On obtiendrait, d'une manière analogue, la tension au point M. On a, en effet,

$$\frac{T}{H} = \frac{IM}{IP},$$

ou

$$\frac{T}{\varpi h} = \sqrt{\frac{x^2}{4} + \frac{x^4}{4h^2}} : \frac{x}{2},$$

d'où

$$T = \varpi \sqrt{h^2 + x^2}.$$

CONSTRUCTION DE LA COURBE D'APRÈS LES DONNÉES

437. Menons (*fig.* 141, p. 59) les horizontales AE, CG et la verticale CE. Les quantités connues sont

$$AE = a, \quad CE = b, \quad ABC = l;$$

celles que l'on cherche sont

$$BD = f, \quad AD = k, \quad DE = k'$$

et la tension $h$.

De l'équation de la courbe

$$2hy = x^2$$

on déduit immédiatement

$$2hf = k^2, \quad 2h(f - b) = k'^2$$

d'où

$$2hb = k^2 - k'^2 = (k + k')(k - k') = a(k - k'),$$

à cause de $k + k' = a$. On a donc.

$$k - k' = \frac{2hb}{a}, \quad k + k' = a,$$

d'où

$$k = \frac{a}{2} + \frac{bh}{a}, \quad k' = \frac{a}{2} - \frac{bh}{a}.$$

438. Il faut maintenant exprimer que la longueur de la courbe ABC est égale à $l$. Or on a

$$ds = dx \sqrt{1 + \frac{dy^2}{dx^2}} = \frac{1}{h} dx \sqrt{h^2 + x^2},$$

d'où l'on tire facilement

$$s = \frac{x}{2h} \sqrt{h^2 + x^2} + \frac{h}{2} l\left(x + \sqrt{h^2 + x^2}\right) - \frac{h}{2} l\, h,$$

en déterminant la constante par la condition que l'on ait $s = 0$ pour $x = 0$.

En faisant tour à tour dans cette formule $x = k$, $x = k'$ et ajoutant les résultats, on aura

$$2hl = k \sqrt{h^2 + k^2} + k' \sqrt{h^2 + k'^2} + h^2 l\left(k + \sqrt{h^2 + k^2}\right)$$
$$+ h^2 l\left(k' + \sqrt{h^2 + k'^2}\right) - 2h^2 l\, h.$$

Les valeurs de $k$ et de $k'$ étant substituées, on aura une équation transcendante d'une forme très-compliquée. Cette équation se simplifie, quand les points A et C sont à la même hauteur : alors $b = 0$, $k = k' = \frac{a}{2}$ et l'on a

$$hl = k \sqrt{h^2 + k^2} + h^2 l\, \frac{k + \sqrt{h^2 + k^2}}{h}.$$

# TRENTE-TROISIÈME LEÇON.

## PRINCIPE DES VITESSES VIRTUELLES.

Définition de la vitesse virtuelle. — Définition du moment virtuel. — Énoncé général du principe des vitesses virtuelles. — Démonstration de ce principe dans le cas d'un point matériel, — de deux points matériels dont la distance est invariable, — dans le cas général d'un système à liaisons complètes.

### DÉFINITION DE LA VITESSE VIRTUELLE.

**439.** Soient A, A′, A″, ..., des points matériels quelconques soumis à de certaines conditions, comme d'être assujettis à rester sur des courbes ou des surfaces données ou à se trouver à des distances invariables les uns des autres.

Supposons tout le système transporté de la position qu'il occupe dans une position infiniment voisine qui satisfasse à toutes les conditions données. On appelle *vitesse virtuelle* ou déplacement virtuel de l'un quelconque de ces points la droite infiniment petite $Aa$ qui joint sa première position à la seconde. Le mot *virtuel* indique que le mouvement attribué au système est seulement possible, mais il n'a pas réellement lieu, et l'on n'a pas à considérer les forces qui seraient capables d'opérer ce mouvement.

### DÉFINITION DU MOMENT VIRTUEL.

**440.** Supposons maintenant qu'on applique aux points matériels A, A′, A″, ... des forces P, P′, P″, ... et désignons par $p$, $p'$, $p''$, ... les projections des déplacements virtuels $Aa$, $A'a'$, ..., sur les directions de ces forces. Si $AC = p$ est l'une de ces projections, on convient de regarder $p$ comme positive ou négative, selon qu'elle est dirigée à partir du point A dans le même sens que la force P ou en sens contraire, ou, ce qui revient au même,

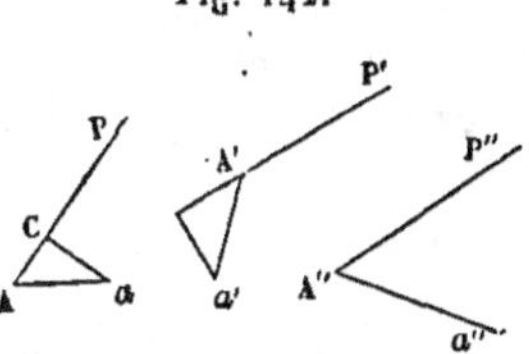

Fig. 142.

selon que l'angle PA$a$ formé par la direction de la force avec celle du déplacement est aigu ou obtus. On appelle *moment virtuel* (*) *de la force* P *le produit de la valeur absolue de cette force par la projection p du déplacement virtuel* A$a$ *de son point d'application*. Le moment virtuel P$p$ a donc le même signe que $p$. Il est nul si la droite A$a$ est perpendiculaire à la direction de la force P

441. On peut donner une autre forme à ce moment. On a

$$P\,p = P \times Aa \times \cos PAa = P \cos PAa \times Aa;$$

mais si l'on désigne par T la composante de la force P suivant le déplacement A$a$, on a $T = P \cos PAa$; donc

$$Pp = T \times Aa.$$

Ainsi *le moment virtuel est égal au produit du déplacement virtuel multiplié par la composante de la force suivant la direction du déplacement*.

On voit que le *moment virtuel* d'une force et la *quantité de travail élémentaire* ont la même expression ; mais la première quantité ne suppose aucun mouvement du système dû aux forces qui le sollicitent actuellement.

### ÉNONCÉ DU PRINCIPE DES VITESSES VIRTUELLES.

442. *Si des forces en nombre quelconque se font équilibre sur un système de points matériels assujettis à des conditions données, la somme des moments virtuels est*

---

(*) Cette quantité s'appelle aussi *travail virtuel de la force* P.

*nulle pour tout déplacement virtuel compatible avec les conditions données,* et réciproquement, *il y aura équilibre si la somme des moments virtuels est nulle pour tous les mouvements possibles du système.*

Ainsi la condition nécessaire et suffisante pour l'équilibre est que l'on ait

$$\mathrm{P}p + \mathrm{P}'p' + \mathrm{P}''p'' + \ldots = 0.$$

Nous démontrerons d'abord ce principe pour le cas d'un point unique et pour celui de deux points liés par une droite de longueur invariable.

### ÉQUILIBRE D'UN POINT MATÉRIEL.

443. Soit R la résultante d'un nombre quelconque de forces P, P', P''.... appliquées à un même point A et soit A$a$ une droite quelconque finie ou infiniment petite menée par le point A. Appelons $r$, $p$, $p'$, $p''$,... les projections de A$a$ sur R, P, P', P'',...; ces quantités étant affectées de signes d'après les conventions faites plus haut, je dis que *le moment virtuel de la résultante est égal à la somme des moments virtuels des composantes.*

Fig. 143.

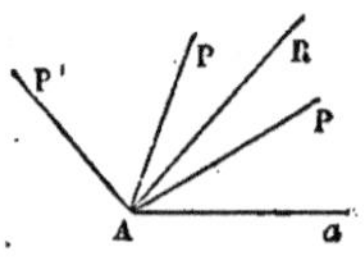

En effet, si $\lambda$, $\alpha$, $\alpha'$, $\alpha''$,... désignent les angles que les forces R, P, P',... font avec A$a$, on a

$$\mathrm{R}\cos\lambda = \mathrm{P}\cos\alpha + \mathrm{P}'\cos\alpha' + \mathrm{P}''\cos\alpha'' + \ldots$$

Soit A$a = \sigma$, on aura

$$\mathrm{R}\,\sigma\cos\lambda = \mathrm{P}\,\sigma\cos\alpha + \mathrm{P}'\,\sigma\cos\alpha' + \mathrm{P}''\,\sigma\cos\alpha'' \ldots;$$

mais

$$\sigma\cos\lambda = r, \quad \sigma\cos\alpha = p, \quad \sigma\cos\alpha' = p';$$

donc on aura

$$\mathrm{R}r = \mathrm{P}p + \mathrm{P}'p' + \mathrm{P}''p'' + \ldots$$

444. Il résulte de là que si les forces P, P', P'' se font

équilibre et si le point A est libre dans l'espace, on aura
pour tout déplacement du point A, puisque $R = o$,

$$P p + P' p' + P'' p'' + \ldots = o,$$

ce qui démontre le principe des vitesses virtuelles dans
le cas particulier d'un seul point matériel entièrement
libre dans l'espace.

445. Ce principe se vérifie aussi facilement quand le
point A est assujetti à demeurer sur une surface donnée

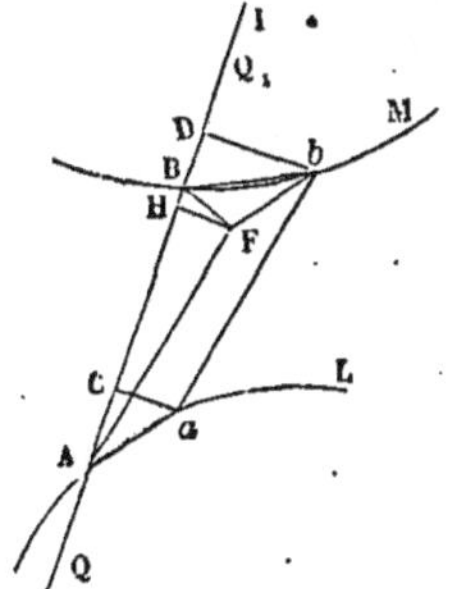

Fig. 144.

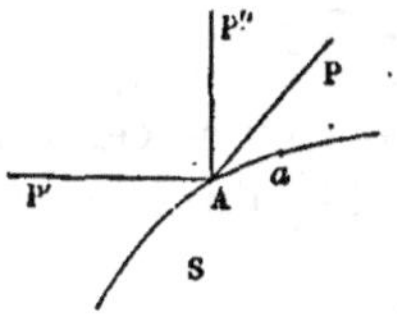

S. Tout déplacement infiniment
petit $Aa$ de ce point s'effectue
alors dans le plan tangent à la
surface. Il en résulte que pour
l'équilibre du point A il faut et
il suffit que la résultante R soit
normale à la surface, et qu'on
ait par conséquent R ou $Rr = o$, ou

$$P p + P' p' + P'' p'' + \ldots = o.$$

Même démonstration si le point A était assujetti à se
trouver sur une courbe donnée.

ÉQUILIBRE DE DEUX POINTS MATÉRIELS UNIS PAR UNE<br>DROITE RIGIDE.

446. *Si l'on applique aux extrémités d'une droite
rigide et inflexible AB deux
forces égales et contraires dirigées suivant cette droite, leurs
moments virtuels seront égaux
et de signes contraires.*

Fig. 145.

Supposons que le mouvement
virtuel amène AB en $ab$ : menons la droite AF parallèle et
égale à $ab$. La figure AF$ba$ étant
un parallélogramme, les projec-
tions AC et HD de $Aa$ et F$b$ sont égales et dirigées

dans le même sens, en allant de A vers C, puis de H vers D. Or il suffit évidemment de faire voir que le rapport des projections $AC = q$, $BD = q_1$, tend vers l'unité, lorsque les points $a$ et $b$ se rapprochent de A et de B, en se mouvant sur des courbes quelconques AL et BM, et qu'en outre ces deux projections, en devenant infiniment petites, sont dirigées dans le même sens, l'une de A vers C, l'autre de B vers D.

Maintenant on a

$$\frac{HB}{HD} = \frac{HB}{BF} \frac{BF}{HD} = \frac{HB}{BF} \frac{BF}{AC};$$

mais dans le cercle décrit du point A comme centre, avec AB comme rayon, et qui passe par le point F, on a

$$\overline{BF}^2 = BH.2AB;$$

par conséquent

$$\frac{BH}{BF} = \frac{BF}{2AB}.$$

Donc

$$\lim \frac{BH}{BF} = 0.$$

D'un autre côté $\lim \frac{BF}{AC}$ n'est pas infinie, à moins que $Aa$ ne soit perpendiculaire à AB. En effet, BF et AC sont deux grandeurs indépendantes l'une de l'autre, puisque pour transporter AB en $ab$, on peut d'abord faire tourner cette droite autour du point A, puis la transporter parallèlement à elle-même en $ab$. On conçoit alors que le rapport des droites BF et AC doit tendre en général vers une limite finie qui dépend de la nature des courbes AL et BM.

Le rapport $\frac{HB}{HD}$ a donc pour limite 0. Il s'ensuit que le rapport

$$\frac{BD}{HD} = \frac{BC}{AC} = \frac{q_1}{q}$$

tend vers l'unité et que BD est dirigé dans le sens HD ou AC. Ainsi les projections infiniment petites $q_1$ et $q$ sont égales et dirigées dans le même sens. D'ailleurs les forces $Q$ et $Q_1$ sont égales et contraires. Donc leurs moments sont égaux et de signes contraires, et l'on a

$$Q q + Q_1 q_1 = 0.$$

447. La même chose peut se démontrer par le calcul. Soient $x$, $y$, $z$; $x'$, $y'$, $z'$, les coordonnées rectangulaires des points A et B. Ces points peuvent être regardés comme assujettis à se mouvoir le long de deux courbes arbitraires AL et BM, avec la condition que l'on ait toujours

$$(x' - x)^2 + (y' - y)^2 + (z' - z)^2 = l^2,$$

$l$ désignant la longueur de AB. On aura donc, puisque $l$ est une constante,

$$\frac{(x' - x)}{l} dx + \frac{y' - y}{l} dy + \frac{z' - z}{l} dz$$

$$= \frac{x' - x}{l} dx' + \frac{y' - y}{l} dy' + \frac{z' - z}{l} dz'.$$

Soient $ds = Aa$, $ds' = Bb$ les éléments des courbes AL, BM correspondant à une position infiniment voisine de la droite AB. La relation précédente peut se mettre sous la forme

$$ds \left( \frac{x' - x}{l} \frac{dx}{ds} + \frac{y' - y}{l} \frac{dy}{ds} + \frac{z' - z}{l} \frac{dz}{ds} \right)$$

$$= ds' \left( \frac{x' - x}{l} \frac{dx'}{ds'} + \frac{y' - y}{l} \frac{dy'}{ds'} + \frac{z' - z}{l} \frac{dz'}{ds'} \right);$$

mais on a

$$\cos BAa = \frac{x' - x}{l} \frac{dx}{ds} + \frac{y' - y}{l} \frac{dy}{ds} + \frac{z' - z}{l} \frac{dz}{ds},$$

$$\cos IBb = \frac{x' - x}{l} \frac{dx'}{ds'} + \frac{y' - y}{l} \frac{dy'}{ds'} + \frac{z' - z}{l} \frac{dz'}{ds'},$$

pourvu que $ds$ et $ds'$ soient positifs, condition qui peut toujours être remplie en prenant convenablement les origines de ces arcs. On a donc

$$ds \cos \mathrm{BA}\,a = ds' \cos \mathrm{IB}\,b$$

ou

$$q = q_1;$$

d'ailleurs les forces Q et $Q_1$ sont égales et de sens contraires : donc la somme de leurs moments virtuels est nulle.

DÉMONSTRATION DU PRINCIPE DES VITESSES VIRTUELLES<br>DANS LE CAS D'UN SYSTÈME A LIAISONS COMPLÈTES.

448. Soient A $(x, y, z)$, A' $(x', y', z')$, A'' $(x'', y'', z'')$,... un nombre quelconque $n$ de points assujettis à des conditions données. Ces conditions seront ordinairement exprimées par un certain nombre d'équations entre les coordonnées de ces points. Le nombre des équations doit d'ailleurs être moindre que $3n$, sans quoi chaque point aurait une position fixe et resterait en repos quelles que fussent les forces appliquées au système; mais il peut être égal à $3n - 1$. Dans ce cas, où le système est dit à *liaisons complètes*, tous les points sont assujettis à demeurer sur des courbes données AL, A'L',..., et le déplacement de l'un des points entraîne celui de tous les autres. En effet, en éliminant $x'$, $y'$, $z'$, $x''$, $y''$, $z''$, etc., on tirera des équations données les valeurs de $y$ et de $z$ en fonction de $x$, savoir :

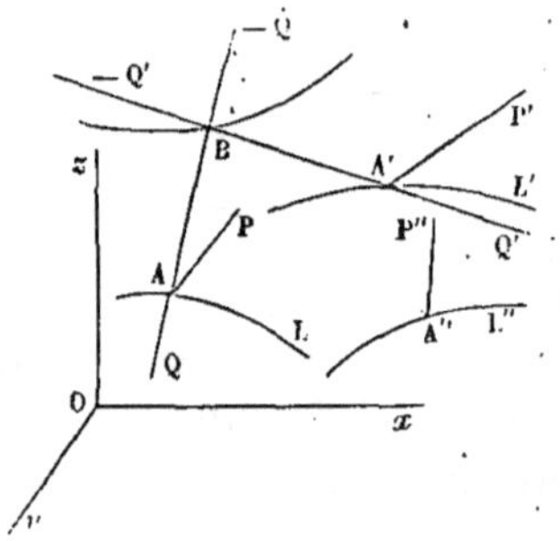

$$y = \varphi(x), \quad z = \psi(x),$$

et ces équations représenteront une courbe AL, sur laquelle le point A $(x, y, z)$ sera obligé de demeurer. On verra de la même manière que les autres points ne peuvent se mouvoir que sur des courbes déterminées. En outre, toutes les variables moins une, $x$, pouvant s'exprimer en fonction de celle-ci, quand on connaîtra la position de l'un des points, A par exemple, celles de tous les autres seront déterminées : les déplacements infiniment petits qu'on peut faire subir aux points du système ont donc avec l'un d'eux des relations qui résultent des $3n - 1$ équations données.

449. Chaque point peut se mouvoir sur la courbe dans deux sens contraires, ce qui donne lieu à deux moments virtuels égaux et de signes contraires. C'est d'ailleurs ce qu'on peut voir par le calcul. Soit

$$f(x, y, z, x', y', z', \ldots) = 0,$$

une des $3n - 1$ équations de condition. On peut la différentier en y regardant une seule des variables comme indépendante, ce qui donne

$$\frac{df}{dx}\,\delta x + \frac{df}{dy}\,\delta y + \frac{df}{dz}\,\delta z + \frac{df}{dz'}\,\delta x' + \ldots = 0.$$

On aurait en tout $3n - 1$ équations semblables. Or si elles sont satisfaites par de certaines valeurs de $\delta x$, $\delta y$, $\delta z$, $\delta x'$, ..., elles le sont évidemment aussi par les mêmes valeurs prises avec des signes contraires, d'où résulte pour chaque point deux déplacements égaux et dirigés en sens contraires.

450. Supposons qu'on applique aux points A, A', A", ..., des forces P, P', P", ..., telles, qu'il y ait équilibre. Nous pouvons ne considérer qu'une seule force en chaque point, puisque, s'il y en avait plusieurs, la somme de leurs moments virtuels serait égale au moment virtuel de leur résultante. Prenons sur une surface quelconque un point B qui soit lié avec les points A et A' par deux droites rigides AB, A'B, mobiles autour du point

B. Appliquons en A et B, suivant AB, deux forces $Q, -Q$ égales et contraires, puis en A et B, suivant $A'B$, deux forces $Q', -Q'$ égales et contraires. L'état du système ne sera pas changé.

- Quand le point B se déplace infiniment peu, il est obligé de se mouvoir sur une courbe déterminée, car il doit être sur une surface donnée et rester à des distances également données des points A et $A'$. Cela posé, appelons toujours $p, p', p'', \ldots$, les projections positives ou négatives des vitesses virtuelles des points d'application, $A, A', A''$, etc. Désignons par $Qq$ le moment virtuel de la force Q appliquée au point A, et par $Q'q'$ celui de la force $Q'$ appliquée au point $A'$. L'intensité de $Q'$ étant arbitraire, on peut en disposer de manière que les forces $P'$ et $Q'$ appliquées au point $A'$ tiennent ce point en équilibre sur la courbe $A'L'$. Il est nécessaire et suffisant, pour cela, que la somme de leurs moments virtuels soit nulle (446) ou que l'on ait

$$P'p' + Q'q' = 0.$$

On peut alors supprimer $P'$ et $Q'$ appliquées en $A'$. On peut aussi disposer de l'intensité de la force Q, de sorte que les deux forces $-Q, -Q'$ tiennent le point B en équilibre sur la courbe où il est obligé de demeurer, ce qui exige, puisque les moments virtuels de ces deux forces sont, d'après le lemme précédent, $-Qq$ et $-Q'q'$, que l'on ait

$$Qq + Q'q' = 0;$$

de là et de l'équation précédente on déduit

$$Qq = P'p'.$$

Ainsi l'état du système ne sera pas changé si l'on supprime la force $P'$ appliquée au point $A'$, pourvu que l'on applique au point A une force Q dont le moment virtuel soit égal à celui de la force $P'$.

On pourra de même supprimer les forces appliquées aux autres points $A''$, $A'''$,..., pourvu qu'on applique au point A des forces dont les moments soient égaux à $P''p''$, $P'''p'''$,....

On n'aura donc plus que des forces appliquées au point A. Donc, pour que le système soit en équilibre, il faut et il suffit que ces forces se fassent équilibre et par conséquent que la somme de leurs moments soit nulle. On aura donc

$$Pp + P'p' + P''p'' + \ldots = 0.$$

451. S'il n'y a pas équilibre, les forces appliquées au point A donneront une résultante R qui ne sera ni nulle ni

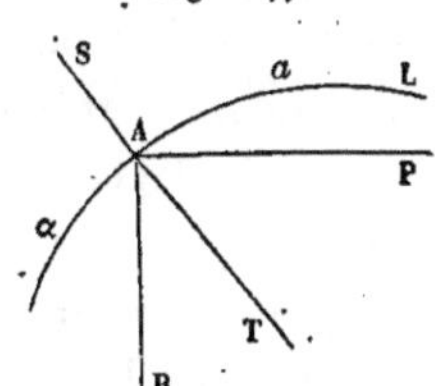


normale à la courbe $Aa$ et qui par conséquent aura un moment virtuel $Rr$ plus grand ou plus petit que zéro, selon qu'elle tendra à faire mouvoir le point A dans le sens $Aa$ ou dans le sens contraire, c'est-à-dire selon qu'elle fera avec $Aa$ un angle aigu où un angle obtus. Or

$$Rr = Pp + P'p' + \ldots = \Sigma Pp;$$

donc selon que la somme $\Sigma Pp$ sera positive ou négative, les forces tendent à mouvoir le système dans le sens $Aa$ ou dans le sens contraire. Et si le mouvement $Aa$ est empêché, il faut et il suffit, pour qu'il y ait équilibre, que $\Sigma Pp$ soit nulle ou négative.

# TRENTE-QUATRIÈME LEÇON.

## SUITE DU PRINCIPE DES VITESSES VIRTUELLES.

Démonstration du principe dans le cas d'un système à liaisons incomplètes. — Cas où les liaisons sont exprimées par des inégalités. — Autre forme de l'équation des vitesses virtuelles. — Usage de cette équation pour trouver les conditions d'équilibre.

### SYSTÈME A LIAISONS INCOMPLÈTES.

452. Nous allons maintenant étendre le principe des vitesses virtuelles à un système à liaisons incomplètes, ou dans lequel les coordonnées des points sont liées entre elles par un nombre $i$ d'équations, $i$ étant $< 3n - 1$.

Je dis d'abord que s'il y a équilibre, la somme des moments virtuels est nulle. Considérons en effet l'un quelconque des déplacements compatibles avec les liaisons du système. On peut établir de nouvelles liaisons au nombre de $3n - 1 - i$, telles, que le déplacement virtuel en question devienne le seul possible. Mais alors les forces qui agissent sur tous ces points dont le système est devenu à liaisons complètes, se faisant encore équilibre, la somme de leurs moments virtuels doit être égale à zéro. Cette somme est donc nulle pour tout mouvement virtuel compatible avec les conditions du système.

453. Réciproquement, quand la somme des moments virtuels est nulle, l'équilibre existe. En effet, si les forces appliquées au système pouvaient le mettre en mouvement, tous les points éprouveraient simultanément des déplacements très-petits pendant un temps très-court. On pourrait, sans changer ce mouvement, établir de nouvelles conditions qui rendraient le système à liaisons

complètes, et qui empêcheraient tout le mouvement virtuel différent de celui qu'on suppose avoir lieu. On aurait donc un système à liaisons complètes, dans lequel la somme des moments virtuels serait nulle et qui ne serait pas en équilibre.

Le théorème des vitesses virtuelles se trouve donc étendu à un système quelconque.

### LIAISONS QUI S'EXPRIMENT PAR DES INÉGALITÉS.

454. Quand les liaisons qui existent entre les différents points d'un système sont exprimées par des équations, chacun d'eux peut éprouver deux déplacements égaux et de sens contraires. Mais dans certains systèmes il n'en est pas ainsi.

Par exemple, concevons un point A placé sur une surface fixe S, dans l'intérieur de laquelle il lui est impossible de pénétrer, c'est-à-dire qu'il peut se mouvoir d'un côté du plan tangent, mais non de l'autre. Il est clair que s'il se meut dans le plan tangent, il pourra toujours se déplacer dans deux sens opposés $Aa$ et $Aa'$; mais pour tout autre mouvement son déplacement sera possible dans un sens et impossible dans l'autre.

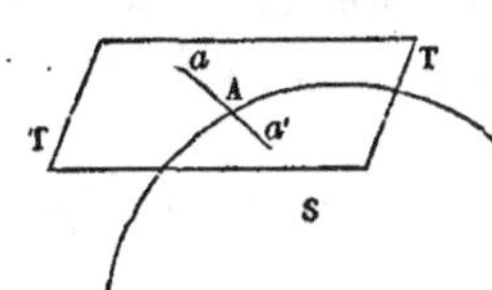

Fig. 148.

455. Les conditions de cette espèce sont ordinairement exprimées par des inégalités. Par exemple, si un point est posé sur un plan fixe et ne peut se déplacer que d'un côté de ce plan, en prenant celui-ci pour plan des $xy$ et prenant l'axe des $z$ dans le sens de son mouvement possible, on aura pour ce point $z \gtreqless o$, et il faudra exprimer que la variation de $z$ est nulle ou positive, c'est-à-dire poser l'inégalité

$$\delta z \gtreqless o.$$

De plus on exprimera qu'un point ne peut pénétrer

dans l'intérieur d'une sphère fixe dont le centre serait à l'origine des coordonnées, au moyen de la relation

$$x^2 + y^2 + z^2 \lesseqgtr R^2,$$

R étant le rayon de la sphère, et si le point est actuellement posé sur la surface sphérique, on aura en le déplaçant

$$x\delta x + y\delta y + z\delta z \lesseqgtr 0.$$

456. Si le système A, A', A″,...., est assujetti à des conditions de ce genre, le principe des vitesses virtuelles subit une modification. Il suffit alors, pour l'équilibre, que la somme des moments virtuels des forces soit nulle ou négative pour chaque mouvement virtuel de cette espèce. Si le système est à liaisons complètes, cela résulte de ce que nous avons dit plus haut (457) dans le cas où le mouvement du point A est empêché dans un certain sens. Si le système est à liaisons incomplètes, le théorème se démontre en introduisant un certain nombre de conditions telles, que le système devienne à liaisons complètes.

## AUTRE FORME DE L'ÉQUATION DES VITESSES VIRTUELLES.

457. L'équation

$$(1) \qquad Pp + P'p' + P''p'' + \ldots = 0$$

peut se mettre sous une forme plus commode. Soient
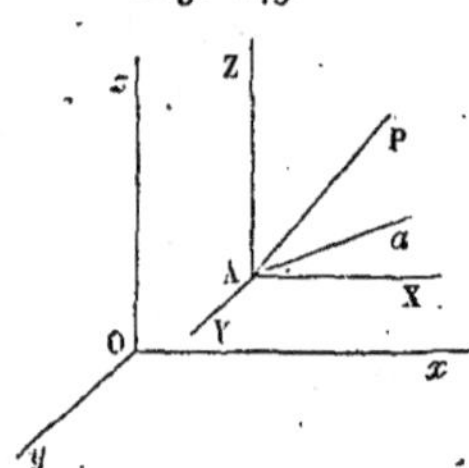

X, Y, Z les composantes parallèles aux axes de la force P appliquée en A. Désignons par $\delta x$, $\delta y$, $\delta z$ les variations des coordonnées de ce point pour un déplacement virtuel A$a$, compatible avec l'état du système, de sorte que les coordonnées du point $a$ soient $x + \delta x$, $y + \delta y$, $z + \delta z$.

Le moment virtuel de la force P étant égal à la somme

des moments virtuels de ses composantes, on a

$$P p = X \delta x + Y \delta y + Z \delta z;$$

on a de même

$$P' p' = X' \delta x' + Y' \delta y' + Z' \delta z',$$

et ainsi de suite. En substituant ces valeurs dans l'équation (1), elle devient

$$(2) \qquad \Sigma (X \delta x + Y \delta y + Z \delta z) = 0.$$

CONDITIONS D'ÉQUILIBRE D'UN SYSTÈME.

458. Voici maintenant comment on déduit du principe général des vitesses virtuelles les conditions d'équilibre d'un système donné. Supposons que les liaisons qui existent entre les divers points du système soient exprimées par les équations

$$(3) \qquad L = 0, \quad M = 0, \quad N = 0, \dots.$$

Ces équations devant être satisfaites par les nouvelles coordonnées des points, après un déplacement infiniment petit compatible avec l'état du système, on aura

$$(2) \begin{cases} \dfrac{dL}{dx} \delta x + \dfrac{dL}{dy} \delta y + \dfrac{dL}{dz} \delta z + \dfrac{dL}{dx'} \delta x' + \dots = 0, \\[2mm] \dfrac{dM}{dx} \delta x + \dfrac{dM}{dy} \delta y + \dfrac{dM}{dz} \delta z + \dfrac{dM}{dx'} \delta x' + \dots = 0, \\[2mm] \dfrac{dN}{dx} \delta x + \dfrac{dN}{dy} \delta y + \dfrac{dN}{dz} \delta z + \dfrac{dN}{dx'} \delta x' + \dots = 0, \\[2mm] \dots\dots\dots\dots\dots\dots\dots\dots\dots\dots \end{cases}$$

Pour bien comprendre ces équations, il faut concevoir qu'aux $i$ équations données on ait ajouté $3n - 1 - i$ équations nouvelles, telles, que le déplacement considéré devienne le seul possible. Alors toutes les variables moins une deviennent fonctions de celles-ci, et on peut, sous ce point de vue, différentier les équations (1). D'ailleurs on ne diminue pas ainsi la généralité de la question, puisque le déplacement particulier que l'on considère peut être l'un quelconque de ceux qui sont compatibles avec l'état du système.

459. Les équations (2) au nombre de $i$ contiennent $3n$ variations $\delta x$, $\delta y$, $\delta z$, ...; il y en a $3n - i$ qui sont arbitraires, et les autres, au nombre de $i$, dépendent de celles-là. Si on porte les valeurs des dernières dans l'équation

$$(3) \qquad \sum (X\delta x + Y\delta y + Z\delta z) = 0,$$

celle-ci contiendra seulement $3n - i$ termes multipliés chacun par l'une des $3n - i$ variations arbitraires, et comme la relation (3) doit être vérifiée quelles que soient ces variations, il faudra égaler à zéro leurs $3n - i$ coefficients. On aura ainsi $3n - i$ équations qui, jointes aux équations (1), donneront $3n$ équations nécessaires et suffisantes pour l'équilibre, entre les composantes des forces et les coordonnées de leurs points d'application.

460. L'élimination de $i$ variations au moyen du système (2) peut se faire par la méthode des multiplicateurs. Multiplions la première par $\lambda$, la seconde par $\mu$, etc., et ajoutons-les membre à membre avec l'équation (3). Déterminons les quantités $\lambda$, $\mu$, ... qui sont au nombre de $i$ par la condition que les coefficients de $i$ variations soient nuls et égalons à zéro les $3n - i$ autres coefficients. Nous aurons les $3n$ équations suivantes :

$$(4) \quad \left\{ \begin{aligned} &X + \lambda \frac{dL}{dx} + \mu \frac{dM}{dx} + \nu \frac{dN}{dx} + \ldots = 0, \\ &Y + \lambda \frac{dL}{dy} + \mu \frac{dM}{dy} + \nu \frac{dN}{dy} + \ldots = 0, \\ &Z + \lambda \frac{dL}{dz} + \mu \frac{dM}{dz} + \nu \frac{dN}{dz} + \ldots = 0, \\ &X' + \lambda \frac{dL}{dx'} + \mu \frac{dM}{dy'} + \nu \frac{dN}{dz'} + \ldots = 0. \\ &\cdots\cdots\cdots\cdots\cdots\cdots\cdots\cdots \end{aligned} \right.$$

**461.** Réciproquement, si ces équations ont lieu, je dis que les forces se font équilibre; car, en multipliant ces équations respectivement par $\delta x$, $\delta y$, $\delta z$, $\delta x'$, ... et ajoutant, on retrouve l'équation

$$\left(X + \lambda \frac{dL}{dx} + \mu \frac{dM}{dx} + \dots\right)\delta x$$

$$+ \left(Y + \lambda \frac{dL}{dy} + \mu \frac{dM}{dy} + \dots\right)\delta y + \dots = 0,$$

qui se réduit à l'équation (3), en ayant égard aux relations (2) : or l'équation (3) exprime que la somme des moments virtuels est nulle.

**462.** Les équations (4) conduisent à une conséquence remarquable. On voit qu'elles resteront les mêmes et que l'équilibre actuel du système subsistera si l'on supprime la condition $L = 0$, à laquelle le système devait satisfaire dans tous ses déplacements, pourvu qu'on joigne aux forces primitives de nouvelles forces, savoir une force appliquée en A et dont les composantes parallèles aux axes seraient

$$\lambda \frac{dL}{dx}, \quad \lambda \frac{dL}{dy}, \quad \lambda \frac{dL}{dz},$$

une force appliquée en A$'$ et dont les composantes seraient

$$\lambda \frac{dL}{dx'}, \quad \lambda \frac{dL}{dy'}, \quad \lambda \frac{dL}{dz'},$$

et ainsi de suite. La liaison exprimée par l'équation $L = 0$ produit donc ces forces.

L'intensité de la force qu'il faut appliquer au point A, par exemple, est égale à

$$\lambda \sqrt{\left(\frac{dL}{dx}\right)^2 + \left(\frac{dL}{dy}\right)^2 + \left(\frac{dL}{dz}\right)^2},$$

et sa direction est celle de la normale à la surface représentée par l'équation

$$L = o,$$

quand on y regarde $x, y, z$ comme seules variables, puisque les cosinus des angles que la normale fait avec les axes sont proportionnels à $\dfrac{dL}{dx}, \dfrac{dL}{dy}, \dfrac{dL}{dz}$.

Les conditions $M = o, N = o$, etc., peuvent de même être supprimées, pourvu que l'on applique à tous les points du système des forces convenables. Ces forces auxiliaires, qui peuvent tenir lieu des liaisons qui existent entre tous les points, sont celles qui produisent les tensions et les pressions dans les liaisons du système.

Enfin, si l'on supprime toutes les liaisons, ce qui rend tous les points libres, on voit que les forces $P, P', \ldots$ appliquées à ces points libres sont détruites par les forces

$$\lambda \frac{dL}{dx}, \qquad \mu \frac{dM}{dx}, \qquad \nu \frac{dN}{dx}, \ldots$$

$$\lambda \frac{dL}{dy}, \qquad \mu \frac{dM}{dy}, \qquad \nu \frac{dN}{dy}, \ldots$$

$$\lambda \frac{dL}{dz}, \qquad \mu \frac{dM}{dz}, \qquad \nu \frac{dN}{dz}, \ldots$$

appliquées au point A,

$$\lambda \frac{dL}{dx'}, \qquad \mu \frac{dM}{dx'}, \qquad \nu \frac{dN}{dx'}, \ldots$$

$$\lambda \frac{dL}{dy'}, \qquad \mu \frac{dM}{dy'}, \qquad \nu \frac{dN}{dy'}, \ldots$$

$$\lambda \frac{dL}{dz'}, \qquad \mu \frac{dM}{dz'}, \qquad \nu \frac{dN}{dz'}, \ldots$$

appliquées au point A', ainsi de suite.

## SUR LES DIVERS MOUVEMENTS VIRTUELS D'UN SYSTÈME.

**463.** Un mouvement virtuel quelconque se compose de $3n - i$ mouvements virtuels particuliers et distincts.

Soient $\delta_1 x$, $\delta_1 y$, $\delta_1 z$, $\delta_1 x'$, ... les variations des coordonnées des points pour un premier mouvement ; $\delta_2 x$, $\delta_2 y$, $\delta_2 z$, $\delta_2 x'$, ... pour un second mouvement. Enfin, $k$ étant égal à $3n - i$, soient $\delta_k x$, $\delta_k y$, $\delta_k z$, $\delta_k x'$, ... les variations des coordonnées pour un $k^{ième}$ mouvement. On a les équations

$$(1) \begin{cases} \dfrac{d\mathrm{L}}{dx}\,\delta x + \dfrac{d\mathrm{L}}{dy}\,\delta y + \dfrac{d\mathrm{L}}{dz}\,\delta z + \dfrac{d\mathrm{L}}{dx'}\,\delta x' + \ldots = 0, \\[2mm] \dfrac{d\mathrm{M}}{dx}\,\delta x + \dfrac{d\mathrm{M}}{dy}\,\delta y + \dfrac{d\mathrm{M}}{dz}\,\delta z + \dfrac{d\mathrm{M}}{dx'}\,\delta x' + \ldots = 0, \\[2mm] \cdots\cdots\cdots\cdots\cdots\cdots\cdots\cdots\cdots \end{cases}$$

auxquelles on satisfera de la manière la plus générale, en supposant

$$(2) \begin{cases} \delta x = a_1 \delta_1 x + a_2 \delta_2 x + a_3 \delta_3 x + \ldots + a_k \delta_k x, \\ \delta y = a_1 \delta_1 y + a_2 \delta_2 y + a_3 \delta_3 y + \ldots + a_k \delta_k y, \\ \delta z = a_1 \delta_1 z + a_2 \delta_2 z + a_3 \delta_3 z + \ldots + a_k \delta_k z, \\ \delta x' = a_1 \delta_1 x' + a_2 \delta_2 x' + a_3 \delta_3 x' + \ldots + a_k \delta_k x', \\ \cdots\cdots\cdots\cdots\cdots\cdots\cdots\cdots\cdots \end{cases}$$

$a_1$, $a_2$, ..., $a_k$ étant des indéterminées au nombre de $k$ ou de $3n - i$. En effet ces valeurs satisferont aux équations (1) ; ensuite parmi les $3k$ variations, il y en a $k$ auxquelles on peut donner des valeurs tout à fait arbitraires. En déterminant convenablement les $k$ facteurs $a_1$, $a_2$, ..., $a_k$, ces variations restant au nombre de $i$ se trouvent déterminées par les formules (2) de manière à satisfaire à toutes les équations (1). Donc, etc.

Il faut toutefois qu'il n'y ait pas de relations linéaires entre $\delta_1 x$, $\delta_1 y$, ... de la forme

$$\begin{aligned} b_1 \delta_1 x + b_2 \delta_2 x + \ldots + b_k \delta_k x &= 0, \\ b_1 \delta_1 y + b_2 \delta_2 y + \ldots + b_k \delta_k y &= 0, \\ \cdots\cdots\cdots\cdots\cdots\cdots\cdots\cdots \\ b_1 \delta_1 x' + b_2 \delta_2 x' + \ldots + b_k \delta_k x' &= 0, \\ \cdots\cdots\cdots\cdots\cdots\cdots\cdots\cdots \end{aligned}$$

c'est-à-dire qu'aucun des déterminants provenant du système

$$\delta_1 x, \quad \delta_1 y, \quad \delta_1 z, \quad \delta_1 x', \ldots,$$
$$\delta_2 x, \quad \delta_2 y, \quad \delta_2 z, \quad \delta_2 x', \ldots,$$
$$\ldots \ldots \ldots \ldots \ldots \ldots \ldots \ldots$$
$$\delta_k x, \quad \delta_k y, \quad \delta_k z, \quad \delta_k x', \ldots,$$

ne soit égal à zéro.

**464.** Ainsi comme application la plus simple, pour l'équilibre d'un point libre il faut et il suffit que la somme des moments virtuels soit nulle pour trois déplacements virtuels quelconques du point, et l'on choisit les trois déplacements virtuels parallèles aux axes. Tout autre déplacement virtuel est *composé* de ces trois-là.

Pour un point situé sur une surface donnée, deux déplacements particuliers suffisent, et sur une courbe un seul déplacement est possible.

**465.** En général soient $L = 0$, $M = 0$, ... les équations de condition. On prendra $3n - i$ quantités $\varphi, \psi, \theta, \ldots$ fonctions de $x, y, z, x', \ldots$ et dont les variations seront toutes arbitraires. L'équation des vitesses virtuelles deviendra

$$\Phi\,\delta\varphi + \Psi\,\delta\psi + \Theta\,d\theta + \ldots + \lambda\,\delta L + \mu\,\delta M + \ldots = 0;$$

et comme $\delta L$, $\delta M$, ... sont nulles et que $\delta\varphi$, $\delta\psi$, ... sont arbitraires, on aura

$$\Phi = 0, \quad \Psi = 0, \quad \Theta = 0 \ldots$$

# TRENTE-CINQUIÈME LEÇON.

## APPLICATIONS DU PRINCIPE DES VITESSES VIRTUELLES.

Équilibre d'un système invariable. — Cas où le système est gêné par quelque obstacle. — Équilibre du polygone funiculaire. — Propriété de l'équilibre.

### ÉQUILIBRE D'UN SOLIDE INVARIABLE.

466. On peut déduire du principe des vitesses virtuelles les conditions d'équilibre d'un système solide, formé de $n$ points matériels liés entre eux d'une manière invariable. Cherchons d'abord le nombre de ces conditions. Trois points étant pris au hasard dans le corps, pour exprimer que leurs distances mutuelles ne changent pas, il faut trois équations. Il en faut ensuite $3\,(n-3)$ ou $3n-9$ autres pour exprimer que les $n-3$ autres points restent à des distances invariables des trois premiers. Ainsi les liaisons du système établissent $3n-9+3$ ou $3n-6$ équations entre les coordonnées de tous ces points. Comme on doit avoir en tout $3n$ équations pour déterminer les coordonnées des $n$ points du système, il y aura donc six équations d'équilibre.

467. On pourrait obtenir ces équations en appliquant la méthode générale; mais il est plus simple d'imprimer au système six mouvements virtuels arbitraires et indépendants les uns des autres, de telle sorte que les relations qui en résulteront entre les forces, ne pou-

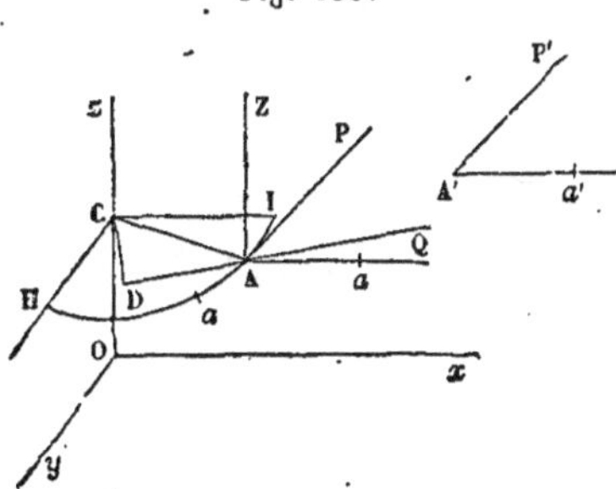

vant se déduire les unes des autres, seront précisément les six équations d'équilibre.

Le déplacement le plus simple consistera à faire mouvoir le corps parallèlement à l'un des axes, $Ox$ par exemple, de telle sorte que tous ses points décrivent de petites droites $Aa$, $A'a'$, toutes égales. Alors $\delta y$, $\delta z$, $\delta y'$, $\delta z'$,..., sont nuls et $\delta x = \delta x' = \delta x''$,....

Dans ce cas l'équation générale

$$(1) \qquad \sum (X\delta x + Y\delta y' + Z\delta z) = 0$$

devient, en supprimant le facteur commun $\delta x$,

$$(2) \qquad \sum X = 0;$$

on aura de même

$$(3) \qquad \sum Y = 0,$$

$$(4) \qquad \sum Z = 0.$$

468. On obtiendra les trois autres équations d'équilibre en faisant tourner le corps successivement autour des trois axes. Supposons d'abord que la rotation s'effectue autour de $Oz$. Le point $A$ décrira un élément $Aa$ d'une circonférence IAH de rayon $AC = r$ et parallèle au plan $xOy$. Soit l'angle $ACI = \omega$. On a d'abord $\delta z = 0$, puis à cause de

$$x = r\cos\omega, \qquad y = r\sin\omega,$$

on a, la rotation étant mesurée par l'angle $\delta\omega$,

$$\delta x = -r\sin\omega\,\delta\omega, \qquad \delta y = r\cos\omega\,\delta\omega$$

ou bien

$$\delta x = -y\delta\omega, \qquad \delta y = x\delta\omega.$$

Donc

$$X\delta x + Y\delta y + Z\delta z = (Yx - Xy)\,\delta\omega,$$

et de même

$$X' \, \delta x' + Y' \, \delta y' + Z' \, \delta z' = (Y' x' - X' y') \, \delta\omega.$$

On a donc, en substituant ces valeurs dans l'équation (1) et supprimant le facteur constant $\delta\omega$,

$$(5) \qquad \sum (Y x - X y) = o,$$

et de même

$$(6) \qquad \sum (Z y - Y z) = o,$$

$$(7) \qquad \sum (X z - Z x) = o.$$

69. On peut déduire du principe des vitesses virtuelles les équations des moments sous leur seconde forme (367).

Décomposons la force P ( *fig.* 150, p. 81) en deux autres, l'une Z parallèle à O$z$, l'autre Q située dans le plan du cercle IAH parallèle au plan $x$O$y$. Imprimons au corps un mouvement de rotation, de manière que le point A décrive un petit arc de cercle A$a$ dont le rayon. AC est perpendiculaire à O$z$. Abaissons CD $= q$ perpendiculaire sur la direction de la force Q et imaginons celle-ci transportée au point D. La force P est remplacée par les deux forces Z et Q. Or le moment virtuel de Z est nul, puisque l'élément A$a$ est perpendiculaire à cette force. Quant au moment virtuel de la force Q appliquée au point D, c'est le produit de cette force par $q \, \delta\omega$. On a donc, en appelant P$p$ le moment virtuel de la force P,

$$Pp = Qq \, \delta\omega.$$

On aura de même pour les autres forces

$$P'p' = Q' q' \, \delta\omega, \quad P'' p'' = Q'' q'' \, \delta\omega, \ldots,$$

et l'équation d'équilibre (5) devient

$$\sum Qq = o.$$

6.

Elle exprime, comme nous l'avons vu, que la somme des moments des forces par rapport à l'axe $Oz$ est nulle.

## AUTRE MANIÈRE D'OBTENIR LES CONDITIONS D'ÉQUILIBRE D'UN SYSTÈME SOLIDE.

**470.** Concevons les points du corps rapportés à un nouveau système d'axes rectangulaires. Les coordonnées $(x, y, z)$ d'un point seront liées aux nouvelles coordonnées par les équations

$$(1) \quad \begin{cases} x = \alpha + a\,x_1 + b\,y_1 + c\,z_1, \\ y = 6 + a'x_1 + b'y_1 + c'z_1, \\ z = \gamma + a''x_1 + b''y_1 + c''z_1; \end{cases}$$

et l'on aura entre les constantes $a, a', \ldots$ les équations de condition

$$(2) \quad \begin{cases} a^2 + a'^2 + a''^2 = 1, \\ b^2 + b'^2 + b''^2 = 1, \\ c^2 + c'^2 + c''^2 = 1; \end{cases}$$

$$(3) \quad \begin{cases} ab + a'b' + a''b'' = 0, \\ ac + a'c' + a''c'' = 0, \\ bc + b'c' + b''c'' = 0. \end{cases}$$

Le systeme étant solide, si l'on conçoit que les axes des $x_1, y_1, z_1$, en fassent partie, un déplacement quelconque du système changera la position de ces axes, aussi bien que $x, y, z$, mais ne changera pas $x_1, y_1, z_1$. Donc

$$(4) \quad \begin{cases} \delta x = \delta\alpha + x_1\,\delta a + y_1\,\delta b + z_1\,\delta c, \\ \delta y = \delta 6 + x_1\,\delta a' + y_1\,\delta b' + z_1\,\delta c', \\ \delta z = \delta\gamma + x_1\,\delta a'' + y_1\,\delta b'' + z_1\,\delta c''. \end{cases}$$

Supposons qu'avant le déplacement les axes des $x_1, y_1, z_1$, coïncident avec les axes des $x, y, z$, alors on aura

$$x = x_1, \quad y = y_1, \quad z = z_1,$$

et par consequent

$$a = 1, \qquad b = 0, \qquad c = 0,$$
$$a' = 0, \qquad b' = 1, \qquad c' = 0,$$
$$a'' = 0, \qquad b'' = 0, \qquad c'' = 1,$$
$$\delta a = 0, \qquad \delta b' = 0, \qquad \delta c'' = 0 \ (*),$$

et les équations de condition (3) donneront, par la différentiation,

$$\delta b + \delta a' = 0, \quad \delta c + \delta a'' = 0, \quad \delta c' + \delta b'' = 0.$$

Posons

$$\delta a' = -\delta b = \delta \omega, \quad \delta c = -\delta a'' = \delta \psi, \quad \delta b'' = -\delta c' = \delta \varphi,$$

on aura

$$\delta x = \delta \alpha - y\,\delta \omega + z\,\delta \psi,$$
$$\delta y = \delta 6 + x\,\delta \omega - z\,\delta \varphi,$$
$$\delta z = \delta \gamma - x\,\delta \psi - y\,\delta \varphi;$$

et en substituant dans l'équation générale

$$\sum (X\,\delta x + Y\,\delta y + Z\,\delta z) = 0,$$

il vient

$$(5) \begin{cases} \delta \alpha \sum X + \delta 6 \sum Y + \delta \gamma \sum Z + \delta \omega \sum (Yx - Xy) \\[2mm] + \delta \varphi \sum (Zy - Yz) + \delta \psi \sum (Xz - Zx) = 0. \end{cases}$$

Les variations $\delta \alpha, \delta 6, \ldots$ étant arbitraires, cette équation ne peut avoir lieu que si les coefficients de ces variations sont nuls; on retrouve ainsi les conditions exprimées plus haut (467, 468).

## ÉQUILIBRE D'UN SYSTÈME SOLIDE GÊNÉ PAR UN OBSTACLE.

**471.** Si le système renferme un point fixe O, on prendra ce point pour origine des coordonnées et on exprimera, au moyen de trois équations, que les distances

---

(*) Ces dernières équations peuvent s'obtenir en différentiant les formules (2) et en introduisant les hypothèses $a = 1$, $a = 0$, ....

mutuelles des points A, A′ et O sont constantes; puis par $3\,(n-2)$ équations que les distances des $n-2$ autres points à A, A′ et O restent invariables, ce qui fait en tout $3n-6+3$ ou $3n-3$ équations de condition entre les coordonnées des points du système. Donc il y aura, dans ce cas, seulement 3 équations d'équilibre entre les forces. On obtiendra ces trois équations en faisant tourner le système successivement autour des trois axes. Il est évident d'ailleurs qu'à cause de la fixité du point O, il est impossible de faire mouvoir le corps parallèlement à un axe comme lorsqu'il était libre.

472. S'il y a deux points fixes O et H, ou, ce qui revient au même, un axe fixe OH, on prendra cette ligne pour axe des $z$. On exprimera, par deux équations, que les distances du point A aux points O et H sont invariables et, par $3\,(n-1)$ équations, que les distances des $n-1$ autres points aux points O, A, H sont également invariables, ce qui fait en tout $3n-3+2$ ou $3n-1$ relations entre les coordonnées des différents points du corps. Ainsi le système est à liaisons complètes; et, en effet, un seul déplacement est possible, c'est un mouvement de rotation autour de l'axe OH. C'est par ce déplacement virtuel qu'on parviendra à la seule équation d'équilibre à laquelle les forces appliquées au corps doivent satisfaire (373).

### ÉQUILIBRE DU POLYGONE FUNICULAIRE.

473. Soient A, A′, A″, . . . , $A^{(n-1)}$, $n$ points unis par des cordes formant un polygone de $n-1$ côtés dont les sommets sont tirés par $n$ forces P, P′, P″, . . . , $P^{(n-1)}$. Il faut d'abord exprimer que les longueurs des côtés sont données et égales à $l$, $l'$,

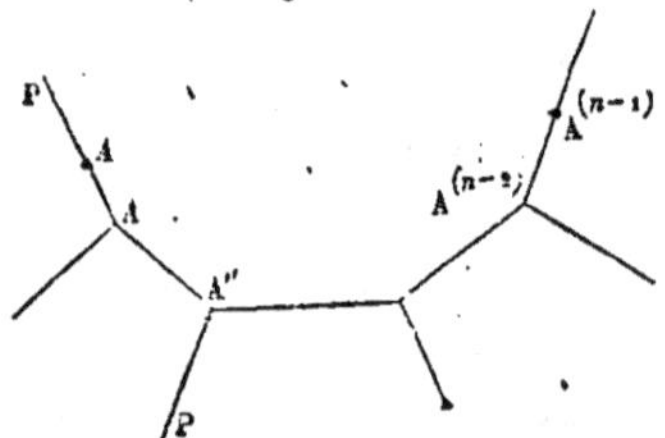

Fig. 151.

$l'', \ldots$; en désignant par $x, y, z, x', y', z', \ldots$ les coordonnées des points A, A', $\ldots$ par rapport à trois axes rectangulaires, on aura les $n - 1$ équations

$$l - \sqrt{(x' - x)^2 + (y' - y)^2 + (z' - z)^2} = 0,$$

$$l' - \sqrt{(x'' - x')^2 + (y'' - y')^2 + (z'' - z')^2} = 0,$$

$$\cdots\cdots\cdots\cdots\cdots\cdots\cdots\cdots\cdots\cdots$$

En différentiant ces équations, on aura

$$\frac{x' - x}{l} \delta x + \frac{x - x'}{l} \delta x' + \frac{y' - y}{l} \delta y$$

$$+ \frac{y - y'}{l} \delta y' + \frac{z' - z}{l} \delta z + \frac{z - z'}{l} \delta z' = 0$$

et $n - 2$ équations analogues. A ces $n - 1$ équations il faudra joindre la suivante

$$\Sigma (X \delta x + Y \delta y + Z \delta z) = 0.$$

**474.** En employant pour l'élimination des $n$ variations la méthode générale des multiplicateurs et en faisant usage des mêmes notations, on obtient les $3n$ équations

$$(1) \quad \begin{cases} X + \lambda \dfrac{x' - x}{l} = 0, \\[2mm] Y + \lambda \dfrac{y' - y}{l} = 0, \\[2mm] Z + \lambda \dfrac{z' - z}{l} = 0, \end{cases}$$

$$(2) \quad \begin{cases} X' + \lambda \dfrac{x - x'}{l} + \mu \dfrac{x'' - x'}{l'} = 0, \\[2mm] Y' + \lambda \dfrac{y - y'}{l} + \mu \dfrac{y'' - y'}{l'} = 0, \\[2mm] Z' + \lambda \dfrac{z - z'}{l} + \mu \dfrac{z'' - z'}{l'} = 0, \end{cases}$$

et

$$(3)\quad\begin{cases} X'' + \mu\,\dfrac{x' - x''}{l'} + \nu\,\dfrac{x''' - x''}{l''} = 0, \\[2mm] Y'' + \mu\,\dfrac{y' - y''}{l'} + \nu\,\dfrac{y''' - y''}{l''} = 0, \\[2mm] Z'' + \mu\,\dfrac{z' - z''}{l'} + \nu\,\dfrac{z''' - z''}{l''} = 0, \\ \cdots\cdots\cdots\cdots\cdots\cdots\cdots\cdots \end{cases}$$

On aperçoit facilement la loi d'après laquelle ces équations sont formées. En éliminant entre elles les $n-1$ indéterminées $\lambda, \mu, \nu, \ldots$, on aura $3n - (n - 1)$ ou $2n + 1$ conditions d'équilibre.

475. Les quantités auxiliaires $\lambda, \mu, \nu, \ldots$ ne sont autre chose que les tensions des divers cordons, en supposant ces quantités positives. En effet $\lambda\,\dfrac{x' - x}{l}$, $\lambda\,\dfrac{y' - y}{l}$, $\lambda\,\dfrac{z' - z}{l}$ sont les composantes parallèles aux axes d'une force égale à $\lambda$, agissant suivant AA' de A vers A'. Or les relations (1) font voir que cette force $\lambda$ et la force P, appliquées au point A, se détruisent. Ainsi $\lambda$ mesure la tension du cordon AA'. On retrouve en même temps ce résultat connu (389) que la force P est dirigée suivant le prolongement de AA' lorsque le polygone est en équilibre.

Les équations (2), outre les composantes de P, contiennent celles d'une force égale et directement contraire à $\lambda$, c'est-à-dire agissant au point A', suivant AA' de A' vers A. Les mêmes équations renferment les valeurs des composantes parallèles aux axes, d'une force égale à $\mu$ et dirigée suivant A'A'' de A' vers A'' si la quantité $\mu$ est positive. Ces trois forces se font donc équilibre au point A'. Ainsi $\mu$ mesure la tension du cordon A'A''. On verrait de même que $\nu$ est la tension du cordon A''A''', et ainsi de suite.

476. Il est facile de prouver que la tension d'un cordon quelconque est la résultante des forces qui agissent d'un même côté de celui-ci, transportées parallèlement à elles-mêmes en un point de sa direction. Ce qui précède le démontre pour le premier cordon. Pour le second, il suffit d'ajouter deux à deux les équations (1) et (2) : on a ainsi

$$X + X' + \mu \, \frac{x'' - x'}{l'} = 0,$$

$$Y + Y' + \mu \, \frac{y'' - y'}{l'} = 0,$$

$$Z + Z' + \mu \, \frac{z'' - z'}{l'} = 0.$$

Il résulte de là que les forces $P$, $P'$ et la tension $\mu$ du cordon $A'A''$, cette dernière agissant de $A'$ vers $A''$, se font équilibre. Donc une force égale et contraire à $\mu$ qui mesure aussi la tension du cordon $A'A''$ est la résultante des forces $P$ et $P'$. On verrait ensuite, en ajoutant trois à trois les équations (1), (2), (3), que la tension du cordon suivant est la résultante des forces $P$, $P'$ transportées en $A''$ et de la force $P''$, et ainsi de suite.

477. Si $\lambda$, $\mu$, $\nu$,... n'étaient pas toutes positives, le polygone funiculaire ne serait pas en équilibre; car si $\mu$, par exemple, était négative, les points $A'$ et $A''$ seraient tirés par deux forces égales et contraires qui tendraient à les rapprocher. Cependant l'équilibre aurait encore lieu si les cordons étaient remplacés par des droites rigides, car on a exprimé que les distances $AA'$, $A'A''$,... doivent être constantes.

### SUR UNE PROPRIÉTÉ DE L'ÉQUILIBRE.

478. La formule des vitesses virtuelles conduit à une remarque importante.

Supposons que le premier membre de l'équation

$$\sum (X\delta x + Y\delta y + Z\delta z) = 0$$

soit la variation exacte d'une fonction de $x, y, z, x', y', z', \ldots$, considérées soit comme des variables indépendantes, soit comme des variables liées entre elles par les équations $L = 0$, $M = 0$, etc., on aura

$$\sum (X\delta x + Y\delta y + Z\delta z) = \delta f(x, y, z, x', y', z', \ldots).$$

Il faut et il suffit pour cela que $X, Y, Z, X', \ldots$ soient les dérivées partielles de la fonction $f$, par rapport à $x, y, z, x', \ldots$. Alors pour la position d'équilibre et seulement pour celle-là, la valeur correspondante de la fonction $f(x, y, z, \ldots)$ est un maximum ou un minimum, si toutefois cette fonction est susceptible d'un maximum ou d'un minimum; car pour toute autre position du système, sa variation est différente de zéro. On démontre que l'équilibre est toujours stable quand le maximum existe; cela veut dire que si l'on écarte un peu le corps de sa position d'équilibre, il tend à y revenir et atteint cette position après un temps plus ou moins long. Si le minimum a lieu, l'équilibre peut être instable, auquel cas le corps un peu dérangé de sa position d'équilibre n'y revient plus.

479. L'expression

$$\sum (X\delta x + Y\delta y + Z\delta z)$$

est une variation exacte quand les forces motrices sont dirigées vers des centres fixes et fonctions des distances de leurs points d'application aux centres. Supposons, pour simplifier, qu'il n'y ait qu'un seul centre $K(a, b, c)$; soit $R(X, Y, Z)$ l'intensité de la force qui agit au point $A(x, y, z)$ suivant $AK$; supposons-la attractive et soit

$AK = r$. On aura

$$X\delta x + Y\delta y + Z\delta z = R\frac{a-x}{r}\delta x + R\frac{b-y}{r}\delta y + R\frac{c-z}{r}\delta z,$$

ou bien

$$X\delta x + Y\delta y + Z\delta z = -R\delta r,$$

à cause de

$$(x-a)^2 + (y-b)^2 + (z-c)^2 = r^2.$$

On trouverait $+R\delta r$, si la force était répulsive. De même en désignant par $R'\,(X',Y',Z'), R''\,(X'',Y'',Z''),\ldots$ les forces attractives ou répulsives qui agissent aux points $A', A'',\ldots$, situés aux distances $r', r'',\ldots$ du centre fixe, on aura

$$\sum (X\delta x + Y\delta y + Z\delta z) = -R\delta r - R'\delta r' - R''\delta r'' - \ldots.$$

Cette fonction est une différentielle exacte, si, comme on le suppose, $R$ est une fonction de $r$, $R'$ une fonction de $r'$, etc.

480. Si les forces $R, R', R'',\ldots$ supposées attractives ont pour expressions

$$R = \frac{\mu}{r^2}, \quad R' = \frac{\mu}{r'^2}, \quad R'' = \frac{\mu}{r''^2}, \ldots,$$

$\mu$ étant un coefficient constant, le second membre sera la différentielle exacte de

$$\mu\left(\frac{1}{r} + \frac{1}{r'} + \frac{1}{r''} + \cdots\right).$$

Ainsi, dans ce cas, la fonction

$$\frac{1}{r} + \frac{1}{r'} + \frac{1}{r''} + \cdots$$

est un maximum ou un minimum quand il y a équilibre.

**481.** Le premier membre de l'équation générale des vitesses virtuelles est encore une différentielle exacte, quand les forces considérées proviennent des actions mutuelles des points du système et qu'elles sont simplement fonctions des distances mutuelles des points qui agissent les uns sur les autres.

Soit en effet R la force avec laquelle deux points $A(x, y, z)$ et $A'(x', y', z')$ agissent l'un sur l'autre. La force qui tire A vers A' a pour composantes parallèles aux axes

$$R\frac{x'-x}{r}, \quad R\frac{y'-y}{r}, \quad R\frac{z'-z}{r},$$

et les composantes de la force égale à R qui tire A' vers A sont

$$-R\frac{x'-x}{r}, \quad -R\frac{y'-y}{r}, \quad -R\frac{z'-z}{r};$$

ces forces introduisent donc dans $\Sigma(X\delta x + Y\delta y + Z\delta z)$ un groupe de termes

$$-R\frac{x'-x}{r}(\delta x'-\delta x)-R\frac{y'-y}{r}(\delta y'-\delta y)-R\frac{z'-z}{r}(\delta z'-\delta z)$$

ou $-R\,\delta r$, à cause de l'équation

$$r^2 = (x-x')^2 + (y-y')^2 + (z-z')^2.$$

Il en résulte que

$$\sum(X\delta x + Y\delta y + Z\delta z) = -\sum R\,\delta r.$$

Or d'après l'hypothèse $\sum R\,\delta r$ est une différentielle exacte.

S'il n'y avait que deux points et qu'ils fussent assujettis à demeurer à une distance constante l'un de l'autre, on aurait $\delta r = o$ et $\mp R\delta r = o$. Par conséquent la somme des moments virtuels de deux forces égales et contraires agissant suivant AA' est nulle; c'est le lemme dont on a fait usage au n° 446.

482. Considérons encore un système de points pesants. Soient $p, p', p'', \ldots$ leurs poids et supposons qu'il n'y ait pas d'autres forces que la pesanteur. Si nous prenons l'axe des $z$ vertical ou dirigé dans le sens de cette force, l'équation des moments virtuels se réduit à

$$p\,\delta z + p'\,\delta z' + \ldots = 0 :$$

on a donc

$$\delta(pz + p'z' + p''z'' + \ldots) = 0.$$

Soient P la somme de ces poids et $z_1$ le $z$ du centre de gravité du système, on a

$$pz + p'z' + p''z'' + \ldots = Pz_1$$

et

$$\delta(Pz_1) = 0$$

ou

$$\delta z_1 = 0.$$

Ainsi, dans la position d'équilibre le centre de gravité est le plus haut ou le plus bas possible. C'est ce qu'on avait déjà remarqué à propos de la chaînette.

FIN DE LA STATIQUE

# DYNAMIQUE

## DEUXIÈME PARTIE.

## TRENTE-SIXIÈME LEÇON.

### PRINCIPE DE D'ALEMBERT.

Démonstration du principe de d'Alembert. — Remarque sur ce principe. — Équation générale du mouvement d'un système. — Conséquences de cette équation.

### DÉMONSTRATION DU PRINCIPE DE D'ALEMBERT.

483. Le mouvement d'un système de points assujettis à des conditions quelconques et soumis à des forces quelconques se détermine au moyen d'un principe très-général que l'on doit à d'Alembert. Mais avant de le démontrer, nous allons rappeler la définition générale de l'équilibre.

On dit que des forces appliquées à un point ou à un système de points se font équilibre, quand l'état de celui-ci n'est nullement changé par leur suppression. Cette définition ne suppose pas le système en repos. Il peut être en mouvement, et alors on dit que les forces se font équilibre quand, en les ôtant, on ne modifie pas le mouvement du système.

484. Considérons un système de points en mouvement $M, M', M'', \ldots$; soient $m, m', m'', \ldots$ leurs masses et $P, P', P'', \ldots$ les forces qui les sollicitent. Ces points sont assujettis à certaines conditions, ordinairement exprimées par des équations entre leurs coordonnées.

Considérons en particulier un de ces points, par exemple le point M qui est sollicité par la force P. Le mouvement de ce point n'est pas le même que s'il était libre. Soit Q la force qu'il faudrait lui appliquer, s'il était libre, pour lui donner le mouvement qu'il a réellement. Les composantes de la force Q parallèles aux axes

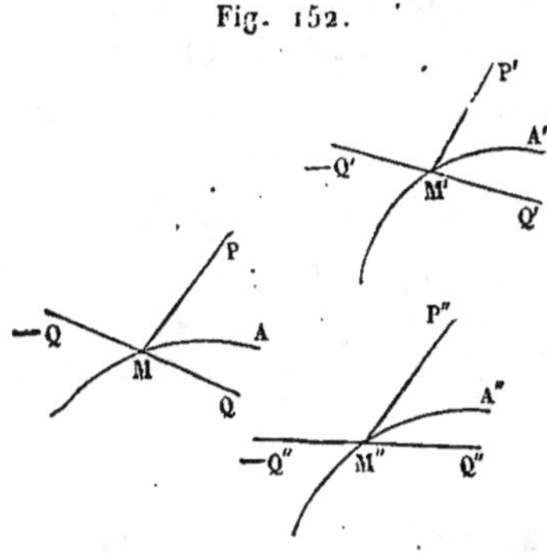


$$m\,\frac{d^2 x}{dt^2}, \quad m\,\frac{d^2 y}{dt^2}, \quad m\,\frac{d^2 z}{dt^2},$$

sont des fonctions du temps connues ou inconnues, mais déterminées. Soient de même $Q'$, $Q''$, ... les forces qu'il faudrait appliquer aux points M', M'', ..., s'ils étaient libres, pour leur conserver le mouvement qu'ils ont dans le système. On voit que si l'on substitue les forces $Q$, $Q'$, $Q''$, ... aux forces P, P', P'', ..., tous les points prendront le même mouvement qu'auparavant, sans que les mêmes conditions analytiques cessent d'être remplies ; car, puisque leur mouvement est le même dans les deux cas, les équations de conditions seront encore satisfaites. Ainsi, au système des points assujettis aux conditions données et sollicités par les forces P, P', P'', ..., on pourra substituer le système des points assujettis aux mêmes conditions et sollicités par les forces $Q$, $Q'$, $Q''$, ....

485. Cela posé, le système étant sollicité par les forces P, P', P'', ..., on ne modifiera point son mouvement, si l'on applique respectivement aux points M, M', M'', ... les forces égales et directement opposées $Q$, $-Q$, $Q'$, $-Q'$, ..., qui se font équilibre deux à deux. On

vient de voir que, sans qu'on ait à changer les liaisons du système, les forces $Q, Q', Q'',\ldots$ produisent le mouvement effectif. Donc les forces $P, P', P'',\ldots, -Q, -Q', -Q'',\ldots$ se font équilibre, puisque le mouvement n'est pas changé par leur suppression. On arrive donc ainsi au principe qui porte le nom de d'Alembert, savoir que *les forces motrices d'un système font à chaque instant équilibre à des forces égales et contraires aux forces qui produiraient son mouvement effectif, si tous ses points devenaient libres.*

### REMARQUES SUR LE PRINCIPE DE D'ALEMBERT.

486. On peut présenter le principe de d'Alembert sous une autre forme, utile dans quelques cas. Décomposons la

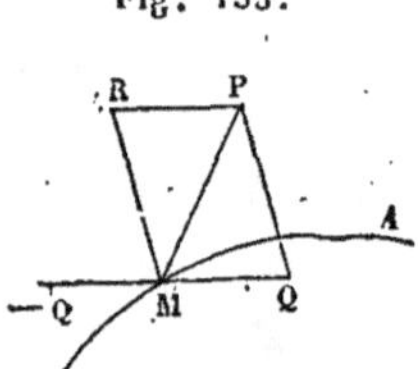


force P appliquée au point M en deux, dont l'une soit la force désignée par Q, et l'autre une force que nous appellerons R. Nommons de même $Q', R', Q'', R'',\ldots$ les composantes analogues des autres forces $P', P'',\ldots$ On peut remplacer les forces $P, P', P'',\ldots$ par les forces $Q, R, Q', R',\ldots.$ Mais alors on voit que les forces $R, R', R'',\ldots$ doivent se faire équilibre, puisque les composantes $Q, Q', Q'',\ldots$ donnent le même mouvement que les forces $P, P', P'',\ldots.$ Ces forces sont dites *les forces perdues.* Quant aux composantes $Q, Q', Q'',\ldots,$ on pourrait les appeler *forces effectives,* puisqu'elles ont sur le système le même effet que les forces motrices $P, P', P'',\ldots.$ On peut donc dire qu'à chaque instant *les forces perdues se font équilibre.*

Cet énoncé revient au précédent; car chaque force R est la résultante des forces $P$ et $-Q$. Dire que les forces R se font équilibre, revient donc à dire que leurs composantes $P, -Q, P', -Q',\ldots$ se font équilibre.

**487.** Il est bon d'observer qu'on pourrait remplacer d'une infinité de manières les forces données par d'autres susceptibles d'imprimer le même mouvement au système, non plus libre, mais assujetti aux conditions données. En effet, supposons que des forces R, R′, R″, ... se fassent équilibre. On pourra décomposer chaque force P en deux forces R et Q. Comme les forces R se détruisent, il ne restera que les forces Q qui produiront le même mouvement que les forces P. Il en résulte que le système P, P′, P″, ... et celui des forces — Q, — Q′, — Q″, ..., égales et opposées aux forces Q définies en dernier lieu, se font équilibre. Mais cette conséquence est peu utile dans les applications, parce qu'on n'a pas l'expression analytique des nouvelles forces.

ÉQUATION GÉNÉRALE DU MOUVEMENT D'UN SYSTÈME.

**488.** En vertu du principe de d'Alembert, toutes les questions de mouvement se trouvent ramenées à des questions d'équilibre. Voici comment on s'en servira pour obtenir les équations du mouvement d'un système dans lequel les points sont assujettis à certaines conditions.

Soient

$$(1) \qquad L = 0, \quad M = 0, \quad N = 0, \ldots,$$

$i$ équations de condition, exprimant les liaisons du système. Ces équations contiendront en général, outre les coordonnées des différents points, le temps $t$, de sorte que les conditions peuvent varier avec le temps.

Soit P la force appliquée au point M, dont la masse est $m$. Nommons X, Y, Z ses composantes parallèles à trois axes rectangulaires ; celles de la force que nous avons appelée — Q sont égales à

$$-m\,\frac{d^2x}{dt^2}, \quad -m\,\frac{d^2y}{dt^2}, \quad -m\,\frac{d^2z}{dt^2}.$$

Les deux forces P et — Q peuvent donc être remplacées
par trois forces parallèles aux axes et qui ont pour expression

$$X - m \frac{d^2 x}{dt^2},$$

$$Y - m \frac{d^2 y}{dt^2},$$

$$Z - m \frac{d^2 z}{dt^2}.$$

On aura des expressions analogues pour les autres points
M′, M″,.... Comme les forces P, — Q, P′, — Q′,..., se
font équilibre, il faut que la somme de leurs moments
virtuels soit nulle, c'est-à-dire que l'on ait

$$\left(X - m \frac{d^2 x}{dt^2}\right) \delta x + \left(Y - m \frac{d^2 y}{dt^2}\right) \delta y + \left(Z - m \frac{d^2 z}{dt^2}\right) \delta z$$
$$+ \left(X' - m' \frac{d^2 x'}{dt^2}\right) \delta x' + \ldots = 0,$$

ou, par une notation plus abrégée,

$$\sum \left[ \left(X - m \frac{d^2 x}{dt^2}\right) \delta x + \left(Y - m \frac{d^2 y}{dt^2}\right) \delta y \right.$$
$$\left. + \left(Z - m \frac{d^2 z}{dt^2}\right) \delta z \right] = 0.$$

Cette équation est vérifiée à chaque instant. Ainsi à une
époque quelconque le premier membre est nul, en ayant
égard aux équations (1), et $\delta x, \delta y, \delta z, \delta x', \delta y', \ldots$
représentant les variations qui résultent de ces équations
pour les coordonnées des divers points du système. Il
ne faut pas confondre ces variations, qui sont les projections sur les axes des déplacements virtuels des points
du système, avec les différentielles $dx, dy, dz, dx', \ldots$
qui sont les accroissements infiniment petits des coor-

données dans le mouvement effectif et pendant l'intervalle de temps $dt$ (*).

## CONSÉQUENCES DE L'ÉQUATION GÉNÉRALE.

**489.** Voyons maintenant comment au moyen de la relation

$$(1) \quad \sum \left[ \left( X - m \frac{d^2x}{dt^2} \right) \delta x + \left( Y - m \frac{d^2y}{dt^2} \right) \delta y + \left( Z - m \frac{d^2z}{dt^2} \right) \delta z \right] = 0,$$

on obtiendra, dans chaque cas, les équations du mouvement. Les conditions

$$(2) \qquad L = 0, \quad M = 0, \quad N = 0, \dots,$$

devant être satisfaites par le système dans sa position actuelle et dans celle qui correspond à un déplacement quelconque, il faudra différentier les équations (2) par rapport à $x, y, z, x', \dots$, sans faire varier le temps. On aura ainsi entre les variations $\delta x$, $\delta y$, $\delta z$, $\delta x', \dots$,

---

(*) Les déplacements $\delta x$, $\delta y, \dots$ satisfont aux équations $\delta L = 0$, $\delta M = 0, \dots$, c'est-à-dire

$$\frac{dL}{dx} \delta x + \frac{dL}{dy} \delta y + \dots = 0, \dots,$$

tandis que l'on a

$$\frac{dL}{dt} dt + \frac{dL}{dx} dx + \frac{dL}{dy} dy + \dots = 0, \dots$$

On ne pourra donc pas prendre en général $\delta x = dx$, on ne pourra le faire que si $\frac{dL}{dt} = 0$, $\frac{dM}{dt} = 0, \dots$, c'est-à-dire que si les liaisons $L = 0$, $M = 0, \dots$ sont indépendantes du temps.

7.

les $i$ équations suivantes :

$$(3)\quad\begin{cases}\dfrac{d\mathrm{L}}{dx}\,\delta x+\dfrac{d\mathrm{L}}{dy}\,\delta y+\dfrac{d\mathrm{L}}{dz}\,\delta z+\dfrac{d\mathrm{L}}{dx'}\,\delta x'+\ldots=0,\\[2mm]\dfrac{d\mathrm{M}}{dx}\,\delta x+\dfrac{d\mathrm{M}}{dy}\,\delta y+\dfrac{d\mathrm{M}}{dz}\,\delta z+\dfrac{d\mathrm{M}}{dx'}\,\delta x'+\ldots=0,\\[2mm]\dfrac{d\mathrm{N}}{dx}\,\delta x+\dfrac{d\mathrm{N}}{dy}\,\delta y+\dfrac{d\mathrm{N}}{dz}\,\delta z+\dfrac{d\mathrm{N}}{dx'}\,\delta x'+\ldots=0,\\[2mm]\cdots\cdots\cdots\cdots\cdots\cdots\cdots\cdots\cdots\cdots\end{cases}$$

Si $n$ est le nombre des points du système, il y aura donc $3n-i$ variations arbitraires et $i$ variations fonctions de celles-là déterminées par les $i$ équations précédentes. On portera les valeurs de ces $i$ variations dans l'équation (1), et égalant à o les coefficients des $3n-i$ variations restantes, on aura $3n-i$ équations différentielles entre le temps, les forces et les coordonnées des points du système. En y joignant les $i$ relations (2), on aura $3n$ équations pour déterminer les $3n$ variables $x,y,z,x',y',z',\ldots$, en fonction du temps $t$. Il restera à intégrer ces équations pour connaître la position de chaque point du système à une époque quelconque du mouvement.

490. On peut, comme on l'a fait dans une autre occasion (460), employer la méthode des multiplicateurs. En multipliant les équations (3) par des coefficients indéterminés $\lambda,\mu,\nu,\ldots$, les ajoutant avec l'équation (1), puis égalant à o les coefficients des $3n$ variations, on a les $3n$ équations suivantes :

$$(4)\quad\begin{cases}m\,\dfrac{d^{2}x}{dt^{2}}=\mathrm{X}+\lambda\dfrac{d\mathrm{L}}{dx}+\mu\dfrac{d\mathrm{M}}{dx}+\nu\dfrac{d\mathrm{N}}{dx}+\ldots,\\[2mm]m\,\dfrac{d^{2}y}{dt^{2}}=\mathrm{Y}+\lambda\dfrac{d\mathrm{L}}{dy}+\mu\dfrac{d\mathrm{M}}{dy}+\nu\dfrac{d\mathrm{N}}{dy}+\ldots,\\[2mm]m\,\dfrac{d^{2}z}{dt^{2}}=\mathrm{Z}+\lambda\dfrac{d\mathrm{L}}{dz}+\mu\dfrac{d\mathrm{M}}{dz}+\nu\dfrac{d\mathrm{N}}{dz}+\ldots,\\[2mm]m'\,\dfrac{d^{2}x'}{dt^{2}}=\mathrm{X}'+\lambda\dfrac{d\mathrm{L}}{dx'}+\mu\dfrac{d\mathrm{M}}{dx'}+\nu\dfrac{d\mathrm{N}}{dx'}+\ldots,\\[2mm]\cdots\cdots\cdots\cdots\cdots\cdots\cdots\cdots\cdots\cdots\end{cases}$$

L'élimination des $i$ indéterminées $\lambda, \mu, \nu, \ldots$ entre ces équations donnera $3n - i$ équations : en y joignant les $i$ équations (2), on aura $3n$ équations pour déterminer les valeurs des $3n$ coordonnées $x, y, z, x', \ldots$ en fonction du temps.

491. Les facteurs $\lambda, \mu, \nu, \ldots$ représentent les forces perdues et font connaître les tensions et pressions qui s'exercent dans les liens physiques du système. Pour le bien comprendre, décomposons, comme nous l'avons fait plus haut (486), la force P dans les deux forces — Q et R, et opérons la même décomposition pour les forces P', P'',.... On sait que si l'on supprime les forces R, R', R''', ..., chaque point conservera encore son mouvement. On sait, de plus, que sous l'action des forces Q, Q', Q'', ... chaque point aurait encore le même mouvement, quand bien même il deviendrait entièrement libre; de sorte que les points assujettis aux liaisons données se meuvent alors sans exercer aucune action les uns sur les autres, et par conséquent les liens physiques du système n'éprouvent ni tensions ni pressions lorsqu'on a supprimé les composantes R, R', ....

Si l'on rétablit ces composantes, elles se font équilibre à l'aide des liaisons du système, et le mouvement demeure le même. On voit donc que ces dernières forces produisent seules les tensions et pressions dans les liens du système. Par conséquent, lorsqu'on connaîtra R, R', R'', ..., on pourra déterminer les actions que les liaisons produisent sur les points du système, et par suite les tensions et pressions que les liens éprouvent, comme on l'a vu, dans un système de points assujettis à des conditions quelconques et soumis à des forces données qui se font équilibre.

492. On a d'ailleurs les expressions des forces perdues R, R', R'',.... Les composantes de R, parallèles aux axes,

sont

$$X - m\,\frac{d^2x}{dt^2},$$

$$Y - m\,\frac{d^2y}{dt^2},$$

$$Z - m\,\frac{d^2z}{dt^2};$$

celles de $R'$ sont

$$X' - m'\,\frac{d^2x'}{dt^2},$$

$$Y' - m'\,\frac{d^2y'}{dt^2},$$

$$Z' - m'\,\frac{d^2z'}{dt^2};$$

$$\ldots\ldots\ldots$$

Or les équations (4) donnent

$$X - m\,\frac{d^2x}{dt^2} = -\left(\lambda\,\frac{d\mathrm{L}}{dx} + \mu\,\frac{d\mathrm{M}}{dx} + \nu\,\frac{d\mathrm{N}}{dx} + \ldots\right),$$

$$Y - m\,\frac{d^2y}{dt^2} = -\left(\lambda\,\frac{d\mathrm{L}}{dy} + \mu\,\frac{d\mathrm{M}}{dy} + \nu\,\frac{d\mathrm{N}}{dy} + \ldots\right),$$

$$Z - m\,\frac{d^2z}{dt^2} = -\left(\lambda\,\frac{d\mathrm{L}}{dz} + \mu\,\frac{d\mathrm{M}}{dz} + \nu\,\frac{d\mathrm{N}}{dz} + \ldots\right),$$

$$X' - m'\,\frac{d^2x'}{dt^2} = -\left(\lambda\,\frac{d\mathrm{L}}{dx'} + \mu\,\frac{d\mathrm{M}}{dx'} + \nu\,\frac{d\mathrm{N}}{dx'} + \ldots\right),$$

$$\ldots\ldots\ldots\ldots\ldots\ldots\ldots$$

expressions dans lesquelles il faut remplacer $\lambda, \mu, \nu, \ldots$
par leurs valeurs déterminées au moyen des équa-
tions (4).

# TRENTE-SEPTIÈME LEÇON.

## EXTENSION ET APPLICATIONS DU PRINCIPE DE D'ALEMBERT.

Des forces instantanées ou percussions. — Extension du principe de d'Alembert aux forces instantanées. — Manière d'appliquer ce principe. — Mouvement de deux points matériels unis par un fil et reposant sur deux plans inclinés. — Autre manière de traiter ce problème. — Cas où il y a des percussions.

### DES FORCES INSTANTANÉES.

493. L'observation montre qu'il n'y a pas de force capable de produire, dans un instant indivisible, un changement fini, soit en grandeur, soit en direction, dans la vitesse d'un corps quelconque. Mais il existe des forces qu'on appelle *instantanées* et qu'on désigne aussi sous le nom de *percussions* ou *impulsions* qui, agissant avec une très-grande intensité, pendant un temps extrêmement court et presque toujours inappréciable, communiquent à un corps, dans cet intervalle de temps, une vitesse finie qui peut même être considérable.

Supposons un corps ou point matériel sollicité par une pareille force P suivant une droite $Ox$. L'équation de son mouvement est

$$m \frac{d^2 x}{dt^2} = P,$$

$m$ étant la masse de ce corps. Si l'on intègre cette équation à partir de $t = 0$ jusqu'à $t = \theta$, $\theta$ étant un intervalle de temps très-petit, comme une fraction de seconde, on a, si $u$ est la vitesse du corps au bout du temps $\theta$, la vitesse initiale étant nulle,

$$mu = \int_0^\theta P\,dt.$$

Au delà du temps $\theta$, la force P cesse d'agir, et par conséquent le mobile conserve sa vitesse acquise $u$. Mais alors la quantité de mouvement $mu$, possédée par le corps et égale à $\int_0^\theta P\,dt$, peut avoir et aura une valeur finie, pourvu que l'intensité de la force P soit très-grande pendant la durée très-petite de $\theta$.

494. Quand la direction de la force P est variable pendant le temps $\theta$, on a les trois équations

$$m\frac{d^2x}{dt^2} = X, \quad m\frac{d^2y}{dt^2} = Y, \quad m\frac{d^2z}{dt^2} = Z,$$

X, Y, Z étant les composantes de la force motrice à chaque instant. On aura au bout du temps $\theta$ :

$$m\frac{dx}{dt} = \int_0^\theta X\,dt,$$

$$m\frac{dy}{dt} = \int_0^\theta Y\,dt,$$

$$m\frac{dz}{dt} = \int_0^\theta Z\,dt.$$

Si l'on assimile la quantité de mouvement $mu$ à une force dirigée suivant la tangente à la trajectoire, $m\dfrac{dx}{dt}$, $m\dfrac{dy}{dt}$, $m\dfrac{dz}{dt}$ seront les composantes de cette force fictive. C'est pourquoi on les appelle les composantes de la quantité de mouvement. Les équations précédentes donnent les expressions de ces composantes en fonction des composantes de la percussion.

## EXTENSION DU PRINCIPE DE D'ALEMBERT AUX FORCES DE PERCUSSION.

**495.** Le principe de d'Alembert s'applique aux forces de percussion, en remplaçant ces forces par les quantités de mouvement qu'elles sont capables de produire. Reprenons la formule générale

$$(1) \quad \left\{ \sum \left[ \left( X - m \frac{d^2 x}{dt^2} \right) \delta x + \left( Y - m \frac{d^2 y}{dt^2} \right) \delta y \right. \right.$$
$$\left. \left. + \left( Z - m \frac{d^2 z}{dt^2} \right) \delta z \right] = 0. \right.$$

Considérons le système depuis le temps $t_0$ jusqu'au temps $t_0 + \theta$, pendant lequel la percussion agit. Cet intervalle étant très-court, on peut regarder les variations $\delta x$, $\delta y$, $\delta z$, $\delta x'$,..., comme constantes pendant toute sa durée. En effet, si ces points sont liés entre eux par $i$ équations de condition,

$$(2) \qquad L = 0, \quad M = 0, \quad N = 0,\ldots,$$

les variations sont assujetties aux $i$ relations

$$(3) \quad \left\{ \begin{aligned} &\frac{dL}{dx} \delta x + \frac{dL}{dy} \delta y + \frac{dL}{dz} \delta z + \frac{dL}{dx'} \delta x' + \ldots = 0, \\ &\frac{dM}{dx} \delta x + \frac{dM}{dy} \delta y + \frac{dM}{dz} \delta z + \frac{dM}{dx'} \delta x' + \ldots = 0, \\ &\frac{dN}{dx} \delta x + \frac{dN}{dy} \delta y + \frac{dN}{dz} \delta z + \frac{dN}{dx'} \delta x' + \ldots = 0, \\ &\ldots\ldots\ldots\ldots\ldots\ldots\ldots\ldots\ldots\ldots\ldots\ldots \end{aligned} \right.$$

Or, pendant le temps très-court $\theta$, les points du système n'éprouvent que des déplacements insensibles, de sorte qu'on peut regarder leurs coordonnées $x$, $y$, $z$, $x'$, $y'$, $z'$,..., comme constantes, d'où il suit que les valeurs de $\delta x$, $\delta y$,..., restent aussi constantes.

**496.** Cela posé, multiplions l'équation (1) par $dt$ et regardant $\delta x$, $\delta y$, ..., comme des constantes, intégrons par rapport à $t$, entre les limites $t_0$ et $t_0 + \theta$. On aura

$$
(4)\quad
\begin{aligned}
\sum\Bigg[&\left(\int_{t_0}^{t_0+\theta} X\,dt + m\frac{dx_0}{dt} - m\frac{dx}{dt}\right)\delta x\\
&+\left(\int_{t_0}^{t_0+\theta} Y\,dt + m\frac{dy_0}{dt} - m\frac{dy}{dt}\right)\delta y\\
&+\left(\int_{t_0}^{t_0+\theta} Z\,dt + m\frac{dz_0}{dt} - m\frac{dz}{dt}\right)\delta z\Bigg]= 0,
\end{aligned}
$$

les lettres affectées de l'indice o désignant les valeurs relatives à l'époque $t_0$, et les lettres sans indice les valeurs relatives à l'époque $t_0 + \theta$.

Voyons maintenant ce que signifie cette équation. La force P dont les composantes X, Y, Z sont appliquées pendant le temps $\theta$ à la masse $m$, communiquerait au point matériel, s'il était libre, une quantité de mouvement $mu$, dont les composantes sont (494) $\int X\,dt$, $\int Y\,dt$, $\int Z\,dt$.

Les termes $m\dfrac{dx}{dt}$, $m\dfrac{dy}{dt}$, $m\dfrac{dz}{dt}$ sont les composantes de la quantité de mouvement $mv$ que le point $m$ possède au bout du temps $t_0 + \theta$. De même la vitesse étant $v_0$ pour $t = t_0$, les composantes de la quantité de mouvement $mv_0$ de la masse $m$ à l'époque $t_0$ sont $m\dfrac{dx_0}{dt}$, $m\dfrac{dy_0}{dt}$, $m\dfrac{dz_0}{dt}$. Si l'on convient de considérer les quantités de mouvement comme des forces, on voit que l'équation (4) exprime qu'*il y a équilibre entre les quantités de mouvement que les percussions communiqueraient aux différents points s'ils étaient libres, les quantités de mouvement qu'ils possèdent au moment où les percussions commencent à agir et celles qu'ils ont après leur action, ces dernières étant prises en sens contraire.* Cet énoncé suppose toutefois qu'on néglige pendant le temps $\theta$ les

forces ordinaires, telles que la pesanteur, qui n'ont pas
une intensité très-grande.

497. L'équation (4) se simplifie lorsque le système
part du repos. Alors $m\dfrac{dx_0}{dt}$, $m\dfrac{dy_0}{dt}$, $m\dfrac{dz_0}{dt}$, $m'\dfrac{dx'_0}{dt}$, ...,
disparaissent, et l'on peut dire qu'*il y a équilibre entre
les quantités de mouvement que les forces donneraient
aux divers points du système s'ils étaient libres et celles
qui ont lieu effectivement, et avec lesquelles ce système
commence à se mouvoir, au bout du temps $\theta$, ces dernières étant prises en sens contraire.*

MARCHE A SUIVRE POUR APPLIQUER LE PRINCIPE DE
D'ALEMBERT DANS LE CAS DES PERCUSSIONS.

498. Pour appliquer le principe de d'Alembert, étendu
au cas des percussions, il faut suivre la marche indiquée
au n° 490. Des équations

$$(1)\quad\begin{cases} \dfrac{d\mathrm{L}}{dx}\,\delta x + \dfrac{d\mathrm{L}}{dy}\,\delta y + \dfrac{d\mathrm{L}}{dz_{\bullet}}\,\delta z + \ldots = 0, \\[2ex] \dfrac{d\mathrm{M}}{dx}\,\delta x + \dfrac{d\mathrm{M}}{dy}\,\delta y + \dfrac{d\mathrm{M}}{dz}\,\delta z + \ldots = 0, \\[1ex] \cdots\cdots\cdots\cdots\cdots\cdots\cdots\cdots \end{cases}$$

on peut déduire les valeurs de $i$ variations et les porter
dans l'équation

$$(2)\quad \begin{aligned} \sum\Bigg[ & \left(\int_{t_0}^{t_0+\theta} \mathrm{X}\,dt + m\frac{dx_0}{dt} - m\frac{dx}{dt}\right)\delta x \\ & + \left(\int_{t_0}^{t_0+\theta} \mathrm{Y}\,dt + m\frac{dy_0}{dt} - m\frac{dy}{dt}\right)\delta y \\ & + \left(\int_{t_0}^{t_0+\theta} \mathrm{Z}\,dt + m\frac{dz_0}{dt} - m\frac{dz}{dt}\right)\delta z \Bigg] = 0; \end{aligned}$$

puis on égalera à o les coefficients des $3\,n - i$ variations restantes. Mais il vaut mieux employer la méthode des multiplicateurs. On a, par ce dernier procédé, en appelant $\lambda$, $\mu$, $\nu$, ..., $i$ coefficients indéterminés, les $3n$ équations suivantes :

$$(3) \quad \begin{cases} m \dfrac{dx}{dt} - m \dfrac{dx_0}{dt} = \displaystyle\int X\, dt + \lambda \dfrac{dL}{dx} + \mu \dfrac{dM}{dx} + \dots, \\[2ex] m \dfrac{dy}{dt} - m \dfrac{dy_0}{dt} = \displaystyle\int Y\, dt + \lambda \dfrac{dL}{dy} + \mu \dfrac{dM}{dy} + \dots, \\[2ex] \dotfill \end{cases}$$

Dans celles-ci $\displaystyle\int X\, dt$, $\displaystyle\int Y\, dt$, $\displaystyle\int Z\, dt$ sont les composantes de la quantité de mouvement que la force P serait capable de communiquer dans le temps $\theta$ au point $m$ s'il était libre, laquelle est connue par l'expérience. On remplacera de même $\displaystyle\int X'\, dt$, $\displaystyle\int Y'\, dt$, $\displaystyle\int Z'\, dt$, ..., par leurs valeurs. On a ensuite $3n - i$ équations provenant de l'élimination de $\lambda$, $\mu$, $\nu$, ..., entre les $3n$ équations précédentes.

D'un autre côté, si l'on différentie par rapport au temps les équations de condition, on aura $i$ équations, telles que

$$\frac{dL}{dt} + \frac{dL}{dx}\frac{dx}{dt} + \frac{dL}{dy}\frac{dy}{dt} + \frac{dL}{dz}\frac{dz}{dt} + \frac{dL}{dx'}\frac{dx'}{dt} + \dots = 0,$$

d'où l'on tire $i$ équations, telles que

$$\frac{dL}{dx}\left(\frac{dx}{dt} - \frac{dx_0}{dt}\right) + \frac{dL}{dy}\left(\frac{dy}{dt} - \frac{dy_0}{dt}\right) + \dots = 0,$$

en regardant comme constantes les fonctions $\dfrac{dL}{dt}$, $\dfrac{dL}{dx}$, ..., qui ne varient pas sensiblement pendant la très-courte durée de la percussion. On a donc en tout $3n$ équations pour déterminer les $3n$ inconnues $\dfrac{dx}{dt}$, $\dfrac{dy}{dt}$, $\dfrac{dz}{dt}$, $\dfrac{dx'}{dt}$, ..., c'est-à-dire les composantes de la vitesse de chaque point.

### MOUVEMENT DE DEUX CORPS LIÉS PAR UN FIL ET PLACÉS SUR DEUX PLANS INCLINÉS.

**499.** Deux corps pesants $m$ et $m'$ dont les masses sont $m$ et $m'$ sont placés sur deux plans inclinés AC, A'C',

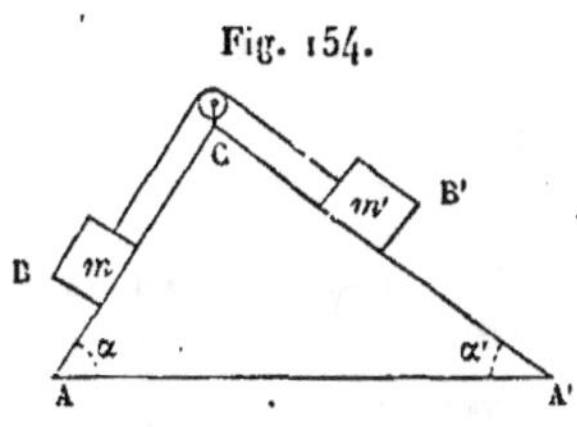
Fig. 154.

et unis par un fil passant sur une poulie située au sommet des deux plans. Les deux parties du fil sont respectivement parallèles à ces deux plans et passent par les centres de gravité des deux corps. Quelle est la loi du mouvement de cet assemblage?

On peut supposer que chacune des masses soit réunie à son centre de gravité. Soient $Cm = x$, $Cm' = x'$; nommons $\alpha$ et $\alpha'$ les angles CAA', CA'A, et $l$ la longueur totale du fil.

En négligeant les frottements, la force motrice du point $m$, dans la direction de son mouvement, est $mg \sin\alpha$, et celle qui donnerait à ce point supposé libre le mouvement qu'il a réellement est $m\dfrac{d^2x}{dt^2}$. D'après le principe de d'Alembert, la force $mg \sin\alpha - m\dfrac{d^2x}{dt^2}$ doit faire équilibre à la force analogue $m'g \sin\alpha' - m'\dfrac{d^2x'}{dt^2}$, qui serait appliquée au point $m'$ et tirerait ce dernier en sens inverse. On a donc

$$(1) \qquad m\left(g \sin\alpha - \frac{d^2x}{dt^2}\right) = m'\left(g \sin\alpha' - \frac{d^2x'}{dt^2}\right).$$

On peut éliminer $x'$ au moyen de la relation

$$x + x' = l;$$

on en tire d'abord

$$\frac{dx'}{dt} = -\frac{dx}{dt}.$$

Ainsi à chaque instant les vitesses des deux points sont égales et de sens contraires, ce qui était bien évident *à priori*. Il en résulte aussi

$$\frac{d^2 x'}{dt^2} = -\frac{d^2 x}{dt^2},$$

d'où l'on conclut, en substituant dans l'équation (1),

$$(2) \qquad \frac{d^2 x}{dt^2} = g\, \frac{(m \sin \alpha - m' \sin \alpha')}{m + m'}.$$

Sans aller plus loin, on voit que la force accélératrice du point $m$ étant constante, son mouvement est uniformément accéléré. D'ailleurs on déduit de cette équation, par deux intégrations successives,

$$(3) \qquad v \text{ ou } \frac{dx}{dt} = g\, \frac{(m \sin \alpha - m' \sin \alpha')}{m + m'}\, t + c,$$

$$(4) \qquad x = \frac{g\,(m \sin \alpha - m' \sin \alpha')}{m + m'}\, \frac{t^2}{2} + ct + c',$$

les constantes $c$ et $c'$ étant les valeurs de $v$ et de $x$ relatives à la position initiale du mobile $m$.

Si l'on avait

$$m \sin \alpha = m' \sin \alpha',$$

on aurait

$$v = c, \quad x = ct + c',$$

et le mouvement serait uniforme. Si en outre on avait $c = 0$, on aurait $v = 0$ et $x = c'$. Ainsi le corps resterait en repos, ce qui s'accorde bien avec les conditions connues de l'équilibre de deux corps placés comme dans l'exemple actuel.

### AUTRE MANIÈRE DE TRAITER LE PROBLÈME PRÉCÉDENT.

**500.** On peut dans cet exemple particulier se dispenser d'employer le principe de d'Alembert, en introduisant la tension T. On a

$$(1) \qquad m\,\frac{d^2 x}{dt^2} = mg\sin\alpha - T,$$

$$(2) \qquad m'\,\frac{d^2 x'}{dt^2}\, m'g\sin\alpha' - T,$$

d'où, en éliminant la tension T,

$$(3) \qquad m\left(g\sin\alpha - \frac{d^2 x}{dt^2}\right) = m'\left(g\sin\alpha' - \frac{d^2 x'}{dt^2}\right).$$

Pour avoir la tension T, on tirera de cette équation, en remplaçant $\dfrac{d^2 x'}{dt^2}$ par $-\dfrac{d^2 x}{dt^2}$,

$$\frac{d^2 x}{dt^2} = \frac{g\,(m\sin\alpha - m'\sin\alpha')}{m + m'}$$

et, portant cette valeur dans l'équation (1),

$$(4) \qquad T = \frac{g\,mm'\,(\sin\alpha + \sin\alpha')}{m + m'}.$$

Ainsi la tension du fil est constante pendant toute la durée du mouvement.

**501.** Dans la détermination précédente, nous n'avons pas fait usage du principe des vitesses virtuelles. On arrive au même résultat en l'employant. Comme les deux forces

$$m\left(g\sin\alpha - \frac{d^2 x}{dt^2}\right), \quad m'\left(g\sin\alpha' - \frac{d^2 x'}{dt^2}\right)$$

se font équilibre, on aura, en vertu de ce principe,

$$(5) \quad m\left(g\sin\alpha - \frac{d^2x}{dt^2}\right)\delta x + m'\left(g\sin\alpha' - \frac{d^2x'}{dt^2}\right)\delta x' = 0 \, ;$$

mais d'ailleurs, à cause de $x + x' = l$, on a

$$(6) \qquad\qquad \delta x + \delta x' = 0.$$

Éliminant le rapport $\dfrac{\delta x}{\delta x'}$ entre ces deux équations, on a comme plus haut

$$m\left(g\sin\alpha - \frac{d^2x}{dt^2}\right) - m'\left(g\sin\alpha' - \frac{d^2x'}{dt^2}\right) = 0.$$

Si l'on employait la méthode des multiplicateurs pour cette élimination, il serait bien facile de montrer que le coefficient $\lambda$ que l'on emploierait n'est autre que la tension T du fil. En effet, multipliant l'équation (6) par $-\lambda$ et ajoutant à l'équation (5), on aura

$$\left[m\left(g\sin\alpha - \frac{d^2x}{dt^2}\right) - \lambda\right]\delta x$$
$$+ \left[m'\left(g\sin\alpha' - \frac{d^2x'}{dt^2}\right) - \lambda\right]\delta x' = 0,$$

et, en égalant séparément à zéro les coefficients de $\delta x$ et de $\delta x'$,

$$m\left(g\sin\alpha - \frac{d^2x}{dt^2}\right) = \lambda,$$
$$m'\left(g\sin\alpha' - \frac{d^2x'}{dt^2}\right) = \lambda.$$

Ces équations ne diffèrent des équations (1) et (2) qu'en ce que T est remplacé par $\lambda$. Ainsi $\lambda$ est bien la tension désignée plus haut (500) par T.

502. Le problème que nous venons de traiter donne la théorie complète de la machine d'Atwood, en posant $\alpha = \alpha' = 90°$, ce qui réduit les formules (3) et (4) du

n° 499, et (4) du n° 500, aux suivantes :

$$v = \frac{g\,(m - m')}{m + m'}\,t + c,$$

$$x = \frac{g\,(m - m')}{m + m'}\,\frac{t^2}{2} + ct +$$

$$T = \frac{2g\,mm'}{m + m'}.$$

### CAS OU IL Y A DES PERCUSSIONS.

503. Nous avons supposé que l'on connaissait les vitesses initiales des deux masses. Concevons maintenant que celles-ci soient mises en mouvement par des percussions et déterminons, dans cette hypothèse, leurs vitesses initiales. Soient $a$ et $a'$ les vitesses que ces percussions imprimeraient aux masses $m$ et $m'$ si chacune d'elles était libre, et désignons par $c$ la vitesse effective du point $m$ après la percussion. La vitesse initiale du point $m'$ sera $-c$; car, à cause de $x + x' = l$, on a

$$\frac{dx'}{dt} = -\frac{dx}{dt}.$$

D'après le principe de d'Alembert étendu aux quantités de mouvement finies, il doit y avoir équilibre entre les quantités de mouvement que les percussions communiqueraient aux deux points s'ils étaient libres et celles avec lesquelles ils commenceraient à se mouvoir, ces dernières étant prises en sens contraire. On aura donc

$$m\,(a - c) = m'(a' + c),$$

d'où

$$c = \frac{ma - m'a'}{m + m'}.$$

# TRENTE-HUITIÈME LEÇON.

## SUITE DES APPLICATIONS DU PRINCIPE DE D'ALEMBERT.

Mouvement de plusieurs corps liés par des cordons. — Autre solution.
— Mouvement d'une chaîne sur deux plans inclinés. — Mouvement de
deux points dont la distance est invariable et assujettis à demeurer sur
deux courbes données.

---

### MOUVEMENT DE CORPS LIÉS PAR DES CORDONS.

**504.** Proposons-nous de trouver la loi du mouvement

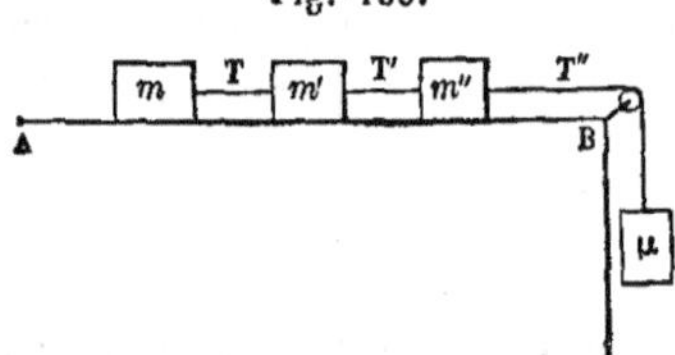

Fig. 155.

d'un système de corps
dont les masses sont $m$,
$m'$, $m''$, et qui, liés entre
eux par des fils ou des
cordons, sont mobiles sur
un plan horizontal. Nous
supposerons que la force
motrice est le poids d'un corps dont la masse est $\mu$ et qui
tire le dernier cordon.

A un instant quelconque, tous les points du système
ont une même vitesse $v$. Donc $m\,\dfrac{dv}{dt}$, $m'\,\dfrac{dv}{dt}$, $m''\,\dfrac{dv}{dt}$, $\mu\,\dfrac{dv}{dt}$
représentent les forces qui seraient capables de donner à
ces masses, si elles étaient libres, leur mouvement effectif. D'ailleurs $\mu g$ est la force motrice du système, et
cette force doit faire équilibre aux précédentes prises en
sens contraire. L'équation du mouvement est donc

$$\mu g - \mu\,\frac{dv}{dt} - m\,\frac{dv}{dt} - m'\,\frac{dv}{dt} - m''\,\frac{dv}{dt} = 0,$$

ou plus simplement

$$\frac{dv}{dt} = \frac{\mu g}{M},$$

en posant

$$\mu + m + m' + m'' = M.$$

Ainsi le mouvement est uniformément accéléré, et la force accélératrice est à $g$ comme la masse $\mu$ du poids moteur est à celle de tout le système.

505. Si l'on voulait tenir compte du frottement, il faudrait supposer appliquée à chaque masse une force qui lui fût proportionnelle et dirigée en sens contraire du mouvement. Le mouvement serait encore uniformément accéléré.

AUTRE SOLUTION.

506. On peut encore résoudre ce problème sans faire usage du principe de d'Alembert. Soient T, T′, T″ les tensions des trois fils. La tension T′, par exemple, est égale à l'une quelconque des deux forces égales et contraires qu'il faudrait appliquer aux points $m'$ et $m''$ pour remplacer le fil qui les unit, s'il venait à être supprimé. Or on a évidemment

$$m \frac{dv}{dt} = T,$$

$$m' \frac{dv}{dt} = T' - T,$$

$$m'' \frac{dv}{dt} = T'' - T,$$

$$\mu \frac{dv}{dt} = \mu g - T''.$$

En ajoutant toutes ces équations, on a encore

$$\frac{dv}{dt} = \frac{\mu g}{M}.$$

8.

Il est ensuite facile d'obtenir les valeurs des tensions.
On a

$$T = m\,\frac{\mu g}{M},$$

$$T' = (m + m')\,\frac{\mu g}{M},$$

$$T'' = (m + m' + m'')\,\frac{\mu g}{M}.$$

On voit donc qu'on a

$$T < T' < T'',$$

et cela doit être, car la tension $T''$ met en mouvement trois masses, tandis que $T'$ n'en fait mouvoir que deux et $T$ qu'une seule.

Dans ce qui précède on a négligé la masse des cordons. Si l'on en tenait compte, la tension serait variable dans l'étendue d'un même cordon.

### MOUVEMENT D'UNE CHAINE SUR DEUX PLANS INCLINÉS.

507. Soit BCB' une chaîne pesante homogène qui repose sur deux plans inclinés disposés comme dans la *fig.* 154, p. 109, et faisant avec l'horizon des angles $CAA' = \alpha$, $CA'A = \alpha'$. Soient $l$ la longueur de la chaîne. $\rho$ la masse de l'unité de longueur. Posons $x = BC$, $x' = B'C$, en sorte que l'on ait

$$(1) \qquad\qquad x + x' = l.$$

Considérons une molécule $\mu$ prise sur la portion CB. Les forces qui la sollicitent sont la force motrice $\mu g \sin\alpha$, et la force effective $\mu\,\dfrac{d^2 x}{dt^2}$. Toutes les forces motrices des molécules de la partie CB et leurs forces effectives prises en sens contraire se composent en une seule

$$\left(g\sin\alpha - \frac{d^2 x}{dt^2}\right)\Sigma\mu,$$

ou bien

$$\rho\, x \left( g\sin\alpha - \frac{d^2 x}{dt^2} \right).$$

De même la différence entre les forces effectives et les forces motrices de la partie CB′ sera

$$\rho\, x' \left( g\sin\alpha' - \frac{d^2 x'}{dt^2} \right).$$

On aura donc, d'après le principe de d'Alembert,

$$(2) \qquad x \left( g\sin\alpha - \frac{d^2 x}{dt^2} \right) = x' \left( g\sin\alpha' - \frac{d^2 x'}{dt^2} \right)$$

d'où, en éléminant $x'$ à l'aide de l'équation $x + x' = l$,

$$(3) \qquad \frac{d^2 x}{dt^2} - g\, \frac{(\sin\alpha + \sin\alpha')}{l}\, x + g\sin\alpha' = o.$$

Telle est l'équation du mouvement.

508. Pour intégrer cette équation, posons, afin de simplifier,

$$(4) \qquad \frac{g\,(\sin\alpha + \sin\alpha')}{l} = n^2,$$

l'équation (3) devient

$$\frac{d^2 x}{dt^2} - n^2 \left( x - \frac{l\sin\alpha'}{\sin\alpha + \sin\alpha'} \right) = o,$$

ou bien

$$(5) \qquad \frac{d^2 y}{dt^2} - n^2 y = o,$$

en posant

$$(6) \qquad x - \frac{l\sin\alpha'}{\sin\alpha + \sin\alpha'} = y.$$

L'équation (5) a pour intégrale

$$y = A e^{nt} + B e^{-nt};$$

on aura donc

$$(7) \qquad x = \frac{l \sin \alpha'}{\sin \alpha + \sin \alpha'} + A e^{nt} + B e^{-nt},$$

A et B étant deux constantes. Pour les déterminer, on peut supposer connues la position et la vitesse initiale du point B. Si pour $t = o$ on a $CB = x_0$ et $\frac{dx}{dt} = \nu_0$, on aura

$$x_0 = \frac{l \sin \alpha'}{\sin \alpha + \sin \alpha'} + A + B,$$

$$\nu_0 = n\,(A - B).$$

Au bout d'un certain temps facile à déterminer, toute la chaîne se trouve sur le même plan. Le mouvement change alors de nature et devient uniformément accéléré.

509. La condition nécessaire et suffisante pour que la chaine reste en repos est que l'on ait

$$A = o, \quad B = o.$$

En effet, en remontant à la valeur de $\nu$ ou de $\frac{dx}{dt}$, on reconnaît que l'on doit avoir

$$A e^{nt} - B e^{-nt} = o,$$

quel que soit $t$, ou, en multipliant par $e^{-nt}$,

$$A e^{2nt} = B.$$

Or cette équation ne peut pas avoir lieu pour toutes les valeurs de $t$, à moins que l'on n'ait en même temps $A = o$, $B = o$. Dans ce cas on a

$$x = CB = \frac{l \sin \alpha'}{\sin \alpha + \sin \alpha'},$$

$$x' = CB' = \frac{l \sin \alpha}{\sin \alpha + \sin \alpha'},$$

et par conséquent

$$\frac{\mathrm{CB}}{\mathrm{CB}'} = \frac{\sin \alpha'}{\sin \alpha}.$$

Cette équation exprime que la droite BB$'$ est horizontale, ce que l'on pouvait prévoir.

510. On peut encore trouver l'équation de ce mouvement en s'appuyant sur le principe des vitesses virtuelles. Ainsi les forces

$$\rho x \left( g \sin \alpha - \frac{d^2 x}{dt^2} \right), \quad \rho x' \left( g \sin \alpha' - \frac{d^2 x'}{dt^2} \right),$$

étant respectivement appliqués aux points B et B$'$ dans la direction du mouvement que ces points peuvent prendre, il faut, pour l'équilibre, que l'on ait

$$\rho x \left( g \sin \alpha - \frac{d^2 x}{dt^2} \right) \delta x + \rho x' \left( g \sin \alpha' - \frac{d^2 x'}{dt^2} \right) \delta x' = 0.$$

D'ailleurs $\delta x' = - \delta x$, puisque $x + x' = l$. Substituant $- \delta x$ à $\delta x'$, on arrive à l'équation précédemment obtenue.

MOUVEMENT DE DEUX POINTS ASSUJETTIS A DEMEURER SUR DEUX COURBES DONNÉES ET DONT LA DISTANCE EST INVARIABLE.

511. Voici un problème propre à bien faire comprendre l'usage des fonctions $\lambda$, $\mu$, $\nu$, ..., introduites dans les équations du mouvement pour opérer une élimination.

Soient $m$ et $m'$ deux points matériels sollicités par deux forces P et P$'$, constantes ou variables. Ces deux points sont assujettis à rester à une distance constante $mm' = l$ l'un de l'autre et à demeurer séparément sur deux courbes données

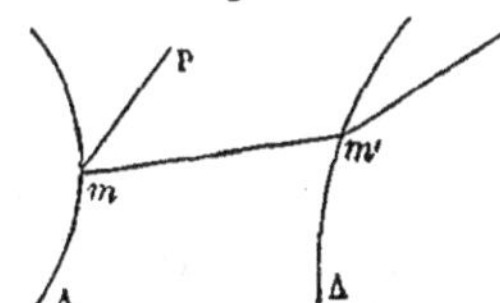

Fig. 156.

$m$A et $m'$A$'$. On suppose, pour plus de simplicité,

les forces et les courbes comprises dans un. même plan $xOy$.

Prenons, dans ce plan, des axes rectangulaires $Ox$, $Oy$. Soient $X$, $Y$, $X'$, $Y'$ les composantes, parallèles à ces axes, des forces $P$ et $P'$. D'après le principe de d'Alembert et en conservant les notations habituelles, l'équation du mouvement sera

$$
(1) \quad
\begin{cases}
\left( X - m\,\dfrac{d^2x}{dt^2} \right)\delta x + \left( Y - m\,\dfrac{d^2y}{dt^2} \right)\delta y \\[2ex]
+ \left( X' - m'\,\dfrac{d^2x'}{dt^2} \right)\delta x' + \left( Y' - m'\,\dfrac{d^2y'}{dt^2} \right)\delta v' = 0.
\end{cases}
$$

Soient

$$
(2) \quad f(x,\ y) = 0, \quad \varphi(x,\ y) = 0
$$

les équations des courbes $m\mathrm{A}$ et $m'\mathrm{A}'$. On aura les trois équations de condition

$$
(3) \quad
\begin{cases}
f(x,\ y) = 0, \\
\varphi(x', y') = 0, \\
(x - x')^2 + (y - y')^2 = l^2.
\end{cases}
$$

Le système est, comme on voit, à liaisons complètes. Ces premières équations donnent

$$
(4) \quad
\begin{cases}
\dfrac{df}{dx}\,\delta x + \dfrac{df}{dy}\,\delta y = 0, \\[2ex]
\dfrac{d\varphi}{dx'}\,\delta x' + \dfrac{d\varphi}{dy'}\,\delta y' = 0, \\[2ex]
\dfrac{x - x'}{l}(\delta x - \delta x') + \dfrac{y - y'}{l}(\delta y - \delta y') = 0.
\end{cases}
$$

Multiplions les équations (4) par trois facteurs indéterminés $\lambda$, $\lambda'$, $\mu$, puis ajoutons-les avec l'équation (1). Égalons ensuite à zéro les coefficients de $\delta x$, $\delta y$, $\delta x'$, $\delta y'$, nous aurons

$$(5) \quad \begin{cases} m\,\dfrac{d^2x}{dt^2} = X + \lambda\,\dfrac{df}{dx} + \mu\,\dfrac{x - x'}{l}; \\[2ex] m\,\dfrac{d^2y}{dt^2} = Y + \lambda\,\dfrac{df}{dy} + \mu\,\dfrac{y - y'}{l}, \\[2ex] m'\dfrac{d^2x'}{dt^2} = X' + \lambda'\,\dfrac{d\varphi}{dx'} - \mu\,\dfrac{x - x'}{l}, \\[2ex] m'\dfrac{d^2y'}{dt^2} = Y' + \lambda'\,\dfrac{d\varphi}{dy'} - \mu\,\dfrac{y - y'}{l}. \end{cases}$$

Ces équations font voir que les points $m$ et $m'$ se mouvraient comme des points libres, si l'on appliquait au point $m$ deux nouvelles forces dont les composantes parallèles aux axes fussent égales respectivement à

$$\lambda\,\frac{df}{dx}, \quad \lambda\,\frac{df}{dy}, \quad \mu\,\frac{x - x'}{l}, \quad \mu\,\frac{y - y'}{l};$$

et au point $m'$ deux forces dont les composantes fussent

$$\lambda'\,\frac{d\varphi}{dx'}, \quad \lambda'\,\frac{d\varphi}{dy'}, \quad -\mu\,\frac{x - x'}{l}, \quad -\mu\,\frac{y - y'}{l}.$$

Or $\lambda\,\dfrac{df}{dx}$ et $\lambda\,\dfrac{df}{dy}$ sont les composantes d'une force égale à

$$\lambda\sqrt{\left(\frac{df}{dx}\right)^2 + \left(\frac{df}{dy}\right)^2}$$ et normale à la courbe $m\mathrm{A}$. Cette force est égale et contraire à la pression que supporte la courbe $m\mathrm{A}$ dans le mouvement du point $m$.

Pareillement $\mu\,\dfrac{x - x'}{l}$, $\mu\,\dfrac{y - y'}{l}$ sont les composantes d'une force dirigée suivant $mm'$ et dont l'intensité est $\mu$.

Les mêmes remarques s'appliquent au point $m'$.

Les deux forces égales et contraires dirigées suivant $mm'$ expriment les actions que les deux points $m$, $m'$ exercent l'un sur l'autre par le moyen du lien $mm'$ : chacune de ces forces est égale à la tension ou pression qu'éprouve ce lien.

On éliminera $\lambda$, $\lambda'$, $\mu$, $\mu'$ en multipliant les équations (5) par $dx$, $dy$, $dx'$, $dy'$, les ajoutant et en ayant
égard aux équations (3), il viendra

$$m\,\frac{d^2 x}{dt^2}\,dx + m\,\frac{d^2 y}{dt^2}\,dy + m\,\frac{d^2 x'}{dt^2}\,dx' + m\,\frac{d^2 y'}{dt^2}\,dy'$$
$$= X\,dx + Y\,dy + X'\,dx' + Y'\,dy',$$

équation qui revient à remplacer dans l'équation (1)
$\delta x$, $\delta y$, $\delta x'$, $\delta y'$ par $dx$, $dy$, $dx'$, $dy'$.

# TRENTE-NEUVIÈME LEÇON.

## MOMENTS D'INERTIE.

Définitions. — Moments d'inertie d'un parallélipipède rectangle. — Ellipsoïde. — Solides de révolution. — Relation entre les moments d'inertie d'un corps par rapport à des axes parallèles; — par rapport à des axes qui passent par le même point.

---

### DÉFINITIONS.

512. On appelle *moment d'inertie d'un point matériel* par rapport à un axe le produit de la masse de ce point par le carré de sa distance à l'axe.

513. Le moment d'inertie d'un système de points matériels dont la forme est invariable, par rapport à un axe, est la somme des moments d'inertie de tous ces points par rapport à cet axe. Ainsi $m, m', m'', \ldots$, étant les masses des molécules et $r, r', r''', \ldots$, leurs distances respectives à l'axe, le moment d'inertie du système sera

$$mr^2 + m'r'^2 + m''r''^2 + \ldots$$

Nous le désignerons ordinairement par $\Sigma mr^2$.

514. Les points matériels qui composent un corps n'y sont pas répandus d'une manière continue : on sait, au contraire, qu'ils sont séparés entre eux par des espaces vides qu'on appelle des *pores*. Cependant on peut dans chaque cas obtenir le moment d'inertie, en supposant la masse distribuée d'une manière continue dans le corps. Cela revient à prendre, au lieu de $\Sigma mr^2$, l'intégrale définie de $r^2 dm$, pour toute l'étendue du corps, et, comme on l'a vu en Statique à l'occasion des

centres de gravité des corps solides, les résultats de ces deux hypothèses diffèrent très-peu, pourvu que les pores soient extrêmement petits relativement au volume de tout le corps. Il suffira donc de décomposer le corps en une infinité d'éléments infiniment petits ; on prendra le moment d'inertie d'un élément quelconque, et l'on aura celui du corps par des intégrations.

## MOMENTS D'INERTIE D'UN PARALLÉLIPIPÈDE RECTANGLE.

515. Soit AE un parallélipipède rectangle, et proposons-nous de trouver ses moments par rapport aux trois arêtes contiguës OA, OB, OC. Soit $m\,(x, y, z)$ un point quelconque de ce solide. L'élément qui correspond à ce point est un parallélipipède $mm'$ infiniment petit dont le volume est $dx\,dy\,dz$ et la masse $\rho\,dx\,dy\,dz$, $\rho$ étant la densité de ce corps que nous supposons constante dans toute son étendue. La dis-

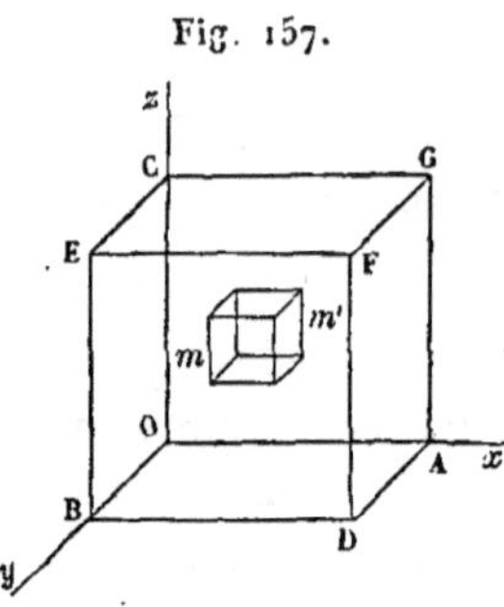


tance du point $m$ à l'axe $Oz$ est $\sqrt{x^2+y^2}$. Donc le moment d'inertie de cet élément par rapport à $Oz$ est

$$(x^2+y^2)\,\rho\,dx\,dy\,dz,$$

et, par suite, le moment du parallélipipède est

$$\rho \iiint (x^2+y^2)\,dx\,dy\,dz.$$

Cette intégrale triple doit s'étendre à toutes les valeurs positives de $x, y, z$ respectivement plus petites que $a, b, c$ ou que les longueurs OA, OB, OC des arêtes du parallélipipède.

Comme $z$ n'entre que par sa différentielle sous le signe d'intégration, il paraît plus simple de commencer à intégrer par rapport à cette variable entre les limites o et $c$, ce qui donne

$$c\rho \int\int (x^2 + y^2)\, dx\, dy.$$

On intègre ensuite par rapport à $y$ depuis $y = o$ jusqu'à $y = b$ et enfin par rapport à $x$, de $x = o$ à $x = a$. On trouve ainsi

$$\rho\, \frac{abc}{3}\, (a^2 + b^2)$$

pour le moment d'inertie du parallélipipède. En appelant M la masse du corps, on a $M = \rho abc$. L'expression précédente sera donc $\frac{M}{3}(a^2 + b^2)$. La même chose se dira des autres axes, en sorte que les moments d'inertie du parallélipipède par rapport aux axes $Ox$, $Oy$, $Oz$ son

$$\frac{M}{3}(b^2 + c^2), \quad \frac{M}{3}(a^2 + c^2), \quad \frac{M}{3}(a^2 + b^2).$$

Si l'on suppose

$$a > b > c,$$

on aura

$$a^2 + b^2 > a^2 + c^2 > b^2 + c^2,$$

et l'on voit que, des trois moments d'inertie, le plus grand correspond à la plus petite arête et le plus petit à la plus grande.

ELLIPSOIDE HOMOGÈNE.

516. Soit

$$(1) \qquad \frac{x^2}{a^2} + \frac{y^2}{b^2} + \frac{z^2}{c^2} = 1$$

l'équation d'un ellipsoide rapporté à ses diamètres principaux : le premier membre sera moindre que 1 pour tout point intérieur, et plus grand que 1 pour tout point extérieur.

Soit $\rho$ la densité du solide. On verra, comme dans l'exemple précédent, que le moment d'inertie par rapport à l'axe $Oz$ est égal à

$$\rho \iiint (x^2 + y^2)\, dx\, dy\, dz,$$

intégrale triple qui doit s'étendre à toutes les valeurs de $x, y, z$, telles que l'on ait

$$\frac{x^2}{a^2} + \frac{y^2}{b^2} + \frac{z^2}{c^2} < 1.$$

517. En supposant d'abord $x$ et $y$ constants, il faut intégrer par rapport à $z$ depuis la valeur

$$z = -c\sqrt{1 - \frac{x^2}{a^2} - \frac{y^2}{b^2}}$$

jusqu'à

$$z = +c\sqrt{1 - \frac{x^2}{a^2} - \frac{y^2}{b^2}}.$$

Ces valeurs doivent être réelles. On aura pour résultat

$$2c\rho \iint (x^2 + y^2)\sqrt{1 - \frac{x^2}{a^2} - \frac{y^2}{b^2}}\, dx\, dy,$$

ou bien

$$2c\rho \iint x^2\, dx\, \sqrt{1 - \frac{x^2}{a^2} - \frac{y^2}{b^2}}\, dy$$

$$+ 2c\rho \iint y^2\, dy\, \sqrt{1 - \frac{x^2}{a^2} - \frac{y^2}{b^2}}\, dx.$$

Ces deux intégrales s'étendent à toutes les valeurs de $x$ et de $y$, telles que l'on ait

$$\frac{x^2}{a^2} + \frac{y^2}{b^2} < 1,$$

parce que le radical $\sqrt{1 - \frac{x^2}{a^2} - \frac{y^2}{b^2}}$ doit être réel.

En posant

$$b^2 - \frac{b^2 x^2}{a^2} = r^2,$$

on voit que

$$\iint x^2\, dx \sqrt{1 - \frac{x^2}{a^2} - \frac{y^2}{b^2}}\, dy = \frac{1}{b} \int_{-a}^{a} x^2\, dx \int_{-r}^{r} \sqrt{r^2 - y^2}\, dy.$$

Mais $\int_{-r}^{r} \sqrt{r^2 - y^2}\, dy$ est égale à la moitié de l'aire du cercle dont le rayon est $r$, c'est-à-dire à $\frac{\pi r^2}{2}$ ou $\frac{\pi b^2}{2}\left(1 - \frac{x^2}{a^2}\right)$.

518. Il reste à intégrer $x^2 dx \left(1 - \frac{x^2}{a^2}\right)$ de $x = -a$ à $x = +a$, car l'inégalité

$$\frac{x^2}{a^2} + \frac{y^2}{b^2} < 1$$

donne

$$1 - \frac{x^2}{a^2} > \frac{y^2}{b^2} > 0,$$

et, par conséquent, $x$ doit être comprise entre $-a$ et $+a$. On aura ainsi

$$\iint x^2\, dx \sqrt{1 - \frac{x^2}{a^2} - \frac{y^2}{b^2}}\, dy = \frac{2\pi a^3 b}{15}.$$

On obtiendrait de même

$$\iint y^2\, dy \sqrt{1 - \frac{x^2}{a^2} - \frac{y^2}{b^2}}\, dx = \frac{2\pi b^3 a}{15},$$

en changeant $b$ en $a$ et $a$ en $b$. Donc si l'on désigne par C le moment d'inertie de l'ellipsoïde par rapport à l'axe des $z$, on aura

$$C = \frac{4\pi \rho abc}{15}(a^2 + b^2),$$

ou, en posant

$$(2) \qquad M = \frac{4 \pi \rho a b c}{3},$$

M étant la masse de l'ellipsoïde,

$$(3) \qquad C = \frac{M}{5} (a^2 + b^2).$$

On aura de la même manière les moments d'inertie par rapport aux autres axes $Ox$ et $Oy$. Ainsi, en résumé, M étant la masse de l'ellipsoïde et A, B, C désignant ses moments d'inertie par rapport aux axes $Ox$, $Oy$, $Oz$, on aura

$$(4) \qquad \begin{cases} A = \dfrac{M}{5} (b^2 + c^2), \\[2mm] B = \dfrac{M}{5} (a^2 + c^2), \\[2mm] C = \dfrac{M}{5} (a^2 + b^2). \end{cases}$$

**519.** Si l'on fait

$$a = b = c = r,$$

on trouvera

$$\frac{2M}{5} r^2 \quad \text{ou} \quad \frac{8 \pi \rho r^5}{15}$$

pour le moment d'inertie d'une sphère par rapport à un diamètre quelconque.

Si le rayon de la sphère augmente de $dr$, son moment d'inertie s'accroît de sa différentielle $\frac{8}{3} \pi \rho r^4 \, dr$, qui est par conséquent le moment d'inertie de la couche infiniment mince comprise entre les deux surfaces sphériques concentriques dont les rayons sont $r$ et $r + dr$.

On conclut de là que

$$\frac{8 \pi}{3} \int_a^b \rho r^4 \, dr = \frac{8 \pi \rho}{15} (b^5 - a^5)$$

est le moment d'inertie, relativement à un diamètre quelconque, d'une couche sphérique dont les rayons intérieur et extérieur sont $a$ et $b$, et dans laquelle la densité $\rho$, supposée la même pour tous les points situés à une même distance du centre, est variable avec cette distance.

## SOLIDES DE RÉVOLUTION.

520. On peut connaître, par une seule intégration, le moment d'inertie d'un solide de révolution, par rapport à son axe.

Soient CD la courbe méridienne et $Ox$ l'axe de révolution. Prenons cette droite pour axe des $x$, et pour axe des $y$ une perpendiculaire $Oy$ située dans le plan du méridien.

Fig. 158.

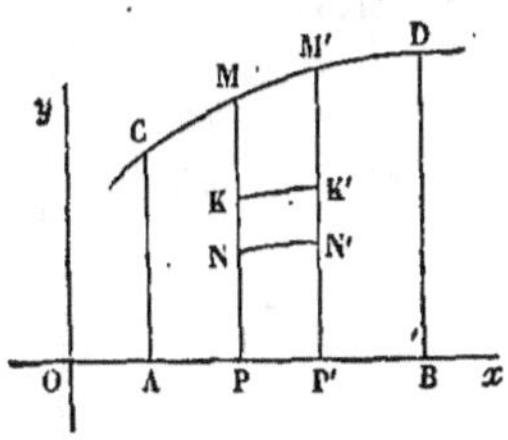

Soient MP et M′P′ deux ordonnées infiniment voisines, et NKK′N′ un rectangle compris entre ces deux ordonnées; si l'on pose

$$PN = u, \quad OP = x,$$

on aura

$$NKK'N' = du\,dx,$$

et le volume du solide engendré par la révolution de ce rectangle sera

$$2\pi\, u\, du\, dx.$$

Donc le moment d'inertie de ce solide sera

$$2\pi \rho\, u\, du\, dx\, u^2 \quad \text{ou} \quad 2\pi \rho\, u^3\, du\, dx,$$

et celui du solide engendré par PMM′P′

$$2\pi \int_0^y \rho\, u^3\, du\, dx,$$

c'est-à-dire $\dfrac{\pi}{2} \rho y^4\, dx$; et enfin le moment d'inertie du volume engendré par la révolution de l'aire ACDB sera

$$\frac{1}{2}\,\pi\rho\int_{a}^{b} y^{4}\,dx,$$

en désignant par $a$ et $b$ les abscisses OA et OB des extrémités de la courbe CD.

521. Cherchons, par exemple, le moment d'inertie du segment sphérique. Il suffira de supposer que la courbe CD est le cercle qui a pour équation

$$y^{2} = 2rx - x^{2}.$$

Si l'on porte cette valeur dans l'expression

$$\frac{1}{2}\,\pi\rho\int_{a}^{b} y^{4}\,dx,$$

on aura l'intégrale

$$\frac{1}{2}\,\pi\rho\int_{0}^{b} (2rx - x^{2})^{2}\,dx.$$

On trouve, en effectuant l'intégration,

$$\frac{1}{2}\,\pi\rho\,b^{2}\left(\frac{4r^{2}}{3} + \frac{b^{2}}{5} - rb\right),$$

expression qui donne $\dfrac{8\pi\rho\,r^{5}}{15}$ pour le moment d'inertie de la sphère entière, en faisant $b = 2r$.

### RELATION ENTRE LES MOMENTS D'INERTIE PAR RAPPORT A DEUX AXES PARALLÈLES.

522. Étant donné le moment d'inertie d'un corps solide par rapport à un axe qui passe par son centre de gravité, il est facile d'avoir son moment d'inertie par rapport a un autre axe parallèle au premier.

Prenons le centre de gravité pour origine des coordonnées, le premier axe pour axe
des $z$, et pour plan des $xz$ le
plan des deux axes parallèles.
Soit $a$ leur plus courte distance
OA.

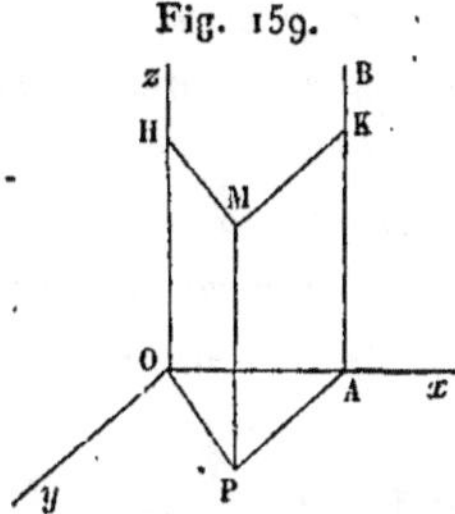
Fig. 159.

Considérons un point quelconque $M(x, y, z)$ du système,
et soit $m$ la masse de ce point :
nommons $r$ et R ses distances
MH, MK à O$z$ et à AB. On a

$$R^2 = (x - a)^2 + y^2 = x^2 + y^2 - 2ax + a^2,$$

ou, à cause de $x^2 + y^2 = r^2$,

$$R^2 = r^2 - 2ax + a^2.$$

Par suite

$$(1) \qquad m R^2 = mr^2 - 2amx + ma^2.$$

On aurait des équations analogues pour tous les points
du système. Donc en les ajoutant et désignant par M la
masse du corps, on a

$$\sum m R^2 = \sum mr^2 - 2a \sum mx + Ma^2.$$

L'origine des coordonnées étant le centre de gravité du
corps, on a

$$(2) \qquad \sum mx = 0.$$

On a donc enfin

$$(3) \qquad \sum m R^2 = \sum mr^2 + Ma^2.$$

Ainsi *le moment d'inertie d'un système de points
par rapport à un axe quelconque est égal à celui de ce*

*système par rapport à un axe parallèle à celui-ci mené par le centre de gravité, augmenté du produit de la masse du corps par le carré de la distance des deux axes.*

On conclut de là que *le moment d'inertie d'un corps par rapport à un axe qui passe par son centre de gravité est moindre que pour tout autre axe parallèle à celui-ci; que ce moment est le même pour tous les axes parallèles et également éloignés du centre de gravité, et qu'il augmente à mesure que l'axe s'éloigne de ce point.*

Si l'on représente $\sum mr^2$ par $Mk^2$, l'équation précédente peut s'écrire

$$(4) \qquad \sum m\mathrm{R}^2 = \mathrm{M}\,(k^2 + a^2).$$

RELATION ENTRE LES MOMENTS D'INERTIE PAR RAPPORT A DIFFÉRENTS AXES QUI PASSENT PAR LE MÊME POINT.

523. Soient $\mathrm{O\,I}$ un axe quelconque et $\mathrm{O}x$, $\mathrm{O}y$, $\mathrm{O}z$ trois axes rectangulaires. Désignons par $m$ la masse d'un point quelconque $\mathrm{M}\,(x, y, z)$. Abaissons $\mathrm{MH}$ perpendiculaire sur $\mathrm{O\,I}$ et posons

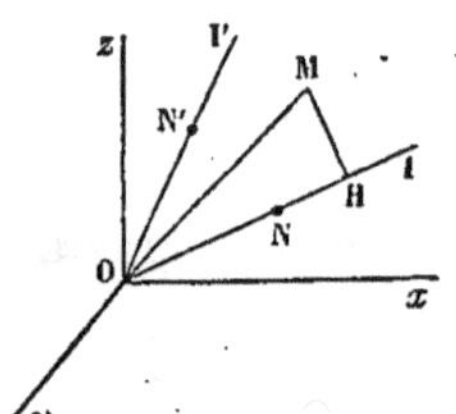


$$\mathrm{OM} = u, \qquad \mathrm{MH} = r.$$

On a

$$(1) \qquad r^2 = u^2 - (u\cos\mathrm{MOH})^2;$$

or $\alpha$, $\beta$, $\gamma$ étant les angles que $\mathrm{O\,I}$ fait avec $\mathrm{O}x$, $\mathrm{O}y$, $\mathrm{O}z$, on a

$$u\cos\mathrm{MOH} = x\cos\alpha + y\cos\beta + z\cos\gamma.$$

D'ailleurs

$$u^2 = x^2 + y^2 + z^2.$$

Par conséquent

$$(2) \qquad r^2 = x^2 + y^2 + z^2 - (x\cos\alpha + y\cos\delta + z\cos\gamma)^2,$$

que l'on peut écrire ainsi :

$$(3) \qquad \begin{cases} r^2 = (x^2 + y^2 + z^2)(\cos^2\alpha + \cos^2\delta + \cos^2\gamma) \\ \qquad - (x\cos\alpha + y\cos\delta + z\cos\gamma)^2, \end{cases}$$

à cause de

$$\cos^2\alpha + \cos^2\delta + \cos^2\gamma = 1.$$

En développant l'équation (3), on a

$$(4) \begin{cases} r^2 = (y^2 + z^2)\cos^2\alpha + (x^2 + z^2)\cos^2\delta + (x^2 + y^2)\cos^2\gamma \\ \quad - 2yz\cos\delta\cos\gamma - 2xz\cos\alpha\cos\gamma - 2xy\cos\alpha\cos\delta. \end{cases}$$

Multiplions cette équation par $m$ et ajoutons toutes les équations analogues relatives aux autres points du système : nous aurons, en désignant par $\mu$ le moment d'inertie de tout le système par rapport à l'axe OI,

$$(5) \begin{cases} \mu = \cos^2\alpha \sum m(y^2 + z^2) + \cos^2\delta \sum m(x^2 + z^2) \\ \quad + \cos^2\gamma \sum m(x^2 + y^2) - 2\cos\delta\cos\gamma \sum myz \\ \quad - 2\cos\alpha\cos\gamma \sum mxz - 2\cos\alpha\cos\delta \sum mxy. \end{cases}$$

Les coefficients des cosinus dans le second membre sont des valeurs indépendantes de la direction de l'axe OI. Posons

$$(6) \begin{cases} A = \sum m(y^2 + z^2), & D = \sum myz, \\ B = \sum m(x^2 + z^2), & E = \sum mxz, \\ C = \sum m(x^2 + y^2), & F = \sum mxy. \end{cases}$$

A, B, C sont les moments d'inertie du système par rapport aux axes de coordonnées. La valeur de $\mu$ devient

$$(7) \quad \begin{cases} \mu = A\cos^2\alpha + B.\cos^2\theta + C\cos^2\gamma \\ \qquad - 2D\cos\theta\cos\gamma - 2E\cos\alpha\cos\gamma - 2F\cos\alpha\cos\theta. \end{cases}$$

# QUARANTIÈME LEÇON.

## SUITE DES MOMENTS D'INERTIE. — ROTATION AUTOUR D'UN AXE.

Ellipsoïde central. — Axes principaux. — Relation entre les axes principaux relatifs à différents points. — Lieu des points dont les moments principaux sont égaux. — Rotation d'un corps autour d'un axe fixe.

---

### ELLIPSOÏDE CENTRAL.

524. On peut représenter par la construction géométrique suivante la relation qui existe entre les moments d'inertie pris par rapport à différents axes concourants.

Sur la droite OI (*fig.* 160, p. 132) prenons une longueur $ON = \dfrac{1}{\sqrt{\mu}}$. Sur une autre droite OI′ prenons également une longueur $ON' = \dfrac{1}{\sqrt{\mu'}}$, $\mu'$ étant le moment d'inertie du système par rapport à OI′. Concevons qu'on ait fait la même construction pour toutes les droites menées par le point O. Quand on connaîtra le lieu des points N, N′,..., on aura le moment d'inertie par rapport à tout axe donné en élevant au carré l'inverse de la portion de cet axe compris entre le point O et le lieu des points N.

Soient X, Y, Z les coordonnées du point N. On a

$$\cos\alpha = \frac{X}{ON}, \quad \cos\beta = \frac{Y}{ON}, \quad \cos\gamma = \frac{Z}{ON},$$

c'est-à-dire

$$\cos\alpha = X\sqrt{\mu}, \quad \cos\beta = Y\sqrt{\mu}, \quad \cos\gamma = Z\sqrt{\mu}.$$

Portant ces valeurs dans l'équation (7) du n° 523 et

supprimant le facteur commun $\mu$, on a

$$(1) \quad AX^2 + BY^2 + CZ^2 - 2\,DYZ - 2\,EXZ - 2\,FXY = 0.$$

Or ce lieu géométrique est un ellipsoïde puisque cette équation représente une surface du second degré ayant le centre pour origine et que le rayon vecteur mené par le centre et égal à $\dfrac{1}{\sqrt{\mu}}$ est toujours réel et fini; car la quantité $\mu = \sum mr^2$ est finie et positive.

### AXES PRINCIPAUX.

525. On peut choisir les axes coordonnés tels, que les rectangles de l'équation (1) disparaissent, en les prenant dirigés suivant les axes principaux de l'ellipsoïde. On a dans ce cas, d'après les valeurs de D, E, F (523),

$$\sum m\,yz = 0, \quad \sum m\,xz = 0, \quad \sum m\,xy = 0.$$

Ces trois axes sont appelés les *axes principaux d'inertie* du système relatifs au point O, et les moments d'inertie correspondants sont dits *moments principaux*.

526. Le système des axes principaux est unique, à moins que l'ellipsoïde ne soit de révolution ou n'ait deux de ses axes égaux. Dans ce cas l'axe de révolution et deux diamètres perpendiculaires entre eux et à cet axe forment un système d'axes principaux. Il y en a alors une infinité. On en trouve encore un nombre infini si les trois axes principaux de l'ellipsoïde sont égaux entre eux. Dans ce cas l'ellipsoïde devient une sphère; on a $A = B = C$, et trois diamètres quelconques perpendiculaires entre eux sont des axes principaux, pour lesquels $\sum m\,yz$, $\sum m\,xz$, $\sum m\,xy$ ou D, E, F sont toujours nulles. De plus, les

moments d'inertie par rapport à ces axes sont égaux. C'est ce qu'on peut vérifier en faisant dans la valeur générale de $\mu$ (523) l'hypothèse actuelle :

$$D = 0, \quad E = 0, \quad F = 0, \quad A = B = C,$$

ce qui donne

$$\mu = A\,(\cos^2\alpha + \cos^2\beta + \cos^2\gamma) = A.$$

Ainsi la valeur de $\mu$ est indépendante des angles $\alpha$, $\beta$, $\gamma$, c'est-à-dire de la direction OI.

527. Revenons au cas où $A$, $B$, $C$ sont différents entre eux. On a

$$\mu = A\cos^2\alpha - B\cos^2\beta + C\cos^2\gamma,$$

ou, à cause de $\cos^2\alpha = 1 - \cos^2\beta - \cos^2\gamma$,

$$\mu = A - (A - B)\cos^2\beta - (A - C)\cos^2\gamma.$$

Donc si l'on suppose

$$A > B > C,$$

on aura

$$\mu < A.$$

On a de même

$$\mu = C + (A - C)\cos^2\alpha + (B - C)\cos^2\beta,$$

d'où

$$\mu > C.$$

Ainsi A est le plus grand et C le plus petit de tous les moments d'inertie relatifs aux divers axes qui passent par le point O. En d'autres termes, le moment d'inertie le plus grand correspond au plus petit axe de l'ellipsoïde, et le plus petit correspond au plus grand. Cela résulte d'ailleurs de la forme connue de l'ellipsoïde et de ce que le moment d'inertie correspondant à un axe est en raison inverse de la racine carrée du diamètre correspondant.

**528.** On peut prendre des axes coordonnés tels, que deux des rectangles disparaissent dans l'équation de l'ellipsoïde et qu'elle prenne la forme

$$AX^2 + BY^2 + CZ^2 - 2\dot{F}XY = 1.$$

L'axe des $z$ est alors un axe de l'ellipsoïde et par conséquent l'un des axes principaux du corps relatifs au point O. L'axe des $x$ et l'axe des $y$ sont dans le plan perpendiculaire à O$z$, qui contient les deux autres axes principaux du corps, avec lesquels ils coïncideront quand la troisième somme $\sum mxy$ sera nulle en même temps que les deux autres $\sum myz$, $\sum mxz$.

RELATION ENTRE LES AXES PRINCIPAUX RELATIFS
A DIFFÉRENTS POINTS.

**529.** *Les axes principaux relatifs à un point quelconque d'un corps sont parallèles aux axes principaux relatifs au centre de gravité de ce corps lorsque la droite qui joint le premier point au second est un axe principal relatif au second.*

Soient O le centre de gravité d'un système de points et O$x$, O$y$, O$z$ les axes principaux relatifs à ce point. Par un point O$'$ de l'axe O$z$ menons O$'x'$, O$'y'$ parallèles à O$x$ et à O$y$. Je dis que O$'z$, O$'x'$, O$'y'$ sont les axes principaux du système relatifs au point O$'$.

Soit M un point du système ayant $x, y, z$ pour coordonnées par rapport aux axes O$x$, O$y$, O$z$, et $x', y', z'$ par rapport aux axes O$'x'$, O$'y'$, O$'z'$. Puisque les premiers axes O$x$, O$y$, O$z$ sont des axes principaux par rapport au centre de gravité, on a

$$\sum myz = 0, \quad \sum mxz = 0, \quad \sum mxy = 0.$$

Mais, si l'on suppose le point O$'$ situé sur l'axe des $z$ à une distance $h$ du point O, on a

$$x = x', \quad y = y', \quad z = z' + h :$$

donc on a d'abord

$$\sum mx' y' = \sum mxy = 0 ;$$

ensuite

$$\sum my' z' = \sum myz - h \sum my.$$

Mais $\sum myz$ est nul par hypothèse et $\sum my$ également, puisque le point O est le centre de gravité du système : donc $\sum my' z'$ est nul, et $O' y'$ est un axe principal relativement à $O'$. On démontrerait de même que $O' x'$ est un axe principal relatif au même point.

## POINTS POUR LESQUELS LES MOMENTS PRINCIPAUX D'INERTIE D'UN CORPS SONT ÉGAUX.

530. **Problème.** — *Quel est le point d'un corps pour lequel les trois moments principaux et par suite tous les moments relatifs à des axes quelconques passant par ce point sont égaux entre eux?*

Prenons pour axes coordonnés $Ox$, $Oy$, $Oz$, les trois axes principaux relatifs au centre de gravité du système donné. Soient $\alpha, 6, \gamma$ les coordonnées d'un point $O'$ remplissant la condition exigée. Alors trois axes rectangulaires quelconques ayant le point $O'$ pour origine seront des axes principaux du système. Donc si l'on prend trois axes $O' x'$, $O' y'$, $O' z'$ parallèles aux premiers, on aura

$$\sum my' z' = 0, \quad \sum mx' z' = 0, \quad \sum mx' y' = 0 ;$$

mais on a

$$x = x' + \alpha, \quad y = y' + 6, \quad z = z' + \gamma.$$

et, puisque les axes primitifs sont des axes principaux,

$$\sum myz = 0, \quad \sum mxz = 0, \quad \sum mxy = 0,$$

l'équation $\sum mx'y' = 0$ revient à

$$\sum m(x - \alpha)(y - \varepsilon) = 0,$$

ou bien

$$\sum mxy - \varepsilon \sum mx - \alpha \sum my + \alpha\varepsilon \sum m = 0.$$

Mais $\sum mxy$, $\sum mx$, $\sum my$ sont nulles ; donc

$$\alpha\varepsilon = 0,$$

et l'on trouverait de même

$$\alpha\gamma = 0, \quad \varepsilon\gamma = 0.$$

Il résulte de là que deux des trois inconnues $\alpha$, $\varepsilon$, $\gamma$ doivent être nulles. Supposons que ce soient $\varepsilon$ et $\gamma$. Alors le point $O'$ est sur l'axe $Ox$.

531. Jusqu'à présent nous avons exprimé que les axes principaux relatifs au point $O'$ sont parallèles aux axes $Ox$, $Oy$, $Oz$. Il faut exprimer que les moments correspondants aux nouveaux axes sont égaux. Or, d'après un théorème démontré (522), ces moments sont

$$A, \quad B + M\alpha^2, \quad C + M\alpha^2;$$

on doit donc avoir

$$A = B + M\alpha^2 = C + M\alpha^2;$$

donc

$$B = C,$$

et ensuite

$$\alpha = \pm\sqrt{\frac{A - B}{M}},$$

ce qui exige que l'on ait $A > B$. Il faut que l'ellipsoïde relatif au point O soit de révolution autour de son petit axe, actuellement dirigé suivant l'axe des $x$ et auquel se rapporte le moment A. Il existe alors deux points $O'$ et $O_1$, symétriques par rapport au point $O$ et situés à une distance de ce point égale à $\sqrt{\dfrac{A - B}{M}}$.

532. Prenons pour exemple l'ellipsoïde,

$$\frac{x^2}{a^2} + \frac{y^2}{b^2} + \frac{z^2}{c^2} = 1.$$

On a vu (518) que, M étant la masse de cet ellipsoïde, les moments par rapport aux axes sont

$$A = \frac{1}{5} M (b^2 + c^2),$$

$$B = \frac{1}{5} M (a^2 + c^2),$$

$$C = \frac{1}{5} M (a^2 + b^2).$$

Or le centre de l'ellipsoïde est son centre de gravité et ses axes sont les axes principaux d'inertie; car on a évidemment pour ce point

$$\sum mxy = 0, \quad \sum mxz = 0, \quad \sum myz = 0.$$

Supposons $a < b$, alors $A > B$, et pour qu'il existe un point $O'$, il faut qu'on ait $B = C$, c'est-à-dire $b = c$. Donc l'ellipsoïde doit être de révolution autour de l'axe OA. Il y aura donc deux points répondant à la question, situés sur le plus petit axe et à des distances de l'origine égales à $\pm \sqrt{\dfrac{b^2 - a^2}{5}}$.

Ces points seront en dedans ou en dehors de l'ellip-soïde, suivant que l'on aura $\dfrac{b^2 - a^2}{5} \lessgtr a^2$ ou $b \lessgtr a\sqrt{6}$. Ils seront aux extrémités du petit axe, si l'on a $b = a\sqrt{6}$.

## MOUVEMENT DE ROTATION D'UN SYSTÈME SOLIDE AUTOUR D'UN AXE FIXE.

533. Dans un pareil mouvement, tous les points du système décrivent des arcs de cercles semblables, dont les rayons sont leurs distances à l'axe. Ces rayons décrivent autour de l'axe des angles égaux, dans un même temps. Tous les points situés à la même distance de l'axe ont à chaque instant la même vitesse, et celle des points situés à une distance égale à l'unité est ce qu'on appelle la *vitesse angulaire* ou de rotation du système. Nous la désignerons par $\omega$ : c'est généralement une fonction du temps. La vitesse $\dfrac{ds}{dt}$ d'un point quelconque est proportionnelle à sa distance $r$ à l'axe, et par conséquent elle est représentée par $r\omega$. En effet, soient $ds$ et $d\sigma$ les arcs infiniment petits parcourus par le point considéré et par un autre point situé à l'unité de distance de l'axe; ces arcs étant semblables, on a

$$ds = rd\sigma,$$

et par suite

$$\frac{ds}{dt} = r\frac{d\sigma}{dt} = r\omega.$$

534. Un mouvement de rotation est dit *uniforme* quand la vitesse de rotation est constante. Ce mouvement a lieu lorsque les points du système ne sont sollicités par aucune force motrice ou par des forces motrices qui se font équilibre autour de l'axe fixe.

En effet, soit P la force motrice d'un point $m$, qui décrit autour de l'axe O$z$ un arc de cercle M$m$M′ d'un rayon K$m = r$. La force qu'il faudrait appliquer à ce point, s'il était libre, pour lui donner son mouvement effectif, c'est-à-dire pour lui faire parcourir l'arc M$m$M′, est la résultante de deux forces : l'une la force tangentielle

$$m \frac{dv}{dt} \quad \text{ou} \quad mr \frac{d\omega}{dt};$$

l'autre, la force centripète, dirigée suivant le rayon $m$K :

$$m \frac{v^2}{r} \quad \text{ou} \quad mr\omega^2.$$

Décomposons la force motrice P en deux autres, l'une Z, parallèle à l'axe O$z$, et l'autre Q, située dans le plan du cercle MM′, à une distance KL $= q$, de l'axe O$z$.

Fig. 161.

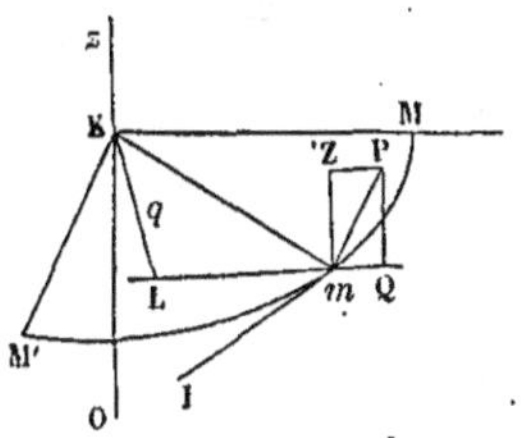

D'après le principe de d'Alembert, toutes les forces motrices du système font équilibre, à chaque instant, aux forces effectives prises en sens contraire. Mais, pour tous les points du corps, les composantes $mr\omega^2$ et Z sont toujours détruites par la résistance de l'axe fixe. D'ailleurs les autres composantes étant dans des plans perpendiculaires à l'axe, il faut et il suffit que la somme de leurs moments par rapport à celui-ci soit nulle, d'où résulte

$$\sum mr^2 \frac{d\omega}{dt} = \sum Q q,$$

ou, puisque $\dfrac{d\omega}{dt}$ est le même pour tous les points du système,

$$\frac{d\omega}{dt} \sum mr^2 = \sum Q q,$$

et, par conséquent,

$$\frac{d\omega}{dt} = \frac{\sum Qq}{\sum mr^2}.$$

Cette équation détermine la vitesse angulaire à une époque quelconque. C'est l'équation du mouvement.

On en déduit que si les forces motrices sont nulles, on a $\frac{d\omega}{dt} = 0$ ou $\omega =$ constante. Le mouvement est donc uniforme.

Il est encore uniforme quand les forces se font équilibre autour de l'axe; car on a dans ce cas $\sum Qq = 0$, et comme $\sum mr^2$ n'est pas nulle, on aura $\frac{d\omega}{dt} = 0$, et la vitesse angulaire $\omega$ sera constante.

# QUARANTE ET UNIÈME LEÇON.

## MOUVEMENT DE ROTATION AUTOUR D'UN AXE (suite).

Cas où le corps est mis en mouvement par des percussions. — Calcul des percussions exercées sur l'axe fixe. — Cas où l'axe n'éprouve aucune percussion. — Condition pour qu'il n'y ait de percussion qu'en un point de l'axe.

### CAS OU LE CORPS EST MIS EN MOUVEMENT PAR DES PERCUSSIONS.

**535.** Supposons que tous les points du système soient mis en mouvement par des percussions simultanées. Dé-

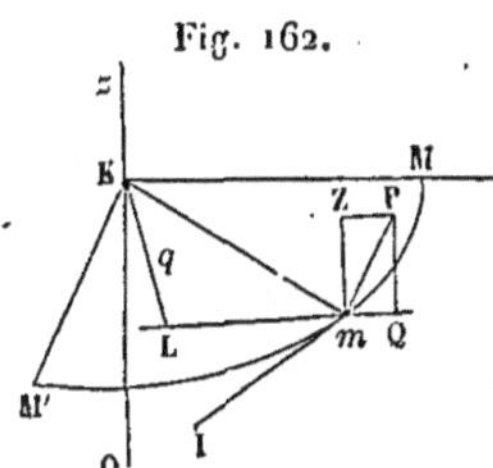


composons chaque force intantanée P en deux : l'une $Z$, parallèle à l'axe $Oz$ et qui est détruite par la résistance de cet axe ; l'autre $Q$, située dans le plan $MmM'$, perpendiculaire à cet axe. Soit $v$ la vitesse que cette dernière composante qu'il suffit de considérer serait capable d'imprimer au point $m$ s'il était libre : $mv$ sera la quantité de mouvement correspondante. Si $\omega$ est la vitesse de rotation du système, la quantité de mouvement effective du point $m$ situé à une distance $r$ de l'axe est $mr\omega$. Donc si l'on appelle $q$ la perpendiculaire $KL$ abaissée du point $K$ sur la direction de la force $Q$, on aura, en exprimant qu'il y a équilibre entre les quantités de mouvement imprimées et les quantités de mouvement effectives, celles-ci étant prises en sens contraire :

$$\sum mvq - \omega \sum mr^2 = 0,$$

d'où

(1)
$$\omega = \frac{\sum mvq}{\sum mr^2}.$$

536. Supposons que toutes les vitesses $v$, $v'$, $v''$, ..., communiquées à différents points du système par des percussions, soient égales et parallèles, et désignons par $\mu$ la somme des masses des points qui reçoivent directement cette vitesse commune $v$, que les liaisons du système les empêchent de prendre réellement. Appelons $f$ la distance du centre de gravité de la masse $\mu$ à un plan passant par l'axe et parallèle à la direction des vitesses. On a, d'après les propriétés connues du centre de gravité,

$$\sum mvq = v \sum mq = v\mu f,$$

et la formule (1) devient

(2)
$$\omega = \frac{\mu vf}{\sum mr^2}.$$

Remarquons que $\mu$ peut n'être pas la masse totale du système ; mais $\sum mr^2$ est son moment d'inertie total.

Si le système est un corps solide continu, il faut remplacer $\sum mr^2$ par l'intégrale $\int r^2 dm$ prise dans toute l'étendue du corps.

537. La formule (2) convient à un corps solide C

mobile autour d'un axe fixe $Oz$, choqué par un autre corps $C_1$ qui après le choc reste attaché en $C_2$ au premier et dont tous les points sont animés de vitesses égales et parallèles. Il faut alors supposer que $\mu$ est la masse du corps $C_1$, $\nu$ sa vitesse, $f$ la distance de son centre de gravité à un plan passant par l'axe et parallèle à la direction de la vitesse $\nu$ : enfin que $\sum mr^2$ est le moment d'inertie du système invariable formé par les corps $C$ et $C_2$. Il est évident que cela revient à imprimer aux points de la partie $C_2$ du système $(C, C_2)$ des percussions capables de donner à tous les points de cette masse $\mu$ des vitesses égales et parallèles à $\nu$.

Fig. 163.

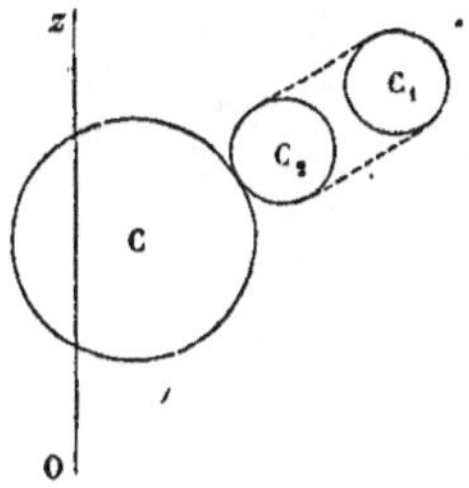

538. Si le corps $C$ est choqué simultanément par plusieurs masses $\mu$, $\mu'$, $\mu''$, ..., animées de vitesses différentes et qui lui demeurent attachées après tous ces chocs, on aura

$$\omega = \frac{\sum \mu \nu f}{\sum mr^2}.$$

$\sum \mu \nu f$ indiquant la somme de toutes les quantités analogues à $\mu \nu f$ et relatives aux masses $\mu$, $\mu'$, $\mu''$, ....

539. La formule (1) peut se déduire de l'équation (534)

$$\frac{d\omega}{dt} = \frac{\sum Qq}{\sum mr^2},$$

10.

de la même manière qu'on étend le principe de d'Alembert aux quantités de mouvement finies. Il suffit de supposer que la force $Q$ qui agit perpendiculairement à l'axe est une percussion. Le temps $\theta$ de son action étant très-court, il est permis de supposer que $q$ reste constant pendant cet intervalle de temps. Alors, si l'on intègre l'équation précédente depuis $t = 0$ jusqu'à $t = \theta$, on obtient

$$\omega = \frac{1}{\sum mr^2} \sum q \int_0^\theta Q\,dt\,;$$

or on a

$$\int_0^\theta Q\,dt = mv :$$

donc

$$\omega = \frac{\sum mvq}{\sum mr^2}.$$

540. Si le système, au lieu d'éprouver des percussions simultanées, reçoit une suite de chocs se succédant à des époques quelconques, la vitesse angulaire sera toujours donnée par la formule

$$\omega = \frac{\mu vf + \mu'v'f' + \ldots}{\sum mr^2}\,;$$

car, après un premier choc, le mouvement est le même que si le choc avait lieu à cet instant-là, le corps étant en repos ; par conséquent on peut supposer que le corps reçoive le premier choc et le second au même instant pour déterminer la vitesse angulaire après la seconde percussion, et il en sera de même pour de nouvelles percussions.

CALCUL DES PERCUSSIONS EXERCÉES SUR L'AXE FIXE.

**541.** Supposons que le corps soit mis en mouvement par une force instantanée qui imprimerait une vitesse V à une certaine masse $\mu$ au centre de gravité de laquelle elle serait appliquée. Cette force instantanée ou percussion a pour mesure la quantité de mouvement $\mu V$. Prenons toujours l'axe fixe pour axe des $z$, et pour plan des

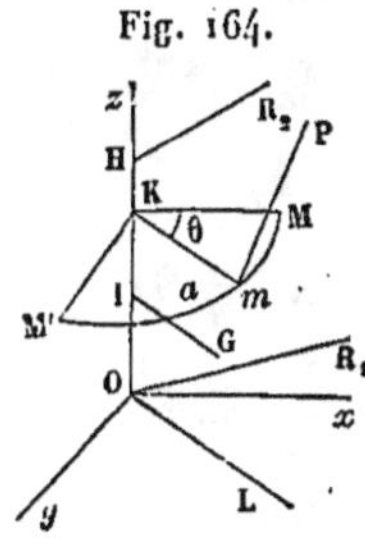

Fig. 164.

$xy$ le plan perpendiculaire à l'axe fixe mené par le point du corps auquel est appliquée la force instantanée. Nous désignerons par $\alpha$ et $6$ les coordonnées de ce point d'application. On sait que les quantités de mouvement imprimées aux différents points doivent faire équilibre aux quantités de mouvement effectives, prises en sens contraire, et cet équilibre doit avoir lieu en vertu de la fixité de l'axe. On peut rendre cet axe immobile en fixant deux de ses points pris à volonté. Prenons le point O, origine des coordonnées, et un autre point H quelconque sur O$z$. En supposant que ces points cessent d'être fixes, on pourra détruire les percussions exercées sur l'axe et maintenir cet axe en repos, en appliquant aux deux points O et H deux forces instantanées $R_1$ et $R_2$ d'intensités et de directions convenables. Si l'on introduit ces deux forces, qui représentent la résistance des points, l'équilibre aura encore lieu en regardant le corps comme entièrement libre. Il faut donc appliquer à ce système de forces les conditions d'équilibre connues d'un corps entièrement libre.

Soient X, Y, Z les composantes de la quantité de mouvement $\mu V$, et $X_1$, $Y_1$, $Z_1$ celles de la résistance du point O; $X_2$, $Y_2$, $Z_2$ celles de la résistance du point H; enfin

$m \dfrac{dx}{dt}$, $m \dfrac{dy}{dt}$, $m \dfrac{dz}{dt}$ les composantes de la quantité de mouvement effective pour le point $m$ : soit $OH = h$. On aura d'abord les trois équations

$$(1) \quad \begin{cases} X - \sum m \dfrac{dx}{dt} + X_1 + X_2 = 0, \\[2mm] Y - \sum m \dfrac{dy}{dt} + Y_1 + Y_2 = 0, \\[2mm] Z - \sum m \dfrac{dz}{dt} + Z_1 + Z_2 = 0, \end{cases}$$

et les équations des moments

$$(2) \quad \begin{cases} Y_2 h - Z\delta + \sum m \left( y \dfrac{dz}{dt} - z \dfrac{dy}{dt} \right) = 0, \\[2mm] Z\alpha - X_2 h + \sum m \left( z \dfrac{dx}{dt} - x \dfrac{dz}{dt} \right) = 0, \\[2mm] X\delta - Y\alpha + \sum m \left( x \dfrac{dy}{dt} - y \dfrac{dx}{dt} \right) = 0. \end{cases}$$

542. On peut transformer ces équations. En remarquant d'abord que $z$ est constante, puisque chaque point décrit un cercle parallèle au plan des $xy$, on a

$$\frac{dz}{dt} = 0.$$

De plus, en désignant par $\theta$ l'angle que $m\,K$ fait avec une parallèle à l'axe des $x$ menée par le point K, on a

$$x = r\cos\theta, \quad y = r\sin\theta,$$

d'où l'on déduit

$$\frac{dx}{dt} = -y\omega, \quad \frac{dy}{dt} = x\omega,$$

puisque $\dfrac{d\theta}{dt}$ n'est autre chose que la vitesse angulaire $\omega$.

On aura donc

$$\sum m \frac{dx}{dt} = -\sum my\omega = -\omega M y_1,$$

$$\sum m \frac{dy}{dt} = \sum mx\omega = \omega M x_1,$$

$x_1$ et $y_1$ désignant les coordonnées du centre de gravité du corps entier, et M la masse totale du système. D'après cela, les équations d'équilibre deviennent

$$(3) \qquad X + \omega M y_1 + X_1 + X_2 = 0,$$

$$(4) \qquad Y - \omega M x_1 + Y_1 + Y_2 = 0,$$

$$(5) \qquad Z + Z_1 + Z_2 = 0;$$

$$(6) \qquad Y_2 h - Z\delta - \omega \sum mxz = 0,$$

$$(7) \qquad Z\alpha - X_2 h - \omega \sum myz = 0,$$

$$(8) \qquad X\delta - Y\alpha + \omega \sum mr^2 = 0.$$

La dernière, équation, ne contenant pas les composantes des résistances aux points O et H, sera l'équation du mouvement, c'est-à-dire qu'elle déterminera la vitesse angulaire $\omega$. On en tire

$$(9) \qquad \omega = \frac{Y\alpha - X\delta}{\sum mr^2},$$

et cette valeur de $\omega$ s'accorde avec la formule

$$\omega = \frac{\mu\nu f}{\sum mr^2},$$

en désignant par $\nu$ la projection de la vitesse V sur un plan perpendiculaire à l'axe. En effet $\mu\nu f$ est le moment par rapport à l'axe $Oz$ de la percussion appliquée au corps, au point du plan $xOy$ qui a pour coordonnées

$\alpha$, $\varepsilon$, et l'on sait que ce moment est aussi représenté par $Y\alpha - X\varepsilon$.

543. Les équations (6) et (7) déterminent $X_2$ et $\dot{Y}_2$. Les équations (3) et (4) feront ensuite connaître $X_1$ et $Y_1$. L'équation (5) donnera la somme $Z_1 + Z_2$. On ne peut pas déterminer séparément $Z_1$ et $Z_2$, parce que ces deux forces agissent suivant la même droite $Oz$ et se composent en une seule égale à leur somme. Si l'on fait varier la distance $h$, les équations (6) et (7) montrent que $X_2$ et $Y_2$ varient en raison inverse de $h$.

CONDITIONS POUR QUE L'AXE N'ÉPROUVE AUCUNE<br>PERCUSSION. — CENTRE DE PERCUSSION.

544. Proposons-nous maintenant de chercher les conditions qui doivent être remplies pour que l'axe n'éprouve aucune percussion. Il faut pour cela que les composantes des résistances soient toutes nulles. Si l'on introduit ces hypothèses dans les cinq premières équations (542), elles deviennent

$$(1) \qquad X + \omega M y_1 = 0,$$

$$(2) \qquad Y - \omega M x_1 = 0,$$

$$(3) \qquad Z = 0,$$

$$(4) \qquad \sum mxz = 0,$$

$$(5) \qquad \sum myz = 0.$$

L'équation $Z = 0$ exprime que la percussion appliquée à la masse $\mu$ doit agir dans un plan perpendiculaire à l'axe. Les deux dernières expriment que $Oz$ doit être l'un des axes principaux d'inertie relatifs au point $O$.

545. Pour interpréter les équations (1) et (2), faisons passer le plan des $xz$ par le centre de gravité de tout le

corps ; alors on a

$$y_1 = 0, \quad x_1 = GI = a,$$

et les deux premières conditions deviennent

$$X = 0, \quad Y = \omega M a.$$

La première indique que la percussion se réduit à sa composante Y, puisque l'on a déjà $Z = 0$, c'est-à-dire que la percussion doit être perpendiculaire au plan $z$OG qui passe par l'axe et par le centre de gravité du corps. La seconde va nous donner la valeur de $f$, c'est-à-dire la plus courte distance de cette force à l'axe ; car on a

$$Y = \mu v, \quad \omega = \frac{\mu v f}{\sum mr^2},$$

et l'équation $Y = \omega M a$ devient

$$\mu v = \frac{\mu v f}{\sum mr^2} M a$$

d'où

$$f = \frac{\sum mr^2}{M a}.$$

Soit $Mk^2$ le moment d'inertie par rapport à un axe mené par le centre de gravité G du corps et parallèle à $Oz$ : on a

$$\sum mr^2 = M (a^2 + k^2),$$

et, par conséquent,

$$f = a + \frac{k^2}{a}.$$

546. En résumé, on a les trois conditions suivantes pour que l'axe n'éprouve aucune percussion :

1° La direction de la percussion doit être perpendiculaire au plan qui passe par l'axe fixe et par le centre de gravité du corps.

2° Cet axe doit être un des axes principaux pour le point où il rencontre le plan qui lui est perpendiculaire et qui contient la force instantanée.

3° Enfin la distance de cette force à l'axe doit être égale à $a + \dfrac{k^2}{a}$, $a$ étant la distance du centre de gravité du corps à l'axe et $Mk^2$ le moment d'inertie du corps relativement à un axe mené par ce centre de gravité parallèlement à l'axe fixe.

547. On appelle *centre de percussion* le point auquel la percussion doit être appliquée dans le plan passant par l'axe et le centre de gravité pour qu'il n'y ait pas d'effort exercé sur l'axe fixe : la distance du centre de percussion à l'axe fixe est $a + \dfrac{k^2}{a}$.

Si l'axe passait par le centre de gravité, il éprouverait toujours une percussion. En effet, pour qu'il n'y ait pas d'effort exercé sur l'axe, la percussion appliquée au corps doit être égale à $\omega M a$ (545). Elle doit donc être nulle si $a$ est nulle, c'est-à-dire si l'axe passe par le centre de gravité du corps : mais alors $f = \infty$. Le centre de percussion serait donc à l'infini.

548. Réciproquement, si le corps est en mouvement autour de l'axe, on pourra l'arrêter brusquement sans qu'il existe aucune percussion contre l'axe en appliquant au centre de percussion une force instantanée égale à $\omega M a$, perpendiculaire au plan mené par l'axe et par le centre de gravité du corps.

CONDITION POUR QU'IL N'Y AIT DE PERCUSSION QU'EN UN POINT DE L'AXE.

549. Si ce point est le point H, il faut que $X_1$, $Y_1$, $Z_1$, composantes de la quantité de mouvement due à la force

appliquée au point O, soient nulles, ce qui donne, en supposant $y_1 = 0$, $x_1 = a$,

$$X_2 = -X, \quad Y_2 = -Y + \omega M a, \quad Z_2 = -Z :$$

puis,

$$\omega = \frac{Ya - X6}{\sum mr^2} = \frac{\mu v f}{\sum mr^2},$$

et si $Z = 0$,

$$h = \frac{\omega E}{\omega M a - Y} = \frac{\omega D}{X},$$

en posant

$$D = \sum myz, \quad E = \sum mxz.$$

L'équation de condition est donc

$$DY + EX = \omega M a.$$

Si en même temps D et E sont nulles, c'est-à-dire si O$z$ est un axe principal d'inertie pour le point O, on a $h = 0$ et la percussion est appliquée au point O.

# QUARANTE-DEUXIÈME LEÇON.

## ROTATION D'UN CORPS AUTOUR D'UN AXE (SUITE).

Rotation d'un corps sollicité par des forces quelconques. — Pressions sur l'axe. — Cas où il n'y a pas de forces motrices. — Cas où les forces motrices se réduisent à un couple dans un plan perpendiculaire à l'axe. — Mouvement du treuil.

---

### ROTATION D'UN CORPS SOLLICITÉ PAR DES FORCES QUELCONQUES.

550. Nous allons déterminer le mouvement d'un corps assujetti à tourner autour d'un axe fixe et sollicité par des forces motrices quelconques, qui agissent d'une manière continue. Nous calculerons ensuite les pressions exercées sur l'axe à chaque instant, pressions qu'il faut bien distinguer des percussions initiales.

Soient (*fig.* 164, p. 149) X, Y, Z les composantes de la force motrice P du point $m$ $(x, y, z)$, qui décrit autour de l'axe $Oz$ le cercle $MmM'$. Les composantes de la force effective du même point prise en sens contraire sont

$$- m \frac{d^2x}{dt^2}, \quad - m \frac{d^2y}{dt^2}, \quad - m \frac{d^2z}{dt^2}.$$

D'après le principe de d'Alembert, ces forces et les forces analogues pour les autres points du corps doivent se faire équilibre au moyen de l'axe, ce qui exige que la somme de leurs moments par rapport à celui-ci soit nulle. On a donc pour équation du mouvement

$$\sum \left[ \left( X - m \frac{d^2x}{dt^2} \right) y - \left( Y - m \frac{d^2y}{dr^2} \right) x \right] = 0$$

ou

$$(1) \qquad \sum m \left( x \frac{d^2 y}{dt^2} - y \frac{d^2 x}{dt^2} \right) = \sum (\mathrm{Y} x - \mathrm{X} y).$$

Cette équation contient les coordonnées variables avec le temps, de tous les points du corps. On peut la simplifier et n'avoir plus qu'une seule variable, fonction de $t$. Soient, en effet, $m\mathrm{K} = r$ et $m\mathrm{KM} = \theta$. On a

$$x = r \cos\theta, \quad y = r \sin\theta,$$

d'où l'on déduit (542)

$$\frac{dx}{dt} = -y\omega, \quad \frac{dy}{dt} = x\omega,$$

donc

$$x \frac{dy}{dt} - y \frac{dx}{dt} = (x^2 + y^2)\omega = r^2\omega,$$

d'où, en différentiant,

$$x \frac{d^2 y}{dt^2} - y \frac{d^2 x}{dt^2} = r^2 \frac{d\omega}{dt}.$$

Par suite, l'équation (1) devient

$$\sum mr^2 \frac{d\omega}{dt} = \sum (\mathrm{Y} x - \mathrm{X} y),$$

ou bien, en faisant passer hors du signe $\sum$ le facteur $\dfrac{d\omega}{dt}$, qui est le même à chaque instant pour tous les points,

$$(2) \qquad \frac{d\omega}{dt} = \frac{\sum (\mathrm{Y} x - \mathrm{X} y)}{\sum mr^2},$$

équation qui s'accorde avec celle qu'on a déjà trouvée (534), puisque

$$\mathrm{Q} q = \mathrm{Y} x - \mathrm{X} y.$$

### PRESSIONS SUR L'AXE.

**551.** On pourra considérer le corps comme entièrement libre, pourvu qu'on applique à deux points quelconques O et H, pris sur l'axe, deux forces $R_1(X_1, Y_1, Z_1)$ et $R_2(X_2, Y_2, Z_2)$, égales et contraires aux pressions exercées sur ces deux points à chaque instant du mouvement. On aura donc, en posant $OH = h$, les six équations

$$\sum \left( X - m\frac{d^2 x}{dt^2} \right) + X_1 + X_2 = 0,$$

$$\sum \left( Y - m\frac{d^2 y}{dt^2} \right) + Y_1 + Y_2 = 0,$$

$$\sum \left( Z - m\frac{d^2 z}{dt^2} \right) + Z_1 + Z_2 = 0,$$

$$\sum \left[ \left( Y - m\frac{d^2 y}{dt^2} \right) z - \left( Z - m\frac{d^2 z}{dt^2} \right) y \right] + Y_2 h = 0,$$

$$\sum \left[ \left( Z - m\frac{d^2 z}{dt^2} \right) x - \left( X - m\frac{d^2 x}{dt^2} \right) z \right] - X_2 h = 0,$$

$$\sum \left[ \left( X - m\frac{d^2 x}{dt^2} \right) y - \left( Y - m\frac{d^2 y}{dt^2} \right) x \right] = 0.$$

**552.** On simplifie ces équations en y introduisant les dérivées de $\omega$. D'abord $z$ étant une constante, on a

$$\frac{dz}{dt} = 0, \qquad \frac{d^2 z}{dt^2} = 0.$$

On a ensuite

$$\frac{dx}{dt} = -y\omega, \qquad \frac{dy}{dt} = x\omega,$$

$$\frac{d^2 x}{dt^2} = -y\frac{d\omega}{dt} - \omega\frac{dy}{dt} \quad \text{ou} \quad \frac{d^2 x}{dt^2} = -y\frac{d\omega}{dt} - x\omega^2,$$

$$\frac{d^2 y}{dt^2} = x\frac{d\omega}{dt} + \omega\frac{dx}{dt} \quad \text{ou} \quad \frac{d^2 y}{dt^2} = x\frac{d\omega}{dt} - y\omega^2.$$

Si l'on porte ces valeurs dans les six équations qui précèdent, on aura, en désignant par $(x_1, y_1, z_1)$ les coordonnées du centre de gravité du système et par M sa masse,

$$(3) \begin{cases} \displaystyle\sum X + \frac{d\omega}{dt} M y_1 + \omega^2 M x_1 + X_1 + X_2 = 0, \\[2ex] \displaystyle\sum Y + \frac{d\omega}{dt} M x_1 + \omega^2 M y_1 + Y_1 + Y_2 = 0, \\[2ex] \displaystyle\sum Z + Z_1 + Z_2 = 0, \\[2ex] \displaystyle\sum (Zy - Yz) + \frac{d\omega}{dt} \sum mxz + \omega^2 \sum myz - Y_2 h = 0, \\[2ex] \displaystyle\sum (Xz - Zx) + \frac{d\omega}{dt} \sum myz - \omega^2 \sum mxz + X_2 h = 0, \\[2ex] \displaystyle\sum (Yx - Xy) - \frac{d\omega}{dt} \sum mr^2 = 0. \end{cases}$$

553. De ces six équations, la dernière ne contient pas les composantes des résistances $R_1$ et $R_2$. C'est l'équation du mouvement déjà trouvée.

Quand on saura intégrer cette équation, les équations 4ᵉ et 5ᵉ du système (3) feront connaître $X_2$ et $Y_2$, dont les valeurs sont, comme on voit, en raison inverse de $h$. La raison en est que $X_2 h$ et $Y_2 h$ sont les moments des couples qui résulteraient de la translation, au point O, des composantes $X_2$ et $Y_2$ de la force $R_2$. Or ces moments doivent être indépendants de la position du point H, puisque chacun de ces couples doit détruire d'autres couples qui en sont eux-mêmes indépendants. Les composantes $X_2$ et $Y_2$ étant connues, on aura $X_1$ et $Y_1$ par les deux premières équations du système, et la suivante donnera $Z_1 + Z_2$ sans déterminer en particulier aucune de ces composantes. En effet, comme on l'a vu ailleurs, au lieu d'appliquer les deux forces $Z_1$ et $Z_2$ aux deux points O et H, il revient au même d'appliquer la force unique $Z_1 + Z_2$ au point O.

## CAS OU IL N'Y A PAS DE FORCES MOTRICES.

**554.** Dans le cas eù il n'y a pas de forces motrices, X, Y, Z sont nulles pour tous les points du corps, et l'équation (2) du n° 550 donne $\dfrac{d\omega}{dt} = 0$, et $\omega = $ const., ce que l'on sait déjà. Le système (3) se réduit alors à

$$(1)\quad\begin{cases} X_2 = -\dfrac{\omega^2}{h} \sum mxz, \\[2mm] Y_2 = -\dfrac{\omega^2}{h} \sum myz, \\[2mm] X_1 = \dfrac{\omega^2}{h} \sum mxz - \omega^2 M x_1, \\[2mm] Y_1 = \dfrac{\omega^2}{h} \sum myz - \omega^2 M y \\[2mm] Z_1 + Z_2 = 0. \end{cases}$$

Cette dernière équation montre que les résistances $R_1$ et $R_2$ se réduisent à deux forces perpendiculaires à l'axe, puisque leurs composantes parallèles à cet axe donnent une somme nulle.

Il est aisé de voir que les résistances $R_1$ et $R_2$ font équilibre aux forces centrifuges de tous les points du corps qui agissent sur l'axe perpendiculairement à sa direction. La force tangentielle est nulle pour chaque point. D'après les formules (1), les résistances sont proportionnelles au carré de la vitesse constante $\omega$.

**555.** Le point H n'éprouve aucune pression si $X_2$ et $Y_2$ sont nulles, et pour cela il faut et il suffit qu'on ait les deux conditions

$$(2)\qquad \sum mxz = 0, \quad \sum myz = 0,$$

c'est-à-dire que l'axe $Oz$ soit un des axes principaux relatifs au point O. Donc, *si un corps retenu par un seul point fixe commence à tourner autour d'un des axes principaux relatifs à ce point, il continuera à tourner uniformément autour de cet axe comme s'il était fixe.*

Le système (1) donne encore

$$X_1 = -\omega^2 M x_1, \quad Y_1 = -\omega^2 M y_1 :$$

donc

$$R_1 = \omega^2 M a,$$

$a$ étant la distance du centre de gravité à l'axe. On a de plus

$$\frac{X_1}{Y_1} + \frac{x_1}{y_1},$$

ce qui fait voir que la force $R_1$ ou la pression sur le point O est dirigée dans le plan $z$OG qui passe par l'axe O$z$ et par le centre de gravité G. C'est ce qu'on trouverait aussi en prenant ce plan pour le plan $z$O$x$ à l'instant que l'on considère.

556. Il peut se faire que le point O ne supporte aucune pression. Alors l'axe n'en éprouve aucune. Il faut et il suffit pour cela que $X_1$ et $Y_1$ soient nulles, et par conséquent que $x_1$ et $y_1$ soient nulles. Ainsi le centre de gravité doit être sur l'axe de rotation, et alors le mouvement ayant commencé autour de cet axe, supposé fixe, continuera uniformément autour du même axe lorsqu'on le rendra entièrement libre. L'axe de rotation est alors un axe principal pour tous les points de sa direction.

### CAS OU LES FORCES MOTRICES SE RÉDUISENT A UN COUPLE.

557. Les conséquences précédentes subsistent quand les forces motrices se réduisent à un couple situé dans un plan perpendiculaire à l'axe. On a dans ce cas

$$\sum X = 0, \quad \sum Y = 0, \quad \sum Z = 0,$$

$$\sum (Zy - Yz) = 0, \quad \sum (Xz - Zx) = 0.$$

Pour que le point H n'éprouve aucune pression, il faut que l'on ait $X_2 = 0$, $Y_2 = 0$, $Z_2 = 0$. Les équations $4^e$ et $5^e$ du système (3), n° 551, donnent

$$- \frac{d\omega}{dt} \sum mxz + \omega^2 \sum myz = 0,$$

$$- \frac{d\omega}{dt} \sum myz - \omega^2 \sum mxz = 0.$$

En éliminant entre ces deux équations $\frac{d\omega}{dt}$, on a

$$\omega^2 \left[ \left( \sum mxz \right)^2 + \left( \sum myz \right)^2 \right] = 0$$

ou

$$\sum mxz = 0, \quad \sum myz = 0.$$

Ainsi l'axe de rotation doit être un des trois axes principaux d'inertie relatifs au point O. Alors les trois premières équations du système (3) feront connaître les composantes $X_1$, $Y_1$, $Z_1$ de la pression exercée sur le point O, pression perpendiculaire à l'axe, car $Z_1 = 0$. Si à une époque quelconque cet axe cesse d'être fixe et que le corps soit seulement retenu par le point O, il continuera à tourner uniformément autour du même axe.

558. Pour que le point O ne soit pas pressé, il faut que $X_1$, $Y_1$, $Z_1$ soient nulles. Alors les deux premières équations du système (3), n° 552, donnent

$$y_1 \frac{d\omega}{dt} + \omega^2 x_1 = 0, \quad - x_1 \frac{d\omega}{dt} + \omega^2 y_1 = 0,$$

d'où, en éliminant $\frac{d\omega}{dt}$,

$$\omega^2 (x_1^2 + y_1^2) = 0;$$

on a donc

$$x_1 = 0, \quad y_1 = 0$$

et le centre de gravité est sur l'axe $Oz$ qui est un des axes principaux pour ce point, et par suite pour tous les points de cet axe. Donc *si un corps commence à tourner autour de l'un des axes principaux qui se rapportent à son centre de gravité et qu'il soit sollicité constamment par un couple situé dans un plan perpendiculaire à cet axe, son mouvement se continuera sans altération, lors même que cet axe serait entièrement libre.*

On voit que le système jouit des mêmes propriétés que dans le cas où il n'y a pas de forces motrices.

559. Si $Oz$ n'était pas l'un des axes principaux relatifs au point O, ce point étant seul fixé, la pression au point H ne serait jamais nulle, et le corps ne continuerait pas à tourner autour de $Oz$. On voit par là qu'un corps retenu par un point fixe O et sollicité par un couple ne tend pas à tourner autour d'une perpendiculaire $Oz$ au plan de ce couple, à moins que cette perpendiculaire ne soit l'un des axes principaux relatifs au point O.

MOUVEMENT DU TREUIL.

560. Considérons un treuil sollicité par le poids de deux masses $m$ et $m'$ agissant au moyen de cordes, la première sur la roue OC, la seconde sur le cylindre OC'. Nous tiendrons compte de la masse du treuil; mais nous négligerons le poids des cordes et le frottement des tourillons sur les coussinets. Soient $x$ et $x'$ les distances des centres de gravité des masses $m$ et $m'$ aux points C et C'.

Fig. 165.

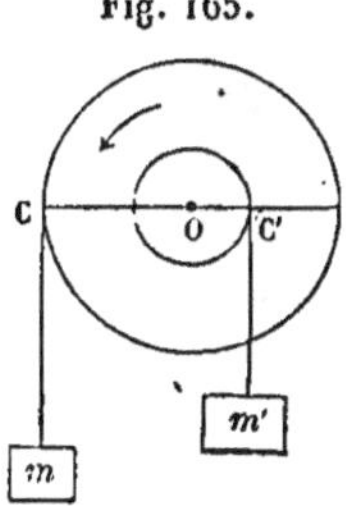

D'après le principe de d'Alembert, nous devrons regarder deux forces respectivement égales à $m\left(g - \dfrac{d^2x}{dt^2}\right)$,

$m'\left(g - \dfrac{d^2 x'}{dt^2}\right)$, comme appliquées en $m$ et en $m'$ suivant la verticale et tirant de haut en bas. Ce sont les forces perdues relatives à ces deux points.

Considérons une molécule du treuil, de masse $\mu$, à une distance $r$ de l'axe. Si $\omega$ est à l'époque actuelle la vitesse angulaire du système, la force effective du point $\mu$ se compose de sa force tangentielle $\mu r \dfrac{d\omega}{dt}$ et de sa force centripète $\mu r^2 \omega$ qu'il faut prendre toutes deux en sens contraire. Mais la force centripète perpendiculaire à l'axe fixe est détruite par la résistance de cet axe. Le poids du treuil est aussi détruit, parce que son centre de gravité se trouve sur l'axe fixe, à cause de la symétrie du treuil autour de son axe.

Donc, si nous faisons $OC = c$, $OC' = c'$, et si nous exprimons que la somme des moments par rapport à l'axe des forces motrices du système et des forces effectives prises en sens contraires est nulle, nous aurons, d'après le sens suivant lequel les forces tendent à faire mouvoir leurs points d'application,

$$(1) \qquad m\left(g - \frac{d^2 x}{dt^2}\right) c - m'\left(g - \frac{d^2 x'}{dt^2}\right) c' - \frac{d\omega}{dt} \sum \mu r^2 = 0.$$

561. Les dérivées des deux variables $x$ et $x'$ peuvent être exprimées au moyen de la vitesse angulaire. En effet, d'après le sens du mouvement, la vitesse du point $m$ est égale à celle du point $C$; mais la vitesse du point $m'$ est égale et de sens contraire à celle du point $C'$. On aura donc

$$\frac{dx}{dt} = c\omega, \qquad \frac{dx'}{dt} = -c'\omega,$$

et, par suite,

$$\frac{d^2 x}{dt^2} = c\frac{d\omega}{dt}, \qquad \frac{d^2 x'}{dt^2} = -c'\frac{d\omega}{dt}$$

Désignons par $Mk^2$ le moment d'inertie du treuil par rapport à l'axe, M étant la masse du treuil. L'équation du mouvement (1) deviendra

$$(2) \qquad mc\left(g - c\frac{d\omega}{dt}\right) - m'c'\left(g + c'\frac{d\omega}{dt}\right) - \frac{d\omega}{dt}Mk^2 = 0,$$

d'où l'on tire

$$\frac{d\omega}{dt} = \frac{g(mc - m'c')}{Mk^2 + mc^2 + m'c'^2},$$

d'où l'on déduit, en supposant la vitesse initiale nulle,

$$(3) \qquad \omega = \frac{gt(mc - m'c')}{Mk^2 + mc^2 + m'c'^2}.$$

La vitesse est donc proportionnelle au temps, et le mouvement est uniformément accéléré. L'accélération est à la pesanteur comme $mc - m'c'$ est à $Mk^2 + mc^2 + m'c'^2$.

Si l'on avait $mc = m'c'$, la vitesse angulaire serait nulle et le corps resterait en repos. En effet, c'est la condition pour que les poids $m$ et $m'$ se fassent équilibre. S'il y avait une vitesse initiale, le mouvement serait uniforme.

562. Les tensions des cordons ne sont autre chose que les forces perdues. Appelons-les T et T', nous aurons

$$(4) \qquad \begin{cases} T = m\left(g - \dfrac{d^2x}{dt^2}\right) = m\left(g - c\dfrac{d\omega}{dt}\right), \\[2ex] T' = m'\left(g - \dfrac{d^2x'}{dt^2}\right) = m\left(g + c'\dfrac{d\omega}{dt}\right). \end{cases}$$

Remplaçons $\dfrac{d\omega}{dt}$ par sa valeur tirée de l'équation (2), puis introduisons à la place des masses $m$, $m'$ et M les poids correspondants que nous désignerons par $p$, $p'$ et P.

Nous aurons

$$T = p - \frac{pc(pc - p'c')}{P k^2 + pc^2 + p'c'^2},$$

$$T' = p' + \frac{p'c'(pc - p'c')}{P k^2 + pc^2 + p'c'^2}.$$

Si le système tourne dans le sens indiqué par la figure, on a $pc > p'c'$, puisque $\omega$ est plus grand que zéro. On a dans ce cas $T < p$, $T' > p'$. Ces tensions sont constantes pendant le mouvement.

563. La pression totale $\varpi$ exercée sur l'axe du treuil résulte des forces qui se font équilibre autour de lui en y comprenant le poids du treuil. Les forces centrifuges des points du treuil se détruisent mutuellement et ne pressent pas l'axe à cause de la symétrie. On a donc

$$\varpi = P + T + T'$$

ou

$$\varpi = P + p + p' - \frac{(pc - p'c')^2}{P k^2 + pc^2 + p'c'^2}.$$

564. On peut déterminer le mouvement du treuil sans recourir au principe de d'Alembert, mais en introduisant les tensions $T$ et $T'$. Il suffit d'éliminer $T$ et $T'$ entre les équations (4) et la suivante :

$$\frac{d\omega}{dt} M k^2 = \sum Q q$$

ou

$$\frac{d\omega}{dt} M k^2 = Tc - T'c',$$

donnée par la théorie du mouvement de rotation autour d'un axe fixe. On retombe ainsi sur l'équation (2).

# QUARANTE-TROISIÈME LEÇON.

## PENDULE COMPOSÉ

Équation du mouvement. — Pendule composé ramené an pendule simple.
— Axe et centre d'oscillation. — Axe de la plus courte oscillation.

---

### PENDULE COMPOSÉ. — ÉQUATION DU MOUVEMENT.

**565.** On nomme *pendule composé* un corps qui peut tourner autour d'un axe fixe horizontal.

Prenons l'axe fixe $Oz$ pour axe des $z$ ; pour axe des $x$

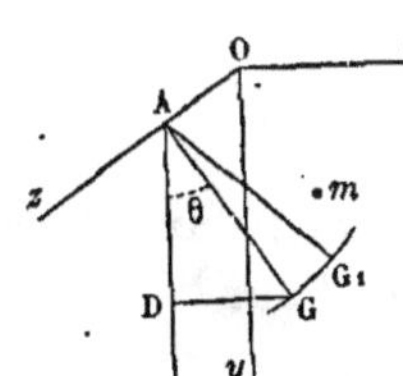

Fig. 166.

une horizontale $Ox$ perpendiculaire à $Oz$, et pour axe des $y$ une verticale $Oy$ dirigée dans le sens de la pesanteur. L'équation du mouvement sera (550)

$$(1) \quad \frac{d\omega}{dt} \sum mr^2 = \sum (Yx - Xy),$$

$X$, $Y$, $Z$ désignant les composantes de la force motrice d'un point $m\,(x, y, z)$. On a donc

$$X = 0, \quad Y = mg, \quad Z = 0,$$

et, par suite,

$$\sum (Yx - Xy) = g \sum mx = g M x_1,$$

M étant la masse du corps et $x_1$ l'une des coordonnées du centre de gravité G.

Abaissons GA perpendiculaire sur $Oz$, menons la verticale AD et abaissons sur cette droite la perpendiculaire GD. Soit $G_1$ la position initiale de G, c'est-à-dire sa position pour $t = $ o. Posons $GA = a$, $DAG = \theta$, $DAG_1 = \alpha$; on a

$$x_1 = GD = a \sin\theta.$$

Par conséquent

$$\sum (Yx - Xy) = g M x_1 = g M a \sin\theta.$$

D'ailleurs $\omega = -\dfrac{d\theta}{dt}$, et si l'on appelle $M k^2$ le moment d'inertie du corps par rapport à un axe passant par le point G et parallèle à $Oz$, on a

$$\sum m r^2 = M (a^2 + k^2).$$

Substituant ces valeurs dans l'équation (1), on aura

$$(2) \qquad \frac{d^2\theta}{dt^2} + \frac{ga}{a^2 + k^2} \sin\theta = o.$$

Cette équation détermine $\theta$ ou le mouvement angulaire du centre de gravité en fonction du temps. Pour l'intégrer on la multiplie par $2\,d\theta$, et l'on trouve

$$(3) \qquad \frac{d\theta^2}{dt^2} = \Omega^2 + \frac{2ga}{a^2 + k^2} (\cos\theta - \cos\alpha),$$

$\Omega$ étant la vitesse angulaire initiale.

PENDULE COMPOSÉ RAMENÉ AU PENDULE SIMPLE.

566. Au lieu d'intégrer l'équation (2), il est préférable de comparer le mouvement du corps pesant à celui d'un pendule simple. Si le corps se réduisait à un point matériel pesant lié à un axe par une droite rigide dont on né-

glige la masse et de longueur $l$, l'équation du mouvement serait

$$(1) \qquad \frac{d^2\theta}{dt^2} + \frac{g}{l}\sin\theta = 0$$

qui se déduit de l'équation

$$(2) \qquad \frac{d^2\theta}{dt^2} + \frac{ga}{a^2 + k^2}\sin\theta = 0,$$

en faisant $k = 0$, $a = l$. Supposons la longueur $l$ déterminée par l'équation

$$\frac{ga}{a^2 + k^2} = \frac{g}{l},$$

d'où

$$l = a + \frac{k^2}{a}.$$

Alors le pendule composé ou plutôt la droite AG et le pendule simple auront le même mouvement angulaire, pourvu que les valeurs initiales de $\theta$ et de $\frac{d\theta}{dt}$ soient les mêmes pour ces deux corps. Ainsi, lorsqu'un corps tourne autour d'un axe fixe et horizontal, on peut toujours assigner la longueur d'un pendule simple dont le mouvement soit le même que celui du corps, quelle que soit d'ailleurs l'amplitude des oscillations. Si celles-ci sont très-petites, la durée d'une oscillation sera donnée par la formule

$$T = \pi\sqrt{\frac{l}{g}},$$

qui pourra servir à déterminer $g$ à l'aide du pendule composé, connaissant seulement la distance du centre de gravité du corps à l'axe de suspension et le moment d'inertie du corps par rapport à un axe parallèle à l'axe de suspension mené par le centre de gravité.

## AXE D'OSCILLATION.

·567. *Si dans le plan passant par l'axe et par le centre de gravité du pendule on mène une droite* IBI' *parallèle*

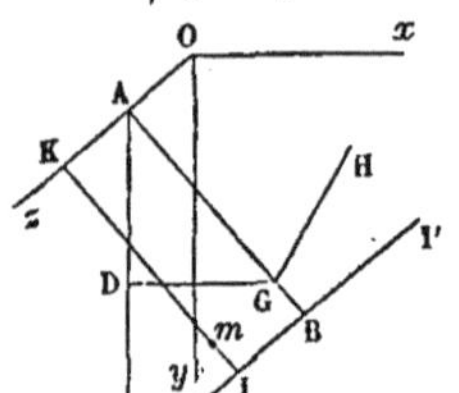

Fig. 167.

*à cet axe et à une distance de celui-ci égale à* I, *chaque point de cette droite se mouvra comme s'il ne faisait pas partie du corps et qu'il fût simplement lié à l'axe par une droite rigide et sans masse.*

Cette propriété résulte immédiatement de l'identité du mouvement du pendule composé et d'un pendule simple dont la longueur est $l$. Il n'en est pas de même des autres points du corps plus rapprochés et plus éloignés de l'axe. Ces derniers oscillent plus vite et les premiers oscillent plus lentement que s'ils n'étaient pas liés aux autres points du corps.

La droite IBI' est nommée l'*axe d'oscillation* du corps, correspondant à l'axe de suspension O$z$. Le point B de cette droite situé sur la droite AG perpendiculaire à l'axe de rotation se nomme *centre d'oscillation*. On l'obtient en prolongeant AG d'une longueur égale à $\dfrac{k^2}{a}$,

568. *Les axes d'oscillation et de suspension sont réciproques,* c'est-à-dire que si l'on faisait osciller le corps autour de II', l'axe de suspension primitif O$z$ deviendrait l'axe d'oscillation. En effet, les distances du centre de gravité à l'axe de suspension et à l'axe d'oscillation donnent un produit égal à $k^2$. Donc si l'on prend cette dernière ligne droite pour axe fixe, la première deviendra l'axe d'oscillation. La longueur du pendule simple, qui fait ses oscillations dans le même temps, sera la même qu'auparavant et son mouvement sera le même.

569. D'après ce principe, étant donné l'axe de suspension d'un corps, on peut trouver, par l'expérience, l'axe d'oscillation correspondant. Il faut, pour cela, mesurer la durée des petites oscillations d'abord autour du premier, puis autour de différents autres axes parallèles, jusqu'à ce que le temps de ces oscillations soit de nouveau le même. La distance des deux axes de suspension sera la longueur désignée par $l$ et fera connaître l'axe d'oscillation relatif au premier axe de suspension.

570. *Il y a une infinité d'axes autour desquels les petites oscillations sont de même durée.*

D'abord la valeur de $l$ et la durée des oscillations sont les mêmes pour tous les axes de suspension parallèles entre eux et situés à égale distance du centre de gravité, puisque $k$ et $a$ sont les mêmes pour tous ces axes.

Ensuite, nommons A, B, C les trois moments d'inertie principaux relatifs au centre de gravité G, et appelons $\alpha$, $\varepsilon$, $\gamma$ les angles que O$z$ fait avec les axes principaux du point G. Le moment d'inertie par rapport à GH, droite parallèle à O$z$, étant représenté par M$k^2$, on a

$$M\,k^2 = A\cos^2\alpha + B\cos^2\varepsilon + C\cos^2\gamma,$$

et par conséquent

$$l = a + \frac{A\cos^2\alpha + B\cos^2\varepsilon + C\cos^2\gamma}{M\,a}.$$

On peut faire varier $a$, $\alpha$, $\varepsilon$, $\gamma$ de manière que $l$ reste constante. Il y a donc une infinité d'axes autour desquels la durée des petites oscillations est la même.

### AXE DE LA PLUS COURTE OSCILLATION

571. On peut se proposer de trouver l'axe autour duquel la durée d'une oscillation est la plus courte ou pour

lequel la longueur $l$ est la plus petite. Supposons que l'on ait

$$A < B < C.$$

On sait que la plus petite valeur de

$$A \cos^2\alpha + B \cos^2 6 + C \cos^2\gamma$$

est A. Il faut donc faire d'abord

$$\alpha = 0, \quad 6 = 90°, \quad \gamma = 90°,$$

d'où

$$l = a + \frac{A}{Ma}.$$

Il en résulte que l'axe de suspension est perpendiculaire à l'axe du plus petit moment d'inertie relatif au centre de gravité. Ensuite, pour obtenir le minimum de $l$, il faut égaler à zéro $\frac{dl}{da}$, ce qui donne

$$a = \sqrt{\frac{A}{M}}, \quad l = 2\sqrt{\frac{A}{M}}$$

On a un minimum, parce qu'en faisant varier $a$, $\frac{dl}{da}$ ne s'évanouit qu'une seule fois en passant du négatif au positif.

# QUARANTE-QUATRIÈME LEÇON

## PENDULE CONIQUE.

Pendule conique. — Équations du mouvement. — Cás où le point pesant
reste dans un plan horizontal. — Intégration des équations du mouvement. — Maximum et minimum de la valeur de $z$. — Expression du
temps employé à parcourir un arc de la trajectoire.

---

### PENDULE CONIQUE. — ÉQUATIONS DU MOUVEMENT.

**572.** Considérons le mouvement d'un point matériel $m$ assujetti à se mouvoir sur la surface d'une sphère
dont le centre est au point O, et dont le rayon est $l$. Le
point $m$ peut être simplement posé sur la surface sphérique, ou bien placé à l'extrémité d'un fil ou d'une tige
dont l'autre extrémité fixe est au point O. En désignant
par N la résistance de la surface ou la tension du fil ou
de la tige, et l'axe des $z$ étant pris dans le sens de la pesanteur, les équations du mouvement sont

$$(1) \quad \frac{d^2x}{dt^2} + \frac{Nx}{l} = 0, \quad \frac{d^2y}{dt^2} + \frac{Ny}{l} = 0, \quad \frac{d^2z}{dt^2} + \frac{Nz}{l} - g = 0.$$

On regarde N comme positive lorsqu'elle agit dans le
sens $m$O ou qu'elle empêche le point $m$ de s'éloigner du
centre O, et comme négative lorsqu'elle agit sur le prolongement de $m$O, ou qu'elle empêche le point $m$ de
s'éloigner du centre O. On a l'équation.

$$(2) \quad x^2 + y^2 + z^2 = l^2,$$

pour exprimer que le point $m$ reste à une distance constante $l$ du point O.

**573.** On arriverait aux mêmes équations (1) par la méthode générale de Lagrange, qui donne

$$(3) \qquad \frac{d^2 x}{dt^2}\delta x + \frac{d^2 y}{dt^2}\delta y + \frac{d^2 z}{dt^2}\delta z - g\,\delta z = 0,$$

avec la relation

$$x\,\delta x + y\,\delta y + z\,\delta z = 0,$$

déduite de l'équation de condition (2). Écrivant

$$\frac{x}{l}\delta x + \frac{y}{l}\delta y + \frac{z}{l}\delta z = 0$$

et ajoutant cette équation multipliée par $\lambda$ avec (3), on aura

$$\frac{d^2 x}{dt^2} + \frac{\lambda x}{l} = 0, \qquad \frac{d^2 y}{dt^2} + \frac{\lambda y}{l} = 0, \qquad \frac{d^2 z}{dt^2} + \frac{\lambda z}{l} - g = 0,$$

équations qui ne diffèrent des équations (1) qu'en ce que $\lambda$ remplace N. On voit que $\lambda$ est la tension du fil ou l'action du fil sur $m$, puisque $\dfrac{\lambda x}{l}, \dfrac{\lambda y}{l}, \dfrac{\lambda z}{l}$, sont les composantes d'une force égale à $\lambda$, dirigée suivant $m$O, si $\lambda$ est positive.

### CAS OU LE POINT PESANT RESTE DANS UN PLAN HORIZONTAL.

**574.** Examinons d'abord le cas particulier où le point pesant $m$ reste dans un plan horizontal. Il décrit alors un cercle intersection de ce plan et de la surface sphérique (2), ou bien la tige décrit un cône droit dont l'axe est O$z$. On a

$$z = k, \quad x^2 + y^2 = l^2 - k^2 = r^2,$$

en appelant $r$ la distance du point à l'axe O$z$ ; $r$ est le rayon du cercle.

La troisième des équations (1) donne

$$N = \frac{gl}{k},$$

valeur constante. On tire des deux premières

$$\frac{2\,dx\,d^2x + 2\,dy\,d^2y}{dt^2} + \frac{N}{l}\,(2x\,dx + 2y\,dy) = 0,$$

ou

$$d.v^2 = 0,$$

puisque

$$v^2 = \frac{dx^2 + dy^2 + dz^2}{dt^2} = \frac{dx^2 + dy^2}{dt^2},$$

à cause de $\dfrac{dz}{dt} = 0$, et que l'équation

$$x^2 + y^2 = l^2 - k^2$$

donne

$$2x\,dx + 2y\,dy = 0.$$

La vitesse $v$ est donc constante et le mouvement circulaire est uniforme. Cela résulte aussi de l'équation

$$x\,\frac{d^2y}{dt^2} - y\,\frac{d^2x}{dt^2} = 0$$

qui donne

$$x\,\frac{dy}{dt} - y\,\frac{dx}{dt} = C,$$

ou

$$r^2\,\frac{d\psi}{dt} = C,$$

d'où l'on tire une valeur de $\psi$ proportionnelle au temps, $\psi$ étant l'angle que fait le plan $zOm$ avec le plan $zOy$.

575. Il faut encore une équation. On a

$$\frac{x\,d^2x + y\,d^2y}{dt^2} + \frac{N\,(x^2 + y^2)}{l} = 0.$$

Or en différentiant l'équation

$$x\,dx + y\,dy = 0,$$

on a

$$\frac{x\,d^2x + y\,d^2y}{dt^2} + \frac{dx^2 + dy^2}{dt^2} = 0.$$

D'où

$$v^2 = \frac{N\,r^2}{l} \quad (^*),$$

ou

$$v^2 = \frac{g\,r^2}{k},$$

en remplaçant N par sa valeur $\frac{gl}{k}$. On a donc

$$v = r\sqrt{\frac{g}{k}} = \sqrt{\frac{g}{k}(l^2 - k^2)}.$$

De plus,

$$\frac{v^2}{r} = \frac{N\,r}{l} = N\sin\theta,$$

et aussi

$$\frac{v^2}{r} = \frac{g\,r}{k} = g\,\mathrm{tang}\,\theta,$$

$\theta$ désignant l'angle que la droite $Om$ fait avec la verticale $Oz$.

On voit que la force centripète $\frac{v^2}{r}$ est la résultante des deux forces $N$ et $g$. La durée de la révolution est

$$\frac{2\pi r}{v} = 2\pi\sqrt{\frac{k}{g}}.$$

576. On peut obtenir ces résultats d'une autre manière. Le point $m$ se meut comme un point libre qui serait sollicité par la force tangentielle $\frac{dv}{dt}$ et par la force centrifuge $f = \frac{v^2}{r}$. D'après le principe de d'Alembert, ces forces

---

(*) En effet, on tire des premières équations (1) .

$$\frac{x\,d^2x + y\,d^2r}{dt^2} + \frac{N\,r^2}{l} = 0.$$

prises en sens contraire, et le poids de la molécule doivent donner une résultante qui sera détruite par la résistance de la surface sphérique ou du fil. Alors la force tangentielle perpendiculaire au plan $mOz$ doit être nulle, ce qui donne la vitesse $v$ constante. En outre, on doit avoir

$$\frac{g}{k} = \frac{f}{r} = \frac{N}{l},$$

d'où

$$\frac{v^2}{r} = \frac{gr}{k}, \quad v = r\sqrt{\frac{g}{k}}, \quad N = \frac{gl}{k},$$

comme plus haut.

### INTÉGRATION DES ÉQUATIONS DU MOUVEMENT.

577. Il faut intégrer les équations

$$(1) \qquad \begin{cases} \dfrac{d^2x}{dt^2} + \dfrac{Nx}{l} = 0, \\[2mm] \dfrac{d^2y}{dt^2} + \dfrac{Ny}{l} = 0, \\[2mm] \dfrac{d^2z}{dt^2} + \dfrac{Nz}{l} - g = 0; \end{cases}$$

et comme on a déjà la relation

$$(2) \qquad x^2 + y^2 + z^2 = l^2,$$

il suffit de trouver deux autres équations entre $x, y, z$, $t$ et la valeur de $N$.

On trouve d'abord la force vive ou $v^2$ par l'équation

$$\frac{2\,dx\,d^2x + 2\,dy\,d^2y + 2\,dz\,d^2z}{dt^2} - 2g\,dz = 0,$$

qui donne

$$v^2 = 2gz + \text{constante} = 2g(z - z_0) + v_0^2,$$

ou

$$(3) \qquad v^2 = 2g(z - z_0 + h_0),$$

en posant

$$v_0^2 = 2gh_0.$$

578. On a ensuite

$$\frac{x\,d^2y - y\,d^2x}{dt^2} = 0,$$

d'où

$$(4) \qquad \frac{x\,dy - y\,dx}{dt} = C.$$

Élevant au carré cette équation et l'ajoutant à la suivante aussi élevée au carré

$$\frac{x\,dx + y\,dy}{dt} = -\frac{z\,dz}{dt},$$

on a

$$(x^2 + y^2)\left(\frac{dx^2 + dy^2}{dt^2}\right) = z^2\,\frac{dz^2}{dt^2} + C^2.$$

Remplaçant $x^2 + y^2$ par $l^2 - z^2$ et $\dfrac{dx^2 + dy^2}{dt^2}$ ou $v^2 - \dfrac{dz^2}{dt^2}$ par $2g(z - z_0 + h_0) - \dfrac{dz^2}{dt^2}$, on obtient

$$(l^2 - z^2)\,2g(z - z_0 + h_0) - (l^2 - z^2)\frac{dz^2}{dt^2} = z^2\,\frac{dz^2}{dt^2} + C^2,$$

d'où

$$l\frac{dz}{dt} = \pm\sqrt{2g(l^2 - z^2)(z - z_0 + h_0) - C^2},$$

ou

$$(5) \qquad dt = \frac{\pm\,l\,dz}{\sqrt{2g(l^2 - z^2)(z - z_0 + h_0) - C^2}}.$$

579. Il faut avoir la valeur de C. L'équation (4) revient à

$$\frac{r^2\,d\psi}{dt} = C,$$

ou

$$(l^2 - z^2)\frac{d\psi}{dt} = C,$$

en appelant $r$ la distance du point $m$ à l'axe $Oz$ et $\psi$ l'angle que le plan $zOm$ fait avec le plan $zOx$. On peut écrire

$$r.r\frac{d\psi}{dt} = C.$$

Or $r\frac{d\psi}{dt}$ est la vitesse de la projection horizontale du point $m$ estimée suivant la perpendiculaire au rayon vecteur $r$, ou la projection de la vitesse $\nu$ du point $m$ sur la perpendiculaire au plan $mOz$, de sorte que $r\frac{d\psi}{dt} = \nu\cos\varepsilon$, $\varepsilon$ étant l'angle que fait la direction de la vitesse $\nu$ avec cette perpendiculaire (car $rd\psi$ est la projection du petit chemin $ds$ sur cette perpendiculaire). On a donc

$$(6) \qquad\qquad C = r_0\,\nu_0\,\cos\varepsilon_0.$$

580. La constante $C$ est nulle, si l'angle $\varepsilon_0$ est droit, si $r_0 = 0$, ou si $\nu_0 = 0$; alors le pendule oscille dans un plan vertical.

En substituant dans la formule (5) la valeur de $C^2$,

$$C^2 = r_0^2\,\nu_0^2\cos^2\varepsilon_0 = 2gh_0\,r_0^2\cos^2\varepsilon_0 = 2gh_0(l^2 - z_0^2)\cos^2\varepsilon_0,$$

on a

$$(7) \qquad dt = \frac{\pm\,l\,dz}{\sqrt{2g}\,\sqrt{(l^2 - z^2)(z - z_0 + h_0) - (l^2 - z_0^2)\,h_0\cos^2\varepsilon_0}}.$$

### MAXIMUM ET MINIMUM DE LA VALEUR DE $z$.

581. Si l'on égale à zéro le polynôme sous le radical, on aura la plus grande ou la plus petite valeur de $z$ quand $t$ varie. Cette équation,

$$(1) \qquad (l^2 - z^2)(z - z_0 + h_0) - (l^2 - z_0^2)\,h_0\cos^2\varepsilon_0 = 0,$$

étant du troisième degré, a au moins une racine réelle. Mais, par la nature du problème, $z$ ne peut avoir un maximum sans avoir un minimum et *vice versâ*. Donc les trois racines doivent être réelles. En effet, si dans ce polynôme on attribue à $z$ les valeurs

$$l, \quad z_0, \quad z_0 - h_0, \quad - l, \quad - \infty,$$

on trouve

$$-, \quad +, \quad -, \quad - \quad +,$$

d'où l'on voit qu'il y a trois valeurs réelles de $z$ qui réduisent à zéro ce polynôme : une première $a$ comprise entre $l$ et $z_0$, une seconde $b$ comprise entre $z_0$ et $z_0 - h$, et une troisième négative $-c$ entre $-l$ et $-\infty$, de telle sorte que $c$ est $> l$. Ainsi l'on a en décomposant le premier membre en facteurs

$$(l^2 - z^2)(z - z_0 + h_0) - (l^2 - z_0^2) h_0 \cos^2 \varepsilon_0$$
$$= (a - z)(z - b)(z + c),$$

d'où, en développant et comparant,

$$a + b - c = z_0 - h_0,$$
$$(a + b)c - ab = l^2,$$
$$a\,bc = (l^2 - z_0^2) h_0 \cos^2 z_0 + l^2 (z_0 - h_0).$$

On tire de la seconde équation

$$c = \frac{l^2 + ab}{a + b},$$

puis de la première

$$h_0 - z_0 = c - a - b = \frac{l^2 - a^2 - b^2 - ab}{a + b},$$

et de la troisième

$$(l^2 - z_0^2) h_0 \cos^2 \varepsilon_0 = \frac{(l^2 - a^2)(l^2 - b^2)}{a + b} = \frac{C^2}{2g}.$$

Par suite l'équation (7), n° 580, devient

$$(2) \qquad dt = \frac{\pm\, l\, dz}{\sqrt{2\,g}\,\sqrt{(a-z)(z-b)\left(z+\dfrac{l^2+ab}{a+b}\right)}}.$$

La variable $z$ restera comprise entre $a$ et $b$, comme sa valeur initiale $z_0$, car si l'on supposait que $z$ devînt $> a$ ou $< b$, la valeur de $\dfrac{dz}{dt}$ deviendrait imaginaire. Ainsi $a$ sera la valeur maximum de $z$ et $b$ sa valeur minimum. Si d'abord on prend $z = b$, quand $t$ croîtra, $z$ croîtra depuis $b$ jusqu'à $a$, et deviendra égale à $a$ au bout d'un temps $t'$ égal à l'intégrale de la valeur $dt$ prise depuis $z = b$ jusqu'à $z = a$. Ensuite, après ce temps $t'$, $z$ décroîtra en allant de $a$ à $b$ dans un intervalle de temps égal à $t'$. Puis $z$ croîtra de nouveau de $b$ à $a$ dans un nouvel intervalle de temps égal à $t'$, et ainsi de suite. De sorte que $z$ est une fonction périodique de $t$, dont la période est $2t'$.

#### EXPRESSION DU TEMPS EMPLOYÉ A PARCOURIR UN ARC DE LA TRAJECTOIRE.

582. Puisque $z$ doit toujours être comprise entre $b$ et $a$, nous pouvons poser

$$\sin\varphi = \sqrt{\frac{a-z}{a-b}}$$

ou

$$z = a\cos^2\varphi + b\sin^2\varphi;$$

de là résulte

$$dz = -2(a-b)\sin\varphi\cos\varphi\, d\varphi,$$
$$a - z = (a-b)\sin^2\varphi,$$
$$z - b = (a-b)\cos^2\varphi,$$

d'où, abstraction faite du signe,

$$\frac{dz}{\sqrt{(a-z)(z-b)}} = 2\, d\varphi.$$

Si l'on porte cette valeur dans l'équation (2), n° 581, on a

$$dt = \frac{1}{\sqrt{2g}} \, \frac{2l\,d\varphi}{\sqrt{z + \dfrac{l^2 + ab}{a+b}}} \; .$$

ou

$$(1) \qquad dt = l \sqrt{\frac{2(a+b)}{g}} \, \frac{d\varphi}{\sqrt{(a+b)z + l^2 + ab}} .$$

En remplaçant $z$ par

$$a \cos^2\varphi + b \sin^2\varphi, \quad \text{ou} \quad a - (a-b)\sin^2\varphi,$$

on trouve

$$(2) \quad dt = l \sqrt{\frac{2(a+b)}{g(l^2 + 2ab + a^2)}} \, \frac{d\varphi}{\sqrt{1 - \dfrac{a^2 - b^2}{l^2 + 2ab + a^2}\sin^2\varphi}} ,$$

ou bien

$$(3) \quad \left\{ \begin{aligned} & dt = l \sqrt{\frac{2(a+b)}{g}} \\[2mm] & \times \frac{d\varphi}{\sqrt{(l^2 + 2ab + a^2)\cos^2\varphi + (l^2 + 2ab + b^2)\sin^2\varphi}} . \end{aligned} \right.$$

583. Le temps pour aller d'un point $z = \theta$ à un autre point $z = \alpha$ s'obtiendra en intégrant cette formule entre les limites $\theta$ et $\alpha$. Le temps nécessaire pour aller du point le plus haut au point le plus bas ou du point le plus bas au point le plus haut est

$$t' = l \sqrt{\frac{2(a+b)}{g(l^2 + 2ab + a^2)}} \int_0^{\frac{\pi}{2}} \frac{d\varphi}{\sqrt{1 - \gamma^2 \sin^2\varphi}} ,$$

en posant

$$\gamma^2 = \frac{a^2 - b^2}{l^2 + 2ab + a^2} .$$

Si l'on développe $\dfrac{d\varphi}{\sqrt{1 - \gamma^2\sin^2\varphi}}$ par la formule du binôme, si l'on remplace ensuite les puissances de sinus qui entrent dans le développement par leurs valeurs en fonction des cosinus des multiples de $\varphi$, on trouve en intégrant

$$t' = l \sqrt{\frac{2(a+b)}{g(l^2 + 2ab + a^2)}} \left[ 1 + \left(\frac{1}{2}\right)^2 \gamma^2 + \left(\frac{1.3}{2.4}\right)^2 \gamma^4 + \dots \right].$$

584. On peut avoir des valeurs entre lesquelles ce temps est compris en reprenant la formule (1)

$$dt = l \sqrt{\frac{2(a+b)}{g}} \frac{d\varphi}{\sqrt{(a+b)z + l^2 + ab}}.$$

Comme $z$ est comprise entre $a$ et $b$, on a

$$dt < l \sqrt{\frac{2(a+b)}{g}} \frac{d\varphi}{\sqrt{(a+b)b + l^2 + ab}},$$

$$dt > l \sqrt{\frac{2(a+b)}{g}} \frac{d\varphi}{\sqrt{(a+b)a + l^2 + ab}};$$

d'où

$$t' < \frac{\pi}{2} l \sqrt{\frac{2(a+b)}{g(l^2 + 2ab + b^2)}},$$

$$t' > \frac{\pi}{2} l \sqrt{\frac{2(a+b)}{g(l^2 + 2ab + a^2)}}.$$

# QUARANTE-CINQUIÈME LEÇON.

## PENDULE CONIQUE (suite). — MOUVEMENT D'UNE TIGE PESANTE.

Calcul de l'angle $\psi$. — Valeur de la tension. — Cas où le pendule s'écarte peu de la verticale. — Mouvement d'une tige pesante tournant autour d'un de ses points qui est fixe.

---

### CALCUL DE L'ANGLE $\psi$.

**585.** L'angle $\psi$ est donné par l'équation (579)

$$d\psi = \frac{C\,dt}{l^2 - z^2} = \sqrt{\frac{2g(l^2 - a^2)(l^2 - b^2)}{a + b}}$$

$$\times \frac{l\,dz}{(l^2 - z^2)\sqrt{2g}\sqrt{(a - z)(z - b)\left(z + \dfrac{l^2 + ab}{a + b}\right)}},$$

qu'on peut écrire

$$d\psi = \sqrt{(l^2 - a^2)(l^2 - b^2)}\,\frac{l\,dz}{(l^2 - z^2)\sqrt{(a - z)(z - b)}\sqrt{(a + b)z + l^2 + ab}},$$

ou bien, à cause de $\dfrac{l}{l^2 - z^2} = \dfrac{1}{2}\left(\dfrac{1}{l + z} + \dfrac{1}{l - z}\right),$

$$d\psi = \frac{1}{2}\sqrt{(l^2 - a^2)(l^2 - b^2)}\left(\frac{1}{l + z} + \frac{1}{l - z}\right)$$

$$\times \frac{dz}{\sqrt{(a - z)(z - b)}\sqrt{(a + b)z + l^2 + ab}},$$

ce qui donne, en remplaçant $z$ par $a\cos^2\varphi + b\sin^2\varphi$

$$d\psi = \sqrt{(l^2 - a^2)(l^2 - b^2)}\left[\frac{d\varphi}{(l + a)\cos^2\varphi + (l + b)\sin^2\varphi}\right.$$
$$\left.+ \frac{d\varphi}{(l - a)\cos^2\varphi + (l - b)\sin^2\varphi}\right]$$
$$\times \frac{1}{\sqrt{(l^2 + 2ab + a^2)\cos^2\varphi + (l^2 + 2ab + b^2)\sin^2\varphi}},$$

de sorte que $\psi$ est la somme de deux intégrales elliptiques de troisieme espèce.

586. L'angle dièdre $\Psi$ compris entre les deux positions extrêmes du point $m$ est donné par l'intégration de l'équation précédente entre les limites $0$ et $\frac{\pi}{2}$.

Je dis que cet angle est plus grand que $\frac{\pi}{2}$. Remarquons que $z$ variant de $b$ à $a$, ou $\varphi$ de $\frac{\pi}{2}$ à $0$, le polynôme $(l^2 + 2ab + a^2)\cos^2\varphi + (l^2 + 2ab + b^2)\sin^2\varphi$ varie depuis $l^2 + 2ab + b^2$ jusqu'à $l^2 + 2ab + a^2$. On a donc

$$d\psi > \sqrt{\frac{(l^2 - a^2)(l^2 - b^2)}{l^2 + 2ab + a^2}}\left[\frac{d\varphi}{(l + a)\cos^2\varphi + (l + b)\sin^2\varphi}\right.$$
$$\left.+ \frac{d\varphi}{(l - a)\cos^2\varphi + (l - b)\sin^2\varphi}\right],$$
$$d\psi < \sqrt{\frac{(l^2 - a^2)(l^2 - b^2)}{l^2 + 2ab + b^2}}\left[\frac{d\varphi}{(l + a)\cos^2\varphi + (l + b)\sin^2\varphi}\right.$$
$$\left.+ \frac{d\varphi}{(l - a)\cos^2\varphi + (l - b)\sin^2\varphi}\right],$$

Or

$$\int\frac{d\varphi}{m\cos^2\varphi + n\sin^2\varphi} = \frac{1}{\sqrt{mn}}\,\text{arc tang}\left(\sqrt{\frac{n}{m}}\,\text{tang}\,\varphi\right).$$

Donc on aura

$$\Psi > \sqrt{\frac{(l^2 - a^2)(l^2 - b^2)}{l^2 + 2ab + a^2}}\left[\frac{1}{\sqrt{(l + a)(l + b)}}\frac{\pi}{2} + \frac{1}{\sqrt{(l - a)(l - b)}}\frac{\pi}{2}\right]$$

ou

$$\Psi > \frac{\pi}{2} \frac{\sqrt{(l+a)(l+b)} + \sqrt{(l-a)(l-b)}}{\sqrt{l^2 + 2ab + a^2}},$$

et l'on aura de même

$$\Psi < \frac{\pi}{2} \frac{\sqrt{(l+a)(l+b)} + \sqrt{(l-a)(l-b)}}{\sqrt{l^2 + 2ab + b^2}},$$

ou bien

$$\Psi > \frac{\pi}{2} \sqrt{\frac{2l^2 + 2ab + 2\sqrt{(l^2 - a^2)(l^2 - b^2)}}{l^2 + 2ab + a^2}},$$

$$\Psi < \frac{\pi}{2} \sqrt{\frac{2l^2 + 2ab + 2\sqrt{(l^2 - a^2)(l^2 - b^2)}}{l^2 + 2ab + b^2}},$$

et enfin.

$$\Psi > \frac{\pi}{2} \sqrt{1 + \frac{l^2 - a^2 + 2\sqrt{(l^2 - a^2)(l^2 - b^2)}}{l^2 + 2ab + a^2}},$$

$$\Psi < \frac{\pi}{2} \sqrt{1 + \frac{l^2 - b^2 + 2\sqrt{(l^2 - a^2)(l^2 - b^2)}}{l^2 + 2ab + b^2}}.$$

On voit donc que $\Psi$ est plus grand que $\frac{\pi}{2}$.

TENSION DU FIL.

**587.** Il reste à déterminer la tension N du fil ou la résistance de la surface.

En multipliant les équations

$$(1) \qquad \begin{cases} \dfrac{d^2 x}{dt^2} + \dfrac{N x}{l} = 0, \\[2mm] \dfrac{d^2 y}{dt^2} + \dfrac{N y}{l} = 0, \\[2mm] \dfrac{d^2 z}{dt^2} + \dfrac{N z}{l} - g = 0, \end{cases}$$

respectivement par $x$, $y$, $z$, et ajoutant, on a

$$\frac{xd^2x + yd^2y + zd^2z}{dt^2} + Nl - gz = o;$$

Or l'équation

$$xdx + ydy + zdz = o$$

donne

$$\frac{xd^2x + yd^2y + zd^2z}{dt^2} = -\frac{dx^2 + dy^2 + dz^2}{dt^2} = -v^2.$$

Donc

$$(2) \qquad N = \frac{v^2 + gz}{l} = \frac{g}{l}(3z - 2z_0 + 2h_0).$$

Tant que $z$ est positive ou que le pendule se trouve au-dessous du plan horizontal mené par le centre O, la valeur de N, $\frac{v^2 + gz}{l}$, est positive, c'est-à-dire que cette force est dirigée de $m$ vers O. Si le pendule s'élève au-dessus de ce plan, $z$ deviendra négative et il pourra arriver que $v^2 + gz$ ou $g(3z - 2z_0 + 2h_0)$ devienne aussi négative. Dans ce cas, le point fait l'effort N pour s'approcher du centre, et la force N tend à contracter la tige.

588. On peut vérifier la formule (2). Les forces N et $g$ donnent pour résultante la force effective du point $m$, qui peut se décomposer en une force tangentielle $T = \frac{dv}{dt}$, et une force centripète $\frac{v^2}{\rho}$. Donc ces deux dernières, prises en sens contraire, doivent faire équilibre aux forces N et $g$. Ainsi la somme des projections de toutes ces forces sur un axe quelconque doit être nulle. En les projetant sur O$m$, la projection de T est nulle, puisque T est perpendiculaire à O$m$; la projection de $g$

est $-\dfrac{gz}{l}$; celle de la force centrifuge est $-\dfrac{v^2}{\rho}\dfrac{\rho}{l}$ ou $-\dfrac{v^2}{l}$.

On a donc

$$N - \frac{gz}{l} - \frac{v^2}{l} = 0,$$

ou

$$N = \frac{v^2 + gz}{l}.$$

### CAS OU LE PENDULE S'ÉCARTE PEU DE LA VERTICALE.

589. Si le pendule s'écarte peu de la verticale, on a

$$z = l - u, \quad z_0 = l - u_0,$$

$$N = g\left(1 + \frac{2u_0 + 2h_0 - 3u}{l}\right),$$

$u$ et $u_0$ étant très-petits, ainsi que $h_0$.

On a donc à peu près $N = g$, et les deux premières équations du mouvement deviennent

$$(1) \qquad \frac{d^2x}{dt^2} + \frac{g}{l}x = 0, \quad \frac{d^2y}{dt^2} + \frac{g}{l}y = 0.$$

Elles donnent, en désignant par $\alpha$ et $6$ des constantes,

$$x = \alpha \cos\left(t\sqrt{\frac{g}{l}}\right), \quad y = 6\sin\left(t\sqrt{\frac{g}{l}}\right),$$

ou, si l'on pose $\mu = \sqrt{\dfrac{g}{l}}$,

$$x = \alpha \cos\mu t, \quad y = 6\sin\mu t;$$

d'où l'on déduit

$$(2) \qquad \frac{x^2}{\alpha^2} + \frac{y^2}{6^2} = 1.$$

La projection horizontale de la courbe décrite est donc

une ellipse. On a

$$\tag{3} \operatorname{tang}\psi = \frac{6}{\alpha}\operatorname{tang}\mu t.$$

La durée de la demi-révolution est $\frac{\pi}{\mu}$ ou $\pi\sqrt{\frac{l}{g}}$, c'est-à-dire égale à celle d'un pendule de même longueur qui oscillerait dans un plan vertical.

590. La projection du pendule sur un plan horizontal décrira encore à très-peu près une ellipse si l'angle que le pendule fait avec la verticale varie très-peu, ou en d'autres termes si les valeurs $a$ et $b$ entre lesquelles $z$ reste comprise (581), diffèrent peu l'une de l'autre; car alors N sera à peu près constante. En effet, si $z$ restait égale à la constante $k$, l'équation $\frac{d^2z}{dt^2} + \frac{Nz}{l} - g = 0$ donnerait $N = \frac{gl}{k}$. On conçoit que si $z$ diffère peu de $k$, la valeur de N sera à peu près constante et égale à $\frac{gl}{k}$. Mais on peut le voir de la manière suivante : on a

$$N = \frac{g}{l}(3z - 2z_0 + 2h_0),$$

on a trouvé

$$h_0 - z_0 = \frac{l^2 - a^2 - b^2 - ab}{a + b};$$

donc

$$N = \frac{g}{l}\left(3z + \frac{2l^2 - 2a^2 - 2b^2 - 2ab}{a + b}\right),$$

ou

$$N = \frac{g}{l}\left(\frac{2l^2}{a + b} + 3z - \frac{3a^2 + 3b^2 - a^2 - b^2 + 2ab}{a + b}\right),$$

$$N = \frac{2gl}{a + b} + \frac{g}{l}\frac{3a(z - a) + 3b(z - b) + (a - b)^2}{a + b},$$

et, en négligeant $z - a$, $z - b$, $(a - b)^2$,

$$ N = \frac{2gl}{a+b} = \frac{gl}{k}, \quad k = \frac{a+b}{2}. $$

De là résulte

$$ \frac{d^2x}{dt^2} + \frac{g}{k}\,x = 0, \quad \frac{d^2y}{dt^2} + \frac{g}{k}\,y = 0. $$

Ces équations ont la même forme que les équations (1). On en conclut que la projection horizontale du pendule décrit une ellipse et que la durée de la demi-révolution est $\pi\sqrt{\dfrac{k}{g}}$, valeur moindre que $\pi\sqrt{\dfrac{l}{g}}$.

### MOUVEMENT D'UNE TIGE PESANTE TOURNANT AUTOUR D'UN DE SES POINTS QUI EST FIXE.

**591.** En désignant par $x'$, $y'$, $z'$ les coordonnées d'un point quelconque $m$ de la tige, considérée comme une ligne droite pesante, on a par le principe de d'Alembert

$$ \sum\left[ -m\frac{d^2x'}{dt^2}\delta x' - m\frac{d^2y'}{dt^2}\delta y' + \left(mg - m\frac{d^2z'}{dt^2}\right)\delta z' \right] = 0, $$

ou

$$ (1) \quad \sum m\left[ \frac{d^2x'}{dt^2}\delta x' + \frac{d^2y'}{dt^2}\delta y' + \left(\frac{d^2z'}{dt^2} - g\right)\delta z' \right] = 0. $$

Prenons sur la tige un point L dont la distance au point fixe O soit $l$ et soient $x, y, z$ ses coordonnées. En désignant par $u$ la distance $Om$, on a

$$ (2) \qquad x' = \frac{xu}{l}, \quad y' = \frac{yu}{l}, \quad z' = \frac{zu}{l}, $$

et l'équation (1) devient

$$ \frac{d^2x}{dt^2}\delta x + \frac{d^2y}{dt^2}\delta y + \frac{d^2z}{dt^2}\delta z - \frac{gl\sum mu}{\sum mu^2}\,\delta z = 0, $$

ou

$$(3) \qquad \frac{d^2x}{dt^2}\,\delta x + \frac{d^2y}{dt^2}\,\delta y + \frac{d^2z}{dt^2}\,\delta z - \frac{gla}{a^2+k^2}\,\delta z = 0,$$

en posant

$$\sum mu = Ma, \qquad \sum mu^2 = M(a^2 + k^2),$$

$a$ étant la distance du point O au centre de gravité de la tige pesante, M la masse et $Mk^2$ le moment d'inertie de cette tige par rapport à ce même centre de gravité.

On a la condition

$$(4) \qquad x^2 + y^2 + z^2 = l^2,$$

qui donne

$$(5) \qquad x\,\delta x + y\,\delta y + z\,\delta z = 0.$$

En multipliant cette équation par $\lambda$ et ajoutant l'équation (3), on trouve

$$(6) \qquad \begin{cases} \dfrac{d^2x}{dt^2} + \lambda x = 0, \\[2mm] \dfrac{d^2y}{dt^2} + \lambda y = 0, \\[2mm] \dfrac{d^2z}{dt^2} + \lambda z - \dfrac{gl}{a + \dfrac{k^2}{a}} = 0. \end{cases}$$

592. S'il n'y a qu'un seul point pesant $\mu$ sur la ligne droite, à la distance $l$, on a $\sum mu^2 = \mu l^2$, $\sum mu = \mu l$ et

$$(7) \qquad \frac{d^2x}{dt^2} + \lambda x = 0, \qquad \frac{d^2y}{dt^2} + \lambda y = 0, \qquad \frac{d^2z}{dt^2} + \lambda z - g = 0.$$

Les équations (6) se réduisent à celles-ci, si l'on suppose $l = a + \dfrac{k^2}{a}$. Ainsi la tige pesante se meut comme le pendule simple, dont la longueur est $l = a + \dfrac{k^2}{a}$. Le point L est le centre d'oscillation. Ce point se meut comme un point libre sollicité par la pesanteur $g$ et par une force accélératrice dont les composantes sont $-\lambda x$, $-\lambda y$, $-\lambda z$. Cette force est dirigée vers le point O et son intensité est $\lambda \sqrt{x^2 + y^2 + z^2}$ ou $\lambda l$. C'est la tension désignée par N. On a $N = \lambda l$. Il ne faut pas croire que la tension soit constante dans toute l'étendue de la tige.

593. Toutes les forces perdues, telles que $-m \dfrac{d^2 x'}{dt^2}$, $-m \dfrac{d^2 y'}{dt^2}$, $m \left( g - \dfrac{d^2 z'}{dt^2} \right)$ se font équilibre autour du point fixe O ou sont détruites par la résistance de ce point. Ainsi, quoiqu'elles soient appliquées aux différents points de la tige et non en un seul point, elles ont une résultante unique passant par le point O. C'est la pression exercée sur le point O, égale et contraire à la résistance de ce point. En désignant cette pression par P et ses composantes par X, Y, Z, chacune d'elles est égale à la somme des composantes des forces perdues, comme si toutes ces forces étaient transportées au point O, d'après le principe connu que des forces en équilibre sur un corps solide se font encore équilibre si elles sont transportées en un même point.

On a donc

$$X = -\sum m \frac{d^2 x'}{dt^2}, \quad Y = -\sum m \frac{d^2 y'}{dt^2}, \quad Z = \sum m \left( g - \frac{d^2 z'}{dt^2} \right),$$

ou (591)

$$X = -\sum \frac{mu}{l} \frac{d^2 x}{dt^2} = -\frac{Ma}{l} \frac{d^2 x}{dt^2},$$

ou, en vertu de la première équation (6),

$$X = \frac{Ma}{l} \lambda x,$$

ensuite, par des transformations analogues,

$$Y = \frac{Ma}{l} \lambda y, \quad Z = \frac{Ma}{l} \lambda z + Mg \frac{l-a}{l}.$$

594. La pression P sur le point O n'est pas dirigée suivant la tige. Elle est la résultante de deux forces, l'une dirigée suivant la tige et égale à $Ma\lambda$, l'autre verticale et égale à $Mg \frac{l-a}{l}$, c'est-à-dire à la composante qu'on obtient en décomposant le poids $Mg$ de la tige en deux forces verticales appliquées au point fixe O, et au centre d'oscillation L.

595. Si le centre de gravité de la tige coïncidait avec le point fixe, on aurait $a = 0$, $l = \infty$, et le mouvement de la tige ne serait plus celui d'un pendule simple de longueur $l$. Mais dans ce cas le poids de la tige étant détruit constamment par le point fixe, la tige doit rester dans le plan qui passe par sa position initiale et par la direction de la percussion, et tourner dans ce plan avec la vitesse constante $\omega = \frac{\mu^\circ f}{M k^2}$.

596. On arriverait encore aux équations du mouvement en exprimant que les forces perdues se font équilibre autour du point fixe, ou bien par la formule générale de la dynamique. Dans ce dernier cas, on prendrait pour mouvements virtuels : 1° le mouvement effectif; 2° un mouvement de rotation autour de l'axe des $z$.

# QUARANTE-SIXIÈME LEÇON.

### PROPRIÉTES GÉNÉRALES DU MOUVEMENT: — MOUVEMENT DU CENTRE DE GRAVITÉ.

Remarques sur les systèmes de points qui peuvent se mouvoir comme des corps solides. — Mouvement du centre de gravité. — Vitesse initiale du centre de gravité d'un système mis en mouvement par des percussions. — Conservation du mouvement du centre de gravité.

---

### REMARQUES SUR LES SYSTÈMES DE POINTS QUI PEUVENT SE MOUVOIR COMME DES CORPS SOLIDES.

**597.** Considérons un système de points matériels $m$, $m'$, $m''$, . . . , sollicités respectivement par des forces P, P', P'', . . . , dont les composantes parallèles aux axes sont X, Y, Z; X', Y', Z'; . . . . En vertu du principe de d'Alembert, si l'on applique au point $m$ des forces parallèles aux trois axes et égales respectivement à $X - m \dfrac{d^2 x}{dt^2}$, $Y - m \dfrac{d^2 y}{dt^2}$. $Z - m \dfrac{d^2 z}{dt^2}$, et aux autres points des forces analogues, toutes ces forces doivent se faire équilibre au moyen des liaisons du système. Les conditions de cet équilibre sont comprises dans l'équation générale des vitesses virtuelles; mais on peut parvenir à des propriétés importantes, sans qu'il soit nécessaire d'exprimer toutes ces conditions.

Ainsi l'équilibre existant entre les forces mentionnées, dans le système dont nous étudions le mouvement, il subsistera encore si l'on introduit entre les différents points de nouvelles liaisons telles que l'on voudra, pourvu qu'elles ne soient pas incompatibles avec les conditions données ; on peut supposer, par exemple, que les distances des différents points du système deviennent invariables, si les liaisons sont telles, que les points puissent se déplacer sans que leurs distances changent. Il en résulte que les forces doivent satisfaire aux six équations d'équilibre d'un système solide, pourvu toutefois qu'après la solidification il n'y ait aucun point fixe ni aucun point assujetti à demeurer soit sur une courbe, soit sur une surface fixe. En faisant cette restriction, les trois premières équations d'équilibre donnent

$$\sum\left(X - m\frac{d^2x}{dt^2}\right) = 0,$$

$$\sum\left(Y - m\frac{d^2y}{dt^2}\right) = 0,$$

$$\sum\left(Z - m\frac{d^2z}{dt^2}\right) = 0,$$

ou bien

$$(1)\quad \sum m\frac{d^2x}{dt^2} = \sum X, \quad \sum m\frac{d^2y}{dt^2} = \sum Y, \quad \sum m\frac{d^2z}{dt^2} = \sum Z.$$

598. Pour que le système puisse se déplacer comme un corps solide, c'est-à-dire sans que les distances de ses points varient, il faut et il suffit que chaque équation de condition se réduise à une relation entre les distances de ses différents points. En effet, soit

$$L = 0$$

une équation qui doit toujours exister entre les coordonnées $x, y, z, x'\ldots$ et dont le premier membre L est une fonction $f$ de $t$ et de $x, y, z, x', \ldots$ . Désignons par $p, q, r, \ldots$ les $3n - 6$ distances des différents points qui doivent rester constantes. On a

$$(2)\quad \begin{cases} p = \sqrt{(x' - x)^2 + (y' - y)^2 + (z' - z)^2}, \\ q = \sqrt{(x'' - x)^2 + (y'' - y)^2 + (z'' - z)^2}, \\ \cdots\cdots\cdots\cdots\cdots\cdots\cdots\cdots\cdots\cdots \end{cases}$$

On peut réduire à six le nombre des coordonnées qui n'aient plus entre elles aucune relation donnée et prendre, par exemple, $x$, $y$, $z$, $x'$, $y'$ et $x''$ pour ces coordonnées arbitraires et indépendantes. On aura toutes les autres en fonction de celles-là et des quantités $p$, $q$, …. Donc chaque équation de condition telle que $L = 0$ sera réduite à la forme

$$L = f(p, q, r, \dots, x, y, z, x', y', x'') = 0.$$

Pour un déplacement virtuel quelconque, $p$, $q$, $r$, … restent constants, $t$ ne variant pas, et par conséquent, puisque l'équation $L = 0$ doit être satisfaite, quelles que soient $x$, $y$, $z$, $x'$, $y'$, $x''$, ces quantités ne doivent pas entrer dans $f$. Donc, en éliminant de l'équation $L = 0$, $3n - 6$ coordonnées à l'aide des équations (2), les six autres doivent disparaître en même temps, et l'équation $L = 0$ doit se réduire à une simple relation entre les distances $p$, $q$, $r$, …, ce qu'il fallait démontrer.

599. On ferait le même raisonnement en exprimant les $3n$ coordonnées en fonction des distances $p$, $q$, $r$, …, et de six autres quantités qui fixeraient la position arbitraire du système par rapport aux axes fixes : par exemple, les coordonnées $\alpha$, $\beta$, $\gamma$ de l'origine d'un système d'axes $O'x'$, $O'y'$, $O'z'$ liés au corps solide, et les trois angles $\varphi$, $\psi$, $\theta$, qui déterminent la position de ce nouveau système d'axes par rapport au système des axes $Ox$, $Oy$, $Oz$, fixes dans l'espace. L'équation $L = 0$ prendrait la forme

$$f(p, q, r, \dots, \alpha, \beta, \gamma, \varphi, \psi, \theta) = 0.$$

Or $\alpha$, $\beta$, $\gamma$, $\varphi$, $\psi$, $\theta$ n'y doivent pas entrer, puisque cette équation doit avoir lieu, quelles que soient les valeurs qu'on leur attribue. Donc $L$ se réduit à une fonction de $p$, $q$, $r$, ….

## MOUVEMENT DU CENTRE DE GRAVITÉ.

600. Reprenons les équations (597)

$$(1) \quad \begin{cases} \sum m \dfrac{d^2 x}{dt^2} = \sum X, \\[2ex] \sum m \dfrac{d^2 y}{dt^2} = \sum Y, \\[2ex] \sum m \dfrac{d^2 z}{dt^2} = \sum Z, \end{cases}$$

qui ont lieu dans le mouvement de tout corps solide libre ou de tout système qui peut se mouvoir comme un corps solide. Soient $x_1, y_1, z_1$ les coordonnées du centre de gravité et M la masse totale du système. On a toujours

$$M x_1 = \sum mx, \quad M y_1 = \sum my, \quad M z_1 = \sum mz$$

et, par suite,

$$(2) \quad \begin{cases} M \dfrac{dx_1}{dt} = \sum m \dfrac{dx}{dt}, \\[2ex] M \dfrac{dy_1}{dt} = \sum m \dfrac{dy}{dt}, \\[2ex] M \dfrac{dz_1}{dt} = \sum m \dfrac{dz}{dt}. \end{cases}$$

Si l'on suppose un point matériel toujours placé au centre de gravité du système, ces formules feront connaître sa vitesse à une époque quelconque, lorsqu'on connaîtra celles de tous les points du système.

En différentiant de nouveau les équations (2) et en ayant égard aux équations (1), on trouve

$$(3) \quad \begin{cases} M \dfrac{d^2 x_1}{dt^2} = \sum X, \\[2ex] M \dfrac{d^2 y_1}{dt^2} = \sum Y, \\[2ex] M \dfrac{d^2 z_1}{dt^2} = \sum Z, \end{cases}$$

De là résulte le théorème suivant :

*Le centre de gravité de tout système libre se meut comme si les masses de tous les points matériels y étaient réunies et que les forces motrices y fussent transportées parallèlement à elles-mêmes.*

601. Si l'on connaît le mouvement de chaque point du système, celui du centre de gravité sera également connu à un instant quelconque, au moyen des formules

$$\mathrm{M}x_1 = \sum mx, \quad \mathrm{M}y_1 = \sum my, \quad \mathrm{M}z_1 = \sum mz,$$

sans qu'on ait besoin de recourir au théorème précédent; mais celui-ci est principalement utile pour déterminer le mouvement du centre de gravité, lorsqu'on ne connaît pas ceux de tous les points du corps. Toutefois il faut connaître l'état initial du système afin d'avoir la position et la vitesse initiales du centre de gravité.

VITESSE INITIALE DU CENTRE DE GRAVITÉ D'UN SYSTÈME MIS EN MOUVEMENT PAR DES FORCES INSTANTANÉES.

602. On peut supposer que le système d'abord en repos soit mis en mouvement par des percussions. Déterminons, dans cette hypothèse, la vitesse initiale que doit prendre le centre de gravité.

Remarquons à cet effet que si $\theta$ est le temps pendant lequel agissent les percussions, l'équation

$$\sum m \cdot \frac{d^2x}{dt^2} = \sum \mathrm{X}$$

donne

$$\sum m \frac{dx}{dt} = \sum \left( \int_0^\theta \mathrm{X}\, dt \right).$$

Or, soient $a$, $b$, $c$ les composantes de la vitesse que la percussion $\mathrm{P}\,(\mathrm{X}, \mathrm{Y}, \mathrm{Z})$, appliquée au point $m$, lui donnerait s'il était libre. On sait que

$$\int_0^0 \mathrm{X}\, dt = ma\,;$$

par conséquent

$$\sum m \frac{dx}{dt} = \sum ma.$$

La même formule aura lieu pour les autres axes. On a donc, en ayant égard aux équations (2), n° 599,

$$\mathrm{M}\frac{dx_1}{dt} = \sum ma, \quad \mathrm{M}\frac{dy_1}{dt} = \sum mb, \quad \mathrm{M}\frac{dz_1}{dt} = \sum mc,$$

formules qui donnent les composantes $\frac{dx_1}{dt}$, $\frac{dy_1}{dt}$, $\frac{dz_1}{dt}$ de la vitesse avec laquelle le centre de gravité doit commencer à se mouvoir. On voit que cette vitesse est celle que prendrait un point ayant la masse M, placé au centre de gravité et qui serait sollicité par toutes les forces instantanées du système transportées parallèlement à elles-mêmes en ce point. En considérant comme autant de forces les quantités de mouvement que ces percussions imprimeraient à des masses libres, on concevra ces forces transportées parallèlement à elles-mêmes au centre de gravité, et l'on prendra leur résultante. La vitesse initiale du centre de gravité sera dirigée suivant cette résultante et égale à la valeur numérique de la même résultante divisée par la masse M.

CONSERVATION DU MOUVEMENT DU CENTRE DE GRAVITÉ.

603. Revenons maintenant aux équations

$$(1)\quad \mathrm{M}\frac{d^2x_1}{dt^2} = \sum \mathrm{X}, \quad \mathrm{M}\frac{d^2y_1}{dt^2} = \sum \mathrm{Y}, \quad \mathrm{M}\frac{d^2z_1}{dt^2} = \sum \mathrm{Z}.$$

Supposons que parmi les forces appliquées au système il y en ait qui proviennent d'actions mutuelles entre des points.

Celles-ci seront égales deux à deux, puisque si deux
points agissent l'un sur l'autre, la réaction est toujours
égale et directement opposée à l'action. Elles ne donnent
donc aucun terme dans les seconds membres des équations (1), et par suite elles n'ont aucune influence sur le
mouvement du centre de gravité. C'est ce qui a lieu dans
le choc de deux corps par exemple. Quand ils sont assez
rapprochés l'un de l'autre, leurs molécules agissent réciproquement les unes sur les autres, mais le mouvement
du centre de gravité du système en est indépendant et est
seulement déterminé par les forces extérieures. Il en est
de même encore quand un corps solide en mouvement
renfermant un gaz se trouve brisé par une explosion : les
actions réciproques des molécules gazeuses et de celles du
corps solide ne modifient point le mouvement du centre
de gravité de leur système.

604. Quand toutes les forces motrices transportées
parallèlement à elles-mêmes en un point quelconque s'y
font équilibre, on a

$$(2) \qquad \sum X = 0, \quad \sum Y = 0, \quad \sum Z = 0 :$$

les équations du mouvement du centre de gravité se simplifient et deviennent

$$(3) \qquad \frac{d^2 x_1}{dt^2} = 0, \quad \frac{d^2 y_1}{dt^2} = 0, \quad \frac{d^2 z_1}{dt^2} = 0,$$

d'où l'on tire

$$(4) \qquad \frac{dx_1}{dt} = c, \quad \frac{dy_1}{dt} = c', \quad \frac{dz_1}{dt} = c'',$$

$c, c', c''$ étant des constantes. Le mouvement du centre de
gravité est donc rectiligne et uniforme. C'est ce qui arrive
en particulier quand toutes les forces qui agissent sur
le système proviennent d'actions mutuelles qui agissent

entre ses différents points. Ce cas se présente, par exemple, dans notre système solaire. A cause du grand éloignement des étoiles, les forces motrices se réduisent à des actions réciproques des molécules, et dès lors le mouvement du centre de gravité de tout le système est rectiligne et uniforme.

Cette loi est connue sous le nom de *principe de la conservation du mouvement du centre de gravité.*

605. On peut présenter cette loi sous une autre forme. A cause des équations (2) on a

$$\sum m\,\frac{d^2x}{dt^2} = 0, \qquad \sum m\,\frac{d^2y}{dt^2} = 0, \qquad \sum m\,\frac{d^2z}{dt^2} = 0,$$

d'où il suit que $\sum m\,\dfrac{dx}{dt}$, $\sum m\,\dfrac{dy}{dt}$, $\sum m\,\dfrac{dz}{dt}$ ont des valeurs constantes quel que soit $t$ : c'est-à-dire que la somme des quantités de mouvement des masses du système, estimées parallèlement à un axe quelconque, est constante. Et si l'on considère les quantités de mouvement de toutes les molécules comme des forces et qu'on les transporte parallèlement à elles-mêmes en un même point, elles donnent une résultante de grandeur et de direction constante. Le centre de gravité se meut suivant une ligne droite parallèle à cette résultante et avec une vitesse égale à cette résultante divisée par la masse totale du système.

# QUARANTE-SEPTIÈME LEÇON.

## PROPRIÉTÉS GÉNÉRALES DU MOUVEMENT RELATIVES AUX AIRES.

Relations entre les quantités de mouvement d'un système. — Principe des
aires. — Du principe des aires dans le mouvement relatif. — Plan du
maximum des aires.

### RELATIONS ENTRE LES QUANTITÉS DE MOUVEMENT D'UN SYSTÈME.

606. Considérons toujours un ensemble de points matériels qui peuvent se déplacer comme un système solide.
Les forces perdues

$$\mathrm{X} - m\,\frac{d^2 x}{dt^2}, \quad \mathrm{Y} - m\,\frac{d^2 y}{dt^2}, \quad \mathrm{Z} - m\,\frac{d^2 z}{dt^2}, \cdots,$$

doivent satisfaire aux trois équations d'équilibre d'un
système solide, qui expriment que les sommes des moments des forces par rapport aux trois axes sont nulles :
on a donc

$$\sum\left[\left(\mathrm{Y} - m\,\frac{d^2 y}{dt^2}\right)x - \left(\mathrm{X} - m\,\frac{d^2 x}{dt^2}\right)y\right] = 0,$$

et des équations analogues pour les deux autres axes. On
pourra mettre ces équations sous cette forme

$$(1) \quad \begin{cases} \displaystyle\sum m\left(x\,\frac{d^2 y}{dt^2} - y\,\frac{d^2 x}{dt^2}\right) = \sum(\mathrm{Y}x - \mathrm{X}y), \\[2ex] \displaystyle\sum m\left(z\,\frac{d^2 x}{dt^2} - x\,\frac{d^2 z}{dt^2}\right) = \sum(\mathrm{X}z - \mathrm{Z}x), \\[2ex] \displaystyle\sum m\left(y\,\frac{d^2 z}{dt^2} - z\,\frac{d^2 y}{dt^2}\right) = \sum(\mathrm{Z}y - \mathrm{Y}z). \end{cases}$$

Nous avons dit qu'en supposant le système solidifié, il ne devait y avoir aucun point fixe ou assujetti à demeurer sur une ligne ou surface fixe. Toutefois les équations (1) et leurs conséquences subsistent s'il y a dans le système un point fixe, pourvu qu'il soit pris pour origine des coordonnées, parce que la condition d'équilibre du système solidifié est dans ce cas que la somme des moments des forces, par rapport à trois axes passant par le point fixe, soit nulle pour chacun des axes.

607. Les sommes $\sum(\mathrm{Y}x - \mathrm{X}y), \ldots$, qui forment les seconds membres des équations (1), sont nulles lorsqu'en supposant le système solidifié, les forces qui le sollicitent se font équilibre, ou bien encore lorsqu'elles se réduisent à une force unique passant par l'origine des coordonnées. Dans ces deux cas on trouve, en intégrant les équations (1),

$$(2) \quad \begin{cases} \sum m\left(x\dfrac{dy}{dt} - y\dfrac{dx}{dt}\right) = c, \\[2ex] \sum m\left(z\dfrac{dx}{dt} - x\dfrac{dz}{dt}\right) = c', \\[2ex] \sum m\left(y\dfrac{dz}{dt} - z\dfrac{dy}{dt}\right) = c'', \end{cases}$$

Les valeurs des constantes $c$, $c'$, $c''$ se déterminent d'après les positions et les vitesses initiales des points du système. Il résulte des équations (2) que la somme des moments des quantités de mouvement des masses du système par rapport à chacun des axes coordonnés, et, par conséquent, par rapport à une ligne droite quelconque est constante.

608. Donc si, à un instant quelconque, on considère comme des forces les quantités de mouvement qui animent les différents points du système, qu'on les com-

pose comme si elles étaient appliquées à un corps solide, et qu'on les réduise à trois forces dirigées suivant les axes et à trois couples parallèles aux plans coordonnés, on trouvera toujours la même résultante et le même couple résultant par rapport à une même origine. Le moment de ce couple résultant est $k = \sqrt{c^2 + c'^2 + c''^2}$, et son plan, perpendiculaire à la droite qui fait avec les axes des angles ayant pour cosinus $\dfrac{c''}{k}$, $\dfrac{c'}{k}$, $\dfrac{c}{k}$, a pour équation

$$c'' x + c' y + cz = 0.$$

### PRINCIPE DES AIRES.

609. Les équations (2) peuvent être envisagées sous un autre point de vue.

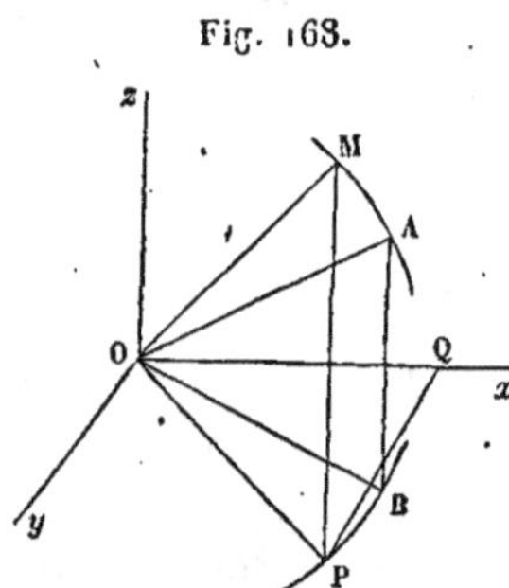

Fig. 163.

Pendant que le point $M(x, y, z)$ décrit sa trajectoire MA, la projection OP, de son rayon vecteur OM sur le plan $xOy$, décrit pendant le temps $t$ une aire BOP ou $\lambda$ dont la différentielle est

$$d\lambda = \frac{1}{2}(x\,dy - y\,dx).$$

La première des équations (2) donne

$$\sum m \frac{d\lambda}{dt} = \frac{1}{2} c,$$

d'où, en intégrant,

$$\sum m\lambda = \frac{1}{2} ct.$$

Il n'y a pas de constante à ajouter, parce que $\lambda$ doit être nulle pour $t = o$. En désignant par $\lambda'$ et $\lambda''$ les aires décrites par les projections du rayon vecteur sur les autres plans coordonnés, on aura de même

$$\sum m\lambda' = \frac{1}{2} c' t, \quad \sum m\lambda'' = \frac{1}{2} c'' t.$$

Chacune des constantes $c$, $c'$, $c''$ représente le double de la somme des aires décrites dans l'unité de temps, par la projection de chaque rayon vecteur sur l'un des plans coordonnés. De là résulte ce théorème :

*Quand les forces motrices appliquées à un système se font équilibre en supposant le système solidifié, ou bien quand toutes ces forces ont une résultante unique passant par l'origine des coordonnées, la somme des aires décrites par les projections du rayon vecteur sur chacun des plans coordonnés multipliées respectivement par les masses des points correspondants est proportionnelle au temps.* C'est ce qu'on appelle le *principe de la conservation des aires.*

610. .Cette loi a lieu en particulier quand les forces motrices du système se réduisent à des actions mutuelles entre ses différents points ou à des forces constamment dirigées vers un même point fixe, pourvu qu'on prenne celui-ci pour l'origine des coordonnées. En effet, lorsqu'on suppose le système solidifié, toutes ces forces se détruisent. Si l'on suppose le soleil fixe, toutes les forces motrices des planètes se réduisent à des forces dirigées vers le centre du soleil et à des attractions ou à des répulsions mutuelles qui se détruisent deux à deux. Le principe des aires doit donc être vérifié par rapport à tout plan mené par le centre du soleil.

Le principe de la conservation des aires subsistera s'il survient dans le système considéré des chocs ou des explosions qui proviennent toujours d'actions mutuelles entre les molécules.

DU PRINCIPE DES AIRES DANS LE MOUVEMENT RELATIF

**611.** Jusqu'ici nous avons supposé l'origine des coordonnées fixe dans l'espace. Prenons maintenant pour origine un point mobile avec le système. Soit $O_1$ ce point. Désignons par $x_1, y_1, z_1$ ses coordonnées par rapport à un système fixe $Ox, Oy, Oz$. Soit $m$ un point ayant pour coordonnées $x, y, z$ dans l'ancien système et $\xi, \eta, \zeta$ dans le nouveau composé de trois axes $O_1 x_1, O_1 y_1, O_1 z_1$ parallèles aux anciens et mobiles avec le point $O_1$. On aura

$$(1) \qquad x = x_1 + \xi, \quad y = y_1 + \eta, \quad z = z_1 + \zeta.$$

Remplaçons $x, y, z$ par ces valeurs dans les équations (1) du n° 606, sans toutefois faire cette substitution dans $\dfrac{d^2 x}{dt^2}, \dfrac{d^2 y}{dt^2}, \dfrac{d^2 z}{dt^2}$. La première devient

$$(2) \quad \left\{ \begin{aligned} & x_1 \sum m \frac{d^2 y}{dt^2} - y_1 \sum m \frac{d^2 x}{dt^2} + \sum m \left( \xi \frac{d^2 y}{dt^2} - \eta \frac{d^2 x}{dt^2} \right) \\ & = x_1 \sum Y - y_1 \sum X + \sum (Y\xi - X\eta). \end{aligned} \right.$$

Ici nous sommes obligés de supposer qu'il n'y a dans le système aucun point fixe. Alors on a, en vertu des trois premières équations du système solidifié (597),

$$\sum m \frac{d^2 x}{dt^2} = \sum X, \quad \sum m \frac{d^2 y}{dt^2} = \sum Y.$$

L'équation (2) se simplifie et devient

$$(3) \qquad \sum m \left( \xi \frac{d^2 y}{dt^2} - \eta \frac{d^2 x}{dt^2} \right) = \sum (Y\xi - X\eta).$$

Remplaçons maintenant $\dfrac{d^2 x}{dt^2}$ et $\dfrac{d^2 y}{dt^2}$ par leurs valeurs déduites des équations (1). Nous aurons

$$(4) \quad \begin{cases} \dfrac{d^2 y_1}{dt^2} \sum m\xi - \dfrac{d^2 x_1}{dt^2} \sum m\eta \\ + \sum m\left( \xi \dfrac{d^2 \eta}{dt^2} - \eta \dfrac{d^2 \xi}{dt^2} \right) = \sum (Y\xi - X\eta). \end{cases}$$

612. On aurait deux autres équations analogues. On voit que, pour qu'elles deviennent semblables aux équations (1) du n° 606, il faut et il suffit que $\dfrac{d^2 y_1}{dt^2} \sum m\xi - \dfrac{d^2 x_1}{dt^2} \sum m\eta$ et les deux autres quantités analogues soient nulles. C'est ce qui peut être fait de différentes manières.

On y parvient d'abord en prenant pour origine mobile le centre de gravité du système, car alors $\sum m\xi$, $\sum m\eta$, $\sum m\zeta$ sont nulles. On a dans ce cas les trois équations

$$(5) \quad \begin{cases} \sum m\left( \xi \dfrac{d^2 \eta}{dt^2} - \eta \dfrac{d^2 \xi}{dt^2} \right) = \sum (Y\xi - X\eta), \\[2mm] \sum m\left( \zeta \dfrac{d^2 \xi}{dt^2} - \xi \dfrac{d^2 \zeta}{dt^2} \right) = \sum (X\zeta - Z\xi), \\[2mm] \sum m\left( \eta \dfrac{d^2 \zeta}{dt^2} - \zeta \dfrac{d^2 \eta}{dt^2} \right) = \sum (Z\eta - Y\zeta). \end{cases}$$

Ces termes disparaissent encore et l'on retombe sur les équations précédentes si l'on prend pour origine mobile un point qui ait dans l'espace un mouvement rectiligne et uniforme, car alors $\dfrac{d^2 x_1}{dt^2}$, $\dfrac{d^2 y_1}{dt^2}$, $\dfrac{d^2 z_1}{dt^2}$ sont nulles.

Enfin il existe une dernière manière, mais beaucoup moins utile, de parvenir au même résultat : c'est de déterminer le mouvement du point $O_1$ d'après les conditions

$$\frac{\dfrac{d^2 x_1}{dt^2}}{\sum m\xi} = \frac{\dfrac{d^2 y_1}{dt^2}}{\sum m\eta} = \frac{\dfrac{d^2 z_1}{dt^2}}{\sum m\zeta}.$$

Ces équations signifient que la force accélératrice du point $O_1$, ou celle qu'il faudrait lui appliquer à chaque instant pour lui donner le mouvement qu'il a réellement, doit être constamment dirigée vers le centre de gravité du système, puisque $\sum m\xi$, $\sum m\eta$, $\sum m\zeta$ sont proportionnelles aux coordonnées mobiles du centre de gravité $(\xi_1, \eta_1, \zeta_1)$ du système.

613. Si l'origine des coordonnées mobiles est choisie de l'une de ces trois manières, on aura, par rapport aux axes dont l'origine est mobile, des propriétés semblables à celles qu'on a trouvées pour des axes fixes, puisque les équations (5) ont la même forme que les équations (1) du n° 606. D'abord si les forces se font équilibre, en supposant le système solidifié, ou si elles se réduisent à une seule passant par l'origine mobile, les seconds membres des équations (5) sont nuls et on en conclut encore que la somme des aires décrites par les projections des rayons vecteurs sur un des plans coordonnés, multipliées par les masses des points correspondants, croît toujours proportionnellement au temps ou est constante dans des temps égaux. Ainsi le principe de la conservation des aires est vérifié relativement à ce plan mobile. Dans notre système planétaire, par exemple, on peut prendre pour origine des coordonnées son centre de gravité : car, en supposant que les étoiles n'agissent pas sur le système, le mouvement de ce point est rectiligne et uniforme (604). Du reste les forces motrices de ce système se réduisent à des actions mutuelles entre ses différents points, en sorte qu'il véri-

fic le principe des aires relativement à un plan quelconque passant par son centre de gravité.

PLAN DU MAXIMUM DES AIRES.

**614.** Considérons toujours un système de points en mouvement pour lequel le principe des aires a lieu, en

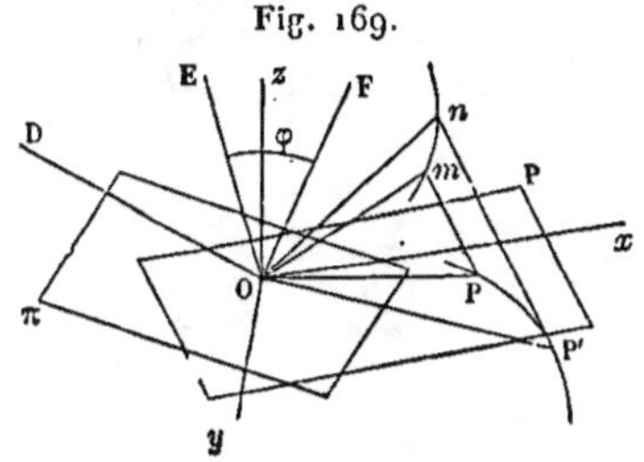


prenant pour origine un point O fixe ou mobile suivant les conditions établies précédemment, et proposons-nous de trouver un plan tel, que la somme des produits des masses par les aires que décrivent les projections de leurs rayons vecteurs sur ce plan soit un maximum.

Le rayon vecteur $Om$ du point $m$ décrit une surface conique dont l'élément $mOn$ est dans le plan tangent. Soit $d\sigma$ cet élément et appelons $\alpha$, $\mathfrak{b}$, $\gamma$ les angles que la perpendiculaire OD à son plan fait avec les axes coordonnés $Ox$, $Oy$, $Oz$. Désignons par $\omega$ l'aire décrite par la projection du rayon vecteur $Om$ sur un plan quelconque P, perpendiculaire à une droite qui fait avec les axes les angles A, B, C. En appelant $\theta$ l'angle DOE, ou l'angle que le plan de l'aire $d\sigma$ fait avec le plan de projection P, on a

$$d\omega = d\sigma \cos\theta,$$

puisque $d\omega$ est la projection de $d\sigma$ sur le plan P.

D'ailleurs les projections de $d\sigma$ sur les plans $xOy$, $xOz$, $yOz$ sont $d\lambda$, $d\lambda'$, $d\lambda''$, et l'on a

$$d\lambda'' = d\sigma \cos\alpha, \quad d\lambda' = d\sigma \cos\mathfrak{b}, \quad d\lambda = d\sigma \cos\gamma$$

et

$$\cos\theta = \cos\alpha \cos A + \cos\mathfrak{b} \cos B + \cos\gamma \cos C.$$

En multipliant cette dernière par $d\sigma$ et ayant égard aux équations précédentes, on aura

$$d\omega = d\lambda'' \cos A + d\lambda' \cos B + d\lambda \cos C,$$

d'où

$$\omega = \lambda'' \cos A + \lambda' \cos B + \lambda \cos C;$$

par conséquent

$$\sum m\omega = \cos A \sum m\lambda'' + \cos B \sum m\lambda' + \cos C \sum m\lambda.$$

Mais on sait que (609)

$$\sum m\lambda = \tfrac{1}{2}ct, \quad \sum m\lambda' = \tfrac{1}{2}c't, \quad \sum m\lambda'' = \tfrac{1}{2}c''t;$$

donc on a

$$(1) \qquad \sum m\omega = (c'' \cos A + c' \cos B + c \cos C)\frac{t}{2}.$$

Dans cette équation, le coefficient de $t$ est constant, le plan P étant donné.

Posons

$$\sqrt{c^2 + c'^2 + c''^2} = k.$$

On peut écrire

$$(2) \qquad \sum m\omega = \left(\frac{c''}{k}\cos A + \frac{c'}{k}\cos B + \frac{c}{k}\cos C\right)\frac{k}{2}t.$$

Il est permis de regarder $\dfrac{c''}{k}$, $\dfrac{c'}{k}$, $\dfrac{c}{k}$ comme étant les cosinus des angles formés par une certaine droite OF avec les axes coordonnés, droite dont la direction est indépendante de la position du plan P. Par conséquent, si nous concevons un plan $\pi$ perpendiculaire à OF, la position de ce plan ne dépend pas non plus de celle du plan P. Or $\varphi$ étant l'angle EOF ou l'angle des plans P et $\pi$, on a

$$\cos\varphi = \frac{c''}{k}\cos A + \frac{c'}{k}\cos B + \frac{c}{k}\cos C,$$

par suite

$$(3) \qquad \sum m\omega = \frac{1}{2}\,kt\cos\varphi.$$

Ainsi la somme des aires décrites sur le plan P, multipliées respectivement par les masses des points correspondants, est égale au produit de $\frac{1}{2}\,kt$ par le cosinus de l'angle des deux plans P et $\pi$.

Comme la quantité $k$ ne dépend pas de la position du plan P, l'équation (3) montre que la quantité $\sum m\omega$ est maximum lorsque $\varphi$ est égal à 90°, c'est-à-dire lorsque le plan de projection P coïncide avec le plan $\pi$. On a alors

$$(4) \qquad \sum m\omega = \frac{1}{2}\,kt.$$

*Il existe donc un plan fixe tel, que la somme des aires décrites pendant un temps quelconque par les projections des rayons vecteurs des points mobiles sur ce plan, multipliées par leurs masses, est plus grande que pour tout autre plan de projection.* Ce plan est toujours le même, quel que soit le temps écoulé. On l'appelle pour ces deux raisons *plan du maximum des aires* ou *plan invariable.* Son équation est

$$c'' x + c' y + cz = 0$$

et la somme $\sum m\omega$ relative à un autre plan de projection se déduit de celle qui se rapporte au plan $\pi$, en la multipliant par le cosinus de l'angle des deux plans.

Ce plan est le même que celui du couple résultant des quantités de mouvement du système solidifié, qui a été déterminé précédemment (602).

# QUARANTE-HUITIÈME LEÇON.

## DES FORCES VIVES DANS LE MOUVEMENT D'UN SYSTÈME.

Principe des forces vives. — Autre démonstration. — Conséquences du principe des forces vives. — Des forces vives dans un système à liaisons complètes. — Des forces vives dans le mouvement relatif.

___

### PRINCIPE DES FORCES VIVES.

615. Considérons un système de points $m$, $m'$, $m''$, ..., sollicités par des forces P, P', P'', ..., dont nous désignerons les composantes parallèles à trois axes rectangulaires par X, Y, Z, X', Y', Z', .... En combinant le principe de d'Alembert avec celui des vitesses virtuelles on obtient l'équation

$$(1) \quad \sum \left[ \left( X - m \frac{d^2 x}{dt^2} \right) \delta x + \left( Y - m \frac{d^2 y}{dt^2} \right) \delta y + \left( Z - m \frac{d^2 z}{dt^2} \right) \delta z \right] = 0.$$

Les liaisons du système étant exprimées par un certain nombre d'équations

$$(2) \qquad L = 0, \quad M = 0, \quad N = 0, \ldots,$$

qui doivent être satisfaites, à une époque quelconque, par les coordonnées des points du système et par ces coordonnées après un déplacement virtuel, il en résulte (489) que les variations des coordonnées sont assujetties à satisfaire aux équations suivantes, dans lesquelles le temps est supposé constant :

$$(7) \quad \begin{cases} \dfrac{d\mathrm{L}}{dx}\,\delta x + \dfrac{d\mathrm{L}}{dy}\,\delta y + \dfrac{d\mathrm{L}}{dz}\,\delta z + \dfrac{d\mathrm{L}}{dx'}\,\delta x' + \ldots = 0, \\[2ex] \dfrac{d\mathrm{M}}{dx}\,\delta x + \dfrac{d\mathrm{M}}{dy}\,\delta y + \dfrac{d\mathrm{M}}{dz}\,\delta z + \dfrac{d\mathrm{M}}{dx'}\,\delta x' + \ldots = 0, \\[1ex] \cdots\cdots\cdots\cdots\cdots\cdots\cdots\cdots \end{cases}$$

D'un autre côté, dans le mouvement effectif du système, les coordonnées des points devant satisfaire aux équations de condition (2), on a, en différentiant celles-ci par rapport à $t$, variable indépendante,

$$(4) \quad \begin{cases} \dfrac{d\mathrm{L}}{dt}\,dt + \dfrac{d\mathrm{L}}{dx}\,dx + \dfrac{d\mathrm{L}}{dy}\,dy + \dfrac{d\mathrm{L}}{dz}\,dz + \dfrac{d\mathrm{L}}{dx'}\,dx' + \ldots = 0, \\[2ex] \dfrac{d\mathrm{M}}{dt}\,dt + \dfrac{d\mathrm{M}}{dx}\,dx + \dfrac{d\mathrm{M}}{dy}\,dy + \dfrac{d\mathrm{M}}{dz}\,dz + \dfrac{d\mathrm{M}}{dx'}\,dx' + \ldots = 0. \\[1ex] \cdots\cdots\cdots\cdots\cdots\cdots\cdots\cdots \end{cases}$$

On a déjà expliqué la distinction essentielle qui existe entre les variations $\delta x$, $\delta y$, $\delta z$, qui répondent à un déplacement virtuel du point M, et les différentielles $dx$, $dy$, $dz$, qui se rapportent au déplacement réel que prend ce point, dans le mouvement général du système. Supposons que les équations de condition ne renferment pas le temps explicitement. Alors les dérivées partielles $\dfrac{d\mathrm{L}}{dt}$, $\dfrac{d\mathrm{M}}{dt}$, …, étant nulles, les équations (3) et (4) montrent qu'on pourra faire

$$\delta x = dx, \quad \delta y = dy, \quad \delta z = dz, \quad \delta x' = dx', \ldots$$

Ainsi, parmi tous les déplacements virtuels, compatibles avec les liaisons du système, il sera permis de choisir celui qui se rapporte au mouvement réel de chaque point. Alors l'équation (1) deviendra

$$\sum\left[\left(\mathrm{X} - m\frac{d^2 x}{dt^2}\right)dx + \left(\mathrm{Y} - m\frac{d^2 y}{dt^2}\right)dy + \left(\mathrm{Z} - m\frac{d^2 z}{dt^2}\right)dz\right] = 0,$$

ou

$$(5) \quad \sum m \frac{dx\,d^2x + dy\,d^2y + dz\,d^2z}{dt^2} - \sum (X\,dx + Y\,dy + Z\,dz) = 0.$$

Mais à cause de

$$v^2 = \frac{dx^2 + dy^2 + dz^2}{dt^2},$$

on a

$$\frac{1}{2}\,dv^2 = \frac{dx\,d^2x + dy\,d^2y + dz\,d^2z}{dt^2},$$

d'où résulte

$$(6) \quad d\sum mv^2 = 2\sum (X\,dx + Y\,dy + Z\,dz),$$

ou, en appelant $dp$ la projection du chemin parcouru par le point M sur la direction de la force P,

$$(7) \quad d\sum mv^2 = 2\sum P\,dp.$$

Donc la différentielle de la somme des forces vives de tous les points du système est double de la somme des quantités de travail élémentaire des forces motrices.

616. Si l'on intègre l'équation (6), entre les limites $t_0$ et $t$, on aura, en désignant par $v_0$ la vitesse initiale du point M,

$$(8) \quad \sum mv^2 - \sum mv_0^2 = 2\int_{t_0}^{t} \sum (X\,dx + Y\,dy + Z\,dz).$$

Donc *dans tout système dont les liaisons sont indépendantes du temps, l'accroissement de la somme des forces vives de tous les points, pendant un temps quelconque, est égal au double de la somme des travaux de toutes les forces pendant le même temps.*

Ainsi la différence des deux sommes de forces vives à deux époques quelconques ne dépend que des coordonnées des points mobiles à ces deux époques et nullement de leurs liaisons ni des chemins qu'ils ont suivis pour passer d'une position à une autre.

AUTRE DÉMONSTRATION

**617.** La force P, qui agit sur le point M, peut être décomposée en deux forces, la force tangentielle $m\dfrac{dv}{dt}$ et la force centripète $\dfrac{mv^2}{\rho}$, $\rho$ étant le rayon de courbure de la trajectoire au point M. Des forces égales et contraires à ces deux dernières forces étant jointes à la force motrice P, il doit y avoir équilibre et par suite la somme de tous les moments virtuels doit être nulle.

On démontrerait, comme précédemment, que si les liaisons du système ne dépendent pas explicitement du temps, on peut prendre pour le déplacement virtuel de chaque point son déplacement réel $ds$. Soit $dp$ la projection de $ds$ sur la force P : le moment virtuel de cette force est $P\,dp$ : celui de la force tangentielle, prise en sens contraire, est

$$- m\frac{dv}{dt}\,ds = - m\frac{ds}{dt}\,dv = - mv\,dv;$$

celui d'une force égale et contraire à la force centripète est nul. On a donc

$$\sum P\,dp - \sum mv\,dv = 0,$$

ou

$$(7) \qquad d\sum mv^2 = 2\sum P\,dp,$$

d'où l'on déduit encore l'équation (8).

### CONSÉQUENCES DU PRINCIPE DES FORCES VIVES.

**618.** Quand il n'y a pas de forces motrices appliquées au système ou si les forces se font équilibre à chaque instant, on a

$$\sum P\,dp = 0,$$

et l'équation (7) donne

$$\sum mv^2 = \text{const.}$$

Ainsi, *dans un système, assujetti à des conditions quelconques, mais qui ne dépendent pas explicitement du temps, s'il n'y a pas de forces motrices ou si les forces motrices se font continuellement équilibre, la somme des forces vives reste constante.*

Ce principe est connu sous le nom de *principe de la conservation des forces vives.* Observons que dans les systèmes où il a lieu, les points n'étant soumis à aucune force motrice, leurs vitesses ne varient qu'en raison de leurs liaisons et de l'obligation de se mouvoir sur des surfaces ou sur des courbes fixes.

**619.** Supposons que la fonction

$$\sum (X\,dx + Y\,dy + Z\,dz)$$

soit la différentielle exacte d'une fonction des variables. $x,\ y,\ z,\ x',\dots,$ considérées comme indépendantes ou comme liées entre elles par les équations $L = 0,\ M = 0,\dots$ Soit

$$(1)\qquad 2\sum (X\,dx + Y\,dy + Z\,dz) = df(x, y, z, x',\dots).$$

On aura, en intégrant l'équation

$$(2) \qquad d \sum m v^2 = 2 \sum (\mathrm{X}\,dx + \mathrm{Y}\,dy + \mathrm{Z}\,dz),$$

par rapport au temps,

$$(3) \qquad \sum m v^2 = \mathrm{C} + f(x, y, z, x', y', \ldots).$$

Pour déterminer la constante $\mathrm{C}$, désignons par $v_0$ la vitesse d'un point quelconque $\mathrm{M}$, et par $x_0, y_0, z_0$, ses coordonnées à une époque quelconque $t_0$. On aura

$$(4) \qquad \sum m v_0^2 = \mathrm{C} + f(x_0, y_0, z_0, \ldots),$$

et, par suite,

$$(5) \qquad \sum m v^2 - \sum m v_0^2 = f(x, y, z, x', \ldots) - f(x_0, y_0, z_0, \ldots).$$

Donc *lorsque le système passe d'une position à une autre, l'accroissement de la somme des forces vives ne dépend que des coordonnées des points dans ces deux positions.* Pour évaluer cet accroissement, on n'a besoin de connaître ni les liaisons des points dans cet intervalle, ni les chemins qu'ils ont suivis, ni le temps qu'ils ont mis à les parcourir.

620. L'équation (5) montre que si les points mobiles occupent la même position à deux époques différentes $t$ et $t_0$, la somme des forces vives aura la même valeur à ces deux époques. On aura dans ce cas

$$\sum m v^2 - \sum m v_0^2 = 0,$$

pourvu que, les coordonnées des points reprenant les mêmes valeurs, la fonction $f(x, y, z, x', \ldots)$ reprenne aussi la même valeur. C'est ce qui pourrait ne pas avoir lieu. Par exemple, si dans

$$\sum (\mathrm{X}\,dx + \mathrm{Y}\,dy + \mathrm{Z}\,dz)$$

on a une partie telle que $\dfrac{x\,dy - y\,dx}{x^2 + y^2}$ qui est la différen-

tielle d'un arc $\theta$, dont la tangente est $\dfrac{y}{x}$, si le point $m$ revient à la position qu'il a déjà occupée en tournant tou-
jours dans le même sens autour d'un axe, quelle que soit
la courbe décrite, l'angle $\theta$ aura augmenté de $2\pi$, de sorte
que la fonction $f$ dans laquelle entre $\theta$ n'aura pas repris
sa valeur primitive.

**621.** L'expression $\sum (\mathrm{X}\,dx + \mathrm{Y}\,dy + \mathrm{Z}\,dz)$ est la différentielle exacte d'une fonction de $x, y, z, x', \ldots$ quand
les forces motrices sont constamment dirigées vers des
centres fixes, et qu'elles sont fonctions des distances de
leurs points d'application aux centres. Cela arrive aussi
quand les forces proviennent d'attractions ou de répulsions mutuelles entre les points du système, actions dont
les intensités sont fonctions des distances des points entre
lesquels elles s'exercent.

**622.** L'expression $\sum (\mathrm{X}\,dx + \mathrm{Y}\,dy + \mathrm{Z}\,dz)$ n'est pas
une différentielle exacte dans le cas où les points du sys-
tème éprouvent des frottements ou la résistance d'un
milieu. Cela tient à ce que les frottements et les résistances sont des forces qui dépendent, les premières de la
pression de chaque point contre les surfaces frottantes,
les autres de la vitesse de chaque point. Dans ce dernier
cas on a, pour le point M.

$$\mathrm{X}\,dx + \mathrm{Y}\,dy + \mathrm{Z}\,dz = -f(v)\,ds.$$

Or la vitesse ne dépendant pas uniquement de la position
du point ni de celle des autres points du système, $f(v)\,ds$

ne peut pas etre la différentielle exacte d'une fonction de
$x, y, z, x', \dots$ La même conclusion s'applique au cas
des frottements. Dans ces deux cas il y a perte de force
vive, et cette perte dépend d'éléments autres que les
coordonnées des points du système dans les deux positions
considérées.

DES FORCES VIVES DANS UN SYSTÈME A LIAISONS<br>COMPLÈTES.

623. Quand un système de $n$ points est à liaisons complètes, il y a $3\,n - 1$ équations de condition : un seul
mouvement virtuel est possible à chaque instant, et il
est le même que le déplacement réel du système. Dans ce
cas, l'équation des forces vives suffit pour déterminer le
mouvement de chaque point, car en y joignant celles qui
expriment les liaisons du système, on a $3\,n$ équations
pour connaître les expressions des $3\,n$ variables $x, y, z,$
$x', y', \dots$ en fonction du temps. Il faut alors exprimer
toutes les variables en fonction d'une seule $\theta$ convenablement choisie.

Considérons, par exemple, le mouvement d'un corps
solide autour d'un axe $Oz$, ce qui constitue un système à
liaisons complètes. On aura, en conservant les notations
habituelles,

$$(1) \qquad d \sum m v^2 = 2 \sum (\mathrm{X}\,dx + \mathrm{Y}\,dy + \mathrm{Z}\,dz).$$

Or on a

$$v = r\omega, \qquad \sum m v^2 = \sum m r^2 \omega^2 = \omega^2 \sum m r^2,$$

puisque la vitesse angulaire est la même à chaque instant
pour tous les points du système. D'ailleurs

$$\frac{dx}{dt} = - y\,\omega, \qquad \frac{dy}{dt} = x\,\omega, \qquad \frac{dz}{dt} = 0;$$

donc

$$(2) \qquad \sum (X\,dx + Y\,dy + Z\,dz) = \omega \sum (Yx - Xy)\,dt.$$

Substituant dans l'équation (1), on a

$$\sum mr^2 \frac{d\omega^2}{dt} = 2\omega \sum (Yx - Xy),$$

ou bien

$$\frac{d\omega}{dt} \sum mr^2 = \sum (Yx - Xy),$$

équation déjà obtenue (534).

**624.** L'équation du mouvement du pendule composé, établie comme conséquence de la théorie des mouvements de rotation, peut être déduite de l'équation (1).

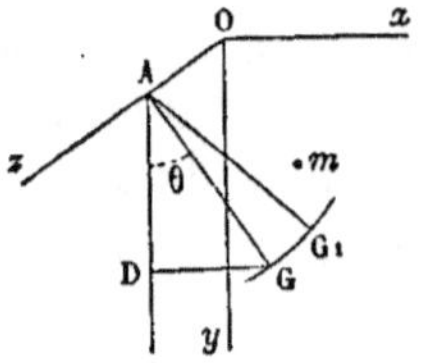

En conservant les mêmes notations (565), on a

$$d \sum mv^2 = d \left( \omega^2 \sum mr^2 \right)$$

Fig. 170.

et

$$\sum (X\,dx + Y\,dy + Z\,dz) = \sum mg\,dy;$$

donc, en substituant,

$$d \left( \omega^2 \sum mr^2 \right) = 2 \sum mg\,dy$$

et en intégrant

$$\omega^2 \sum mr^2 = 2g \sum my + C = 2g M y_1 + C,$$

M étant la masse totale du pendule et $y_1$ ou AD l'$y$ du centre de gravité. On a d'ailleurs

$$y_1 = a \cos\theta$$

et

$$\sum mr^2 = \mathrm{M}\left(a^2 + k^2\right).$$

Par conséquent

$$\omega^2 = \frac{2\,g a \cos\theta}{a^2 + k^2} + \mathrm{C}.$$

Pour déterminer la constante $\mathrm{C}$, désignons par $\Omega$ la vitesse angulaire initiale, correspondant à $\theta = \alpha$. On a, dans ce cas,

$$\omega^2 = \Omega^2 + \frac{2\,g a}{a^2 + k^2}\left(\cos\theta - \cos\alpha\right),$$

ou

$$\frac{d\theta^2}{dt^2} = \Omega^2 + \frac{2\,g a}{a^2 + k^2}\left(\cos\theta - \cos\alpha\right),$$

équation déjà obtenue (565) et qui représente le mouvement du centre de gravité.

DES FORCES VIVES DANS LE MOUVEMENT RELATIF.

625. L'équation des forces vives s'applique au mouvement relatif d'un système quelconque par rapport à son centre de gravité, pourvu que dans ce système il n'existe aucun point fixe, ni aucun point assujetti à rester sur une courbe ou sur une surface fixe.

Soient $\mathrm{G}x_1$, $\mathrm{G}y_1$, $\mathrm{G}z_1$, trois axes parallèles à trois axes fixes $\mathrm{O}x$, $\mathrm{O}y$, $\mathrm{O}z$ et menés par le centre de gravité $\mathrm{G}\,(x_1, y_1, z_1)$ à une époque quelconque. Désignons par $\xi$, $\eta$, $\zeta$ les coordonnées d'un point quelconque $\mathrm{M}\,(x, y, z)$ par rapport à ces axes mobiles. On aura

$$(1)\qquad x = x_1 + \xi, \quad y = y_1 + \eta, \quad z = z_1 + \zeta.$$

Nommons $v$ la vitesse du point $\mathrm{M}$, et $\omega$ sa vitesse relative, c'est-à-dire sa vitesse apparente pour un observateur placé en $\mathrm{G}$ et qui serait entraîné avec les axes mobiles. Soit enfin $v_1$ la vitesse du point $\mathrm{G}$.

On a

$$(2) \qquad v^2 = \frac{dx^2 + dy^2 + dz^2}{dt^2},$$

d'où, à cause des équations (1),

$$v^2 = \frac{dx_1^2 + dy_1^2 + dz_1^2}{dt^2} + \frac{d\xi^2 + d\eta^2 + d\zeta^2}{dt^2}$$
$$+ 2\left(\frac{dx_1}{dt}\frac{d\xi}{dt} + \frac{dy_1}{dt}\frac{d\eta}{dt} + \frac{dz_1}{dt}\frac{d\zeta}{dt}\right),$$

ou

$$(3) \qquad v^2 = v_1^2 + \omega^2 + 2\left(\frac{dx_1}{dt}\frac{d\xi}{dt} + \frac{dy_1}{dt}\frac{d\eta}{dt} + \frac{dz_1}{dt}\frac{d\zeta}{dt}\right).$$

Multiplions par $m$ les deux membres de cette équation et ajoutons toutes les équations analogues relatives aux autres points du système. Si l'on observe que

$$\sum m\left(\frac{dx_1}{dt}\frac{d\xi}{dt} + \dots\right)$$
$$= \frac{dx_1}{dt}\sum m\,\frac{d\xi}{dt} + \frac{dy_1}{dt}\sum m\,\frac{d\eta}{dt} + \frac{dz_1}{dt}\sum m\,\frac{d\zeta}{dt} = 0,$$

puisque l'origine G étant le centre de gravité, on a $\sum m\xi = 0, \dots$, et par suite $\sum m\,\frac{d\xi}{dt} = 0, \dots$, l'équation résultante se réduit à

$$\sum mv^2 = \sum mv_1^2 + \sum m\omega^2,$$

ou

$$(4) \qquad \sum mv^2 = Mv_1^2 + \sum m\omega^2,$$

en désignant par M la masse totale du système.

Ainsi (et cette conséquence s'applique à un système quelconque lors même qu'il ne serait pas entièrement libre dans l'espace), *la somme des forces vives des points dans leur mouvement absolu est égale, à chaque instant, à la même somme considérée dans le mouvement relatif autour du centre de gravité, augmentée du produit de la masse totale du système multipliée par le carré de la vitesse du centre de gravité.*

626. Revenons à l'hypothèse primitive, en vertu de laquelle on suppose le système entièrement libre. Substituant à $\sum mv^2$ la valéur précédente dans l'équation

$$d\sum mv^2 = 2\sum (\mathrm{X}\,dx + \mathrm{Y}\,dy + \mathrm{Z}\,dz),$$

on a

$$(5) \quad \begin{cases} d\mathrm{M}v_1^2 + d\sum m\omega^2 \\[2mm] = 2\sum (\mathrm{X}\,dx_1 + \mathrm{Y}\,dy_1 + \mathrm{Z}\,dz_1) \\[2mm] + 2\sum (\mathrm{X}\,d\xi + \mathrm{Y}\,d\eta + \mathrm{Z}\,d\zeta). \end{cases}$$

Or de

$$\mathrm{M}\frac{d^2x_1}{dt^2} = \sum \mathrm{X}, \quad \mathrm{M}\frac{d^2y_1}{dt^2} = \sum \mathrm{Y}, \quad \mathrm{M}\frac{d^2z_1}{dt^2} = \sum \mathrm{Z},$$

on tire

$$\mathrm{M}\,\frac{2\,d^2x_1\,dx_1 + 2\,d^2y_1\,dy_1 + 2\,d^2z_1\,dz_1}{dt^2},$$

ou

$$d\mathrm{M}v_1^2 = 2\sum (\mathrm{X}\,dx_1 + \mathrm{Y}\,dy_1 + \mathrm{Z}\,dz_1);$$

donc l'équation (5) se réduit à

$$d\sum m\omega^2 = 2\sum (\mathrm{X}\,d\xi + \mathrm{Y}\,d\eta + \mathrm{Z}\,d\zeta).$$

Cette équation exprime que, dans le mouvement relatif d'un système absolument libre, autour de son centre de gravité, la différentielle de la somme des forces vives des points du système est égale au double de la somme des quantités de travail apparent des forces motrices.

# QUARANTE-NEUVIÈME LEÇON.

## DU CHOC DES CORPS.

Choc direct de deux corps sphériques. — Mouvement du centre de gravité.
Choc de deux corps dépourvus d'élasticité. — Choc de deux corps parfaitement élastiques. — Vitesse des centres de gravité après le choc. —
Examen de quelques cas particuliers. — Mouvement du centre de gravité. — Principe de la moindre action.

### DU CHOC DIRECT DE DEUX CORPS SPHÉRIQUES.

627. Considérons deux sphères, dont les centres se
meuvent sur une même droite $Ox$, dans le même sens
ou en sens contraires, et dont tous les points décrivent
des parallèles à cette droite.

Supposons, pour fixer les idées, que les deux corps se
meuvent dans le même sens. Pendant le choc ils se com-
priment mutuellement et leur forme sphérique est un peu
altérée. Pour le bien concevoir, il faut considérer chacun
de ces deux corps comme un système de points matériels,
de figure variable à cause des actions mutuelles que les
molécules des deux corps exercent les unes sur les autres.
La détermination du mouvement de chaque molécule serait un problème fort difficile, mais on peut obtenir le
mouvement du centre de gravité de chacun de ces deux
corps d'après le principe qui détermine le mouvement du
centre de gravité d'un système. Il résulte de ce principe
et de celui de l'égalité entre l'action et la réaction, qu'il
faut, pendant la durée du choc, supposer appliquées aux
deux centres de gravité des forces égales et contraires, dirigées suivant $Ox$ et qui sont les résultantes de toutes les
actions moléculaires. Mais ici il faut distinguer deux cas.

**628.** Si les deux corps sont *mous*, c'est-à-dire dépourvus d'élasticité, après s'être comprimés jusqu'à un certain degré, ils cessent d'agir l'un sur l'autre à l'instant où les vitesses sont devenues égales, et ils continuent à se mouvoir en restant juxtaposés avec une vitesse commune et conservant la forme que la compression leur a donnée.

**629.** S'ils sont élastiques, ils tendent, au moment où la compression cesse, à reprendre leur forme primitive aussitôt que la vitesse est devenue la même, et de là naissent de nouvelles pressions qui tendent à séparer les deux corps. Si ces pressions sont égales en intensité à celles qui ont lieu dans la première partie du choc et que les deux corps quand ils se séparent soient dans le même état qu'au moment où le choc a commencé, on dit qu'ils sont *parfaitement élastiques*. Ils ne sont qu'imparfaitement élastiques si les pressions sont moindres dans la seconde période que dans la première.

### MOUVEMENT DES CENTRES DE GRAVITÉ.

**630.** Occupons-nous maintenant de déterminer le mouvement des deux centres de gravité. Soient $OC = x$ et

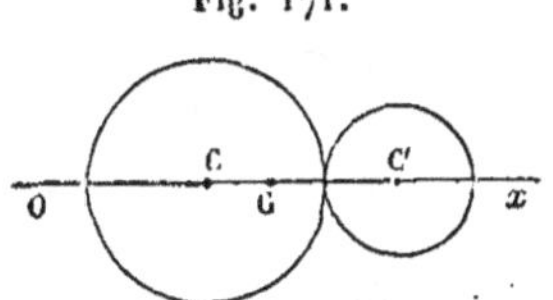

Fig. 171.

$OC' = x'$, O étant un point fixe pris arbitrairement sur $Ox$. Soit, à une époque quelconque du choc, R la valeur des deux pressions égales et contraires appliquées aux centres des deux sphères et qui résultent des actions mutuelles de leurs molécules. En vertu du principe relatif au mouvement du centre de gravité (600), $m$ et $m'$ étant les masses des deux sphères, on aura

$$(1) \qquad m\,\frac{d^2x}{dt^2} = -R, \qquad m'\,\frac{d^2x'}{dt^2} = R.$$

On en conclut d'abord

$$m \frac{d^2 x}{dt^2} + m' \frac{d^2 x'}{dt^2} = o,$$

d'où

$$m \frac{dx}{dt} + m' \frac{dx'}{dt} = \text{const.}$$

Donc, si l'on appelle $v$ et $v'$ les vitesses des deux corps, au commencement même du choc, on aura

$$mv + m'v' = \text{const.},$$

et, par suite,

$$(2) \qquad m \frac{dx}{dt} + m' \frac{dx'}{dt} = mv + m'v'.$$

Cette équation exprime que la somme des quantités de mouvement reste constante pendant toute la durée du choc.

### CHOC DE DEUX CORPS DÉPOURVUS D'ÉLASTICITÉ.

631. Supposons maintenant que les corps soient mous et désignons par $u$ la vitesse commune avec laquelle ces deux corps réunis en un seul se mouvront après le choc. On aura, d'après la formule (2),

$$(m + m') u = mv + m'v';$$

d'où

$$u = \frac{mv + m'v'}{m + m'}.$$

On voit que si avant le choc les deux corps allaient dans le même sens, après le choc le sens du mouvement commun sera le même. S'ils allaient en sens contraire, la vitesse commune après le choc sera celle de la sphère qui avait la plus grande quantité de mouvement. En particulier si les deux corps, allant à la rencontre l'un de l'autre, avaient des quantités de mouvement égales, le choc les réduirait au repos.

## ÉQUATION DES FORCES VIVES.

**632.** On a, pendant toute la durée du choc (630),

$$(1) \qquad m\frac{d^2x}{dt^2} = -\,\mathrm{R}, \qquad m\frac{d^2x'}{dt^2} = \mathrm{R};$$

d'où l'on tire, comme précédemment,

$$(2) \qquad m\frac{dx}{dt} + m'\frac{dx'}{dt} = mv + m'v'.$$

Pour déterminer les vitesses des deux centres de gravité après le choc, il faut une autre équation. En ajoutant les équations (1) respectivement multipliées par $2\,dx$ et $2\,dx'$, et intégrant le résultat, on trouve

$$(3) \qquad m.\left(\frac{dx}{dt}\right)^2 + m'\left(\frac{dx'}{dt}\right)^2 = \mathrm{C} + 2\int \mathrm{R}\,dr,$$

$r$ désignant la distance des deux centres de gravité.

Pour déterminer la constante C, comptons le temps à partir du commencement du choc et faisons commencer l'intégrale à cette valeur initiale du temps; il en résulte

$$mv^2 + m'v'^2 = \mathrm{C}$$

et

$$(4) \qquad m\left(\frac{dx}{dt}\right)^2 + m'\left(\frac{dx'}{dt}\right)^2 = mv^2 + m'v'^2 + 2\int \mathrm{R}\,dr.$$

Cette équation exprime que la somme des forces vives à une époque quelconque est égale à cette somme prise au commencement du choc, plus le double de l'intégrale de $\mathrm{R}\,dr$, prise à partir de la même époque. Dans la première période du choc la somme des forces vives est toujours moindre qu'avant le choc, parce que, la distance des centres diminuant, on a $dr < 0$, et les éléments de l'intégrale $\int \mathrm{R}\,dr$ sont constamment négatifs. Dans la seconde

15.

période, la distance des centres augmente et les éléments de l'intégrale sont toujours positifs. Mais comme R a des valeurs moindres que dans la première période, l'intégrale $\int R\,dr$, prise pendant toute la durée du choc, est négative. La somme des forces vives est donc toujours moindre qu'avant le choc, seulement la différence va en diminuant dans la seconde période.

CHOC DE DEUX CORPS PARFAITEMENT ÉLASTIQUES.

633. Quand les deux corps sont parfaitement élastiques, les éléments de l'intégrale $\int R\,dr$ se détruisent deux à deux, parce que la résultante R reprend la même valeur quand la distance $r$ redevient la même. Il en résulte que l'intégrale, prise pendant toute la durée du choc, est nulle. Dans ce cas l'équation (4) se simplifie et devient

$$m\left(\frac{dx}{dt}\right)^2 + m'\left(\frac{dx'}{dt}\right)^2 = mv^2 + m'v'^2.$$

634. Proposons-nous de déterminer les vitesses $V = \dfrac{dx}{dt}$, $V' = \dfrac{dx'}{dt}$ des deux centres de gravité après le choc. On a les équations (630, 633)

$$(1) \qquad mV + m'V' = mv + m'v',$$
$$(2) \qquad mV^2 + m'V'^2 = mv^2 + m'v'^2.$$

On peut les mettre sous la forme

$$m(V - v) = m'(v' - V');$$
$$m(V^2 - v^2) = m'(v'^2 - V'^2),$$

d'où l'on tire, en divisant,

$$(3) \qquad V + v = V' + v'.$$

On a donc deux équations du premier degré (1) et (3) qui donnent

$$(4) \qquad \begin{cases} V = \dfrac{(m - m')\,v + 2\,m'v'}{m + m'} \\[2mm] V' = \dfrac{2\,mv + (m' - m)\,v'}{m + m'}. \end{cases}$$

635. On tire de ces formules diverses conséquences.

Soit $u$ la vitesse commune aux deux centres de gravité. au moment où la compression est la plus grande. On a (631)

$$u = \frac{mv + m'v'}{m + m'};$$

mais

$$V = \frac{2\,(mv + m'v')}{m + m'} - v;$$

donc

$$V = 2u - v.$$

On trouvera de même

$$V' = 2u - v'.$$

Donc la vitesse de chaque corps au milieu du choc est la moyenne arithmétique entre sa vitesse avant le choc et sa vitesse après le choc.

L'équation

$$V' - V = v - v'$$

fait voir. encore que la vitesse relative avec laquelle le centre de gravité C s'éloigne de C′ après le choc est égale à celle avec laquelle il s'en approchait à l'instant où le choc a eu lieu.

### EXAMEN DE QUELQUES CAS PARTICULIERS.

636. Si le corps C′ est en repos au moment où C vient le rencontrer, $v' = 0$, et si les deux corps sont mous, la

vitesse après le choc est (631)

$$u = \frac{mv}{m + m'}.$$

On ne peut avoir $u = 0$ que si la masse $m'$ est infiniment grande par rapport à la masse $m$. C'est ce qui arrive pour les corps mous tombant à la surface de la terre.

637. Il n'en est plus de même si les corps sont parfaitement élastiques. Dans ce cas, les formules (4), n° 634, donnent

$$V = \frac{(m - m')\,v}{m + m'}, \quad V' = \frac{2\,mv}{m + m'}.$$

Si $m'$ est infiniment grande par rapport à $m$, on a

$$V = -v, \quad V' = 0.$$

Ainsi le corps choqué demeure en repos, tandis que l'autre est réfléchi en sens contraire avec une vitesse égale à celle avec laquelle il est venu rencontrer le premier.

C'est ce qui arrive lorsqu'une sphère élastique pesante tombe d'une certaine hauteur sur un plan fixe horizontal qui est lui-même élastique. Elle doit remonter, par la réaction du plan fixe, jusqu'à son point de départ.

638. Quand les deux masses $m$ et $m'$ sont égales, si les deux corps sont mous, leur vitesse commune après le choc sera

$$u = \frac{v + v'}{2},$$

c'est-à-dire la moyenne entre les vitesses des deux corps avant le choc.

Si les deux corps sont parfaitement élastiques, ils ne feront qu'échanger leur vitesse, car en faisant $m = m'$ les formules (4), n° 634, donnent

$$V = v', \quad V' = v.$$

Donc, si l'un des corps était en repos, l'autre restera immobile après le choc et lui transmettra sa vitesse, car si $v' = 0$, on aura $V = 0$, $V' = v$.

C'est ce qui arrive quand une bille C vient en choquer une autre C'. La même chose aurait lieu si un nombre

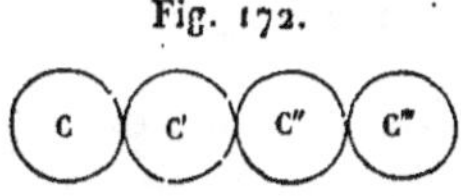
Fig. 172.

quelconque de billes égales C', C'', C''' en repos et parfaitement élastiques étaient choquées par une bille élastique C et de même masse, suivant la droite qui passe par leurs centres. On verra facilement que toutes les billes, excepté la dernière, resteront en repos et que la bille C''' seule se déplacera avec la vitesse même qu'avait la première au moment du choc. Toutes ces conséquences sont vérifiées par l'expérience.

### THÉORÈME DE CARNOT.

639. La somme des forces vives ne change pas par l'effet du choc quand les corps sont parfaitement élastiques : c'est ce que montre l'équation du n° 633. Mais lorsqu'ils sont mous, elle diminue et la différence est égale à la somme des forces vives dues aux vitesses acquises ou perdues par les deux corps. En effet, cette différence exprimée par $mv^2 + m'v'^2 - (m + m') u^2$ est égale à

$$mv^2 + m'v'^2 + (m + m') u^2 - 2 (m + m') u \cdot u$$
$$= mv^2 + m'v'^2 + (m + m') u^2 - 2 (mv + m'v') u,$$

en remplaçant $(m + m') u$ par $mv + m'v'$. On a donc en réduisant

$$mv^2 + m'v'^2 - (m + m') u^2 = m (v - u)^2 + m' (u - v')^2,$$

équation qui démontre le principe énoncé.

On peùt encore mettre cette perte de force vive sous la forme $\dfrac{mm'}{m+m'}(v-v')^2$, en remplaçant dans le deuxième membre de l'expression $u$ par sa valeur.

## MOUVEMENT DU CENTRE DE GRAVITÉ COMMUN.

**640.** D'après un principe général déjà démontré (603), le mouvement du centre de gravité commun du système des deux masses $m$ et $m'$ ne doit pas être altéré pendant le choc. C'est ce qu'il est facile de vérifier dans le cas actuel. En effet, $x_1$ étant l'abscisse du centre de gravité, on a

$$(m+m')x_1 = mx + m'x',$$

$$(m+m')\frac{dx_1}{dt} = m\frac{dx}{dt} + m'\frac{dx'}{dt}.$$

ou

$$(m+m')\frac{dx_1}{dt} = mv + m'v'$$

et

$$\frac{dx_1}{dt} = \frac{mv + m'v'}{m+m'}.$$

Ainsi la vitesse du centre de gravité reste constante avant, pendant et après le choc.

## PRINCIPE DE LA MOINDRE ACTION.

**641.** Dans le mouvement d'un système de corps pour lequel le principe des forces vives a lieu, si l'on multiplie la vitesse de chaque point du système par sa masse et par l'élément de sa trajectoire, et qu'on intègre la somme de ces produits depuis une position donnée du système jusqu'à une autre position aussi donnée, la valeur de cette intégrale $\displaystyle\int\sum mv\,ds$ est généralement un minimum. Nous disons généralement, parce qu'il y a exception dans quelques cas particuliers, mais on démontre que dans tous les cas sa variation est nulle.

Supposons que l'on ait, en conservant les notations du n° 615,

$$\sum mv^2 = C + \varphi(x, y, z, x', \ldots),$$

$$C = \sum mk^2 - \varphi(a, b, c, a' \ldots).$$

On a

$$\delta \int mv\,ds = \int \delta \sum mv\,ds = \int \sum m\,\delta v\,ds + \int \sum mv\,\delta\,ds,$$

Or

$$\sum m\,\delta v\,ds = \sum mv\,\delta v\,dt = \frac{1}{2}\,dt \sum \delta\varphi,$$

mais

$$\delta\varphi = 2 \sum (X\delta x + Y\delta y + Z\delta z);$$

donc

$$\sum m\,\delta v\,ds = dt \sum (X\delta x + Y\delta y + Z\delta z).$$

On a ensuite

$$\sum mv\,\delta\,ds = \sum m\,\frac{ds}{dt}\left(\frac{dx}{ds}\,d\delta x + \frac{dy}{ds}\,d\delta y + \frac{dz}{ds}\,d\delta z\right)$$

$$= \sum m\left(\frac{dx}{dt}\,d\delta x + \frac{dy}{dt}\,d\delta y + \frac{dz}{dt}\,d\delta z\right),$$

ou bien

$$\sum mv\,\delta\,ds = \sum m\,d\left(\frac{dx}{dt}\,\delta x + \frac{dy}{dt}\,\delta y + \frac{dz}{dt}\,\delta z\right)$$

$$- \sum m\left(\delta x\,d\frac{dx}{dt} + \delta y\,d\frac{dy}{dt} + \delta z\,d\frac{dz}{dt}\right).$$

Donc on aura

$$\delta \int \sum mv\,ds = \sum m\left(\frac{dx}{dt}\,\delta x + \frac{dy}{dt}\,\delta y + \frac{dz}{dt}\,\delta z\right)$$

$$+ \int dt \sum \left[\left(X - m\frac{d^2x}{dt^2}\right)\delta x + \left(Y - m\frac{d^2y}{dt^2}\right)\delta y + \left(Z - m\frac{d^2z}{dt^2}\right)\delta z\right].$$

Mais les deux points extrêmes étant fixes et donnés, $\delta x$, $\delta y$, $\delta z$,....., sont nulles aux deux limites. Donc on a bien

$$\delta \int \sum m v\, ds = 0,$$

ce qu'il fallait démontrer.

Quand les points mobiles ne sont soumis à aucune force, on a

$$\sum m v^2 = c,$$

et par suite

$$\int_{t_0}^{t} m v^2\, dt = c\,(t - t_0),$$

et comme l'intégrale $\int m v^2\, dt = \int m v\, ds$ est un minimum, il en résulte que $t - t_0$ ou le temps du trajet est aussi un minimum.

# CINQUANTIÈME LEÇON[1].

## PROPRIÉTÉS DU MOUVEMENT D'UN CORPS SOLIDE.
## APPLICATIONS.

Mouvement d'un solide considéré géométriquement. — Mouvement d'un solide qui se déplace parallèlement à un plan. — Bielles et manivelles. — Mouvement autour d'un point fixe. — Somme des forces vives. — Moments des quantités de mouvement. — Déplacement d'une figure sphérique, joint universel. — Composition des rotations et des translations. — Mouvement le plus général d'un solide.

### MOUVEMENT D'UN SOLIDE CONSIDÉRÉ GÉOMÉTRIQUEMENT.

**642.** Les mouvements de translation et de rotation autour d'un axe fixe, considérés au point de vue géométrique, présentent à l'esprit une image simple et très nette. Il est difficile au contraire de se rendre un compte exact de la nature des autres mouvements que peut prendre un solide de forme invariable; mais, grâce aux travaux d'Euler et de Poinsot, nous verrons que ces mouvements se ramènent toujours à des translations et à des rotations ou à des combinaisons de ces deux mouvements simples.

Pour définir un mouvement de translation, il suffit de donner une droite qui représente la vitesse avec laquelle il s'effectue; pour définir une rotation, on peut donner sur l'axe autour duquel elle a lieu une longueur proportionnelle à la vitesse angulaire et prise dans un sens tel que l'observateur, ayant ses pieds à l'origine de cette longueur et sa tête à l'extrémité, voie la rotation s'effectuer

[1] La rédaction de cette Leçon a été modifiée par M. A. de Saint-Germain, professeur à la Faculté de Caen.

de gauche à droite; la ligne ainsi définie est l'axe représentatif de la rotation.

Considérons un corps solide S en mouvement. Sa position à un instant quelconque peut être déterminée par celle de trois droites rectangulaires $O_1 x_1, O_1 y_1, O_1 z_1$ qui lui sont liées invariablement; il suffirait de connaître les angles que ces trois droites font avec trois axes rectangulaires fixes, $Ox$, $Oy$, $Oz$, et les coordonnées $\alpha$, $\beta$, $\gamma$ de leur point de concours $O_1$.

### MOUVEMENT D'UN SOLIDE QUI SE DÉPLACE PARALLÈLEMENT A UN PLAN.

643. Supposons d'abord que les trajectoires de tous les points du corps S soient contenues dans des plans parallèles à un plan donné qui sera le plan des $xy$; nous pourrons prendre pour $O_1 x_1$ et $O_1 y_1$ deux droites de S qui se trouvent à un certain moment dans le plan des $xy$ et qui n'en sortiront pas; la coordonnée $\gamma$ sera toujours nulle, et la direction des droites mobiles sera déterminée par l'angle $\varphi$ de $O_1 x_1$ avec $Ox$. Soient, à l'époque $t$, $x, y, z$ les coordonnées d'un point M de S, $x_1, y_1, z_1$ ses coordonnées invariables relativement à $O_1 x_1$, $O_1 y_1$, $O_1 z_1$; on a

$$x = \alpha + x_1 \cos\varphi - y_1 \sin\varphi,$$
$$y = \beta + x_1 \sin\varphi + y_1 \cos\varphi,$$
$$z = z_1.$$

Les projections de la vitesse du point M sur les axes fixes seront

$$(1) \quad \begin{cases} \dfrac{dx}{dt} = \dfrac{d\alpha}{dt} - (x_1 \sin\varphi - y_1 \cos\varphi)\dfrac{d\varphi}{dt} = \dfrac{d\alpha}{dt} - (y - \beta)\dfrac{d\varphi}{dt}, \\[2ex] \dfrac{dy}{dt} = \dfrac{d\beta}{dt} + (x_1 \cos\varphi - y_1 \sin\varphi)\dfrac{d\varphi}{dt} = \dfrac{d\beta}{dt} + (x - \alpha)\dfrac{d\varphi}{dt}, \\[2ex] \dfrac{dz}{dt} = 0. \end{cases}$$

Si l'on pose

$$\frac{d\alpha}{dt} + \beta\,\frac{d\varphi}{dt} = \beta'\,\frac{d\varphi}{dt}, \quad \frac{d\beta}{dt} - \alpha\,\frac{d\varphi}{dt} = -\,\alpha'\,\frac{d\varphi}{dt},$$

les projections de la vitesse prendront la forme

$$(2) \quad \frac{dx}{dt} = -\,(y - \beta')\,\frac{d\varphi}{dt}, \quad \frac{dy}{dt} = (x - \alpha')\,\frac{d\varphi}{dt}, \quad \frac{dz}{dt} = 0.$$

Ces formules montrent qu'à l'époque $t$ la vitesse du point quelconque M est la même que si S tournait avec la vitesse angulaire $\frac{d\varphi}{dt}$ autour d'une droite IK perpendiculaire au plan donné et représentée par les équations $x = \alpha'$, $y = \beta'$. Comme $\alpha'$ et $\beta'$ varient avec le temps, les vitesses à l'époque $t + dt$ seront les mêmes que si S tournait autour d'une droite I'K' très voisine de IK ; le mouvement de S revient à une rotation autour de IK, mais seulement pendant un élément de temps, et pourvu qu'on n'ait égard qu'aux vitesses, non aux accélérations ; IK, I'K' sont des axes instantanés de rotation.

644. Les droites de l'espace autour desquelles le solide tourne successivement forment un cylindre C ; de même les droites de S qui doivent tour à tour coïncider avec les premières et être momentanément immobiles sont sur un cylindre $C_1$ qui fait partie de S. Soit $I_1 K_1$ la droite qu'une rotation infiniment petite autour de IK doit amener en coïncidence avec I'K' ; les droites I'K' et $I_1 K_1$ sont à une distance infiniment petite du deuxième ordre et les bandes $IKI'K'$, $IKI_1K_1$ sont superposables ; donc $C_1$ est toujours tangent à C et roule sur lui sans glisser, et l'on donnerait à S le mouvement fini qu'il possède réellement en le supposant lié à un cylindre qui roule sur un cylindre fixe.

Pour obtenir l'équation de C, il suffit d'exprimer que

c'est le lieu des points de l'espace avec lesquels coïncident des points de S dont la vitesse est nulle à un certain moment; en nous reportant aux équations (1) (643), on voit qu'on aura à éliminer $t$ entre les équations

$$\frac{d\alpha}{dt} - (y - \beta)\, \frac{d\varphi}{dt} = 0, \quad \frac{d\beta}{dt} + (x - \alpha)\, \frac{d\varphi}{dt} = 0,$$

$\alpha$, $\beta$, $\varphi$ étant connus en fonction de $t$. L'équation de $C_1$ s'obtient en éliminant le temps entre les équations

$$\frac{d\alpha}{dt} - \left( x_1 \sin\varphi + y_1 \cos\varphi \right) \frac{d\varphi}{dt} = 0,$$

$$\frac{d\beta}{dt} + \left( x_1 \cos\varphi - y_1 \sin\varphi \right) \frac{d\varphi}{dt} = 0.$$

645. Le mouvement d'une figure plane qui se meut dans son plan est un cas particulier de celui que nous venons d'étudier : à une époque quelconque $t$ la figure peut être regardée comme tournant pendant un temps infiniment petit autour d'un centre instantané de rotation I; la vitesse du point M de la figure est proportionnelle à IM et perpendiculaire sur cette droite, en sorte qu'il suffit de connaître les normales aux trajectoires de deux points pour trouver le centre instantané à leur intersection.

Soient L, L′ deux positions infiniment voisines d'une ligne entraînée avec la figure mobile, E un de leurs points d'intersection: le point E, considéré comme faisant partie de L, est amené par la rotation autour de I en un point E′ de L′ : donc EI est normale à L′, et comme à la limite E est l'un des points où L touche son enveloppe, on voit que ces points sont les pieds des normales abaissées du centre instantané sur la position correspondante de l'enveloppée.

Le mouvement continu de la figure mobile s'obtient

en la supposant liée à une courbe $C_1$ qui roule sur une courbe fixe $C$; c'est toujours un mouvement épicycloïdal. Les équations de $C$ et $C_1$ se trouvent comme celles des cylindres de même nom (644), ou par des considérations particulières.

BIELLES ET MANIVELLES.

**646.** Considérons (*fig.* 173) une manivelle OA tournant autour du point O et articulée en A à l'extrémité d'une bielle AB dont l'autre extrémité est assujettie à se mouvoir sur une droite OX, et cherchons, dans la disposition actuelle du mécanisme, quel est le rapport

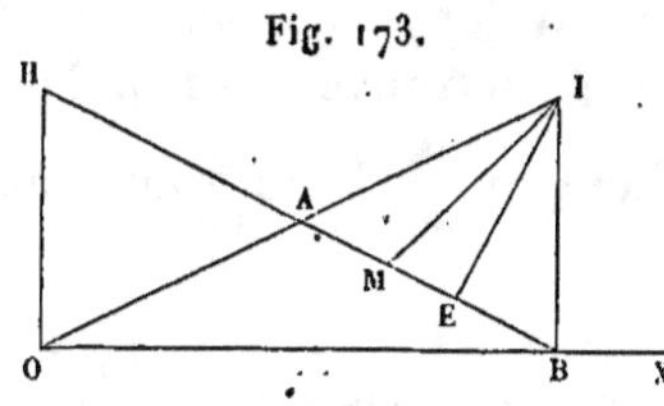

Fig. 173.

de la vitesse $v$ du point B à la vitesse angulaire $\omega$ de la manivelle.

Nous déterminerons le centre instantané de rotation de la bielle; or le point A décrit un cercle dont la normale est OA; le centre instantané se trouve donc sur cette droite; il est aussi sur la perpendiculaire BI à OX, c'est-à-dire sur la normale à la trajectoire du point B; il est donc à l'intersection I des deux normales. Les vitesses de A et de B sont dans le rapport de IA à IB; la vitesse du point A est $\omega \times OA$; donc

$$\frac{v}{\omega \times OA} = \frac{IB}{IA}, \qquad v = \omega \frac{OA \times IB}{IA};$$

si l'on mène en O une parallèle à BI jusqu'à sa rencontre en H avec AB prolongée, on aura aussi $v = \omega \times OH$.

La normale à la trajectoire du point M pris sur AB est MI.

Les lieux des centres instantanés dans l'espace et par

rapport à AB sont compliqués dans le cas général; mais supposons maintenant OA = AB; on voit aisément que AI est aussi égal à AB; donc OI = 2AB, et le lieu C des centres instantanés dans le plan est un cercle de centre O et de rayon égal à 2AB; au contraire, le lieu $C_1$ des points liés à AB qui sont tour à tour immobiles est un cercle dont le centre est A et le rayon AB; ce cercle roule à l'intérieur du premier, et s'il entraîne AB, il lui communiquera le mouvement que cette droite possède réellement.

La droite AB touche son enveloppe au pied E de la perpendiculaire menée par I, et on trouve que le point E est sur une circonférence du rayon $\frac{1}{2}$ AB qui roule dans la circonférence C.

**647.** Cherchons aussi le rapport des vitesses angulaires ω, ω' de deux manivelles OA, O'A' (*fig.* 173 *bis*) articulées à une bielle rectiligne AA'. Le centre instantané de rotation de la bielle est à l'intersection I des normales OA, O'A' aux trajectoires de A et de A', et les vitesses de ces deux points sont dans le rapport de AI à A'I; donc

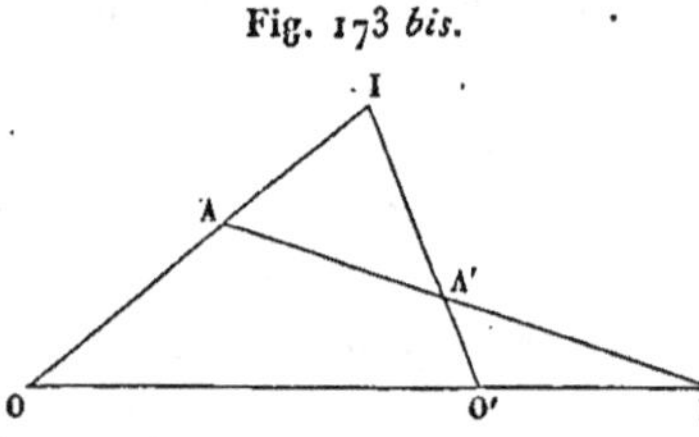

Fig. 173 *bis*.

$$\frac{\omega \times OA}{\omega' \times O'A'} = \frac{AI}{A'I}, \quad \frac{\omega}{\omega'} = \frac{O'A' \times AI}{OA \times A'I}.$$

Soit H le point d'intersection de AA' prolongée avec la ligne des centres; le théorème des transversales appliqué au triangle IOO' donne

$$AI \times OH \times O'A' = A'I \times O'H \times OA;$$

on conclut de cette relation et de la précédente que le rapport de $\omega$ à $\omega'$ est le même que celui de O'H à OH, et aussi que celui des distances des centres O' et O à la bielle.

### MOUVEMENT AUTOUR D'UN POINT FIXE.

648. Nous allons maintenant analyser les mouvements élémentaires et continus d'un corps S dont un point est absolument fixe; nous prendrons ce point pour origine des axes $Ox$, $Oy$, $Oz$, et aussi des lignes de repère $Ox_1$, $Oy_1$, $Oz_1$. Les coordonnées du point quelconque M de S sont liées à ses coordonnées relatives aux axes mobiles par des relations de forme connue :

$$x = a\,x_1 + b\,y_1 + c\,z_1,$$
$$y = a'\,x_1 + b'\,y_1 + c'\,z_1,$$
$$z = a''x_1 + b''y_1 + c''z_1;$$

les neuf cosinus $a$, $b$, $c$, ... sont des fonctions connues du temps.

A l'époque $t$, la vitesse $v$ du point M a pour projections sur les axes fixes

$$\frac{dx}{dt} = x_1\frac{da}{dt} + y_1\frac{db}{dt} + z_1\frac{dc}{dt},$$

$$\frac{dy}{dt} = x_1\frac{da'}{dt} + \ldots, \qquad \frac{dz}{dt} = x_1\frac{da''}{dt} + \ldots;$$

mais on ne peut voir immédiatement à l'aide de ces expressions comment varie la vitesse aux divers points de S. On aura des résultats plus avantageux en cherchant les projections de $v$ sur $Ox_1$, $Oy_1$, $Oz_1$; ces projections ne sont pas égales à $\frac{dx_1}{dt}$, $\frac{dy_1}{dt}$, $\frac{dz_1}{dt}$, quantités essentiellement nulles; nous les désignerons par $u_1$, $v_1$, $w_1$. La projection de $v$ sur $Ox_1$ est égale à la somme des projections de ses composantes $\dfrac{dx}{dt}$, $\dfrac{dy}{dt}$, $\dfrac{dz}{dt}$,

$$u_1 = a\frac{dx}{dt} + a'\frac{dy}{dt} + a''\frac{dz}{dt}$$

$$= \left(a\frac{da}{dt} + a'\frac{da'}{dt} + a''\frac{da''}{dt}\right)x_1$$

$$+ \left(a\frac{db}{dt} + a'\frac{db'}{dt} + a''\frac{db''}{dt}\right)y_1$$

$$+ \left(a\frac{dc}{dt} + a'\frac{dc'}{dt} + a''\frac{dc''}{dt}\right)z_1.$$

Mais les cosinus $a$, $a'$, $a''$, ... satisfont aux relations

$$a^2 + a'^2 + a''^2 = b^2 + b'^2 + b''^2 = c^2 + c'^2 + c''^2 = 1,$$

d'où

$$(1) \quad a\frac{da}{dt} + a'\frac{da'}{dt} + a''\frac{da''}{dt} = b\frac{db}{dt} + \ldots = c\frac{dc}{dt} + \ldots = 0.$$

On a aussi

$$(2) \quad \left\{ \begin{array}{l} bc + b'c' + b''c'' = 0, \\ ca + c'a' + c''a'' = 0, \\ ab + a'b' + a''b'' = 0. \end{array} \right.$$

On déduit de la première relation

$$c\frac{db}{dt} + c'\frac{db'}{dt} + c''\frac{db''}{dt} = -b\frac{dc}{dt} - b'\frac{dc'}{dt} - b''\frac{dc''}{dt};$$

les deux membres sont égaux à une fonction connue du temps, que je représente par $p$; je désigne de même par $q$ et $r$ les fonctions analogues provenant de la différentiation des deux autres équations $(2)$; ainsi

$$(3) \quad \left\{ \begin{array}{l} c\dfrac{db}{dt} + c'\dfrac{db'}{dt} + c''\dfrac{db''}{dt} = -b\dfrac{dc}{dt} - b'\dfrac{dc'}{dt} - b''\dfrac{dc''}{dt} = p, \\[2mm] a\dfrac{dc}{dt} + a'\dfrac{dc'}{dt} + a''\dfrac{dc''}{dt} = -c\dfrac{da}{dt} - c'\dfrac{da'}{dt} - c''\dfrac{da''}{dt} = q, \\[2mm] b\dfrac{da}{dt} + b'\dfrac{da'}{dt} + b''\dfrac{da''}{dt} = -a\dfrac{db}{dt} - a'\dfrac{db'}{dt} - a''\dfrac{db''}{dt} = r. \end{array} \right.$$

En vertu de ces formules et des relations (1) on trouve $u_1 = qz_1 - ry_1$, et les deux autres projections ont des valeurs analogues ; donc

$$(4) \quad u_1 = qz_1 - ry_1, \quad v_1 = rx_1 - pz_1, \quad w_1 = py_1 - qx_1.$$

649. On reconnaît d'abord que les points pour lesquels on a

$$(5) \qquad \frac{x_1}{p} = \frac{y_1}{q} = \frac{z_1}{r}$$

ont, à l'époque $t$, une vitesse nulle ; ils sont sur une droite OI qui joue le rôle d'axe instantané de rotation ; le mouvement élémentaire de S revient toujours à une rotation dont nous allons déterminer la vitesse angulaire $\omega$. Soit $\rho$ la distance du point M à la droite OI ; on doit avoir $v = \rho\omega$ ; d'autre part,

$$v^2 = u_1^2 + v_1^2 + w_1^2 = (qz_1 - ry_1)^2$$
$$+ (rx_1 - pz_1)^2 + (py_1 - qx_1)^2 ;$$

le second membre, on le démontre en Géométrie analytique, n'est autre que $\rho^2$ multiplié par $p^2 + q^2 + r^2$ ; donc

$$\omega = \sqrt{p^2 + q^2 + r^2}.$$

Ajoutons que si l'on prend sur OI une longueur OK égale à $\omega$, et dont les projections sur $Ox_1$, $Oy_1$, $Oz_1$ sont $p$, $q$, $r$, cette droite sera l'axe représentatif de la rotation instantanée ; car si, au lieu de $Ox_1$, $Oy_1$, $Oz_1$, on prenait dans S trois axes $Ox'_1$, $Oy'_1$, $Oz'_1$ dont le dernier coïncide avec OI à l'époque $t$, on aurait, au lieu de $p$, $q$, $r$, $p' = 0$, $q' = 0$, $r' = \omega$, puisque $p'$, $q'$, $r'$ seraient les nouvelles projections de OK ; les formules (4) deviendraient

$$u'_1 = -\omega y'_1, \quad v'_1 = \omega x'_1, \quad w'_1 = 0 ;$$

ce sont bien les projections de la vitesse due à une rotation qui s'effectue par rapport à OK de gauche à droite.

16.

650. On reproduirait le mouvement continu de S si on supposait ce corps lié invariablement à un cône $C_1$, lieu des droites du solide qui deviennent successivement immobiles, et si ce cône roulait sans glisser sur le cône C lieu des axes instantanés dans l'espace. L'équation de $C_1$ s'obtiendra en éliminant le temps entre les équations (5), celle de C en éliminant la même variable entre les équations correspondantes

$$\frac{ax + a'y + a''z}{p} = \frac{bx + b'y + b''z}{q} = \frac{cx + c'y + c''z}{r}$$

Quand l'axe instantané ne change pas de position dans S, il ne se déplace pas davantage dans l'espace ; en effet, puisque ce sont toujours les mêmes points de S qui sont en repos, le mouvement n'est qu'une rotation autour d'un axe fixe. Ainsi l'axe de rotation de la Terre change de direction dans l'espace, ce qui constitue le phénomène de la précession des équinoxes ; il doit aussi se déplacer à l'intérieur de la Terre, et le pôle n'est pas absolument fixe à la surface du globe ; mais on démontre qu'il décrit un cercle de $0^m, 28$ de rayon seulement

En général, on a

$$\cos IOx = \frac{ap + bq + cr}{\omega},$$

$$\cos IOy = \frac{a'p + b'q + c'r}{\omega},$$

$$\cos IOz = \frac{a''p + b''q + c''r}{\omega};$$

ces fractions sont constantes quand $\frac{p}{\omega}$, $\frac{q}{\omega}$, $\frac{r}{\omega}$ le sont elles-mêmes.

651. Si, à l'époque $t$, $Ox_1$, $Oy_1$, $Oz_1$ coïncident avec $Ox$, $Oy$, $Oz$, $a$, $b'$, $c''$ sont égaux à l'unité, les six autres cosinus à zéro ; les relations (1) et (3), 648,

prennent une forme simple qui sera utilisée plus tard :

$$\frac{da}{dt} = \frac{db'}{dt} = \frac{dc''}{dt} = 0,$$

$$\frac{db''}{dt} = -\frac{dc'}{dt} = p, \quad \frac{dc}{dt} = -\frac{da''}{dt} = q, \quad \frac{da'}{dt} = -\frac{db}{dt} = r.$$

Les valeurs de $\frac{dx}{dt}$, $\frac{dy}{dt}$, $\frac{dz}{dt}$ deviennent identiques à celles de $u_1$, $v_1$, $w_1$,

$$\frac{dx}{dt} = qz - ry, \quad \frac{dy}{dt} = rx - pz, \quad \frac{dz}{dt} = py - qx.$$

En général, lorsque l'axe d'une rotation $\omega$ fait avec des axes coordonnés les angles $\lambda$, $\mu$, $\nu$, les composantes suivant ces axes de la vitesse d'un point $(x, y, z)$ sont

$$\omega(z\cos\mu - y\cos\nu), \quad \omega(x\cos\nu - z\cos\lambda), \quad \omega(y\cos\lambda - x\cos\mu).$$

### SOMME DES FORCES VIVES.

652. La somme des forces vives de tous les points du corps est

$$\sum mv^2 = \sum m\left[(qz_1 - ry_1)^2 + (rx_1 - pz_1)^2 + (py_1 - qx_1)^2\right].$$

Si $Ox_1$, $Oy_1$, $Oz_1$ sont les axes principaux d'inertie relatifs au point O, et A, B, C les moments d'inertie autour de ces axes,

$$(1) \qquad \sum mv^2 = Ap^2 + Bq^2 + Cr^2,$$

D'un autre côté (649),

$$(2) \qquad \sum mv^2 = \omega^2 \sum m\rho^2.$$

Or $\sum m\rho^2$ est le moment d'inertie du corps par rapport à l'axe instantané ; on a donc, en désignant par $2\Delta$ le diamètre correspondant de l'ellipsoïde central,

$$(3) \qquad \sum m v^2 = \frac{\omega^2}{\Delta^2},$$

c'est-à-dire que la somme des forces vives est égale au carré de la vitesse angulaire divisé par le carré du demi-diamètre de l'ellipsoïde central qui coïncide avec l'axe instantané.

## MOMENTS DES QUANTITÉS DE MOUVEMENT.

653. Prenons les moments par rapport aux axes $O x_1$, $O y_1$, $O z_1$ de la quantité de mouvement $mv$ du point $m$, comme si c'était une force (qu'on remplacerait, dans la théorie des couples, par une force égale et parallèle appliquée à l'origine et un couple).

Le moment de $mv$ par rapport à $O x_1$ est

$$m(w_1 y_1 - v_1 z_1),$$

ou

$$m y_1 (p y_1 - q x_1) - m z_1 (r x_1 - p z_1).$$

La somme des moments des quantités de mouvement de tous les points du corps par rapport à $O x_1$ est donc

$$p \sum m(y_1^2 + z_1^2) - q \sum m x_1 y_1 - r \sum m x_1 z_1.$$

Cette somme se réduit à $Ap$, en supposant que les axes $O x_1$, $O y_1$, $O z_1$ soient les axes d'inertie principaux du corps pour le point O. Ainsi, en nommant A, B, C les trois moments d'inertie principaux du corps pour le point O, $Ap$, $Bq$, $Cr$ sont les sommes des moments des quantités de mouvement des points du corps par rapport aux axes principaux.

Dans la théorie des couples, ces moments sont ceux de trois couples agissant dans les trois plans coordonnés $x_1 O y_1$, …. Ils donnent un couple résultant dont le moment

$G = \sqrt{A^2p^2 + B^2q^2 + C^2r^2}$ : la perpendiculaire à son plan fait avec les axes $Ox_1$, $Oy_1$, $Oz_1$ des angles qui ont pour cosinus $\dfrac{Ap}{G}$, $\dfrac{Bq}{G}$, $\dfrac{Cr}{G}$. M. Poinsot a remarqué que ce plan est le plan diamétral conjugué au diamètre de l'ellipsoïde central

$$A x^2 + B y^2 + C z^2 = 1,$$

qui est dirigé suivant l'axe instantané.

En effet, soient $x'$, $y'$, $z'$ les coordonnées par rapport aux axes $Ox_1$, $Oy_1$, $Oz_1$ du point N où l'axe instantané rencontre l'ellipsoïde central : on a

$$\frac{x'}{p} = \frac{y'}{q} = \frac{z'}{r},$$

et aussi, puisque le point N est sur l'ellipsoïde,

$$A x'^2 + B y'^2 + C z'^2 = 1.$$

Le plan tangent en ce point N a pour équation

$$A x' x + B y' y + C z' z = 1 ;$$

le plan diamétral conjugué à ON a pour équation

$$A x' x + B y' y + C z' z = 0,$$

ou

$$A p x + B q y + C r z = 0.$$

La perpendiculaire à ce plan diamétral fait avec les axes $Ox_1$, $Oy_1$, $Oz_1$ des angles dont les cosinus sont $\dfrac{Ap}{G}$, $\dfrac{Bq}{G}$, $\dfrac{Cr}{G}$. Donc ce plan est celui du couple résultant.

654. Si l'on prend des axes fixes quelconques, on aura la somme des moments des quantités de mouvement par rapport à l'axe $Ox$ d'après les lois connues de la composition des moments ou des couples, en multipliant les moments $Ap$, $Bq$, $Cr$ relatifs aux axes $Ox_1$, $Oy_1$, $Oz_1$

par les cosinus $a$, $b$, $c$ des angles que $Ox$ fait avec ces
axes et ajoutant, c'est-à-dire que

$$(1) \quad \begin{cases} \sum m \left( y \dfrac{dz}{dt} - z \dfrac{dy}{dt} \right) = A\,pa + B\,qb + C\,rc, \\[2mm] \sum m \left( z \dfrac{dx}{dt} - x \dfrac{dz}{dt} \right) = A\,pa' + B\,qb' + C\,rc', \\[2mm] \sum m \left( x \dfrac{dy}{dt} - y \dfrac{dx}{dt} \right) = A\,pa'' + B\,qb'' + C\,rc''. \end{cases}$$

## MOUVEMENT D'UNE FIGURE SPHÉRIQUE. JOINT UNIVERSEL.

655. Une figure sphérique qui se meut sur sa sphère
peut être regardée comme liée au centre, c'est-à-dire à
un point fixe; tout mouvement élémentaire de la figure
est une rotation autour d'un diamètre de la sphère, ou
autour d'une de ses extrémités I qu'on appelle pôle instantané; les vitesses des divers points M sont normales
aux arcs de grand cercle MI, et proportionnelles aux
sinus de ces arcs. Tout mouvement continu est un mouvement épicycloïdal sphérique.

Pour transmettre le mouvement de rotation d'un arbre
à un autre arbre qui coupe le premier sous un angle
obtus, on emploie souvent le joint universel ou joint de
Cardan. Au lieu de prolonger les arbres jusqu'à leur
point de rencontre O, on les termine par des fourchettes
demi-circulaires et égales, APA', BQB', dont les diamètres AA', BB' se coupent en O; un croisillon AA'BB',
à bras égaux, est articulé à la fourchette P en A et A', à
la fourchette Q en B et B'; le mouvement de P entraîne
celui du croisillon dont le centre est fixe, et le croisillon
entraîne l'arbre Q. Cherchons le rapport des vitesses
angulaires $\omega$, $\omega'$ des deux arbres.

Si du point O comme centre on décrit une sphère
dont le rayon soit égal à un des bras du croisillon, que je

prends pour unité, les points A et B (*fig.* 174) se
meuvent sur des arcs de grand
cercle CAC′, CBC′ dont les
pôles sont P et Q; menons
l'arc de grand cercle AB, qui
est égal à un quadrant. Le
pôle instantané autour duquel tourne AB est à l'intersection I des arcs PA, QB
normaux aux trajectoires de
A et de B. Les vitesses de A

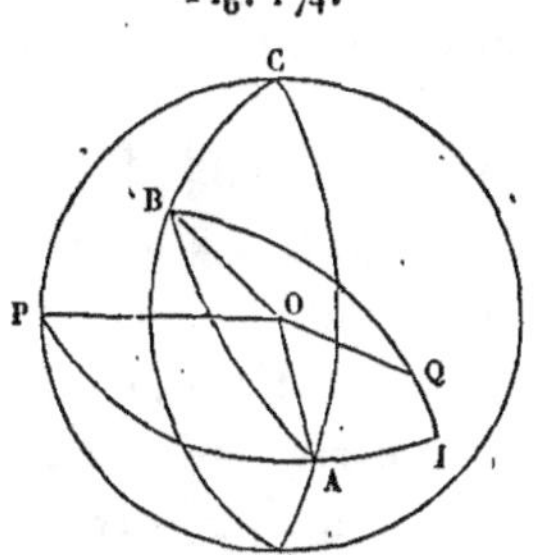
Fig. 174.

et B mesurent les vitesses angulaires $\omega$, $\omega'$, et nous
avons

$$\frac{\omega}{\omega'} = \frac{\sin IA}{\sin IB} = \frac{\sin IBA}{\sin IAB}.$$

Dans le triangle sphérique ABC, on a

$$A = IAB - \frac{\pi}{2}, \quad B = IBA + \frac{\pi}{2},$$

$$\sin B = \sin b \sin C,$$

$$\cos B = -\sqrt{1 - \sin^2 B}, \quad \cos A = \frac{-\cos C}{\cos B};$$

donc

$$\frac{\omega}{\omega'} = \frac{-\cos B}{\cos A} = \frac{1 - \sin^2 B \sin^2 C}{\cos C}.$$

Ce rapport reste compris entre $\cos C$ et $\dfrac{1}{\cos C}$ et
s'éloigne très peu de l'unité si l'angle des axes est voisin de 180 degrés.

COMPOSITION DES TRANSLATIONS ET DES ROTATIONS.

656. Lorsqu'un solide est animé de plusieurs mouvements simultanés, suivant une expression adoptée en
Géométrie, la vitesse d'un de ses points est la résultante
des vitesses dues à chacun des mouvements donnés, et

sa projection sur un axe est la somme des projections des vitesses composantes. Nous allons chercher à remplacer les mouvements simultanés par un mouvement résultant:

Il est évident que le mouvement résultant de plusieurs translations est une translation dont la vitesse est la résultante des vitesses des translations données.

Supposons le solide animé de deux rotations; l'axe représentatif de l'une étant égal à $p$ et dirigé suivant l'axe des $z$, l'axe de la seconde égal à $q$ et dirigé suivant la droite $x = \alpha$, $y = 0$ parallèle à $Oz$. Reportons-nous aux formules ($2$), **643**, et ajoutons les projections des vitesses dues aux rotations composantes, nous trouvons pour la vitesse résultante

$$\frac{dx}{dt} = - py - qy = - (p + q)y,$$

$$\frac{dy}{dt} = px + q(x - \alpha) = (p + q)\left(x - \frac{q\alpha}{p + q}\right),$$

$$\frac{dz}{dt} = 0.$$

Le mouvement résultant est une rotation dont l'axe représentatif se déduit des axes des rotations composantes comme la résultante se déduit de deux forces parallèles; si $p$ et $q$ ne sont pas de même signe, c'est que les rotations ne se font pas dans le même sens, mais l'identité avec la composition des forces parallèles et de sens contraire subsiste. Le cas correspondant aux couples est celui de $q = - p$; alors les projections de la vitesse deviennent

$$\frac{dx}{dt} = 0, \quad \frac{dy}{dt} = p\alpha, \quad \frac{dz}{dt} = 0 :$$

un couple de rotation est équivalent à une translation dont la vitesse, égale au moment du couple, est perpendiculaire à son plan.

Soit un corps animé de plusieurs rotations dont les axes concourent à l'origine et ont respectivement pour projections sur les axes coordonnés $p$, $q$, $r$, $p'$, $q'$, $\ldots$; la vitesse du point $(x, y, z)$ a pour projections (651)

$$\frac{dx}{dt} = z \sum q - y \sum r,$$

$$\frac{dy}{dt} = x \sum r - z \sum p,$$

$$\frac{dz}{dt} = y \sum p - x \sum q.$$

Le mouvement résultant est donc une rotation dont l'axe représentatif a pour projection la somme des projections des axes des rotations données; c'est dire qu'il se déduit des axes donnés comme la résultante se déduit de forces concourantes. En particulier, trois rotations dont les axes concourent ont pour résultante une rotation dont l'axe est la diagonale du parallélipipède construit sur les axes proposés : inversement, une rotation peut toujours être remplacée par trois rotations simultanées.

657. La position des droites $Ox_1$, $Oy_1$, $Oz_1$ (648) est définie par neuf cosinus entre lesquels existent six relations; ces cosinus peuvent donc s'exprimer en fonction de trois variables indépendantes. Soient OL l'intersection du plan $x_1 Oy_1$ avec $xOy$, $\psi$ l'angle $xOL$, $\varphi$ l'angle $LOx_1$, $\theta$ l'angle des plans $Oxy$, $Ox_1y_1$; $a$, $b$, $c$ ne sont autres que les projections suivant $Ox_1$, $Oy_1$, $Oz_1$ d'une droite égale à l'unité et comptée sur $Ox$; or la projection de cette droite sur un axe est égale à la somme des projections de deux droites, l'une égale à $\cos \psi$ suivant OL, l'autre égale à $-\sin \psi$ suivant une droite du plan $xOy$ faisant avec $Ox$ l'angle $\psi + \frac{\pi}{2}$; on trouve

aisément les formules très générales

$$a = \quad \cos\psi \cos\varphi - \sin\psi \cos\theta \sin\varphi,$$
$$b = -\cos\psi \sin\varphi - \sin\psi \cos\theta \cos\varphi.$$
$$c = \sin\psi \sin\theta.$$

Si on remplace $Ox$ par $Oy$, ou $\psi$ par $\psi - \dfrac{\pi}{2}$, on trouve

$$a' = \quad \sin\psi \cos\varphi + \cos\psi \cos\theta \sin\varphi,$$
$$b' = -\sin\psi \sin\varphi + \cos\psi \cos\theta \cos\varphi,$$
$$c' = -\cos\psi \sin\theta;$$

enfin, en projetant une longueur égale à l'unité prise sur $Oz$,

$$(1) \qquad a'' = \sin\theta \sin\varphi, \quad b'' = \sin\theta \cos\varphi, \quad c'' = \cos\theta.$$

**658.** On pourrait calculer $p, q, r$ en substituant dans les formules (3) du n° 648 les cosinus et leurs dérivées; mais la rotation $\omega$ peut être regardée comme résultant de trois autres dont les axes seraient $\dfrac{d\psi}{dt}$ suivant $Oz$, $\dfrac{d\theta}{dt}$ suivant $OL$, $\dfrac{d\varphi}{dt}$ suivant $Oz_1$; $p, q, r$ sont les projections de $\omega$ sur $Ox_1, Oy_1, Oz_1$, ou, ce qui revient au même, les sommes des projections des axes composants, et l'on a immédiatement

$$(1) \qquad \left\{ \begin{aligned} p &= \sin\varphi \sin\theta \, \frac{d\psi}{dt} + \cos\varphi \, \frac{d\theta}{dt}, \\ q &= \cos\varphi \sin\theta \, \frac{d\psi}{dt} - \sin\varphi \, \frac{d\theta}{dt}, \\ r &= \frac{d\varphi}{dt} + \cos\theta \, \frac{d\psi}{dt}. \end{aligned} \right.$$

De ces équations on peut tirer

$$(2) \qquad \left\{ \begin{aligned} & \frac{d\theta}{dt} = p\cos\varphi - q\sin\varphi, \quad \sin\theta \, \frac{d\psi}{dt} = p\sin\varphi + q\cos\varphi, \\ & \frac{d\varphi}{dt} = r - (p\sin\varphi + q\cos\varphi)\cot\theta. \end{aligned} \right.$$

## MOUVEMENT LE PLUS GÉNÉRAL D'UN SOLIDE.

659. Considérons enfin un solide S animé d'un mouvement quelconque. Par un point $O_1$, pris à volonté dans S, je mène trois droites qui restent parallèles aux axes fixes; le mouvement relatif de S par rapport à ces parallèles est celui d'un solide qui aurait un point immobile en $O_1$, c'est-à-dire que, pendant un temps infiniment petit, il se réduit à une rotation autour d'une droite $O_1 I$; donc le mouvement élémentaire de S résulte d'une translation dont la vitesse est celle de $O_1$ et d'une rotation autour d'un axe passant par ce point. L'axe représentatif de la rotation a toujours la même grandeur et la même direction; mais sa position, ainsi que la vitesse de la translation, change avec le point $O_1$.

Mozzi trouva une représentation plus précise du mouvement considéré. Supposons qu'à l'époque $t$ l'origine des axes fixes coïncide avec $O_1$, et l'axe des $z$ avec $O_1 I$; soient $l$, $m$, $n$ les composantes de la vitesse du point $O_1$; la vitesse d'un point $(x, y, z)$ résulte de la translation correspondante et d'une rotation $\omega$ autour de $Oz$; ses composantes sont donc

$$l - \omega y = -\omega\left(y - \frac{l}{\omega}\right), \quad \omega\left(x + \frac{m}{\omega}\right), \quad n.$$

Le solide se meut comme s'il tournait avec une vitesse angulaire $\omega$ autour d'une parallèle à $Oz$, en même temps qu'il glisserait avec la vitesse $n$ le long de cette droite; ce double mouvement est celui d'une vis dans son écrou, ou un mouvement hélicoïdal.

# CINQUANTE ET UNIÈME LEÇON.

## ROTATION D'UN CORPS SOLIDE AUTOUR D'UN POINT FIXE (SUITE). — MOUVEMENT D'UN CORPS SOLIDE LIBRE.

Équations du mouvement. — Cas où il n'y a pas de forces motrices. — Plan invariable. — Mouvement de l'ellipsoïde central. — Lieu des axes instantanés dans le corps. — Lieu des axes des couples résultants. — Mouvement d'un corps solide entièrement libre.

---

### ÉQUATIONS DU MOUVEMENT.

660. Supposons maintenant que des forces motrices données agissent sur le corps solide. Désignons par $X, Y, Z$ les composantes parallèles à des axes fixes de la force appliquée à la molécule $m$ qui a pour coordonnées $x, y, z$. D'après le principe de d'Alembert, les forces perdues $X - m\dfrac{d^2x}{dt}, \ldots$ doivent se faire équilibre autour du point fixe O : il faut et il suffit pour cela que la somme de leurs moments, par rapport à chacun des axes fixes, soit égale à zéro, ce qui donne les trois équations

$$(1) \quad \begin{cases} \displaystyle\sum m\left( y\frac{d^2z}{dt^2} - z\frac{d^2y}{dt^2} \right) = L, \\[2mm] \displaystyle\sum m\left( z\frac{d^2x}{dt^2} - x\frac{d^2z}{dt^2} \right) = M, \\[2mm] \displaystyle\sum m\left( x\frac{d^2y}{dt^2} - y\frac{d^2x}{dt^2} \right) = N, \end{cases}$$

en désignant par $L, M, N$ les sommes de moments des forces motrices par rapport aux axes fixes. La première des équations peut s'écrire ainsi :

$$\frac{d}{dt}\sum m\left( y\frac{dz}{dt} - z\frac{dy}{dt} \right) = L.$$

Mais on a trouvé plus haut (654)

$$\sum m \left( y \frac{dz}{dt} - z \frac{dr}{dt} \right) = A\,pa + B\,qb + C\,rc.$$

Donc on a

$$\frac{d}{dt} (A\,pa + B\,qb + C\,rc) = L,$$

ou

$$(2) \quad A a \frac{dp}{dt} + B b \frac{dq}{dt} + C c \frac{dr}{dt} + A p \frac{da}{dt} + B q \frac{db}{dt} + C r \frac{dc}{dt} = L.$$

Faisons coïncider les axes fixes avec les axes principaux du corps $Ox_1$, $Oy_1$, $Oz_1$, pris dans la position qu'ils occupent au bout du temps $t$. Nous aurons alors

$$a = 1, \quad b = 0, \quad c = 0, \quad \frac{da}{dt} = 0, \quad \frac{db}{dt} = -r, \quad \frac{dc}{dt} = q;$$

en même temps il faut remplacer L ou $\sum m\, (Zy - Yz)$ par la somme des moments des forces données par rapport à l'axe $Ox_1$, que nous désignerons par $L_1$.

L'équation (2) devient

$$(3) \qquad A \frac{dp}{dt} + (C - B)\,qr = L_1,$$

et les deux autres équations (1) donnent de même

$$(4) \qquad B \frac{dq}{dt} + (A - C)\,pr = M_1,$$

$$(5) \qquad C \frac{dr}{dt} + (B - A)\,pq = N_1.$$

Ce sont les formules d'Euler : $L_1$, $M_1$, $N_1$, désignent les moments des forces motrices par rapport aux axes principaux du corps à l'époque $t$.

661. On les obtient encore de la manière suivante.

D'après la composition des moments ou des couples

analogue à celle des forces, la somme $Ap$ des moments des quantités de mouvement par rapport à l'axe $Ox_1$ est égale à la somme des moments par rapport aux axes fixes multipliés par les cosinus $a$, $a'$, $a''$ des angles que $Ox_1$ fait avec ces axes fixes. Ainsi l'on a

$$A p = a \sum m \left( y \frac{dz}{dt} - z \frac{dy}{dt} \right) + a' \sum m \left( z \frac{dx}{dt} - x \frac{dz}{dt} \right)$$
$$+ a'' \sum m \left( x \frac{dy}{dt} - y \frac{dx}{dt} \right),$$

et, en différentiant,

$$A \frac{dp}{dt} = a \sum m \left( y \frac{d^2 z}{dt^2} - z \frac{d^2 y}{dt^2} \right) + a' \sum m \left( z \frac{d^2 x}{dt^2} - x \frac{d^2 z}{dt^2} \right)$$
$$+ a'' \sum m \left( x \frac{d^2 y}{dt^2} - y \frac{d^2 x}{dt^2} \right) + \frac{da}{dt} \sum m \left( y \frac{dz}{dt} - z \frac{dy}{dt} \right)$$
$$+ \frac{da'}{dt} \sum m \left( z \frac{dx}{dt} - x \frac{dz}{dt} \right) + \frac{da''}{dt} \sum m \left( x \frac{dy}{dt} - y \frac{dx}{dt} \right),$$

ou d'après les équations (1)

$$A \frac{dp}{dt} = aL + a'M + a''N + \frac{da}{dt} \sum m \left( y \frac{dz}{dt} - z \frac{dy}{dt} \right)$$
$$+ \frac{da'}{dt} \sum m \left( z \frac{dx}{dt} - x \frac{dz}{dt} \right) + \frac{da''}{dt} \sum m \left( x \frac{dy}{dt} - y \frac{dx}{dt} \right).$$

Si l'on fait coïncider les axes fixes avec les axes $Ox_1$, $Oy_1$, $Oz_1$, au bout du temps $t$, cette équation deviendra

$$A \frac{dp}{dt} = L_1 + r B q - q C r,$$

ou

$$A \frac{dp}{dt} + (C - B) q r = L_1,$$

car, dans cette coïncidence, on a

$$a = 1, \quad a' = 0, \quad a'' = 0, \quad \frac{da}{dt} = 0, \quad \frac{da'}{dt} = r, \quad \frac{da''}{dt} = -q.$$

L devient $L_1$ et les sommes des moments des quantités de mouvement

$$\sum m \left( y\,\frac{dz}{dt} - z\,\frac{dy}{dt} \right), \dots$$

deviennent celles qui se rapportent aux axes $Ox_1, Oy_1, Oz_1$, c'est-à-dire $Ap$, $Bq$, $Cr$ (653).

CAS OU IL N'Y A PAS DE FORCES MOTRICES.

662. On intègre facilement les équations d'Euler quand il n'y a pas de forces motrices ou qu'elles se font équilibre autour du point fixe. On a

$$(1) \quad \begin{cases} A\,\dfrac{dp}{dt} + (C - B)\,qr = 0, \\[2mm] B\,\dfrac{dq}{dt} + (A - C)\,pr = 0, \\[2mm] C\,\dfrac{dr}{dt} + (B - A)\,pq = 0. \end{cases}$$

Multipliant par $p$, $q$, $r$ et ajoutant

$$Ap\,dp + Bq\,dq + Cr\,dr = 0,$$

d'où

$$(2) \qquad Ap^2 + Bq^2 + Cr^2 = h;$$

$h$ désignant une quantité positive, puisque A, B, C sont positives. Cette équation s'obtiendrait encore en exprimant que la force vive est constante, d'après le principe général sur le mouvement des systèmes où il n'y a pas de forces motrices.

663. Multiplions les équations (1) par $Ap$, $Bq$, $Cr$, ajoutons et intégrons. On aura

$$(3) \qquad A^2 p^2 + B^2 q^2 + C^2 r^2 = G^2.$$

G étant le moment du couple résultant, on en conclut que ce moment est constant.

Ces deux équations donnent

$$(4) \qquad \begin{cases} p^2 = \dfrac{G^2 - Bh + (B - C)\,Cr^2}{A\,(A - B)}, \\[2mm] q^2 = \dfrac{G^2 - Ah + (A - C)\,Cr^2}{B\,(B - A)}. \end{cases}$$

En substituant les valeurs de $p$ et de $q$ dans l'équation

$$C\,\frac{dr}{dt} + (B - A)\,pq = 0,$$

on en tire

$$(5) \quad dt = \frac{\pm\,C\,\sqrt{AB}\,dr}{\sqrt{[G^2 - Bh + (B - C)\,Cr]\,[Ah - G^2 + (C - A)\,Cr^2]}},$$

équation dont l'intégrale dépend des fonctions elliptiques; mais qu'on peut obtenir sous forme finie si deux des moments d'inertie A, B, C sont égaux ou si $G^2$ est égal à l'une des quantités $Ah$, $Bh$, $Ch$.

**664.** Calculons la vitesse angulaire $\omega$. On a

$$\omega^2 = p^2 + q^2 + r^2,$$

d'où

$$\omega\,d\omega = p\,dp + q\,dq + r\,dr = \left( \frac{B - C}{A} + \frac{C - A}{B} + \frac{A - B}{C} \right) pqr\,dt,$$

ou bien

$$(6) \qquad \omega\,d\omega = \frac{(A - B)\,(A - C)\,(B - C)}{ABC}\,pqr\,dt.$$

Les trois équations

$$p^2 + q^2 + r^2 = \omega^2,$$
$$Ap^2 + Bq^2 + Cr^2 = h,$$
$$A^2p^2 + B^2q^2 + C^2r^2 = G^2,$$

donnent

$$(7) \quad \begin{cases} p = \sqrt{\dfrac{G^2 - (B + C)\,h + BC\omega^2}{(A - B)\,(A - C)}}, \\[3mm] q = \sqrt{\dfrac{G^2 - (A + C)\,h + AC\omega^2}{(B - A)\,(B - C)}}, \\[3mm] r = \sqrt{\dfrac{G^2 - (A + B)\,h + AB\omega^2}{(C - A)\,(C - B)}}. \end{cases}$$

Substituant dans l'équation (6), il vient

$$(8) \quad dt = \frac{\mathrm{ABC}\,\omega\,d\omega}{\sqrt{(\mathrm{B+C})h - \mathrm{G}^2 - \mathrm{BC}\omega^2}\,\sqrt{(\mathrm{A+C})h - \mathrm{G}^2 - \mathrm{AC}\omega^2}\,\sqrt{(\mathrm{A+B})h - \mathrm{G}^2 - \mathrm{AB}\omega^2}},$$

équation compliquée, dont l'intégrale donnerait $\omega$ en fonction de $t$.

## PLAN INVARIABLE.

665. L'équation (3) exprime que le couple résultant des quantités de mouvement a un moment constant; le plan de ce couple doit être invariable, et par conséquent les couples situés dans les plans fixes sont constants. C'est ce qu'on peut vérifier. En effet, on doit avoir

$$\sum m \left( x \frac{dy}{dt} - y \frac{dx}{dt} \right) = \text{constante},$$

et deux équations semblables, ou (654)

$$\mathrm{A}pa'' + \mathrm{B}qb'' + \mathrm{C}rc'' = l'',$$
$$\mathrm{A}pa' + \mathrm{B}qb' + \mathrm{C}rc' = l',$$
$$\mathrm{A}pa + \mathrm{B}qb + \mathrm{C}rc = l.$$

Ces trois équations peuvent se déduire des équations (1), n° 662, en les multipliant par $a$, $b$, $c$, $a'$, $b'$, $c'$,... et intégrant. Elles ne sont pas distinctes, car en ajoutant leurs carrés on trouve

$$\mathrm{A}^2 p^2 + \mathrm{B}^2 q^2 + \mathrm{C}^2 r^2 \quad \text{ou} \quad \mathrm{G}^2 = l^2 + l'^2 + l''^2.$$

666. La perpendiculaire au plan du couple résultant des quantités de mouvement est fixe dans l'espace, car elle fait avec les axes fixes des angles dont les cosinus sont $\dfrac{l}{\mathrm{G}}$, $\dfrac{l'}{\mathrm{G}}$, $\dfrac{l''}{\mathrm{G}}$. Elle fait avec les axes des $x_1$, $y_1$, $z_1$ des angles dont les cosinus sont $\dfrac{\mathrm{A}p}{\mathrm{G}}$, $\dfrac{\mathrm{B}q}{\mathrm{G}}$, $\dfrac{\mathrm{C}r}{\mathrm{G}}$, et l'on connaît alors la position de ces axes par les valeurs de $p$, $q$, $r$.

667. L'axe instantané OI fait avec les axes $\mathrm{O}x_1$, $\mathrm{O}y_1$,

$O z_1$ des angles dont les cosinus sont $\dfrac{p}{\omega}, \dfrac{q}{\omega}, \dfrac{r}{q}$. Donc

$$\cos(\mathrm{IO}, \mathrm{G}) = \frac{\mathrm{A}p}{\mathrm{G}}\frac{p}{\omega} + \frac{\mathrm{B}q}{\mathrm{G}}\frac{q}{\omega} + \frac{\mathrm{C}r}{\mathrm{G}}\frac{r}{\omega}$$

ou

$$\omega \cos(\mathrm{IO}, \mathrm{G}) = \frac{\mathrm{A}p^2 + \mathrm{B}q^2 + \mathrm{C}r^2}{\mathrm{G}} = \frac{h}{\mathrm{G}},$$

quantité constante qui représente la composante de la vitesse angulaire autour de l'axe fixe du couple résultant des quantités de mouvement.

668. Le plan du couple résultant G étant invariable, prenons-le pour plan des $xy$. On aura

$$\cos(\mathrm{G}, \mathrm{O}x_1) = \cos z\mathrm{O}x_1 = a'' = \frac{\mathrm{A}p}{\mathrm{G}},$$

$$\cos(\mathrm{G}, \mathrm{O}y_1) = \cos z\mathrm{O}y_1 = b'' = \frac{\mathrm{B}q}{\mathrm{G}},$$

$$\cos(\mathrm{G}, \mathrm{O}z_1) = \cos z\mathrm{O}z_1 = c'' = \frac{\mathrm{C}r}{\mathrm{G}};$$

d'où [formules (1) du n° 657]

$$\sin\theta\sin\varphi = \frac{\mathrm{A}p}{\mathrm{G}}, \quad \sin\theta\cos\varphi = \frac{\mathrm{B}q}{\mathrm{G}}, \quad \cos\theta = \frac{\mathrm{C}r}{\mathrm{G}},$$

Ces formules s'accordent entre elles, car en ajoutant leurs carrés on a

$$1 = \frac{\mathrm{A}^2p^2 + \mathrm{B}^2q^2 + \mathrm{C}^2r^2}{\mathrm{G}};$$

la troisième donne la valeur de $\theta$. Des deux premières on tire

$$\tan\varphi = \frac{\mathrm{A}p}{\mathrm{B}q}.$$

Si l'on élimine $d\theta$ entre les équations (1) du n° 658, on aura

$$\sin^2\theta\, d\psi = \sin\theta\sin\varphi\, p\, dt + \sin\theta\cos\varphi\, q\, dt,$$

d'où

$$d\psi = -\frac{Ap^2 + Bq^2}{G^2 - C^2r^2}\,G\,dt,$$

ou

$$d\psi = -\frac{h - Cr^2}{G^2 - C^2r^2}\,G\,dt,$$

puis on remplace $dt$ par sa valeur en fonction de $r$.
Comme $h - Cr^2$ et $G^2 - C^2r^2$ sont positives, $\dfrac{d\psi}{dt}$ sera toujours négative, c'est-à-dire que OL tourne toujours dans
le même sens.

Le choix du plan invariable réduit les constantes arbitraires à quatre, savoir $h$, C et les deux constantes introduites par l'intégration de $dt$ et de $d\psi$. Il y aurait bien
six constantes, puisqu'il y a six variables $p$, $q$, $r$, $\psi$, $\varphi$, $\theta$.
Mais deux sont nulles, $l = 0$, $l' = 0$.

669. L'axe instantané de rotation est le diamètre conjugué au plan du couple résultant des quantités de mouvement dans l'ellipsoïde central (653).

La somme des forces vives est $Ap^2 + Bq^2 + Cr^2$
ou $h$. D'un autre côté, elle est égale à $\omega^2 \sum m\rho^2 = \dfrac{\omega^2}{\Delta^2}$,
$\Delta$ étant le demi-diamètre ON de l'ellipsoïde central qui
coïncide avec l'axe instantané. Donc

$$\frac{\omega^2}{\Delta^2} = h,$$

ou

$$\omega = \Delta\,\sqrt{h},$$

c'est-à-dire que la *vitesse angulaire* est proportionnelle
au demi-diamètre qui va du centre au pôle instantané de
rotation.

## MOUVEMENT DE L'ELLIPSOÏDE CENTRAL.

**670.** Le plan tangent à l'ellipsoïde central au pôle instantané a pour équation, par rapport aux axes $Ox_1$, $Oy_1$, $Oz_1$,

$$A x' x + B y' y + C z' z = 1,$$

ou

$$A p x + B q y + C r z = \frac{\omega}{\Delta}.$$

La longueur de la perpendiculaire abaissée de l'origine O sur ce plan tangent est

$$\lambda = \frac{1}{\sqrt{A^2 x'^2 + B^2 y'^2 + C^2 z'^2}} = \frac{1}{\frac{\Delta}{\omega}\sqrt{A^2 p^2 + B^2 q^2 + C^2 r^2}}$$

$$= \frac{\omega}{G\Delta} = \frac{\sqrt{h}}{G},$$

quantité constante. Donc le plan tangent à l'ellipsoïde central au pôle de rotation est fixe dans l'espace. C'est un plan parallèle à celui des quantités de mouvement.

L'ellipsoïde, dont le centre est fixe, roule sans glisser sur ce plan fixe, et la vitesse angulaire de rotation est proportionnelle au rayon qui va du centre au pôle instantané sur la surface de l'ellipsoïde.

Il ne fait que *rouler sans glisser;* car, comme son mouvement consiste à tourner pendant un instant sur le diamètre, l'ellipsoïde amène au bout de cet instant un nouveau point de sa surface en contact avec ce plan, et ce nouveau point, qui devient le pôle de la rotation pour l'instant suivant, reste à son tour immobile pendant cet instant, et ainsi de suite, de sorte qu'aucun de ces points par lesquels l'ellipsoïde vient se mettre en contact avec le plan, ne peut jamais glisser sur ce même plan.

La courbe décrite sur la surface de l'ellipsoïde par le pôle instantané de rotation $(x', y', z')$ est appelée *poloïde*.

LIEU DES AXES INSTANTANÉS DANS LE CORPS.

671. On a

$$\frac{x'}{p} = \frac{y'}{q} = \frac{z'}{r} = \frac{\sqrt{x'^2 + y'^2 + z'^2}}{\sqrt{p^2 + q^2 + r^2}} = \frac{\sqrt{A\,x'^2 + B\,y'^2 + C\,z'^2}}{\sqrt{A\,p^2 + B\,q^2 + C\,r^2}}$$

$$= \frac{\sqrt{A^2 x'^2 + B^2 y'^2 + C^2 z'^2}}{\sqrt{A^2 p^2 + B^2 q^2 + C^2 r^2}},$$

c'est-à-dire

$$\frac{\sqrt{A\,x'^2 + B\,y'^2 + C\,z'^2}}{\sqrt{h}} = \frac{\sqrt{A^2 x'^2 + B^2 y'^2 + C^2 z'^2}}{G},$$

d'où

$$A\,(G^2 - A\,h)\,x'^2 + B\,(G^2 - B\,h)\,y'^2 + C\,(G^2 - C\,h)\,z'^2 = 0,$$

cône du deuxième degré, qui est le lieu des axes instantanés dans le corps.

Ce cône se réduit à un plan ou devient imaginaire quand $G^2$ est égal à l'un des produits $A\,h$, $B\,h$, $C\,h$. Il devient un cône droit à base circulaire quand deux des coefficients du cône sont égaux.

LIEU DES AXES DU COUPLE RÉSULTANT.

672. L'axe du couple résultant $G$ des quantités de mouvement étant immobile, traverse le corps en mouvement suivant une suite de droites qui forment un autre cône.

On a, pour un point quelconque pris sur cet axe $OG$, à une distance $\delta$,

$$x'' = \frac{A\,p}{G}\,\delta, \qquad y'' = \frac{B\,q}{G}\,\delta, \qquad z'' = \frac{C\,r}{G}\,\delta.$$

Substituant les valeurs de $Ap$, $Bq$, $Cr$, dans les équations (2) et (3) (662, 663), il vient

$$\frac{x''^2}{A} + \frac{y''^2}{B} + \frac{z''^2}{C} = \frac{h\,\delta^2}{G^2},$$

$$x''^2 + y''^2 + z''^2 = \delta^2,$$

d'où

$$\frac{G^2 - Ah}{A}\, x''^2 + \frac{G^2 - Bh}{B}\, y''^2 + \frac{G^2 - Ch}{C}\, z''^2 = o :$$

c'est l'équation du cône décrit dans le corps par l'axe fixe OG.

673. Pour que ce cône et le précédent ne soient pas imaginaires, il faut que les quantités $G^2 - Ah$, $G^2 - Bh$, $G^2 - Ch$ ne soient pas toutes trois de même signe. Donc, en supposant $A > B > C$, il faut que l'on ait

$$G^2 - Ah < o, \quad G^2 - Ch > o.$$

Selon que la quantité $G^2 - Bh$ sera négative ou positive, ces deux cônes seront coupés suivant des ellipses par tout plan perpendiculaire à l'axe du plus petit moment d'inertie ou du plus grand. Donc, pendant toute la durée du mouvement, l'axe instantané ne s'écartera de l'un de ces deux axes principaux que de quantités limitées, et le même axe principal ne s'écartera que de quantités limitées de l'axe fixe OG du couple des quantités de mouvement. Si l'on a $A = B = C$, les deux équations donnent $p$, $q$, $r$ constants. Alors le mouvement de rotation est uniforme autour de l'axe OG fixe.

674. Les axes principaux relatifs au point O sont les seuls qui puissent rester immobiles avec un mouvement de rotation uniforme. Car pour que l'axe instantané conserve toujours la même position, il faut que $p$, $q$, $r$ soient

constants. On a donc

$$dp = o, \quad dq = o, \quad dr = o,$$

ce qui donne

$$(B - A)pq = o, \quad (C - B)qr = o, \quad (A - C)pr = o,$$

d'où

$$p = o, \quad q = o, \quad r = n.$$

## MOUVEMENT D'UN CORPS SOLIDE ENTIÈREMENT LIBRE.

675. Le mouvement d'un corps solide libre, sollicité par des forces données, sera connu quand on pourra déterminer le mouvement absolu d'un de ses points et le mouvement relatif de tout autre point du corps autour de celui-là. Si G est le point particulier du corps dont on considère le mouvement absolu, il faudra concevoir qu'il emporte avec lui, dans son mouvement, trois axes $Gx$, $Gy$, $Gz$, constamment parallèles à eux-mêmes, par rapport auxquels on cherchera le mouvement de chaque point M du corps. Si l'on a seulement pour but de décomposer le mouvement du point M en d'autres plus simples et plus faciles à concevoir, on pourra, comme cela a été dit, choisir à volonté le point dont on considère le mouvement de translation. Mais, dans l'application, il est avantageux de prendre le centre de gravité. En effet, d'après le principe de la conservation du mouvement du centre de gravité, il suffit de connaître les forces motrices du système et sa masse, pour déterminer le mouvement de ce point, et de plus, quand ce corps est mis en mouvement par des percussions, il suffit, pour déterminer la vitesse initiale du centre de gravité, d'y transporter les quantités de mouvement qui mesurent les percussions et de les composer comme des forces : la résultante est la quantité de mouvement initiale du centre de gravité,

Enfin, un autre avantage consiste en ce que, *sous l'action
des forces motrices le mouvement de rotation autour du
centre de gravité est le même que si ce point était fixe.*
C'est ce que nous allons prouver.

676. Soient $\xi$, $\eta$, $\zeta$ les coordonnées du point M par
rapport aux axes mobiles $Gx$, $Gy$, $Gz$ et désignons par
X, Y, Z les composantes de la force motrice appliquée en
ce point. On a, d'après le principe des aires,

$$(1) \quad \begin{cases} \sum m\left(\xi\dfrac{d^2\eta}{dt^2} - \eta\dfrac{d^2\xi}{dt^2}\right) = \sum(Y\xi - X\eta), \\[2ex] \sum m\left(\zeta\dfrac{d^2\xi}{dt^2} - \xi\dfrac{d^2\zeta}{dt^2}\right) = \sum(X\zeta - Z\xi), \\[2ex] \sum m\left(\eta\dfrac{d^2\zeta}{dt^2} - \zeta\dfrac{d^2\eta}{dt^2}\right) = \sum(Z\eta - Y\zeta). \end{cases}$$

Or on aurait précisément les mêmes équations si le centre
de gravité était fixe. Par conséquent, si ces équations suffisent pour déterminer le mouvement, il doit être le même
pour le corps dont le centre de gravité serait fixe et pour
le même corps dont le centre de gravité serait mobile.

Soient en effet GA, GB, GC trois axes rectangulaires
fixes dans le corps qui tourne autour du point G, et mo-
biles avec lui. Quand les trois angles $\varphi$, $\theta$, $\psi$, définis au
n° 657, seront connus pour une époque quelconque, on
connaîtra évidemment la position des trois axes GA, GB,
GC et par suite celle d'un point quelconque du solide. Or
on peut exprimer les coordonnées $\xi$, $\eta$, $\zeta$ du point M en
fonction de celles du même point par rapport à GA, GB,
GC, lesquelles restent constantes dans le mouvement, et
des angles $\varphi, \theta, \psi$. Donc, en substituant les valeurs de $\xi, \eta, \zeta$
en fonction de $\varphi$, $\theta$, $\psi$ dans les équations (1), celles-ci déterminent les valeurs de $\varphi, \psi, \theta$, en fonction du temps.
Ainsi le système (1) suffit pour déterminer le mouvement
relatif, et l'on voit qu'il est le même, par rapport au centre
de gravité, que si ce point était fixe.

**677.** Nous allons donner une démonstration synthé-
tique de cette proposition. Désignons par $\varphi$ la force ac-

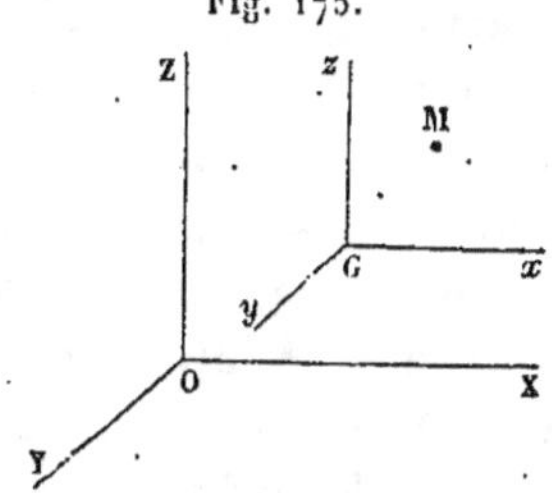

célératrice du centre de gravité
G, force qui a pour composantes parallèles aux axes fixes
$$\frac{d^2 x_1}{dt^2}, \quad \frac{d^2 y_1}{dt^2}, \quad \frac{d^2 z_1}{dt^2}, \quad x_1, y_1, z_1$$
étant les coordonnées du point
G par rapport à trois axes fixes
OX, OY, OZ. La résultante de
toutes les forces motrices des points du corps transportées
au centre de gravité G, parallèlement à elles-mêmes, est
$M\varphi$, M étant la masse du corps (600). Or, pour avoir le
mouvement relatif du point M par rapport au point G,
il suffit de considérer ce dernier point comme fixe et de
soumettre à chaque instant le point M à l'action simulta-
née de sa force effective Q et d'une autre force égale à
$m\varphi$, parallèle à la force accélératrice $\varphi$ du point G, mais
agissant en sens contraire. Or les forces telles que $m\varphi$
étant parallèles entre elles et proportionnelles aux masses
des molécules, se composent en une seule $M\varphi$ qui passe
par le centre de gravité et se trouve détruite continuellement, puisque c'est autour du point G rendu fixe que
le corps tourne actuellement. Il reste alors, comme forces
propres à faire mouvoir le solide, les forces effectives,
qui, d'après le principe de d'Alembert, peuvent être
remplacées par les forces motrices données P, P′, P″,…,
puisque les unes comme les autres font à chaque instant
équilibre aux forces effectives prises en sens contraire.
Il suit de là que le corps tourne autour du centre de gravité comme si ce point était fixe, en supposant le corps
soumis dans les deux cas aux mêmes forces motrices,
sans en ajouter de nouvelles.

**678.** On n'arriverait pas à la même conclusion si
l'on considérait le mouvement relatif autour d'un point

quelconque C, autre que le centre de gravité. $\varphi$ étant
alors la force accélératrice du point C, toutes les forces
parallèles et de sens contraire, telles que $m\varphi$, qu'il
faudrait appliquer aux autres points, pour avoir le
mouvement relatif autour du point C supposé fixe, se
composeront en une seule $M\varphi$ appliquée au point G, en
sorte qu'il faudrait joindre cette résultante aux forces
motrices données pour avoir le mouvement relatif autour
du point C. En général les forces X, Y, Z dépendent des
coordonnées $x$, $y$, $z$ ou de la position des points matériels, en sorte que le mouvement du centre de gravité et
celui des parties du corps autour de ce centre dépendent
l'un de l'autre. Mais quand les forces X, Y, Z, comme la
pesanteur, ne dépendent pas de la position du mobile,
on peut déterminer séparément le mouvement du centre
de gravité et celui du système.

MOUVEMENT D'UN ELLIPSOÏDE.

**679.** Prenons pour exemple un ellipsoïde pesant. Supposons que ce corps reçoive une impulsion dirigée dans le
plan d'une de ses sections principales AGB. Après cette
percussion initiale il n'y a de forces motrices que les
poids des molécules qu'il faut transporter parallèlement
au centre de gravité pour avoir le mouvement de ce point.
Il se meut donc comme un point pesant dans le vide et
décrit dans l'espace une parabole.

La vitesse initiale $v_1$ du centre de gravité a une direction parallèle à celle de la percussion, et quant à sa grandeur, en appelant $\mu v$ la quantité de mouvement qui mesure la percussion et M la masse de l'ellipsoïde, on a

$$M v_1 = \mu v, \quad \text{d'où} \quad v_1 = \frac{\mu v}{M}.$$

**680.** Déterminons maintenant le mouvement de rotation autour du centre de gravité. Les poids des molé-

cules du corps, se réduisant à une force unique appliquée au centre de gravité, n'auront aucune influence sur
le mouvement de rotation autour de ce point, qui sera
dû uniquement à la percussion initiale et sera le même
que si le centre de gravité était fixe. Or la percussion
agissant dans le plan AGB perpendiculaire à l'axe GC,
qui est un des trois axes d'inertie principaux relatifs au
point G, le corps devra tourner indéfiniment autour de
l'axe GC comme s'il était fixe, et son mouvement sera
uniforme. Si l'on appelle $\omega$ la vitesse de rotation autour
de GC et $f$ la distance de la percussion à cet axe, on aura

$$\omega = \frac{\mu v f}{\sum mr^2},$$

$\sum mr^2$ étant le moment d'inertie du corps par rapport
à GA. En appelant $2a$, $2b$, $2c$ les axes de l'ellipsoïde,
on a

$$\sum mr^2 = \frac{M(a^2 + b^2)}{5},$$

ainsi

$$\omega = \frac{5\mu v f}{M(a^2 + b^2)}.$$

On peut encore écrire, en remplaçant $\mu v$ par $M v_1$,

$$\omega = \frac{5 f v_1}{a^2 + b^2},$$

formule qui fait connaître le rapport de la vitesse angulaire à la vitesse initiale du centre de gravité.

# CINQUANTE-DEUXIÈME LEÇON.

## MOUVEMENT D'UNE CORDE VIBRANTE.

Équations générales du mouvement. — Cas des petites vibrations. —
Vibrations transversales. — Vibrations longitudinales.

681. Soit une corde homogène parfaitement flexible,
élastique et un peu extensible, d'une épaisseur constante

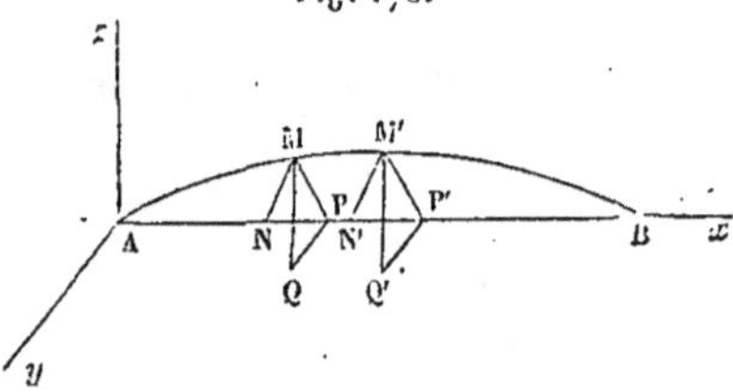
Fig. 176.

et très-petite, ten-
due suivant sa lon-
gueur par une force
équivalente à un
poids donné $\varpi$ et
attachée par ses ex-
trémités aux points
fixes A et B. On néglige son poids par rapport à $\varpi$, et
par conséquent elle forme une ligne droite ANB dans
son état d'équilibre. Supposons qu'on l'écarte un peu
de la position d'équilibre ANB et qu'en même temps on
imprime à tous ces points de petites vitesses. Alors elle
vibrera autour de la droite AB, et il s'agit de déterminer
la position et la vitesse de chacun de ses points à un
instant quelconque.

Soit AMB la courbe plane ou à double courbure que
forme la corde à une époque quelconque. Prenons trois
axes rectangulaires $Ax$, $Ay$, $Az$ : un point quelconque
qui se trouve d'abord en N sur la droite AB viendra, au
bout du temps $t$, occuper une autre position M voisine
de la première. Posons

$$AN = x, \quad AP = x + u, \quad PQ = y, \quad MQ = z.$$

Les coordonnées du point qui est en N dans la position d'équilibre sont $x$, o, o et dans le mouvement, $x + u$, $y$, $z$. Ces déplacements des points de la corde étant très-petits, $u, y, z$ ont toujours des valeurs très-petites qui sont fonctions du temps $t$ et de $x$, et la question consiste à trouver leurs expressions en fonction de ces deux variables indépendantes.

Désignons par $ds$ la longueur de la portion de corde infiniment petite MM′ qui correspond à l'élément NN′ $= dx$ dans l'état de repos. On établit une relation très-simple entre $ds$ et $dx$, en exprimant que NN′ et MM′ ont la même masse. Soit $\varepsilon$ le produit de la section normale de la corde par sa densité au point M, dans la position AMB. $\varepsilon\,ds$ est la masse de MM′ et celle de NN′ est $\dfrac{p}{gl}\,dx$, en désignant par $p$ le poids de la corde et par $l$ sa longueur primitive AB. On a donc

$$(1) \qquad \varepsilon\,ds = \frac{p}{gl}\,dx.$$

Appliquons maintenant le principe de d'Alembert. Les composantes de la force accélératrice du point M sont

$$\frac{d^2(x + u)}{dt^2}, \quad \frac{d^2 y}{dt^2}, \quad \frac{d^2 z}{dt^2}, \quad \text{ou} \quad \frac{d^2 u}{dt^2}, \quad \frac{d^2 y}{dt^2}, \quad \frac{d^2 z}{dt^2},$$

puisque $x$ est indépendante du temps $t$. Si nous appelons X, Y, Z les composantes de la force accélératrice du point M, ou de la force motrice rapportée à l'unité de masse, celle de la force perdue pour l'élément $\varepsilon\,ds$ sont

$$\left(\mathrm{X} - \frac{d^2 u}{dt^2}\right)\varepsilon\,ds, \quad \left(\mathrm{Y} - \frac{d^2 y}{dt^2}\right)\varepsilon\,ds, \quad \left(\mathrm{Z} - \frac{d^2 z}{dt^2}\right)\varepsilon\,ds.$$

Ces forces devant à chaque instant se faire équilibre, on a, d'après les formules qui expriment les conditions d'équilibre d'un fil soumis à l'action de forces quelconques (405) et en appelant T la tension au point M (c'est-à-dire l'action des deux parties AM et MB),

$$d\left[ \mathrm{T}\,\frac{d\,(x+u)}{ds} \right] + \left( \mathrm{X} - \frac{d^2 u}{dt^2} \right)\varepsilon\,ds = 0,$$

$$d\left( \mathrm{T}\,\frac{dy}{ds} \right) + \left( \mathrm{Y} - \frac{d^2 y}{dt^2} \right)\varepsilon\,ds = 0,$$

$$d\left( \mathrm{T}\,\frac{dz}{ds} \right) + \left( \mathrm{Z} - \frac{d^2 z}{dt^2} \right)\varepsilon\,ds = 0.$$

Si l'on néglige les forces $\mathrm{X}$, $\mathrm{Y}$, $\mathrm{Z}$, ainsi que la pesanteur, ces équations deviennent, en remplaçant $\varepsilon\,ds$ par $\dfrac{p}{gl}\,dx$,

$$(2)\qquad
\begin{cases}
d\left[ \mathrm{T}\,\dfrac{d\,(x+u)}{ds} \right] = \dfrac{p}{gl}\,\dfrac{d^2 u}{dt^2}\,dx, \\[2ex]
d\left( \mathrm{T}\,\dfrac{dy}{ds} \right) = \dfrac{p}{gl}\,\dfrac{d^2 y}{dt^2}\,dx, \\[2ex]
d\left( \mathrm{T}\,\dfrac{dz}{ds} \right) = \dfrac{p}{gl}\,\dfrac{d^2 z}{dt^2}\,dx.
\end{cases}$$

### CAS DES PETITES VIBRATIONS.

**682.** Les équations (2) sont réductibles à la forme linéaire et intégrables quand on suppose les vibrations très-petites. La longueur de NN' étant $dx$ dans la position d'équilibre, elle est devenue $ds$ quand cet élément occupe la position MM' : sa tension est $\varpi$ dans le premier cas et T dans le second. Or l'expérience montre que l'allongement d'un fil homogène et d'une épaisseur constante est proportionnel à l'accroissement de tension, quand cet accroissement est faible, et sa longueur primitive. Donc $q$ étant un coefficient constant pour la même corde, on a

$$(1)\qquad \mathrm{T} - \varpi = q\,\frac{ds - dx}{dx}.$$

Comme la corde n'exécute que des vibrations très-petites et que les tangentes à la courbe AMB font des angles très-petits avec la droite AB, les quantités $\dfrac{dy}{ds}$, $\dfrac{dz}{ds}$ sont à peu près nulles, et l'équation

$$1 = \left(\frac{dx + du}{ds}\right)^2 + \left(\frac{dy}{ds}\right)^2 + \left(\frac{dz}{ds}\right)^2$$

donne alors

$$ds = dx + du.$$

La formule (1) devient donc

$$(2) \qquad T - \varpi = q\,\frac{du}{dx}.$$

On remarquera d'ailleurs que l'allongement $ds - dx$ ou $du$ qu'a éprouvé la partie $dx$ du fil est une petite fraction de $dx$, de sorte que le rapport $\dfrac{du}{dx}$ est toujours très-petit. Donc $\dfrac{dx}{ds}$ comme $\dfrac{d(x + u)}{d}$ diffère très-peu de l'unité et, dans la première des équations (2) du n° 681, $dT\,\dfrac{d(x + u)}{ds}$ peut être remplacé par $dT$, puis par $d.q\,\dfrac{du}{dx}$, à cause de l'équation (2).

Cette équation devient donc, en posant, pour abréger, la quantité constante $\dfrac{glq}{p} = \alpha^2$,

$$(3) \qquad \frac{d^2 u}{dt^2} = \alpha^2\,\frac{d^2 u}{dx^2}.$$

683. Pour le mieux voir, on peut écrire la première équation (2) du n° 681 ainsi :

$$\frac{dT}{dx}\left(\frac{dx + du}{ds}\right) + T\,\frac{d\,\dfrac{dx + du}{ds}}{dx} = \frac{p}{gl}\,\frac{d^2 u}{dt^2}.$$

Or $\dfrac{dx + du}{ds}$ diffère très-peu de l'unité et $\dfrac{d\,\dfrac{dx + du}{ds}}{dx}$ est négligeable, car en différentiant l'équation

$$\left(\frac{dx + du}{ds}\right)^2 + \left(\frac{dy}{ds}\right)^2 + \left(\frac{dz}{ds}\right)^2 = 1,$$

on a

$$\frac{dx + du}{ds}\; \frac{d\frac{dx + du}{ds}}{dx} + \frac{dy}{ds}\frac{d\frac{dy}{ds}}{dx} + \frac{dz}{ds}\frac{d\frac{dz}{ds}}{dx} = 0,$$

ce qui donne $\dfrac{d\frac{dx + du}{ds}}{ds}$ du même ordre de petitesse que $\dfrac{dy}{ds}$ et $\dfrac{dz}{ds}$.

684. On transformera d'une manière analogue les deux autres équations (2). On a

$$\frac{dy}{ds} = \frac{dy}{dx}\frac{dx}{ds} = \frac{dy}{dx},$$

car $\dfrac{dx}{ds}$ est sensiblement égal à l'unité. Ainsi on peut prendre $\mathrm{T}\dfrac{dy}{dx}$ au lieu de $\mathrm{T}\dfrac{dy}{ds}$ ou $\left(\varpi + q\dfrac{du}{dx}\right)\dfrac{dy}{dx}$, ou enfin $\varpi\dfrac{dy}{dx}$ en négligeant $\dfrac{du}{dx}\dfrac{dy}{dx}$, ce qui est permis, parce que $\dfrac{du}{dx}$ et $\dfrac{dy}{dx}$ sont petits. On a donc

$$d\left(\mathrm{T}\frac{dy}{ds}\right) = \varpi\, d\frac{dy}{dx},$$

et la seconde équation du système (2) devient, en faisant, pour abréger, $\dfrac{gl\varpi}{P} = a^2$,

$$\frac{d^2 y}{dt^2} = a^2 \frac{a^2 u}{dx^2}.$$

La troisième équation se réduit de même, en sorte

qu'on a les trois équations

$$(4) \qquad \frac{d^2 u}{dt^2} = a^2 \frac{d^2 u}{dx^2}, \quad \frac{d^2 y}{dt^2} = a^2 \frac{d^2 y}{dx^2}, \quad \frac{d^2 z}{dt^2} = a^2 \frac{d^2 z}{dx^2},$$

pour déterminer $u$, $y$ et $z$ en fonction de $x$ et de $t$. Les variables $u$, $y$, $z$ étant séparées dans ces équations, on en conclut que les mouvements des points de la corde parallèlement aux axes seront indépendants et coexisteront sans s'influencer mutuellement. Pour une valeur arbitraire de $x$ la première équation, par exemple, donnant une valeur de $u$ en fonction du temps, les deux autres sont satisfaites en supposant $y$ et $z$ nulles; alors chaque point de la corde a un mouvement vibratoire sur l'axe AB dont il ne s'écarte pas.

685. Les vibrations qui se font suivant AB sont dites longitudinales et celles qui sont parallèles à $Ay$ et $Az$ sont appelées transversales. Ces dernières seraient les mêmes parallèlement à $Ay$ et $Az$ si les valeurs initiales de $z$ et de $\frac{dz}{dt}$ étaient les mêmes que celles de $y$ et de $\frac{dy}{dt}$. D'ailleurs les équations (4) étant de même forme, il suffit d'intégrer une d'elles.

VIBRATIONS TRANSVERSALES.

686. L'équation

$$(1) \qquad \frac{d^2 y}{dt^2} = a^2 \frac{d^2 y}{dx^2}$$

a pour intégrale générale

$$(2) \qquad y = \varphi(x + at) + \psi(x - at),$$

$\varphi$ et $\psi$ étant deux fonctions arbitraires qu'il s'agit de déterminer. Pour cela il faut connaître à l'origine du temps la courbe formée par la corde et la composante de la vitesse de chaque point parallèle à l'axe des $y$.

Soit donc pour $t = 0$,

$$(3) \qquad y = f(x), \quad \frac{dy}{dx} = f_1(x).$$

Introduisant cette hypothèse dans l'équation précédente et dans sa dérivée par rapport à $t$, on aura

$$(4) \qquad f(x) = \varphi(x) + \psi(x),$$

$$(5) \qquad f_1(x) = a[\varphi'(x) - \psi'(x)].$$

De cette dernière on tire

$$\varphi'(x) - \psi'(x) = \frac{f_1(x)}{a}.$$

Intégrant cette équation par rapport à $x$ et posant, pour abréger,

$$(6) \qquad \frac{1}{a} \int f_1(x)\, dx = F(x),$$

il vient

$$(7) \qquad \varphi(x) - \psi(x) = F(x) + C.$$

Des équations (4) et (7) on déduit

$$(8) \qquad \begin{cases} \varphi(x) = \dfrac{1}{2}[f(x) + F(x) + C], \\[2mm] \psi(x) = \dfrac{1}{2}[f(x) - F(x) + C]. \end{cases}$$

Substituant $x + at$ à $x$ dans $\varphi(x)$ et $x - at$ dans $\psi(x)$, puis faisant la somme des deux fonctions, on aura la valeur de $y$, où C n'entrera pas.

687. Mais il faut remarquer que par les deux dernières équations les fonctions $\varphi$ et $\psi$ ne sont connues, comme $f(x)$ et $F(x)$, que pour des valeurs de la variable $x$ comprises entre zéro et $l$; or on a besoin de les connaître au delà de ces limites, car $x$ devant être remplacée par $x + at$ et $x - at$, ces nouvelles variables pourront

dépasser les valeurs zéro et $l$, puisque le temps $t$ peut croître indéfiniment. Pour déterminer les fonctions $\varphi$ et $\psi$ au delà de ces limites, nous allons exprimer que les points A et B sont immobiles.

Pour le point A on aura, quel que soit $t$,

$$\varphi(at) + \psi(-at) = 0.$$

Posant $at = \zeta$, cette condition devient

$$(9) \qquad \varphi(\zeta) + \psi(-\zeta) = 0.$$

Pour le point B on aura aussi, à un instant quelconque,

$$(10) \qquad \varphi(l + \zeta) + \psi(l - \zeta) = 0.$$

$\varphi(\zeta)$ et $\psi(\zeta)$ sont connues pour les valeurs de $\zeta$ comprises entre zéro et $l$.

La dernière condition donne

$$\varphi(l + \zeta) = -\psi(l - \zeta).$$

$\psi(l - \zeta)$ est connue pour les valeurs de $\zeta$ comprises entre zéro et $l$, puisque $l - \zeta$ se trouve alors comprise entre les mêmes limites. Donc $\varphi(l + \zeta)$ sera aussi connue pour les mêmes valeurs de $\zeta$. Par conséquent, si l'on pose

$$l + \zeta = \zeta',$$

$\varphi(\zeta')$ sera connue pour les valeurs de $\zeta'$ comprises entre $l$ et $2l$. Mais cette fonction étant déjà connue pour les valeurs de $\zeta'$ entre zéro et $l$, le sera donc pour toutes celles comprises entre zéro et $2l$.

688. Si dans la condition (9) on remplace $\zeta$ par $l + \zeta$, elle devient

$$\varphi(2l + \zeta) + \psi(-\zeta) = 0.$$

Mais

$$\varphi(\zeta) + \psi(-\zeta) = 0;$$

donc

$$\varphi(2l - \zeta) = \varphi(\zeta).$$

Donc la fonction $\varphi(\zeta)$ est périodique et a pour période $2l$, et comme on connaît cette fonction pour toutes les valeurs de la variable comprises entre zéro et $2l$, elle sera donc connue pour toutes les valeurs de $\zeta$ positives ou négatives.

689. L'autre fonction $\psi$ est donnée par l'équation

$$\psi(-\zeta) = -\varphi(\zeta);$$

elle est périodique, comme la première, et sa période est aussi $2l$. En effet, l'équation précédente donne

$$\varphi(2l + \zeta) + \psi(-2l - \zeta) = 0,$$

d'où, puisque $\varphi(2l + \zeta) = \varphi(\zeta) = -\psi(\zeta)$,

$$\psi(-\zeta) = \psi(-2l - \zeta).$$

En posant $-2l - \zeta = \zeta'$, on a donc

$$\psi(2l + \zeta') = \psi(\zeta').$$

690. Il résulte de cette discussion que, lorsque $at$ croît de $2l$ ou $t$ de $\dfrac{2l}{a}$, l'ordonnée $y$ reprend la même valeur, de même que la vitesse $\dfrac{dy}{dt}$. Il en est de même de $z$ et de $\dfrac{dz}{dt}$. Donc la corde fait une suite de vibrations toutes égales et isochrones dont la durée est $\dfrac{2l}{a}$.

691. Dans le vide et en supposant les points A et B absolument fixes, la corde ferait une suite indéfinie d'oscillations de cette espèce. Mais la résistance de l'air et la communication d'une partie du mouvement de la corde à ses deux points extrêmes A et B diminuent graduellement l'amplitude des vibrations et finissent par les anéantir,

sans toutefois altérer sensiblement leur isochronisme. Ce dernier fait, analogue à ce qui a lieu dans le pendule simple, peut être démontré par un nouveau calcul, et l'expérience vient le confirmer.

692. Si l'on désigne par T la durée d'une vibration de la corde et par $n$ le nombre des vibrations dans l'unité de temps, on a

$$T = \frac{2l}{a}, \quad n = \frac{1}{T} = \frac{a}{2l}.$$

Mais

$$a^2 = \frac{gl\varpi}{p};$$

d'où

$$n = \frac{1}{2}\sqrt{\frac{g\varpi}{pl}}.$$

La corde, dans son mouvement, communique ses vibrations à l'air, qui en fait alors le même nombre dans le même temps. Le son produit a pour mesure $n$ : il est d'autant plus élevé que la corde fait un plus grand nombre de vibrations dans un temps donné. Ce nombre est indépendant de l'amplitude des vibrations et de la figure initiale de la corde ou de son mode d'ébranlement.

Pour une même corde, ce nombre est proportionnel à la racine carrée de la tension $\varpi$ ; pour des cordes d'une même matière et d'une même épaisseur, $p$ étant proportionnel à $l$, les nombres de vibrations sont en raison inverse des longueurs. Enfin pour des cordes de même longueur et également tendues, $n$ est en raison inverse des racines carrées de leurs poids. L'expérience a confirmé ces lois.

### NOEUDS DE VIBRATION.

693. Il y a des cas où la corde, en raison de son état initial, se partage, pour ainsi dire, spontanément en

un certain nombre de parties égales vibrant à l'unisson et dont les points de séparation, appelés *nœuds,* restent immobiles pendant la durée du mouvement. Alors le son s'élève proportionnellement au nombre de ces parties. Nous allons en donner un exemple. Reprenons l'équation

$$(1) \qquad \frac{d^2 y}{dt^2} = a^2 \frac{d^2 y}{dx^2}.$$

Les dimensions et la tension de la corde étant données, on peut disposer de sa figure et de la vitesse initiale de chacun de ses points, de telle sorte que son mouvement soit représenté par une équation de la forme $y = \theta X$, $\theta$ étant une fonction de $t$ et $X$ une fonction de $x$ seulement. En effet, pour que l'équation (1) soit vérifiée, il faut que l'on ait

$$(2) \qquad \frac{1}{X} \frac{d^2 X}{dx^2} = \frac{1}{a^2} \frac{1}{\theta} \frac{d^2 \theta}{dt^2}$$

Comme le premier membre est fonction de $x$ seulement et le second de $t$, l'égalité ne peut avoir lieu qu'autant que les deux membres se réduisent à une même constante $- k^2$. On aura donc

$$(3) \qquad \frac{d^2 X}{dx^2} + k^2 X = 0.$$

Comme on ne veut qu'une intégrale particulière, prenons

$$(4) \qquad X = \sin kx.$$

La fonction $\theta$ se déterminera ensuite par l'équation

$$(5) \qquad \frac{d^2 \theta}{dt^2} + a^2 k^2 \theta = 0,$$

d'où l'on tire

$$\theta = C \cos akt + C' \sin akt,$$

et, par suite,

$$y = \sin kx \left( C \cos akt + C' \sin akt \right).$$

En faisant $t = 0$, nous aurons pour la figure initiale de la corde

$$(6) \qquad y = C \sin kx$$

et nous pouvons faire que la vitesse initiale soit nulle, en supposant nulle la constante $C'$. Le mouvement de la corde est alors représenté par l'équation

$$(7) \qquad y = C \sin kx \cos akt.$$

Il faut encore exprimer que les points A et B restent toujours fixes. Or pour $x = 0$, on a bien $y = 0$, quel que soit $t$; mais si l'on veut que $y = 0$, quel que soit $t$, pour $x = l$, il faut faire $kl = m\pi$, $m$ étant un nombre entier quelconque; on en déduit $k = \dfrac{m\pi}{l}$, et le mouvement de la corde est représenté par l'équation

$$(8) \qquad y = C \sin \frac{m\pi x}{l} \cos \frac{ma\pi t}{l}.$$

Ainsi la corde ayant, sans vitesse initiale, la forme de la courbe $y = C \sin \dfrac{m\pi x}{l}$, si on l'abandonne à elle-même, elle effectuera une suite indéfinie de vibrations isochrones dont la loi est donnée par l'équation (8).

694. On sait que $y$ doit être une fonction périodique du temps. En effet, ici, $y$ reprend la même valeur quand $t$ croît de $\dfrac{1}{m} \dfrac{2l}{a}$. Ainsi dans cet exemple $y$ et $\dfrac{dy}{dx}$ sont les mêmes quand le temps augmente de la période $\dfrac{1}{m} \dfrac{2l}{a}$, et le nombre de vibrations effectuées dans l'unité de temps sera $m \dfrac{a}{2l}$, c'est-à-dire $m$ fois celui qui correspond au

son le plus grave de la corde, déterminé par la théorie générale.

695. Nous allons démontrer que dans ce cas la corde se partage spontanément en $m$ parties égales qui vibrent comme si elles étaient séparées, de sorte qu'il y aura $m - 1$ nœuds de vibrations. En effet, on obtiendra tous les points qui resteront immobiles pendant toute la durée du mouvement en posant

$$\sin \frac{m\pi x}{l} = 0 \quad \text{ou} \quad x = \frac{i}{m}l,$$

$i$ étant un nombre entier quelconque plus petit que $m$. On en conclut que $y$ est nulle pour les valeurs de $x$

$$0, \quad \frac{l}{m}, \quad \frac{2l}{m}, \ldots, \quad \frac{m-1}{m}l, \quad l,$$

quel que soit $t$.

On pourrait, sans considérer un exemple particulier, choisir les fonctions $f(x)$ et $f_1(x)$ telles, que $\varphi(\zeta)$ et $\psi(\zeta)$ redeviennent les mêmes, non-seulement lorsque $\zeta$ croît de $2l$, mais encore lorsque cette variable croît d'un sous-multiple quelconque $\frac{2l}{m}$ de $2l$. On en conclurait comme ci-dessus l'existence de $m - 1$ nœuds de vibration.

VIBRATIONS LONGITUDINALES.

696. Le mouvement longitudinal est donné par l'équation

$$(1) \qquad \frac{d^2 u}{dt^2} = \alpha^2 \frac{d^2 u}{dx^2}$$

tout à fait semblable à l'équation

$$(2) \qquad \frac{d^2 y}{dt^2} = a^2 \frac{d^2 y}{dx^2}.$$

Il en résulte que si l'on désigne par $n'$ le nombre des vibrations longitudinales effectuées dans l'unité de temps, on a

$$(3) \qquad n' = \frac{\alpha}{2l} \qquad (692),$$

et comme $\alpha = \sqrt{\dfrac{g l q}{P}}$, il vient

$$(4) \qquad n' = \frac{1}{2}\sqrt{\frac{g q}{p l}} :$$

on aura donc

$$(5) \qquad \frac{n}{n'} = \sqrt{\frac{\varpi}{q}}.$$

Or $\dfrac{\varpi}{q}$ est une quantité très-petite. En effet, d'après l'é-quation

$$(6) \qquad \mathrm{T} - \varpi = q\,\frac{ds - dx}{dx},$$

$q$ est l'accroissement de tension qu'il faudrait donner à la corde pour doubler sa longueur ou la longueur de chaque élément, puisqu'en faisant $ds = 2\,dx$ on aurait $\mathrm{T} = \varpi + q$. La constante $q$ est donc beaucoup plus grande que $\varpi$, d'où il suit que le rapport $\dfrac{n}{n'}$ est très-petit : par conséquent des deux sons les plus graves rendus par une même corde, celui qui correspond aux vibrations longi-tudinales est de beaucoup le plus aigu.

697. On a encore la formule

$$\frac{n'}{n} = \sqrt{\frac{\lambda}{l}},$$

$l$ étant la longueur de la corde dont la tension est $\varpi$ et $\lambda$ l'allongement ou l'augmentation de la longueur que pro-duit un accroissement de tension égal à $\varpi$. C'est ce que l'on déduit de l'équation (6) en faisant $T = 2\varpi$ et en observant que les allongements $\lambda$ et $ds - dx$ des longueurs $l$ et $dx$ sont proportionnels à ces longueurs. On a donc

$$\frac{\varpi}{q} = \frac{\lambda}{l},$$

et comme $\lambda$ est très-petit par rapport à $l$, on voit encore que le rapport $\dfrac{\varpi}{q}$ est aussi très-petit.

FIN DE LA DYNAMIQUE.

# HYDROSTATIQUE

## CINQUANTE-TROISIÈME LEÇON.

### ÉQUILIBRE D'UNE MASSE FLUIDE.

Notions préliminaires. — Pression d'un liquide sur une paroi. — Égalité de pression en tous sens. — Équilibre d'un fluide incompressible. — Équations générales de l'équilibre d'une masse fluide.

#### NOTIONS PRÉLIMINAIRES.

698. L'hydrostatique a pour objet les lois de l'équilibre des fluides. Un fluide doit être considéré comme un assemblage, en apparence continu, de molécules matérielles qui cèdent au moindre effort tendant à les séparer les unes des autres.

Les fluides que la nature nous présente approchent plus ou moins de cet état de fluidité parfaite. Il existe ordinairement entre les molécules de ces substances une certaine adhérence qu'on appelle *viscosité*. L'hypothèse d'une mobilité parfaite pourrait conduire à des résultats peu conformes à l'expérience dans le cas d'un fluide en mouvement : mais si l'on excepte quelques liquides où la viscosité est considérable, les lois de l'équilibre auxquelles nous parviendrons en supposant les molécules parfaitement mobiles et sans aucune cohésion, s'appliqueront sans erreur sensible aux fluides naturels.

699. On distingue deux sortes de fluides, les liquides et les gaz ou fluides aériformes. Les liquides ne se com-

priment que sous des pressions très-considérables et sont
appelés souvent pour cette raison *fluides incompressibles*. Les *fluides aériformes*, qui se divisent en gaz per-
manents et en vapeurs, sont compressibles et doués, dans
certaines limites, d'une grande élasticité : c'est pourquoi
on les nomme aussi *fluides élastiques*.

### PRESSION D'UN LIQUIDE SUR UNE PAROI.

700. Quand un fluide contenu dans un vase ouvert
ou fermé de toutes parts est en équilibre sous l'action de
forces quelconques, il exerce une pression sur chaque
portion des parois du vase qui le renferme. Cette pression peut varier d'un point à un autre. Pour la définir et
la mesurer avec précision, on considère un point M de la
surface du vase et une portion infiniment petite ω de
cette surface comprenant ce point. Le fluide exerce sur
cette petite surface ω certaines actions dont la résultante
peut être représentée par $p\omega$, si l'on imagine une aire
plane égale à l'unité de surface et dont tous les éléments
égaux à ω supportent la même pression que ω. La quantité $p$ est ce qu'on nomme la *pression au point* M. En
d'autres termes, la pression au point M sera la limite
du rapport de la pression exercée sur l'élément ω qui
comprend le point M à l'aire ω, quand cette aire ω tendra vers zéro en comprenant toujours le point M.

### ÉGALITÉ DE PRESSION EN TOUS SENS.

701. On admet comme un résultat de l'expérience ou
comme une conséquence de la
distribution uniforme des molécules des fluides, que la direction de la pression est toujours
perpendiculaire à l'élément de
surface ω sur lequel elle s'exerce. Ce fait se rattache à
cet autre plus général : que des corps en contact n'exercent

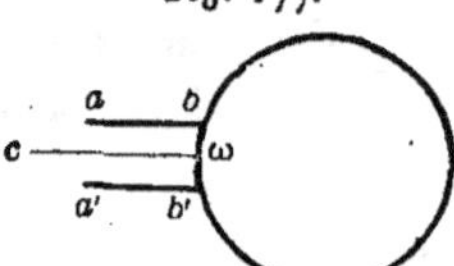

l'un sur l'autre que des actions normales quand leurs surfaces n'ont aucune adhérence ni frottement.

Cette notion s'applique à une portion intérieure d'un fluide, car l'équilibre ne serait pas troublé si l'on supposait une portion quelconque du fluide solidifiée. On peut donc, en un point quelconque de l'intérieur, supposer une paroi plane solide, et il y aura sur chaque élément de cette surface une pression toujours perpendiculaire à son plan. Il y a égalité de pression en tous sens pour un même point, c'est-à-dire que si l'on considère une surface infiniment petite $\omega$ passant par un point M pris à volonté dans le fluide, la pression exercée par le fluide sur chaque face de l'élément $\omega$ sera toujours la même, quelle que soit la position que l'on donne à l'élément $\omega$, en le faisant tourner autour du point M.

Pour démontrer ce principe, faisons passer par le point M deux plans quelconques; prenons sur leur inter-

Fig. 178.

section une longueur MN très-petite, et menons dans ces plans perpendiculairement à leur intersection les quatre droites MI, NK, MI', NK' égales à la longueur MN. Il s'agit de démontrer l'égalité des pressions $p$ et $p'$ rapportées à l'unité de surface que le fluide exerce sur les surfaces planes égales MIKN, MI'K'N.

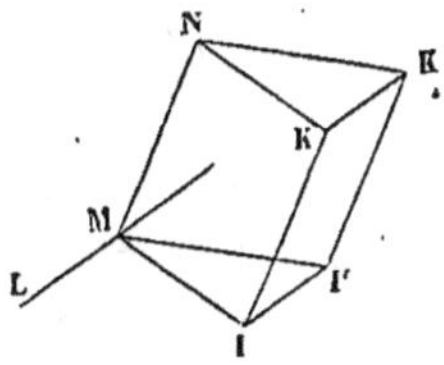

La masse fluide contenue dans le prisme droit MII'NKK' sera encore en équilibre si on la suppose solidifiée. Les pressions que le fluide extérieur exerce contre les cinq faces de ce prisme, perpendiculairement à ces faces, font équilibre aux forces (analogues à la pesanteur) qui sollicitent toutes les molécules intérieures. Donc la somme de leurs composantes parallèles à un axe quelconque est nulle.

Menons par le point M un axe ML parallèle à la droite II'. Le fluide exerce sur les deux surfaces planes MIKN et MI′K′N, que nous désignerons par $\omega$ et $\omega'$ et qui sont égales, des pressions $p\,\omega$ et $p'\omega'$ dont les composantes suivant l'axe ML sont $p\,\omega\cos\alpha$ et $p'\omega'\cos\alpha'$; $\alpha$ et $\alpha'$ désignant les angles que les normales à ces deux plans ou aux droites MI, MI′, font avec ML. Ces angles sont suppléments l'un de l'autre. Les pressions normales aux autres faces MII′, NKK′ et IKK′I′ ont leurs directions perpendiculaires à ML et par conséquent ne donnent pas de composantes suivant cette droite. Quant aux forces qui agissent sur les molécules intérieures, nous désignerons par X la somme de leurs composantes parallèles à ML.

La somme de toutes ces composantes devant être nulle, on a

$$p\,\omega\cos\alpha + p'\,\omega'\cos\alpha' + X = 0$$

ou

$$(\text{1}) \qquad (p-p')\cos\alpha + \frac{X}{\omega} = 0,$$

à cause de

$$\omega = \omega', \quad \cos\alpha = -\cos\alpha'.$$

Si la longueur MN diminue indéfiniment, $\omega$ décroît comme le carré de MN et X décroît à très-peu près comme le volume du prisme ou proportionnellement au cube de MN. Donc $\dfrac{X}{\omega}$ tend vers zéro; d'ailleurs $\cos\alpha$ est constant. Donc $p$ et $p'$ tendent vers l'égalité quand les surfaces égales $\omega$ et $\omega'$ tendent vers zéro. D'ailleurs $\cos\alpha$ est constant; les valeurs de $p$ et de $p'$ tendent vers des limites déterminées qui, d'après l'équation, doivent être égales; de sorte qu'on a $p = p'$, quand les surfaces égales $\omega$, $\omega'$ deviennent infiniment petites.

### ÉQUILIBRE D'UN FLUIDE IMCOMPRESSIBLE.

702. Supposons un liquide incompressible contenu dans un vase polyédrique ABCDE. Plusieurs parois sont

percées d'ouvertures $a$, $a'$, $a''$,..., sur lesquelles sont
ajoutés de petits cylindres ayant leurs arêtes perpendiculaires à ces parois. Si l'on
imagine des pistons qui
peuvent se mouvoir dans
l'intérieur de ces cylindres,
les forces P, P′, P″,...
nécessaires pour les maintenir, quand il y a équi-
libre, sont égales aux pressions exercées par le liquide
contre leurs bases. Nous nous proposons de vérifier,
dans cet état d'équilibre, le principe des vitesses virtuelles.

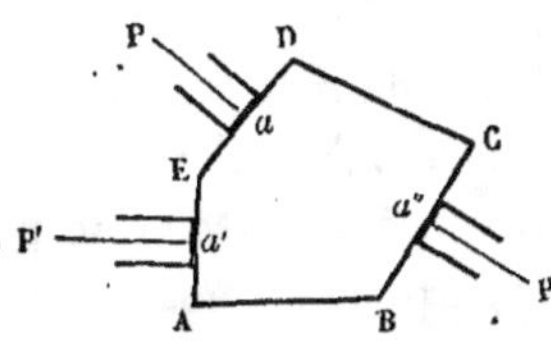


Concevons que l'on fasse mouvoir simultanément tous
les pistons; soient $h$, $h'$, $h''$,..., les espaces qu'ils parcourent, ces espaces étant regardés comme positifs ou
négatifs, selon que les pistons entrent dans le vase ou en
sortent. Le liquide étant supposé incompressible, tous ces
déplacements virtuels sont liés entre eux par l'équation

$$ah + a'h' + a''h'' + \ldots = 0.$$

Multiplions cette équation par la pression $p$ exercée
contre les parois et rapportée à l'unité de surface; en
observant qu'on a

$$P = pa, \quad P' = pa', \quad P'' = pa'', \ldots,$$

il viendra

$$Ph + P'h' + P''h'' + \ldots = 0,$$

ce qui est l'équation des vitesses virtuelles dans cet
exemple particulier.

On pourrait étendre ce principe au cas où il y aurait
des forces motrices agissant sur les molécules du liquide,
mais la démonstration est compliquée et il vaut mieux
chercher directement les équations générales de l'équilibre des fluides, comme nous allons le faire.

ÉQUILIBRE D'UNE MASSE FLUIDE.

**703.** Soient $Ox$, $Oy$, $Oz$ trois axes rectangulaires, ce

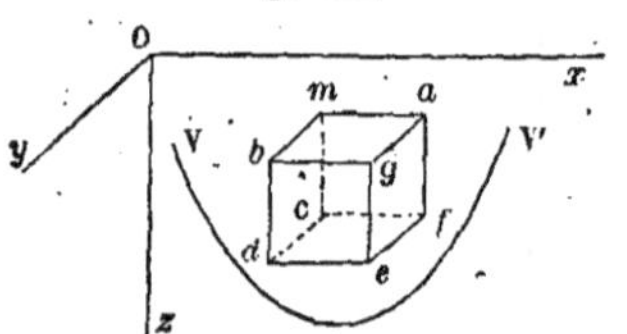

Fig. 180.

dernier étant vertical et dirigé dans le sens de la pesanteur. Nous faisons cette hypothèse, parce que nous appliquerons nos formules principalement aux fluides pesants. En deux points infiniment voisins $m$ $(x, y, z)$ et $e$ $(x + dx, y + dy, z + dz)$ construisons un parallélipipède en menant par ces deux points six plans parallèles deux à deux aux trois plans coordonnés. Soient $\rho$ la densité du fluide au point $m$ et P la force motrice rapportée à l'unité de masse, qui sollicite chaque molécule de ce parallélipipède infiniment petit. Si $dm$ est la masse de celui-ci et X, Y, Z les composantes de la force P, X $dm$, Y $dm$, Z $dm$ seront les composantes de la force motrice. Enfin désignons par $p$ la pression rapportée à l'unité de surface qui s'exerce au point $m$ et qui est la même tout autour de ce point.

Si l'on suppose solidifié le fluide contenu dans le petit parallélipipède, l'équilibre ne sera pas troublé. Il faudra donc que les composantes des forces parallèles aux trois axes se détruisent entre elles. Ces forces se composent des forces motrices X $dm$, Y $dm$, Z $dm$ et des pressions exercées par le fluide environnant sur les six faces du parallélipipède. Considérons d'abord les pressions qui s'exercent verticalement sur les faces $mabg$ et $cdef$; elles agissent en sens contraire. La première est égale à $pdxdy$, la seconde à $\left( p + \dfrac{dp}{dz}\, dz \right) dxdy$; leur résultante parallèle à $Oz$ est égale à $-\dfrac{dp}{dz}\, dxdydz$ ou à $-\dfrac{1}{\rho}\dfrac{dp}{dz}\, dm$. On a donc

$$-\frac{1}{\rho}\frac{dp}{dz}\, dm + \mathbf{Z}\, dm = 0$$

ou

$$\frac{dp}{dz} = \rho\, Z.$$

On aurait deux autres équations analogues à celle-là ; on a donc

$$(1) \qquad \frac{dp}{dx} = \rho\, X, \qquad \frac{dp}{dy} = \rho\, Y, \qquad \frac{dp}{dz} = \rho\, Z.$$

Ainsi les dérivées partielles de la fonction $p$ sont égales à $\rho X$, $\rho Y$, $\rho Z$. La différentielle totale de la pression est donc

$$(2) \qquad dp = \rho\, (X\, dx + Y\, dy + Z\, dz).$$

Telle est la formule qui donne l'accroissement de pression lorsqu'on passe du point $(x, y, z)$ au point infiniment voisin $(x + dx,\ y + dy,\ z + dz)$. Comme $p$ doit être une fonction de $x, y, z$, le second membre de l'équation précédente doit être une différentielle exacte et, par conséquent, s'il y a équilibre, on a nécessairement

$$(3) \quad \frac{d(\rho X)}{dy} = \frac{d(\rho Y)}{dx}, \quad \frac{d(\rho X)}{dz} = \frac{d(\rho Z)}{dx}, \quad \frac{d(\rho Y)}{dz} = \frac{d(\rho Z)}{dy}.$$

L'expression $\rho\, (X\, dx + Y\, dy + Z\, dz)$ étant alors la différentielle exacte d'une certaine fonction $f(x, y, z)$, on a

$$(4) \qquad p = f(x, y, z) + C,$$

C étant une constante qui sera déterminée quand on connaîtra la pression $p_0$ en un point particulier $(x_0, y_0, z_0)$. Il faudra en outre que, si l'on imagine une courbe fermée passant par un point $m\ (x, y, z)$ la fonction $f(x, y, z)$ reprenne la même valeur lorsqu'on reviendra au point $m$, puisqu'on doit retrouver la même pression.

704. S'il n'y a pas de force qui sollicite les molécules intérieures, la pression sera constante dans toute la masse du fluide, de sorte qu'une pression extérieure exercée sur une partie du fluide adjacente à une paroi du vase doit se transmettre avec la même intensité sur des éléments de

surface équivalents dans toute la masse et sur toutes les parois.

705. On appelle *surface de niveau* une surface dont tous les points éprouvent la même pression. La formule (4) montre qu'elles sont toutes comprises dans l'équation

$$f(x, y, z) = a,$$

$a$ étant une constante. Si l'on fait varier cette quantité d'une manière continue, on obtient une infinité de surfaces. Une couche de niveau est la masse du fluide comprise entre deux surfaces de niveau. L'équation $f(x, y, z) = a$ montre que deux surfaces de niveau ne peuvent pas se couper.

706. La force motrice est normale à la surface de niveau en chacun de ses points. En effet, soit P cette force, on a, en tout point de cette surface,

$$\mathrm{X}\,dx + \mathrm{Y}\,dy + \mathrm{Z}\,dz = 0,$$

d'où, en divisant par P $ds$, $ds$ étant un petit arc tracé sur la surface,

$$\frac{\mathrm{X}}{\mathrm{P}}\frac{dx}{ds} + \frac{\mathrm{Y}}{\mathrm{P}}\frac{dy}{ds} + \frac{\mathrm{Z}}{\mathrm{P}}\frac{dz}{ds} = 0,$$

équation qui montre bien que la force P est perpendiculaire à tout élément de courbe tracé sur la surface et passant par le point $m$.

707. Si la pression est nulle ou constante en tous les points de la surface libre d'un fluide, celle-ci est une surface de niveau. Dans un liquide il peut se faire qu'il n'y ait pas de pressions extérieures. Il n'en est plus de même dans les fluides élastiques. Ils ne peuvent avoir de surface libre, ou sur laquelle la pression soit nulle, parce que la pression est liée à la densité par l'équation $p = k\rho$, $k$ étant une constante dont la valeur dépend de la température, en sorte que pour qu'il n'y eût pas de pression dans une partie de la masse, il faudrait qu'il n'y eût pas

de matière en cet endroit : c'est ce qui explique la nécessité de maintenir les gaz dans des vases fermés de toutes parts.

708. Reprenons l'équation

$$dp = \rho(X\,dx + Y\,dy + Z\,dz).$$

Supposons que $X\,dx + Y\,dy + Z\,dz$ soit la différentielle exacte d'une fonction $\varphi(x, y, z)$, ce qui arriverait, par exemple, si les forces motrices provenaient d'actions mutuelles entre les différents points de la masse fluide ou si ces forces étaient constamment dirigées vers des centres fixes. On a dans ce cas

$$(5) \qquad dp = \rho\,d\varphi.$$

Il résulte de là que $p$ est une fonction de $\varphi$ comme on l'a vu dans le calcul intégral; il en est de même de $\rho$ et par conséquent $\rho$ est fonction de $p$. Donc en tous les points d'une surface de niveau la densité est constante, puisque la pression est constante.

709. Dans les fluides élastiques on peut déterminer d'une manière générale $p$ et $\rho$ en fonction de $\varphi$. On a, dans ce cas, $p = k\rho$; le coefficient $k$ dépend de la température : si celle-ci est constante dans toute l'étendue de la masse, $k$ est une quantité constante. Alors, à cause de $dp = \rho\,d\varphi$, on a

$$(6) \qquad \frac{dp}{p} = \frac{1}{k}\,d\varphi,$$

d'où, en intégrant,

$$p = C e^{\frac{\varphi}{k}},$$

et ensuite

$$\rho = \frac{C}{k} e^{\frac{\varphi}{k}}.$$

Si la température n'est pas la même dans toute la masse fluide, l'équation (6) fait voir que $k$ est une fonction de $\varphi$

ainsi que $p$, et par conséquent la densité et la température doivent être constantes pour tous les points d'une
surface de niveau, mais variable d'une surface à l'autre.
On aura

$$p = C e^{\int \frac{d\varphi}{k}}, \qquad \rho = \frac{p}{k} = \frac{C}{k} e^{\int \frac{d\varphi}{k}}.$$

Considérons, par exemple, l'atmosphère qui enveloppe
la terre et faisons abstraction du mouvement de rotation
de celle-ci. La force motrice d'une molécule $m$ de l'atmosphère est une force toujours dirigée vers le centre de
la terre et la même à égale distance du centre. On conclut
de là qu'il ne peut y avoir équilibre, si la température
n'est pas la même à la même distance du centre, et que les
surfaces de niveau doivent être des sphères ayant leur
centre au centre de la terre, puisqu'elles doivent être normales en chaque point à la direction de la force motrice.

# CINQUANTE-QUATRIÈME LEÇON

## ÉQUILIBRE DES FLUIDES ET DES CORPS PLONGÉS DANS LES FLUIDES.

Figure permanente d'un fluide tournant autour d'un axe. — Pression d'un liquide sur le fond d'un vase qui le renferme. — Équilibre de plusieurs liquides contenus dans le même vase. — Vases communiquants. — Principe d'Archimède.

---

### FIGURE PERMANENTE D'UN FLUIDE TOURNANT AUTOUR D'UN AXE.

**710.** Supposons un fluide pesant, contenu dans un vase de forme quelconque, tournant d'un mouvement uniforme autour d'un axe vertical $Oz$. Au bout d'un certain temps la masse fluide prend une figure permanente d'équilibre qu'il s'agit de déterminer. Soient $X$, $Y$, $Z$ les composantes de la force accélératrice $P$ d'un point quelconque $m$. La molécule $m$ décrit une circonférence de cercle autour de l'axe $Oz$, et sa force effective est la force centripète $mr\omega^2$, $\omega$ étant la vitesse angulaire et $r$ le rayon du cercle. D'après le principe de d'Alembert, il y aura constamment équilibre entre les forces motrices et les forces centrifuges de toutes les molécules du fluide, c'est-à-dire que ces forces ne troubleront pas le mouvement commun de rotation uniforme en déplaçant les molécules les unes par rapport aux autres. Donc en appliquant à l'état d'équilibre actuel l'équation (2) du n° 703 et observant que les composantes de la force centrifuge sont $mx\omega^2$, $my\omega^2$ et o, on a

$$dp = \rho(X\,dx + Y\,dy + Z\,dz) + \rho\omega^2(x\,dx + y\,dy).$$

Or, si les forces motrices se réduisent à la pesanteur, on a

$X = 0, Y = 0, Z = -g$, et il vient

$$dp = -\rho g dz + \rho \omega^2 (x dx + y dy),$$

d'où, en intégrant et représentant la constante par $g\rho C$,

$$(1) \qquad p = g\rho(C - z) + \frac{\rho \omega^2}{2}(x^2 + y^2).$$

En donnant à $p$ des valeurs constantes, on aura diffé-rentes surfaces de niveau. Leur équation peut s'écrire

$$(2) \qquad z = C - \frac{p}{g\rho} + \frac{\omega^2}{2g}(x^2 + y^2).$$

Elle représente un paraboloïde de révolution dont la parabole méridienne a pour équation dans le plan des $zx$

$$z = C - \frac{p}{g\rho} + \frac{\omega^2}{2g} x^2.$$

Cette parabole ne change pas de grandeur avec $p$, mais la position de son sommet sur l'axe de rotation est variable avec $p$, car il est à un distance de l'origine égale à $C - \dfrac{p}{g\rho}$.

711. Les surfaces de niveau sont donc toujours des paraboloïdes, quelle que soit la forme du vase, et celle de la sur-face supérieure qui termine le fluide. Dans tous les cas on déterminera la constante C en exprimant que le volume du liquide est donné. Supposons, par exemple, que le liquide soit contenu dans un vase cylindrique ayant pour base sur le plan $xOy$ le cercle dont le rayon est $a$ et que $b$ soit la hauteur de la partie du cylindre occupée par le liquide avant le mouvement. Son volume est $\pi a^2 b$. Supposons en outre que la surface libre supporte simplement la pression atmosphérique constante représentée par $\varpi$. Elle sera alors une surface de niveau. Il est facile d'évaluer le volume correspondant du liquide terminé par cette surface de niveau en le décomposant en tranches cylin-

driques ayant l'axe des $z$ pour axe. On aura donc.

$$\pi a^2 b = 2\pi \int_0^a z r\, dr;$$

en remplaçant $z$ par sa valeur déduite de (2),

$$b = C - \frac{\varpi}{g\rho} + \frac{\omega^2 a^2}{2g},$$

on aura une équation qui fera connaître C. On trouve ainsi

$$C = b + \frac{\varpi}{g\rho} - \frac{\omega^2 a^2}{2g}.$$

PRESSION D'UN LIQUIDE SUR LE FOND DU VASE<br>QUI LE RENFERME.

712. Considérons maintenant un liquide pesant et incompressible, soumis seulement à l'action de la pesanteur. En prenant les mêmes axes que dans le cas général, on a

$$dp = g\rho\, dz,$$

d'où

$$p = g\rho z + \varpi,$$

$\varpi$ étant une constante. On voit que la pression varie seulement avec $z$ et qu'elle croit proportionnellement à la profondeur. Les surfaces de niveau sont donc des plans horizontaux. Si l'on fait $z = 0$, on a $p = \varpi$ : donc cette constante représente la pression qui s'exerce sur la surface libre, c'est-à-dire ordinairement la pression atmosphérique. En joignant à celle-ci $g\rho z$, on a la valeur de la pression à la profondeur $z$; mais, pour simplifier, nous omettrons la pression atmosphérique, qu'il faudra rétablir à la fin du calcul pour donner aux résultats toute leur exactitude. Ainsi nous poserons simplement

$$p = g\rho z.$$

On conclut de cette formule que si $b$ est l'aire de la base supposée horizontale et $h$ la hauteur du liquide, la pression totale P que supporte cette base est

$$P = g \rho b h.$$

On voit qu'elle est égale, quelle que soit la forme du vase, au poids d'un cylindre de liquide dont la base est $b$ et la hauteur $h$, en sorte qu'elle peut être plus grande ou plus petite que le poids total du liquide.

713. Supposons maintenant qu'on ait deux liquides contenus dans le même vase et qu'ils ne se mélangent pas.

Leur surface de séparation sera nécessairement un plan horizontal. En effet, on sait que les surfaces de niveau doivent être des plans horizontaux et que dans toute leur étendue la densité doit être la même, ce qui n'aurait pas lieu si un même plan horizontal pouvait rencontrer les deux liquides. Soient $b$ la base, $h$ la hauteur et $\rho$ la densité de la première couche reposant sur le fond du vase; $b'$, $h'$, $\rho'$ les quantités analogues relatives à la seconde couche. La pression sur l'unité de surface de $b'$ est $g\rho'h'$. Cette pression se transmet à travers la seconde couche de liquide et s'ajoute à la pression $g\rho h$ que cette couche exerce sur chaque unité de surface de sa base. Donc la pression exercée sur le fond du vase sera $g(\rho'h' + \rho h)b$, c'est-à-dire égale au poids d'une colonne cylindrique, dont la base serait $b$, qui contiendrait une hauteur $h$ du liquide inférieur et une hauteur $h'$ du liquide supérieur.

On aurait un théorème analogue pour un nombre quelconque de liquides contenus dans un même vase et même pour un liquide dont la densité varierait d'une manière continue avec la hauteur $z$; cela résulte d'ailleurs de la formule $dp = g\rho\, dz$, intégrée entre des limites convenables.

## VASES COMMUNIQUANTS.

**714.** Considérons d'abord un seul liquide contenu dans deux vases communiquants. Menons à la surface du tuyau de communication T deux plans tangents horizontaux;

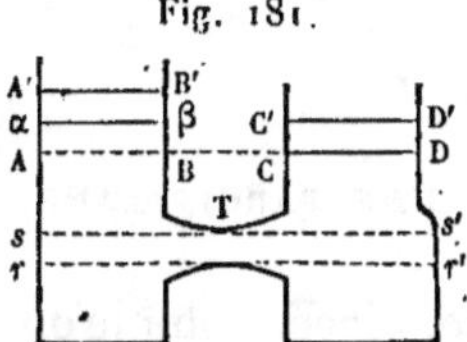
Fig. 181.

au-dessous du plan inférieur $rr'$ le liquide de chaque vase sera dans les mêmes conditions que si ce vase existait seul. La pression sera la même sur chaque plan horizontal compris entre le plan $rr'$ et le plan tangent supérieur $ss'$, mais elle variera d'un plan à l'autre. Au-dessus du plan $ss'$, le liquide devra s'élever au même niveau AB, CD dans les deux vases : car s'il s'élevait dans l'un d'eux à une hauteur différente en $\alpha\beta$, l'équilibre devrait subsister en appliquant sur CD une paroi fixe qui n'éprouverait aucune pression (abstraction faite de la pression atmosphérique). Mais le liquide contenu dans la colonne AB$\alpha\beta$ exercerait sur AB, à cause de sa pesanteur, une certaine pression, qui se transmettrait jusqu'à CD, de sorte que cette paroi (indépendamment de la pression atmosphérique) éprouverait une certaine pression, ce qui est contraire à l'hypothèse.

Concevons maintenant que l'on verse sur AB et CD, qui sont dans un même plan horizontal, deux liquides différents qui s'élèvent jusqu'à A'B' et C'D'. Il faudra pour l'équilibre qu'ils exercent des pressions égales sur l'unité de surface de AB et de CD, de sorte que si $\rho_1$ et $\rho'$ sont les densités de ces deux liquides et $h_1$ et $h'$ leurs hauteurs, on aura

$$g \rho_1 h_1 = g \rho' h'$$

ou

$$\rho_1 h_1 = \rho' h',$$

c'est-à-dire que les hauteurs auxquelles ces deux liquides

s'élèvent dans les deux vases sont en raison inverse de leurs densités.

On verrait de la même manière que si l'on ajoutait un nombre quelconque de liquides dans les deux vases, il faudrait que la somme des produits de leurs densités par les hauteurs de leurs tranches fût la même de part et d'autre.

## PRESSION D'UN LIQUIDE SUR UNE PAROI PLANE.

**715.** Soient AB une paroi plane, placée comme on voudra dans le liquide, $\omega$ l'aire d'un élément de la surface AB

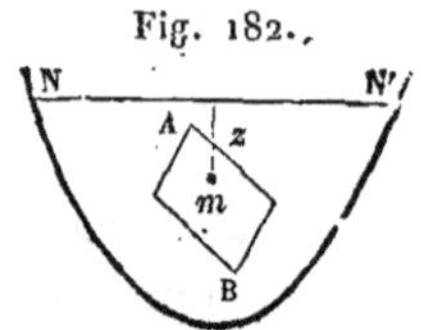
Fig. 182.

et $z$ la distance de $\omega$ au niveau supérieur NN'. La pression que supporte $\omega$ est $g\rho z\omega$, en faisant abstraction de la pression atmosphérique. Les pressions exercées par le fluide sur tous les éléments $\omega$ étant normales au même plan AB, ont une résultante égale à leur somme $g\rho\sum z\omega$ et normale au plan AB. En désignant par $b$ l'aire de la paroi AB et par $z_1$ la distance de son centre de gravité au plan NN', on a $\sum z\omega = bz_1$. Donc la pression totale sur la paroi AB est égale à $g\rho bz_1$, c'est-à-dire égale au poids d'un cylindre de liquide qui aurait une base égale à la surface de la paroi et une hauteur égale à la distance du centre de gravité de cette paroi au niveau supérieur du liquide.

Le point d'application de la résultante des pressions exercées sur la surface AB est appelé *centre de pression*. Il coïncide avec le centre de gravité si le plan AB est horizontal; il est au-dessous du centre de gravité quand le plan est incliné, parce que les pressions exercées sur les éléments $\omega$ augmentent en intensité avec la profondeur de ces éléments. Un exemple va montrer comment on peut déterminer le centre de pression.

716. Supposons que la paroi immergée ait la forme d'un trapèze dont les côtés parallèles AB, CD soient horizontaux. Le centre de pression doit évidemment se trouver sur la droite GH qui joint les milieux de ces deux côtés. Décomposons ce trapèze en une infinité d'éléments tels que EFE′F′ par des droites parallèles à AB. Désignons EF par $v$ et par $u$ la perpendiculaire MN abaissée du point M sur AB. On a EFF′E′ $= v\,du$ et la pression supportée par cet élément est $g\,\rho\,zv\,du$. En nommant $u_1$ la distance du centre de pression I à AB et $h$ la hauteur du trapèze, on déterminera $u_1$ par l'équation

Fig. 183.

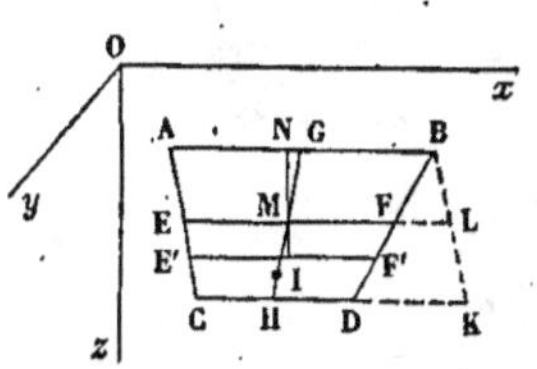


$$u_1 \int_0^h g\,\rho\,zv\,du = \int_0^h g\,\rho\,zvu\,du$$

ou

(1). $$u_1 \int_0^h zv\,du = \int_0^h zvu\,du.$$

Il faut maintenant exprimer $z$ et $v$ en fonction de $u$. Or si l'on désigne par $\alpha$ l'angle que le plan du trapèze fait avec un plan horizontal et par $c$ la distance du côté AB à la surface du liquide, prise pour plan des $xy$, on a, en projetant MN sur la verticale élevée par le point M,

(2) $$z = c + u\sin\alpha.$$

D'ailleurs, menons BK parallèle à AC et prolongeons EF et CD jusqu'en L et en K ; les triangles semblables BDK, BFL donnent, en posant AB $= a$, CD $= b$,

$$\frac{a - b}{a - v} = \frac{h}{u},$$

d'où

$$(3) \qquad v = a + \frac{b-a}{h}\, u.$$

Substituant les valeurs précédentes de $z$ et de $v$ dans l'équation (1) et intégrant, on en tire

$$(4) \qquad u_1 = \frac{2hc(a+2b) + h^2(a+3ab)\sin\alpha}{6c(a+b) + 2h(a+2b)\sin\alpha}.$$

**717.** Si le côté AB est à fleur d'eau, on a $c = 0$ et

$$u_1 = \frac{h(a+3b)}{2(a+2b)}.$$

Quand le trapèze est horizontal, on a

$$\sin\alpha = 0, \qquad u_1 = \frac{h(a+2b)}{3(a+b)},$$

et le centre de pression coïncide avec le centre de gravité.

**718.** Quand la surface plongée dans le liquide est courbe, la pression totale qu'elle supporte n'est pas la somme des pressions exercées sur ses éléments, parce que celles-ci ne sont pas parallèles. En général ces pressions n'ont pas de résultante unique et se réduisent à deux forces non situées dans le même plan ou à une force et un couple.

### PRINCIPE D'ARCHIMÈDE.

**719.** *Quand un corps pesant est plongé dans un liquide, les pressions exercées sur sa surface ont une résultante unique, égale au poids du liquide déplacé et appliquée au centre de gravité de cette partie du fluide, supposée solidifiée.*

Supposons d'abord que le corps soit entièrement plongé dans le fluide et considérons un élément quelconque $\omega$ de sa surface. Soit $p$ la pression, rapportée à l'unité de surface, exercée en ce point : $p\omega$ est la pression supportée par l'élément ω. Désignons par λ, μ, ν les angles que la normale fait avec trois axes rectangulaires. Les composantes de $p\omega$ suivant ces axes sont $p\omega \cos\lambda$, $p\omega \cos\mu$, $p\omega \cos\nu$, ou $pa$, $pb$, $pc$, en appelant $a$, $b$, $c$ les projections de l'élément ω sur les trois plans coordonnés.

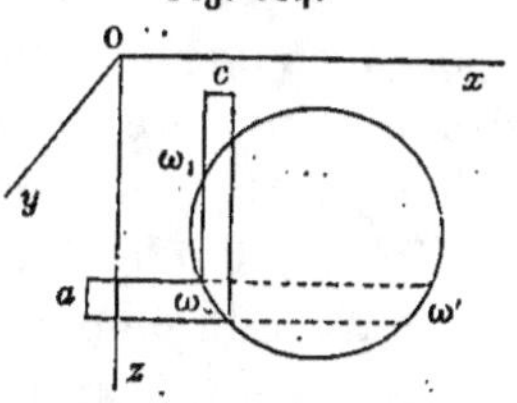
Fig. 184.

Or toutes les composantes telles que $pa$ se détruisent deux à deux. En effet, le petit cylindre $\omega a$ prolongé découpe sur le côté opposé de la surface un petit élément ω′ dont la projection sur le plan $yOz$ est égale à $a$. La pression sur ω′, rapportée à l'unité de surface, est $p$, parce que ω et ω′ sont à la même profondeur. Donc la composante de la pression totale $p\omega'$ exercée sur ω′ et parallèle à $Ox$ est égale à $pa$, et comme elle agit en sens contraire de celle qui s'exerce sur ω, elle la détruit. On verrait de même que toutes les composantes parallèles à $Oy$ de toutes les pressions se détruisent deux à deux. Il ne reste donc plus à considérer que les composantes verticales.

Le petit cylindre vertical dont la base est ω découpe sur la partie supérieure de la surface un autre élément $\omega_1$ dont la projection sur le plan $xOy$ est $c$. Donc si $p_1$ est la pression en $\omega_1$, rapportée à l'unité de surface, le petit cylindre $\omega\,\omega_1$ est soumis à une pression verticale s'exerçant de bas en haut et égale à $(p - p_1)\,c$, et comme $p = g\rho z + \varpi$, $\varpi$ étant une constante, on aura

$$(p - p_1)\,c = g\rho c\,(z - z_1) = g\rho c l,$$

en appelant $\rho$ la densité du fluide supposée constante, $z_1$ le $z$ de l'élément $\omega_1$, $l$ la longueur du petit filet cylindrique compris entre ω et $\omega_1$. Cette pression équivaut donc au poids du fluide dont ce petit filet tient la place. En décomposant le corps en filets verticaux infiniment minces, chaque filet est pressé de bas en haut par une semblable force, et l'on conclut de là que toutes les pressions exercées sur le corps se composent en une seule force verticale agissant en sens contraire de la pesanteur, égale au poids du fluide dont le corps tient la place et appliquée au centre de gravité de cette masse fluide. La résultante de toutes ces pressions se nomme la *poussée* du fluide.

**720.** Le principe d'Archimède subsiste quand le corps n'est plongé qu'en partie dans le fluide. On verrait d'abord, comme précédemment, que les pressions horizontales se détruisent; puis, si le cylindre vertical $\omega'\omega'_1$ a une partie en dehors du fluide, les composantes verticales des pressions exercées en $\omega'$ et $\omega'_1$ seront

Fig. 185.

$p' = (g\rho z + \varpi)c$ et $\varpi c$, de sorte qu'en prenant leur différence, la partie commune disparaîtra et la pression sera égale au poids d'un volume de liquide égal à la partie du cylindre plongée dans le liquide.

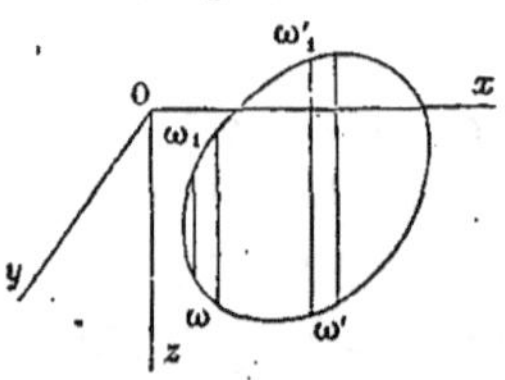

**721.** Le théorème d'Archimède a encore lieu quand la densité $\rho$ n'est pas la même à toutes les profondeurs, car les pressions horizontales se détruisant, la pression verticale supportée par le cylindre $\omega\,\omega_1$ serait

$$(p - p_1)c = c\int_z^{z_1} g\rho\,dz,$$

en observant qu'on a toujours

$$p = \int_a^z g\rho\,dz + \varpi,$$

$a$ étant la valeur de $z$ pour laquelle on a $p = \varpi$. Or $\int_z^{z_1} g\rho c\,dz$ est le poids du fluide déplacé.

722. Le principe d'Archimède peut encore se démontrer de la manière suivante : Séparons par la pensée, dans un fluide en équilibre, une partie quelconque de sa masse. Elle est en équilibre et le sera encore si nous la supposons solidifiée. Mais alors toutes les pressions exercées contre sa surface par le fluide environnant doivent se réduire à une seule égale, et directement contraire à son poids. Il est clair que ces pressions auront encore la même résultante, si l'on substitue à cette masse de fluide solidifiée un corps solide quelconque de même forme : ce qui démontre le principe énoncé.

723. Quand le poids d'un corps est égal au poids d'un égal volume du fluide dans lequel il plonge, ce corps reste en équilibre à toutes les profondeurs, pourvu que son centre de gravité et celui du volume du fluide déplacé soient sur la même verticale. Le corps descend au fond du vase ou remonte à la surface selon que son poids est supérieur ou inférieur à celui du fluide déplacé. Dans ce dernier cas, le corps doit être en partie au-dessus du niveau supérieur, et l'équilibre ne s'établit que lorsque le poids du liquide déplacé est égal au poids du corps.

724. Quand on pèse un corps dans un fluide, on n'obtient pas son véritable poids, mais seulement l'excès de ce poids sur celui du fluide déplacé. Si P est le poids du corps et P′ celui d'un égal volume de liquide, D la densité vraie, $\rho$ la densité apparente, on a

$$\frac{P}{P - P'} = \frac{D}{\rho},$$

d'où

$$P = \frac{DP'}{D - \rho}.$$

725. Le principe d'Archimède subsiste et sa démonstration est la même dans le cas où l'on considère un fluide contenu dans un vase : on en conclut que la résultante

des pressions d'un fluide sur les parois du vase qui le contient est égale au poids du fluide. Il faut bien distinguer
cette pression de celle que supporte la paroi horizontale
inférieure, qui peut être plus grande ou plus petite que
le poids du fluide. Si l'on fait une ouverture à l'une des
parois latérales, la pression n'ayant plus lieu sur la portion de la paroi qu'on a enlevée, celle qui s'exerce sur la
paroi opposée ne sera plus détruite, et le vase sera mis
en mouvement en sens contraire de l'écoulement du liquide. C'est là le principe des différentes machines dites
*à réaction*.

# CINQUANTE-CINQUIÈME LEÇON.

## CORPS FLOTTANTS. — MESURE DES HAUTEURS PAR LE BAROMÈTRE.

Équilibre des corps flottants. — Stabilité des corps flottants. — Méta-
.centre. — Mesure des hauteurs par l'observation du baromètre.

---

### ÉQUILIBRE DES CORPS FLOTTANTS.

**726.** Déterminer la position d'équilibre d'un corps solide plongé en partie dans un liquide, revient à couper
ce corps par un plan en deux segments, dans un rapport
déterminé, de telle sorte que le centre de gravité du corps
et celui d'un des deux segments soient sur une même
perpendiculaire au plan sécant. Nous allons résoudre ce
problème pour un prisme triangulaire droit dont nous
supposerons les arêtes horizontales.

Une section ABC perpendiculaire aux arêtes étant

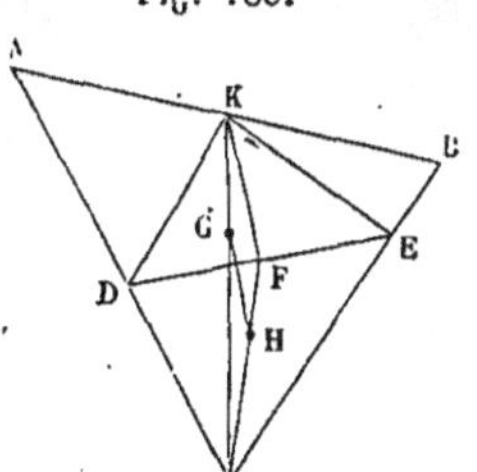

Fig. 186.

faite dans le prisme, le niveau
du liquide devra partager le
triangle par une droite DE en
deux segments CDE, ADEB tels,
que l'on ait

$$\frac{CDE}{ABC} = r,$$

$r$ étant le rapport de la densité
du prisme à celle du liquide. Il faudra en outre que les
centres de gravité G et H de ces deux triangles soient
sur une même perpendiculaire à DE. Soient

$$CA = a, \quad CB = b, \quad AB = c, \quad CK = h, \quad CD = x, \quad CE = y,$$

$x$ et $y$ sont les deux inconnues qu'il s'agit de déterminer. Or on a

$$\operatorname{surf} CAB = \frac{1}{2}\,ab \sin C, \quad \operatorname{surf} CDE = \frac{1}{2}\,xy \sin C,$$

d'où

$$(1) \qquad\qquad xy = rab.$$

D'un autre côté, GH est perpendiculaire à DE ainsi que FK qui lui est parallèle, et comme DF = FE, il s'ensuit qu'on a KD = KE. Réciproquement, si KD = KE, la droite KF et par suite GH sera perpendiculaire à DE. Or si l'on nomme $\alpha$ et $\epsilon$ les angles ACK et BCK, on a

$$\overline{KD}^2 = x^2 + h^2 - 2hx \cos\alpha, \quad \overline{KE}^2 = y^2 + h^2 - 2hy \cos\epsilon;$$

donc, puisque KD = KE,

$$(2) \qquad\qquad x^2 - 2hx \cos\alpha = y^2 - 2hy \cos\epsilon.$$

En éliminant $y$ entre les équations (1) et (2), on trouve

$$(3) \qquad x^4 - 2h \cos\alpha.x^3 + 2rhab \cos\epsilon.x - r^2 a^2 b^2 = 0.$$

Cette équation, dont le dernier terme est négatif, a au moins deux racines réelles, l'une positive, l'autre négative. Cette dernière doit être rejetée, puisque la ligne DE doit être comprise dans l'intérieur du triangle ABC. D'après la règle de Descartes, si les angles $\alpha$ et $\epsilon$ sont aigus et si l'équation (3) a toutes ses racines réelles, elle aura trois racines positives et une racine négative. Celle-ci est inadmissible, et l'on rejettera de même comme étrangère à la question une racine qui surpasserait $a$ ou qui donnerait pour $y$ une valeur plus grande que $b$. Il y a donc au plus trois positions d'équilibre pour lesquelles le sommet seul est plongé dans le liquide.

727. Le problème précédent revient à mener par un point donné K une normale à une hyperbole ayant pour

asymptotes CA et CB. En effet, si l'on mène dans l'angle ACB différentes droites, telles que DE, formant des triangles DCE équivalents entre eux, le milieu de chaque droite DE se trouve sur une hyperbole ayant CA et CB pour asymptotes, et cette courbe est tangente à DE. La droite KF étant perpendiculaire à DE, la question revient à mener par le point K une normale à cette hyperbole. On sait qu'on peut en général en mener quatre, dont l'une aboutit à la branche située dans l'angle opposé à l'angle ACB.

728. Quand le triangle ABC est isocèle, on a

$$a = b, \quad \alpha = 6, \quad h\cos\alpha = \frac{h^2}{a}, \quad h^2 = a^2 - \frac{c^2}{4},$$

d'où

$$h\cos\alpha = \frac{4a^2 - c^2}{4a}.$$

Les équations (1) et (2) deviennent

$$xy = ra^2, \quad x^2 - y^2 = \frac{4a^2 - c^2}{2a}(x - y).$$

On y satisfait d'abord en faisant

$$x = y = a\sqrt{r},$$

valeur admissible à cause de $r < 1$. On obtient une autre solution en résolvant les équations

$$xy = ra^2, \quad x + y = \frac{4a^2 - c^2}{2a},$$

qui donnent, si l'on suppose $x > y$,

$$x = \frac{4a^2 - c^2 + \sqrt{(4a^2 - c^2)^2 - 16ra^4}}{4a},$$

$$y = \frac{4a^2 - c^2 - \sqrt{(4a^2 - c^2)^2 - 16ra^4}}{4}.$$

Comme $x$ doit être moindre que $a$, on doit avoir

$$4a^2 - c^2 + \sqrt{(4a^2 - c^2) - 16ra^4} < 4a^2$$

ou

$$(4a^2 - c^2)^2 - 16ra^4 < c^4,$$
$$16a^4 - 8a^2c^2 - 16ra^4 < 0,$$

d'où l'on tire

$$c > a\sqrt{2 - 2r}.$$

Il faut en outre que $x$ et $y$ soient réelles et par consé-quent que l'on ait

$$4a^2 - c^2 > 4h^2\sqrt{r}$$

ou

$$c < 2a\sqrt{1 - \sqrt{r}}.$$

Si ces deux conditions sont remplies, la solution pré-cédente sera admissible.

729. Le cas où deux sommets A et B du triangle sont immergés, se ramène au cas où un seul plonge dans le liquide. En effet, si l'on a (*fig.* 186, p. 303)

$$\frac{ABDE}{ABC} = r,$$

on aura

$$\frac{CDE}{ABC} = 1 - r,$$

et si les centres de gravité du quadrilatère ABDE et du triangle ABC sont sur une même verticale, il en sera de même de ceux de ABC et de CDE. Il suffit donc, en con-servant les mêmes notations, de changer $r$ en $1 - r$. Les deux inconnues CD $= x$, CE $= y$ se déterminent au moyen des équations

$$xy = (1 - r)\,ab,$$
$$x^2 - 2hx\cos\alpha = y^2 - 2hy\cos\varepsilon.$$

### STABILITÉ D'UN CORPS FLOTTANT.

**730.** Un corps solide étant plongé dans un liquide, le centre de gravité G de ce corps et celui H de la partie

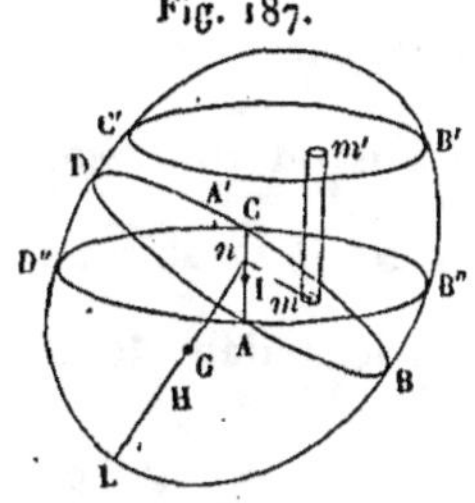

Fig. 187.

immergée doivent être sur une même verticale perpendiculaire au plan de flottaison ABCD. Supposons que l'on écarte un peu le corps de sa position d'équilibre et que tous ses points reçoivent de petites vitesses. Soit $A'B'C'D'$ la section faite dans le corps par le nouveau plan de flottaison, le premier étant venu en ABCD.

Par le centre de gravité I de la section ABCD menons un plan $AB''CD''$, parallèle au plan horizontal $A'B'C'D'$ et qui coupe ABCD suivant la droite AIC. Désignons par $\theta$ l'angle des deux plans ABCD, $AB''CD''$, et par $\zeta$ la distance du point I au plan $A'B'C'D'$, cette distance étant positive ou négative suivant que le point I est situé au-dessous ou au-dessus du niveau du liquide.

Pour résoudre la question de stabilité, nous ferons usage du principe des forces vives. Un élément de masse $dm$ du corps flottant est sollicité par son poids $g\,dm$, force verticale. La partie du corps plongée dans le liquide est soumise, en outre, à la poussée, qui équivaut au poids du liquide déplacé, et qui agit verticalement au centre de gravité du liquide dont le corps occupe la place, en sens contraire de la pesanteur. La poussée du liquide peut donc être remplacée par de petites forces verticales, en appliquant à chaque élément de masse $dm$ situé au-dessous du niveau une force égale et contraire au poids du volume d'eau dont cet élément de masse tient la place. Cette dernière force est $g\rho\,dv$, en appelant $dv$ le volume occupé par l'élément $dm$ et $\rho$ la densité du fluide. La résultante de toutes ces petites forces est la même que celle des pressions exercées par le fluide sur la surface immergée du corps flottant. Ainsi, pour chaque point matériel $dm$ de ce corps, les composantes X, Y, Z de la force motrice sont

$$X = 0, \quad Y = 0, \quad Z = g\,dm \quad \text{ou} \quad g\,dm - g\rho\,dv,$$

selon que la molécule $dm$ est au-dessus ou au-dessous du niveau du fluide. Donc on a, $\frac{1}{2}\varphi$ étant la somme des quantités de travail des forces motrices dans le temps écoulé $t$,

$$\varphi = 2 \int dz \sum g\,dm - 2 \int dz \sum g\rho\,dv,$$

ou

$$(1) \qquad \varphi = 2g \sum z\,dm - 2g\rho \sum z\,dv,$$

la première somme $\sum z\,dm$ comprenant toute la masse du corps et la seconde seulement la partie plongée. On a donc, d'après le principe des forces vives et $u$ désignant la vitesse de la molécule $dm$,

$$(2) \qquad \sum u^2\,dm = C + 2\left(g \sum z\,dm - g\rho \sum z\,dv\right).$$

Or $\sum z\,dm = M z_1$, M étant la masse du corps et $z_1$ le $z$ de son centre de gravité G. D'ailleurs $M = V\rho$, V étant le volume de la partie immergée, quand le corps est en équilibre. On a donc

$$(3) \qquad \sum z\,dm = M z_1 = V\rho z_1.$$

Il faut maintenant calculer $\sum z\,dv$. Partageons cette somme en deux parties, l'une relative à la partie ABCDL du volume V limitée à la section ABCD et l'autre à la partie comprise entre ABCD et A'B'C'D'. La première est égale à V$z'$, $z'$ étant le $z$ du centre de gravité H de la masse totale du fluide. En désignant par $k$ la seconde, on a

$$(4) \qquad \sum u^2 dm = C + 2g V \rho (z_1 - z') - 2g\rho k.$$

Or soit GH $= a$. Si l'on projette cette droite sur la verticale du point G, on voit que $z_1 - z' = \mp a \cos\theta$, suivant que H est au-dessus ou au-dessous de G. Il faut maintenant calculer $k$.

Considérons, à cet effet, un élément de surface $d\lambda$, en un point $m$, sur la section ABCD, et projetons-le, par un petit cylindre vertical $mm'$, sur le plan de flottaison A'B'C'D'. Sa projection est $d\lambda \cos\theta$. Pour calculer $dk$ ou la partie de $\sum z\, dv$ relative à ce petit cylindre, décomposons-le en une infinité d'éléments par des plans horizontaux. On aura pour l'un d'entre eux

$$dv = dz\, d\lambda \cos\theta, \quad z\, dv = z\, dz\, d\lambda \cos\theta.$$

Donc, en posant $mm' = y$,

$$dk = \int_0^y z\, dz\, d\lambda \cos\theta = \frac{y^2}{2} d\lambda \cos\theta.$$

On peut exprimer $y$ en fonction de $\rho$ et de $\theta$. En effet, abaissons $mn = l$ perpendiculaire sur A$c$. Si l'on projette $mn$ sur $mm'$, on a $mm'$ ou $y = \zeta + l\sin\theta$, $l$ étant positive ou négative suivant que $mn$ est au-dessous ou au-dessus de AC. Donc

$$dk = \frac{1}{2}(\zeta + l\sin\theta)^2 d\lambda \cos\theta$$

ou

$$dk = \frac{1}{2}\zeta^2 \cos\theta\, d\lambda + \zeta \sin\theta \cos\theta . l\, d\lambda + \frac{1}{2}\sin^2\theta \cos\theta . l^2\, d\lambda.$$

On aura donc

$$k = \frac{1}{2}\,\zeta^2\cos\theta\,\sum d\lambda + \zeta\sin\theta\cos\theta\,\sum l\,d\lambda + \frac{1}{2}\sin^2\theta\,\cos\theta\,\sum l^2\,d\lambda,$$

expressions où toutes les sommes s'étendent à tous les éléments de la section ABCD. Soient $b$ l'aire ABCD et $\mu$ le moment d'inertie de cette section par rapport à AIC. On a

$$\sum d\lambda = b, \quad \sum l\,d\lambda = 0, \quad \sum l^2\,d\lambda = \mu.$$

Donc

$$k = \frac{1}{2}\,b\,\zeta^2\cos\theta + \frac{1}{2}\,\mu\sin^2\theta\,\cos\theta.$$

Substituant dans l'équation (4), on a

$$(5) \qquad \begin{cases} \sum u^2\,dm = C \mp 2g\,\mathrm{V}\rho a\cos\theta - g\rho\,b\,\zeta^2\cos\theta \\ \qquad\qquad - g\rho\,\mu\sin^2\theta\,\cos\theta + \varepsilon. \end{cases}$$

Nous ajoutons $\varepsilon$, parce que dans le calcul de $k$ nous avons pris, au lieu du volume ABCD A′B′C′D′, celui d'un cylindre vertical ayant pour base ABCD et limité au plan A′B′C′D′ : de sorte que $\varepsilon$ est un infiniment petit du troisième ordre au moins.

Maintenant $\theta$ et $\zeta$ étant des quantités très-petites, on peut négliger $\theta^2$ et $\zeta^2$, et remplacer $\cos\theta$ par $1 - \dfrac{\theta^2}{2}$, $\sin\theta$ par $\theta$. En désignant par $c$ la constante $C \mp 2g\,\mathrm{V}\rho a$, l'équation (5) devient

$$(6) \qquad \sum u^2\,dm = c - g\rho\,b\,\zeta^2 - g\rho\,(\mu \mp \mathrm{V}a)\,\theta^2 + \varepsilon.$$

On détermine $c$ d'après l'état du corps flottant à l'origine du mouvement. On suppose connues les valeurs initiales de $\zeta$ et de $\theta$, ainsi que les vitesses initiales de tous les points du corps. Comme toutes ces quantités peuvent

être prises aussi petites que l'on veut, il en résulte que
la constante $c$ peut être supposée aussi petite qu'on
voudra.

731. Ponr déduire de l'équation (2) les conditions de
stabilité de l'équilibre du corps flottant, il faut distinguer
deux cas.

En premier lieu, si le centre de gravité G du corps est
au-dessous de celui du fluide déplacé H, l'équilibre est
toujours stable. En effet, l'équation (2) est alors

$$\sum u^2 \, dm = c - g\rho b\zeta^2 - g\rho(\mu + V a)\theta^2 + \varepsilon.$$

La valeur de $c$ qu'on détermine d'après les valeurs
initiales de $\mu$, $\zeta$, $\theta$, qu'on suppose très-petites, est positive
et très-petite. Les quantités $\zeta$ et $\theta$ ne peuvent pas croître
assez pour que la somme $g\rho b\zeta^2 + g\rho(\mu + V a)\theta^2$ devienne
plus grande que $2c$; car si cette somme devenait égale à
$2c$, la quantité $\varepsilon$ étant au moins du troisième ordre, le
second membre de l'équation précédente serait négatif et
on aurait $\sum u^2 \, dm < 0$, ce qui est absurde. Il en résulte
que dans le mouvement du système on a toujours

$$\zeta < \sqrt{\frac{2c}{g\rho b}}, \qquad \theta < \sqrt{\frac{2c}{g\rho(\mu + V a)}}.$$

On pourrait démontrer de la même manière qu'on a

$$\zeta < \sqrt{\frac{ic}{g\rho b}}, \qquad \theta < \sqrt{\frac{ic}{g\rho(\mu + V a)}},$$

$i$ étant un nombre quelconque plus grand que l'unité.

Donc, comme $c$ est une quantité positive très-petite et
aussi petite que l'on veut, les valeurs des variables $\zeta$ et $\theta$
resteront toujours très-petites et par conséquent le corps
s'éloignera fort peu de sa position d'équilibre.

732. Quand le point G est au-dessous du point H, l'é-
quation (2) est

$$\sum u^2\, dm = c - g\rho b\zeta^2 - g\rho (\mu - Va)\, \theta^2 + e$$

La valeur de $c$ reste positive si l'on a $\mu > Va$, à l'origine du temps. Si $\mu$ ou le moment d'inertie de l'aire ABCD
par rapport à la droite AIC reste plus grand que $Va$ à
toute époque, on verra comme précédemment que $\theta$ et $\zeta$
resteront toujours extrêmement petites et l'équilibre sera
stable. Il faudra dans ce cas que le moment d'inertie de
la section ABCD, par rapport à une droite quelconque
passant par son centre de gravité I, soit plus grand que $Va$,
parce que dans le déplacement infiniment petit du corps
l'intersection des plans ABCD et AB″CD″ peut prendre
toutes les positions possibles autour du point I. Donc il
faut et il suffit que $Va$ soit moindre que le plus petit moment d'inertie de la section ABCD, par rapport à toutes
les droites qu'on peut y mener par le point I. La ligne
qui correspond à ce moment d'inertie minimum est ordinairement connue. Par exemple, dans un vaisseau, c'est
la droite qui va de la proue à la poupe. C'est par rapport
à cette ligne qu'il faut calculer le moment d'inertie de la
section, et s'il est plus grand que $Va$, l'équilibre sera
stable. Si $\mu$ devenait moindre que $Va$, l'équation (2)
ne ferait rien connaître relativement à la stabilité de l'é-
quilibre, parce que le second membre n'étant pas nécessairement négatif à une époque quelconque, on ne tombe
pas sur la conséquence absurde que la somme des forces
vives devienne négative, en supposant que $\rho$ et $\theta$ croissent
indéfiniment.

DU MÉTACENTRE.

733. Soit S un corps solide flottant. Lorsqu'il est en
équilibre, on sait que son centre de gravité G et celui H

du volume de liquide déplacé sont sur une même perpendiculaire au plan de flottaison ABCD. Supposons que ce

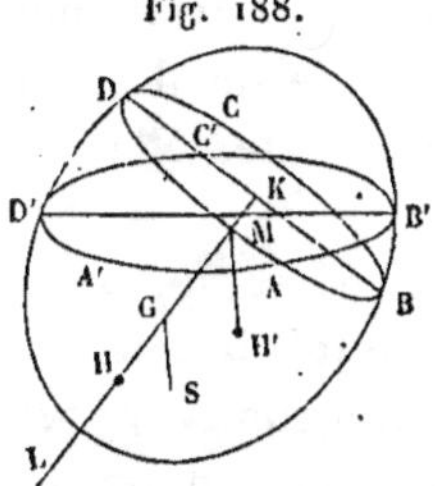
Fig. 188.

corps soit symétrique par rapport à un plan vertical BLD,
lequel contient alors la droite
KGH. Imaginons qu'on dé-
range un peu ce solide de sa
position d'équilibre, tout en
maintenant vertical le plan
BDG. Ce plan contiendra

donc toujours le centre de gravité de la masse fluide dé-
placée. Soit à un instant quelconque A′B′C′D′ la section
de niveau. Le centre de gravité du fluide déplacé
A′B′C′D′L est un certain point H′ et le corps peut être
regardé comme se mouvant par l'action de deux forces :
son poids P appliqué à son centre de gravité G et la
poussée du fluide qui s'exerce en sens inverse suivant H′M.
Le point M où la verticale H′M rencontre la droite KGH
est ce qu'on appelle le *métacentre*. Pour avoir le mouvement du centre de gravité, il faut (600) supposer toute
la masse du corps réunie en ce point et y supposer appliquées les deux forces verticales dont nous venons de
parler. Elles se réduiront à une seule égale à leur différence. Si le volume de liquide déplacé est toujours égal à
celui que le corps déplace dans sa position d'équilibre,
ces deux forces sont égales et contraires, et alors le point
G devra rester immobile, pourvu que le corps n'ait pas
reçu de vitesse initiale. On aura ensuite le mouvement
de rotation autour du centre de gravité en le supposant
fixé, ce qui détruira le poids du corps, et la poussée du
fluide appliquée en M le fera tourner autour d'un axe
horizontal passant par G et perpendiculaire au plan de
symétrie BLD. Mais ici il faut distinguer plusieurs cas.

Si dans ce mouvement le métacentre reste toujours
au-dessus du point G, sur la droite HGK, la poussée du
fluide tendra constamment à ramener cette droite dans

la position verticale qui répond à l'équilibre du corps. Donc cet équilibre est stable.

Si, au contraire, le métacentre est constamment au-dessous du centre de gravité, la poussée du fluide tendra à éloigner la droite KGH de la verticale, et l'équilibre du corps sera instable.

Enfin, si le métacentre peut être, tantôt au-dessus, tantôt au-dessous du centre de gravité, la considération seule du métacentre ne fait plus rien connaître relativement à la stabilité de l'équilibre du corps flottant.

### DE LA MESURE DES HAUTEURS PAR LE BAROMÈTRE.

734. La hauteur de la colonne de mercure dans le baromètre indique la pression exercée par l'air atmosphérique dans le lieu où l'on observe. Cette pression diminue quand on s'élève verticalement. Il faut chercher la loi de sa variation en fonction de la hauteur verticale à laquelle on s'élève.

La pression ou force élastique de l'air dépend de sa densité et de sa température, en vertu de la loi de Mariotte et de celle de Gay-Lussac. Si l'air et différents gaz, soumis à une pression constante et la même pour tous, sont placés dans une enceinte dont la température varie, l'observation prouve que tous ces fluides se dilatent également pour des augmentations égales de température, indiquées par les degrés du thermomètre à mercure. La dilatation de l'air qui correspond à chaque degré du thermomètre centigrade est de $0,00366$. Elle est à peu près la même pour tous les gaz, ainsi que pour les vapeurs.

Soient $\varpi$ la force élastique de l'air et D sa densité à la température zéro : la pression restant la même, soit D′ la densité de l'air à la température de $\theta$ degrés. La masse d'air à la température zéro contenue dans l'unité de volume, étant portée à la température $\theta$, occupera un volume égal à $1 + \alpha\theta$, en désignant par $\alpha$ le coefficient de dilatation 0,00366 pour chaque degré d'accroissement de la température. Les densités étant en raison inverse des volumes qu'occupe la même masse, on aura

$$(1) \qquad D' = \frac{D}{1 + \alpha\theta}.$$

Supposons ensuite qu'on fasse varier la pression sans changer la température $\theta$. En désignant par $p$ la nouvelle pression et par $\rho$ la densité correspondante, on aura, d'après la loi de Mariotte,

$$(2) \qquad p = \frac{\varpi\rho}{D'}.$$

En remplaçant $D'$ par sa valeur et faisant $\dfrac{\varpi}{D} = k$, on aura la formule

$$(3) \qquad p = k\rho\,(1 + \alpha\theta).$$

On pourrait déterminer $k$ en substituant dans cette formule les valeurs de $p$, $\rho$ et $\theta$ obtenues par l'expérience directe; mais il vaut mieux laisser $k$ indéterminé dans les calculs qui suivent.

Nous avons dit que le coefficient de $\alpha$, dans la valeur de $p$, est à peu près 0,00366; mais comme la quantité de vapeur contenue dans l'air augmente avec la température et que la vapeur a une densité moindre que l'air sous une même pression, la densité de l'air mélangé de vapeur, quand la température s'élève, la pression $\varpi$ restant la même, doit diminuer un peu plus que ne l'indiquerait la formule précédente. Pour avoir égard à cette circonstance, on augmente le coefficient $\alpha$, et l'on prend $\alpha = 0,004$.

735. Cela posé, nous pouvons établir l'équation d'équilibre de la masse atmosphérique qui s'étend au-dessus de la surface de la terre. En désignant par $z$ la hauteur d'un point quelconque de l'atmosphère au-dessus de la surface

terrestre, par $p$ la pression, par $\rho$ la densité de l'air et par $g'$ l'intensité de la pesanteur en ce point, on aura l'équation

$$(4) \qquad dp = - g'\, \rho\, dz,$$

déduite de l'équation

$$dp = \rho\, (\mathrm{X}\,dx + \mathrm{Y}\,dy + \mathrm{Z}\,dz) \qquad (703).$$

On a égard dans cette formule à la variation de la pesanteur ; mais on néglige comme insensibles l'action de la force centrifuge qu'il faudrait combiner avec l'attraction de la terre, ainsi que l'attraction de la masse d'air ou de terre comprise entre la portion plane et horizontale de la terre qu'on prend pour plan des $xy$ et la surface de niveau passant par le point que l'on considère à la hauteur $z$. On a alors

$$(5) \qquad g' = \frac{g r^2}{(r + z)^2},$$

$g$ étant l'intensité de la pesanteur à la surface de la terre où $z = 0$, et $r$ le rayon terrestre.

En mettant les valeurs de $g'$ et de $\rho = \dfrac{p}{1 + \alpha\theta}$ dans l'équation (4), elle devient

$$(6) \qquad \frac{dp}{p} = - \frac{g r^2}{k\,(1 + \alpha\theta)}\, \frac{dz}{(r + z)^2}.$$

Comme on ne connait pas $\theta$ en fonction de $z$, on est obligé de donner à $\theta$ une valeur constante égale à la moyenne ou demi-somme des températures de l'air aux deux stations extrèmes où l'on se place à des hauteurs différentes. On trouve alors, en intégrant,

$$(7) \qquad \mathrm{l}p = \frac{g r^2}{k\,(1 + \alpha\theta)}\, \frac{1}{r + z} + \mathrm{C}.$$

Pour déterminer la constante $\mathrm{C}$, soit $\varpi$ la pression à la station inférieure où l'on a $z = 0$. On aura

$$l\, \varpi = \frac{gr^2}{k\,(1 + \alpha\theta)}\,\frac{1}{r} + C,$$

d'où

$$l\, \frac{\varpi}{p} = \frac{gr}{k\,(1 + \alpha\theta)}\,\frac{z}{r + z} = \frac{g}{k\,(1 + \alpha\theta)}\,\frac{z}{1 + \dfrac{z}{r}}.$$

Le logarithme indiqué est pris dans le système népérien. Pour passer aux logarithmes ordinaires, on multiplie par le module $M = 0{,}4342946$, et l'on a

$$(8) \qquad \log\frac{\varpi}{p} = \frac{M\,g}{k\,(1 + \alpha\theta)}\,\frac{z}{1 + \dfrac{z}{r}}.$$

736. Le rapport $\dfrac{\varpi}{p}$ peut s'exdrimer au moyen des hauteurs du mercure dans le baromètre, correspondant aux pressions $\varpi$ et $p$. Soit $h$ la hauteur de la colonne barométrique pour la station dont la hauteur verticale est $z$, et soit T la température du mercure, qui peut être différente de celle de l'air ambiant. Soient $h_0$ et $T_0$ la hauteur et la température du mercure à la station inférieure. En désignant par $m$ et $m_0$ la densité du mercure aux températures T et $T_0$, on a

$$p = g'\, mh, \quad \varpi = g m_0 h_0,$$

d'où

$$\frac{\varpi}{p} = \frac{g}{g'}\,\frac{m_0}{m}\,\frac{h_0}{h};$$

or on a

$$\frac{g}{g'} = \frac{(r + z)^2}{r^2} = \left(1 + \frac{z}{r}\right)^2.$$

Le mercure se dilatant de $\dfrac{1}{5550}$ de son volume à 0 degré pour chaque degré d'accroissement de sa température, devient $1 + \dfrac{T}{5550}$ à la température T et $1 + \dfrac{T_0}{5550}$ à la température $T_0$. Les densités correspondantes étant en raison inverse de ces volumes, on aura

$$\frac{m_0}{m} = \frac{1 + \dfrac{T}{5550}}{1 + \dfrac{T_0}{5550}} = \frac{1 + \dfrac{T}{5550}}{1 + \dfrac{T}{5550} + \dfrac{T_0 - T}{5550}},$$

ou, à très-peu près,

$$\frac{m_0}{m} = \frac{1}{1 + \dfrac{T_0 - T}{5550}}.$$

On aura donc

$$\frac{\varpi}{p} = \left(1 + \frac{z}{r}\right)^2 \frac{h_0}{h\left(1 + \dfrac{T_0 - T}{5550}\right)}$$

ou

$$(9) \qquad \frac{\varpi}{p} = \left(1 + \frac{z}{r}\right)^2 \frac{h_0}{H},$$

en posant, pour abréger,

$$H = h\left(1 + \frac{T_0 - T}{5550}\right).$$

H est dite la *hauteur corrigée*; c'est celle qu'aurait la colonne barométrique si la température du mercure à la station supérieure était la même qu'à la station inférieure.

737. En remplaçant $\dfrac{\varpi}{p}$ par cette valeur dans la formule (8), elle devient

$$\frac{Mg}{k(1 + \alpha\theta)} \frac{z}{1 + \dfrac{z}{r}} = \log \frac{h_0}{H} + 2\log\left(1 + \frac{z}{r}\right),$$

et l'on en tire

$$(10) \qquad z = \frac{k}{Mg}(1 + \alpha\theta)\left(1 + \frac{z}{r}\right)\left[\log \frac{h_0}{H} + 2\log\left(1 + \frac{z}{r}\right)\right].$$

L'intensité $g$ de la pesanteur à la station inférieure varie avec la latitude. Si l'on désigne par $\lambda$ la latitude de la station, et par G la pesanteur à Paris, dont la latitude est de $48^\circ\,50'\,14''$, on a·

$$G = 9,80896$$

et

$$g = \frac{G\,(1 - 0,002588\cos 2\lambda)}{1 - 0,002588\cos 2\,(48^\circ 50'\,14'')}.$$

La formule (10) dêvient

$$(11)\qquad \left\{ \begin{aligned} z &= \frac{a\,(1 + 0,004\,\theta)}{1 - 0,002588\cos 2\lambda}\left(1 + \frac{z}{r}\right) \\ &\quad \times \left[\log\frac{h_0}{H} + 2\log\left(1 + \frac{z}{r}\right)\right], \end{aligned}\right.$$

en posant

$$a = \frac{k}{MG}\,[1 - 0,002588\cos 2\,(48^\circ 58'\,14'')].$$

On pourrait calculer le nombre $a$ d'après les valeurs connues de $k$, $m$ et G; mais il vaut mieux le regarder comme inconnu et le déterminer par l'équation même où l'on substituerait à la place de $z$ une ou plusieurs hauteurs mesurées par les procédés trigonométriques. On a trouvé ainsi

$$a = 18336.$$

738. On peut calculer $z$ par la formule qui précède, en négligeant d'abord dans le second membre la quantité $\frac{z}{r}$, qui est très-petite. On a ainsi une première valeur approchée de $z$ :

$$z_1 = \frac{a\,(1 + 0,004\,\theta)}{1 - 0,002588\cos 2\lambda}\,\log\frac{h_0}{H}.$$

On aura une seconde valeur plus rapprochée $z_2$, en substituant cette première valeur $z_1$ à la place de $z$ dans le second membre. On pourrait continuer ainsi ces approximations successives; mais on s'arrête ordinairement à la seconde valeur.

Lorsque $z$ n'est pas très-grande, on néglige entièrement $\frac{z}{r}$ dans la formule; mais alors il faut augmenter le nombre $a$. M. Ramond a conclu d'un grand nombre d'observations faites dans le midi de la France, $a = 18393$, et il a adopté pour les latitudes peu différentes de $45^\circ$ la formule très-simple

$$z = 18393\,(1 + 0{,}004\,\theta)\log\frac{h_0}{H}.$$

# HYDRODYNAMIQUE.

## CINQUANTE-SIXIÈME LEÇON.

### MOUVEMENT DES FLUIDES.

Équations générales du mouvement des fluides. — Mouvement dans une hypothèse particulière. — Mouvement permanent d'un fluide.

### ÉQUATIONS GÉNÉRALES DU MOUVEMENT.

**739.** Les équations d'équilibre des fluides sont fondées sur la propriété qu'ils ont de transmettre également en tous sens les pressions appliquées à leur surface, et sur celle d'exercer sur chaque élément de surface autour d'un point quelconque de leur masse, en vertu des actions moléculaires, une pression égale en tous sens et normale à l'élément de surface qui le supporte. Certains faits semblent indiquer que cette dernière propriété n'a pas toujours lieu quand le fluide est en mouvement, c'est-à-dire que la pression peut n'être pas normale à l'élément sur lequel elle s'exerce, ni être la même dans toutes les directions autour d'un même point. Cependant on peut admettre que cette propriété des fluides a encore lieu, quand le mouvement n'est pas très-rapide, les expériences s'accordant assez bien avec les résultats qu'on déduit de cette hypothèse.

Quand on veut déterminer le mouvement d'un système de points dans l'espace, on se propose ordinairement de trouver des équations qui servent à exprimer les coor-

données de chaque point en fonction du temps. Mais, au
lieu de suivre dans son mouvement une seule et même
molécule, il est plus avantageux de déterminer la vitesse
de la molécule fluide qui, au bout d'un temps quelconque,
passe par un point pris à volonté dans l'espace occupé
par le fluide, ainsi que la pression et la densité du fluide
en ce même point, qui reste fixe. Soient $x$, $y$, $z$ les coordonnées d'un point $m$ ; $\mu$ la masse de la molécule fluide
qui se trouve au point $m$ après le temps $t$. Désignons par
X, Y, Z les composantes, rapportées à l'unité de masse,
de la force qui agit sur la molécule $\mu$. Les composantes de
la force motrice seront $X\mu$, $Y\mu$, $Z\mu$. Il faudra cinq équations pour déterminer les composantes $u$, $v$, $w$ de la vitesse du point, sa pression $p$ et sa densité $\rho$.

740. Le principe de d'Alembert fournit d'abord trois
équations. Soient $u'dt$, $v'dt$, $w'dt$ les accroissements de
$u$, $v$, $w$, lorsque le temps $t$ augmente de $dt$. Les composantes de la force perdue sont $(X - u')\mu$, $(Y - v')\mu$,
$(Z - w')\mu$, et celles de la force effective $\dfrac{dp}{dx}\dfrac{\mu}{\rho}$, $\dfrac{dp}{dy}\dfrac{\mu}{\rho}$, $\dfrac{dp}{dz}\dfrac{\mu}{\rho}$.
Donc, d'après les équations d'équilibre des fluides, on aura

$$\frac{dp}{dx} = (X - u')\rho, \quad \frac{dp}{dy} = (Y - v')\rho, \quad \frac{dp}{dz} = (Z - w')\rho.$$

Pour obtenir $u'$, $v'$, $w'$, on doit différentier $u$, $v$, $w$,
en regardant $x$, $y$, $z$ comme des fonctions de $t$, dont
les accroissements sont $u\,dt$, $v\,dt$, $w\,dt$, en sorte que
$dx = u\,dt$, etc. On aura donc

$$(2)\quad
\begin{cases}
u' = \dfrac{du}{dt} + u\,\dfrac{du}{dx} + v\,\dfrac{du}{dy} + w\,\dfrac{du}{dz}, \\[2ex]
v' = \dfrac{dv}{dt} + u\,\dfrac{dv}{dx} + v\,\dfrac{dv}{dy} + w\,\dfrac{dv}{dz}, \\[2ex]
w' = \dfrac{dw}{dt} + u\,\dfrac{dw}{dx} + v\,\dfrac{dw}{dy} + w\,\dfrac{dw}{dz},
\end{cases}$$

et, par conséquent,

$$(3) \quad \begin{cases} \dfrac{1}{\rho}\dfrac{dp}{dx} = X - \dfrac{du}{dt} - u\dfrac{du}{dx} - v\dfrac{du}{dy} - w\dfrac{du}{dz}, \\[2ex] \dfrac{1}{\rho}\dfrac{dp}{dy} = Y - \dfrac{dv}{dt} - u\dfrac{dv}{dx} - v\dfrac{dv}{dy} - w\dfrac{dv}{dz}, \\[2ex] \dfrac{1}{\rho}\dfrac{dp}{dz} = Z - \dfrac{dw}{dt} - u\dfrac{dw}{dx} - v\dfrac{dw}{dy} - w\dfrac{dw}{dz}. \end{cases}$$

**741.** Il reste encore à trouver deux équations d'équilibre ou une seule si $\rho$ est constante. Nous trouverons cette équation en exprimant que le fluide est continu.

Concevons dans l'espace occupé par le fluide un petit parallélipipède $me$ (*fig.* 180, p. 286). A chaque instant une partie du fluide sort de ce volume, et une autre y entre. La masse du fluide contenue dans ce parallélipipède, $\rho\,dx\,dy\,dz$, au temps $t$, devient $\left(\rho + \dfrac{d\rho}{dt}\right) dx\,dy\,dz$ au temps $t + dt$. L'accroissement de masse est donc $\dfrac{d\rho}{dt}\,dt\,dx\,dy\,dz$. En vertu du mouvement il passe par la face $dy\,dz$ une tranche fluide $\rho u\,dt\,dy\,dz$. Il passe par la face opposée une masse $\left(\rho u + \dfrac{d\rho u}{dx}\right) dt\,dy\,dz$. L'excès de la quantité qui entre sur celle qui sort est donc $-\dfrac{d\rho u}{dx}\,dx\,dy\,dz\,dt$, en supposant $\rho u$ constant dans toute l'étendue de la face $mabg$ et de sa parallèle. Or cette supposition est permise, car si l'on considère deux points $h$ et $k$ pris sur les faces $md$ et $ae$, la différence des valeurs de $\rho u$ en ces deux points surpasse la différence des valeurs de $\rho u$ aux points $m$ et $a$ d'une quantité infiniment petite par rapport à elle-même. On obtiendrait des expressions analogues pour les quantités de fluide acquises par les autres faces. En exprimant que l'accroissement total de la masse est égal à $\dfrac{d\rho}{dt}\,dx\,dy\,dz$ et divisant par $dx\,dy\,dz\,dt$,

on aura donc

$$(4) \qquad \frac{d\rho}{dt} + \frac{d\rho u}{dx} + \frac{d\rho v}{dy} + \frac{d\rho w}{dz} = 0.$$

Cette équation est connue sous le nom d'*équation de continuité*.

742. Si la densité du fluide est constante, ce qui arrive pour les liquides homogènes et incompressibles, l'équation précédente devient

$$\frac{du}{dx} + \frac{dv}{dy} + \frac{dw}{dz} = 0.$$

Elle suffit avec les équations (3) pour déterminer toutes les inconnues en fonction de $x, y, z, t$.

743. Si le fluide est incompressible, mais non homogène, la densité de chaque molécule est variable dans le cours de son mouvement; mais elle varie à chaque instant avec le temps dans un point déterminé et fixe $m$. La densité $\rho$ au point $m$ sera donc une fonction des coordonnées de ce point et du temps; mais on peut considérer momentanément $x$, $y$, $z$ comme représentant les coordonnées d'une même molécule dans son mouvement. Ces coordonnées deviennent fonction de $t$, et leurs dérivées par rapport à cette dernière variable sont respectivement $u$, $v$, $w$. En différentiant la valeur de $\rho$ sous ce point de vue, on aura donc

$$(5) \qquad \frac{d\rho}{dt} + \frac{d\rho}{dx} u + \frac{d\rho}{dy} v + \frac{d\rho}{dz} w = 0.$$

En vertu de cette relation, l'équation (4) revient aux deux suivantes :

$$(6) \qquad \frac{d\rho}{dt} + u \frac{d\rho}{dx} + v \frac{d\rho}{dy} + w \frac{d\rho}{dz} = 0,$$

$$(7) \qquad \frac{du}{dx} + \frac{dv}{dy} + \frac{dw}{dz} = 0,$$

qui, jointes aux équations (3), serviront à déterminer les cinq inconnues $u$, $v$, $w$, $p$, $\rho$ en fonction de $x$, $y$, $z$, $t$.

**744.** Dans le cas d'un fluide élastique et compressible, comme l'air, on aura encore cinq équations en joignant aux équations (3) et (4) la relation $p = k\rho$ qui existe entre la pression et la densité, le coefficient $k$ ne dépendant que de la température de la masse gazeuse.

**745.** Ces équations suffisent pour déterminer le mouvement si le fluide est indéfini et si l'on connaît son état initial, c'est-à-dire les valeurs de $u$, $v$, $w$, $p$, $\rho$ en fonction de $x$, $y$, $z$ et pour $t = 0$. Mais si le fluide est terminé, il faut y joindre des conditions particulières. On suppose que les molécules en contact avec une paroi fixe ou mobile y restent indéfiniment et que les molécules qui appartiennent à la surface libre ne cessent jamais d'en faire partie. Soit $f(t, x, y, z) = 0$ l'équation d'une surface sur laquelle un point du fluide doit toujours demeurer. On a

$$f(t + dt, \ x + u\,dt, \ y + v\,dt, \ z + w\,dt) = 0,$$

équation qui exprime que la molécule sera encore sur cette surface au bout du temps $t + dt$, et qui donne

$$\frac{df}{dt} + u\,\frac{df}{dx} + v\,\frac{df}{dy} + w\,\frac{df}{dz} = 0.$$

Si la paroi est fixe, $\dfrac{df}{dt}$ disparaît, et l'équation se reduisant à

$$\frac{df}{dx}\,u + \frac{df}{dy}\,v + \frac{df}{dz}\,w = 0$$

montre que la vitesse du point est à chaque instant dirigée suivant une tangente à la surface.

Il reste à considérer la surface libre du liquide, ordinairement soumise à une pression $\varpi$ qui est la même pour tous les points, mais qui peut varier avec le temps. On aura pour cette surface $p - \varpi = o$, d'où

$$\frac{dp}{dt} + u\frac{dp}{dx} + v\frac{dp}{dy} + w\frac{dp}{dz} = \frac{d\varpi}{dt},$$

équation qui détermine $\varpi$.

746. On a considéré jusqu'ici $x$, $y$, $z$ comme étant les coordonnées d'un point déterminé pris à volonté dans l'espace occupé par la masse fluide. Si l'on veut obtenir le mouvement d'une molécule particulière, ses coordonnées $x$, $y$, $z$ cesseront d'être des variables indépendantes. Elles dépendent du temps, et pour les connaître il faudra intégrer les équations simultanées,

$$\frac{dx}{dt} = u, \quad \frac{dy}{dt} = v, \quad \frac{dz}{dt} = w,$$

après y avoir remplacé $u$, $v$, $w$ par leurs valeurs générales en fonction de $x$, $y$, $z$ obtenues comme on l'a dit précédemment. Les valeurs de $x$, $y$, $z$ renfermeront comme constantes arbitraires les coordonnées initiales de la molécule.

747. Lorsque $u$, $v$, $w$ sont telles, que l'on ait

$$u\,dx + v\,dy + w\,dz = d\varphi,$$
$$X\,dx + Y\,dy + Z\,dz = dV,$$

on a (740)

$$\frac{1}{\rho}\frac{dp}{dx} = \frac{dV}{dx} - \frac{d^2\varphi}{dx\,dt} - \frac{d\varphi}{dx}\frac{d^2\varphi}{dx^2} - \frac{d\varphi}{dy}\frac{d^2\varphi}{dx\,dy} - \frac{d\varphi}{dz}\frac{d^2\varphi}{dx\,dz},$$

$$\frac{1}{\rho}\frac{dp}{dy} = \frac{dV}{dy} - \frac{d^2\varphi}{dy\,dt} - \frac{d\varphi}{dx}\frac{d^2\varphi}{dx\,dy} - \frac{d\varphi}{dy}\frac{d^2\varphi}{dy^2} - \frac{d\varphi}{dz}\frac{d^2\varphi}{dy\,dz},$$

$$\frac{1}{\rho}\frac{dp}{dz} = \frac{dV}{dz} - \frac{d^2\varphi}{dz\,dt} - \frac{d\varphi}{dx}\frac{d^2\varphi}{dz\,dx} - \frac{d\varphi}{dy}\frac{d^2\varphi}{dy\,dz} - \frac{d\varphi}{dz}\frac{d^2\varphi}{dz^2},$$

d'où, en multipliant par $dx$, $dy$, $dz$ et ajoutant, on a

$$\frac{dp}{\rho} = dV - d\frac{d\varphi}{dt} - \frac{1}{2}d\left[\left(\frac{d\varphi}{dx}\right)^2 + \left(\frac{d\varphi}{dy}\right)^2 + \left(\frac{d\varphi}{dz}\right)^2\right].$$

Les différentielles sont prises par rapport à $x$, $y$, $z$ sans faire varier $t$.

Si le fluide est homogène, on a

$$\int \frac{dp}{\rho} = \mathrm{P},$$

et, en intégrant l'équation précédente,

$$\mathrm{V} - \dot{\mathrm{P}} = \frac{d\varphi}{dt} + \frac{1}{2}\left[\left(\frac{d\varphi}{dx}\right)^2 + \left(\frac{d\varphi}{dy}\right)^2 + \left(\frac{d\varphi}{dz}\right)^2\right].$$

Il faut y joindre l'équation

$$\frac{d\rho}{dt} + \frac{d\left(\rho\,\frac{d\varphi}{dx}\right)}{dx} + \frac{d\left(\rho\,\frac{d\varphi}{dy}\right)}{dy} + \frac{d\left(\rho\,\frac{d\varphi}{dz}\right)}{dz} = 0,$$

qui devient, pour un fluide incompressible,

$$\frac{d^2\varphi}{dx^2} + \frac{d^2\varphi}{dy^2} + \frac{d^2\varphi}{dz^2} = 0.$$

### MOUVEMENT D'UN FLUIDE DANS UNE HYPOTHÈSE PARTICULIÈRE.

**748.** Quand un liquide homogène est renfermé dans un vase et s'écoule par un orifice horizontal pratiqué au fond du vase, l'expérience montre que les molécules situées dans une même tranche horizontale à un certain instant, y restent constamment tant qu'elles ne sont pas très-voisines de l'orifice : en d'autres termes, les tranches horizontales infiniment minces se remplacent successivement en demeurant parallèles à elles-mêmes. On peut négliger les vitesses horizontales, lorsque les sections varient peu dans toute l'étendue du vase et que leurs dimensions sont très-petites par rapport à la hauteur. Il n'y a plus alors que deux inconnues, la vitesse verticale d'une tranche et la pression, à déterminer en fonction de la distance de la tranche à un plan horizontal et du temps.

Prenons l'axe des $x$ vertical et dans le sens de la pesanteur. En conservant les notations du n° 739, nous aurons

$$X = g, \quad Y = o, \quad Z = o.$$

L'équation $\dfrac{dp}{dx} = \rho\,(X - u')$ (740) deviendra

$$(1) \qquad \frac{dp}{dx} = \rho\left(g - \frac{du}{dt} - u\,\frac{du}{dx}\right),$$

et les deux autres équations (1) du n° 740 se réduiront à

$$\frac{dp}{dy} = o, \quad \frac{dy}{dz} = o,$$

car on a

$$Y = o, \quad v' = o, \quad Z = o, \quad w' = o.$$

On exprimera bien simplement l'hypothèse du parallélisme des tranches en égalant la quantité de liquide qui passe par une tranche quelconque à celle qui sort par l'orifice pendant le temps $dt$. Soient $\omega$ la section de la tranche à la hauteur $x$, $\Omega$ l'aire de l'orifice et $U$ la vitesse des molécules à cet orifice. Les quantités de liquide qui passent par les aires $\omega$ et $\Omega$ pendant le temps $dt$ sont $\omega u\,dt$ et $\Omega U\,dt$ : on doit donc avoir

$$(2) \qquad u = \frac{\Omega U}{\omega}.$$

Les vitesses $u$ et $U$ se rapportent au même temps $t$. $U$ est une fonction de $t$ seulement, $u$ une fonction de $x$ et de $t$. Éliminant $u$ entre (1) et (2), on a

$$(3) \qquad \frac{dp}{dx} = \rho\left(g - \frac{\Omega}{\omega}\,\frac{dU}{dt} + \frac{\Omega^2 U^2}{\omega^3}\,\frac{d\omega}{dx}\right),$$

et, en intégrant par rapport à $x$,

$$(4) \qquad p = C + g\rho x - \rho\Omega\,\frac{dU}{dt}\int\frac{dx}{\omega} - \rho^2\,\frac{\Omega^2 U^2}{2\omega^2},$$

C est une quantité indépendante de $x$, mais qui peut être une fonction de $t$.

Soient P la pression constante exercée sur la surface supérieure du liquide et P′ la pression à l'orifice. On aura P $=$ P′ si tout l'appareil est dans le même milieu. Soient $h$ la distance du niveau au plan des $xy$ et $l$ la distance du niveau à l'orifice. On aura $p = $ P pour $x = h$, d'où

$$C = \mathrm{P} - g\rho h + \rho\,\frac{\Omega^2 \mathrm{U}^2}{2\,\mathrm{O}^2},$$

en appelant O la section du vase à la hauteur du niveau, et par suite

$$(5)\quad p = \mathrm{P} + g\rho(x - h) - \rho\Omega\,\frac{d\mathrm{U}}{dt}\int_h^x \frac{dx}{\omega} - \rho\,\frac{\Omega^2 \mathrm{U}^2}{2}\left(\frac{1}{\omega^2} - \frac{1}{\mathrm{O}^2}\right).$$

Pour $x = h + l$ on a $p = $ P′, $\omega = \Omega$, et si l'on pose

$$\int_h^{h+l} \frac{dx}{\omega} = m, \quad \mathrm{P} - \mathrm{P}' = g\rho\delta,$$

il vient

$$(6)\qquad g(l + \delta) = m\Omega\cdot\frac{d\mathrm{U}}{dt} + \frac{1}{2}\left(1 - \frac{\Omega^2}{\mathrm{O}^2}\right)\mathrm{U}^2.$$

Mais ici nous développerons deux cas, suivant que le niveau du liquide sera constant ou variable.

NIVEAU CONSTANT.

749. On tire de l'équation (6)

$$(7)\qquad\qquad dt = \frac{2\,m\,\Omega\,d\mathrm{U}}{k^2 - \alpha^2\,\mathrm{U}^2},$$

en posant

$$-\frac{\Omega^2}{\mathrm{O}^2} = \alpha^2, \quad 2g(l + \delta) = k^2.$$

En intégrant l'équation (7), on a

$$t = \frac{m\,\Omega}{k\,\alpha}\,1\,\frac{1}{c}\left(\frac{k + \alpha\,U}{k - \alpha\,U}\right).$$

Si l'on suppose les vitesses nulles pour $t = 0$, on aura $c = 1$, et l'équation résolue par rapport à U devient

$$U = \frac{k}{\alpha}\,\frac{1 - e^{-\frac{k\alpha t}{m\,\Omega}}}{1 + e^{-\frac{k\alpha t}{m\,\Omega}}}.$$

U étant déterminée ; on connaîtra $u$ par l'équation $u = \frac{\Omega\,U}{\omega}$ et $p$ par l'équation (5).

750. La valeur de U montre qu'après un certain temps, d'autant plus court que $\Omega$ est plus petit, cette quantité sera sensiblement constante et égale à $\frac{k}{\alpha}$ ou à $\sqrt{\dfrac{2g(l + \delta)}{1 - \dfrac{\Omega^2}{O^2}}}$ :

$u$ et $p$ convergent vers des limites correspondantes.

Si l'on néglige le carré de $\frac{\Omega}{O}$, la limite de la vitesse sera $\sqrt{2g(l + \delta)}$ ou $\sqrt{2gl}$ quand $\delta$ sera nul, c'est-à-dire si la pression extérieure est la même à l'orifice et au niveau du liquide. Cette vitesse est donc la même que celle qu'acquerrait un corps pesant en tombant dans le vide d'une hauteur égale à celle du liquide dans le vase. Ce résultat constitue ce qu'on appelle le *principe de Torricelli*.

751. Quand la vitesse U est devenue constante, on a

$$\frac{d\,U}{dt} = 0,$$

et l'équation (5) se réduit à

$$p = P + g\rho(x - h) - \rho\,\frac{\Omega^2 U^2}{2}\left(\frac{1}{\omega^2} - \frac{1}{O^2}\right):$$

or, dans l'état d'équilibre, la pression serait égale à $P + g\rho\,(x - h)$ : elle est donc moindre, dans l'état de mouvement, pour les sections telles que l'on ait $\omega < O$, c'est-à-dire pour celles dont l'aire est moindre que la surface libre du liquide. Elle est au contraire plus grande pour les sections dont les aires sont plus grandes que O.

752. Le volume V du liquide qui est sorti du vase au bout du temps $t$ s'obtient en intégrant $\Omega U \, dt$ entre les limites o et $t$. On aura

$$V = \frac{2m}{\dfrac{1}{\Omega^2} - \dfrac{1}{O^2}}\; l\, \frac{e^{\frac{kat}{2m\Omega}} + e^{-\frac{kat}{2m\Omega}}}{2}.$$

Au bout d'un certain temps, on pourra négliger la seconde exponentielle, et l'on aura sensiblement, en mettant pour $k$ sa valeur $\sqrt{2g\,(l + \delta)}$,

$$V = \frac{\sqrt{2g\,(l + \delta)}}{\sqrt{\dfrac{1}{\Omega^2} - \dfrac{1}{O^2}}}\, t - \frac{2m\,l\,2}{\dfrac{1}{\Omega^2} - \dfrac{1}{O^2}}.$$

Le premier terme du second membre est le volume qui serait sorti si la vitesse avait été dès l'origine égale à sa limite.

NIVEAU VARIABLE.

753. Dans ce cas $m$ et O sont des fonctions connues de $h$ par l'équation

$$h + l = a,$$

$a$ désignant la distance constante de l'orifice à l'origine des $x$. Il faudra exprimer que la quantité de liquide écoulée dans un intervalle de temps $dt$ est égale au volume compris entre les deux niveaux correspondants au

commencement et à la fin de cet intervalle. On a ainsi
l'équation

$$\frac{dh}{dt} = \frac{\Omega\,U}{O}.$$

L'équation (6) devient, en remplaçant $l$ par $a - h$,

$$g(a + \delta - h) = m\,\Omega\,\frac{dU}{dt} + \frac{1}{2}\,\Omega\,U^2 \left(\frac{1}{\Omega^2} - \frac{1}{O^2}\right).$$

En éliminant $dt$ entre ces deux équations et posant
$U^2 = 2gz$, on aura

$$\frac{dz}{dh} + \frac{O}{m}\left(\frac{1}{\Omega^2} - \frac{1}{O^2}\right) z + \frac{O}{m\,\Omega^2}(h - a - \delta) = 0,$$

équation linéaire qu'on sait intégrer. Lorsque $z$ sera
connu en fonction de $h$, on connaîtra U et par suite $t$. La
quantité de liquide écoulée se déterminera en calculant
le volume du vase compris entre le niveau initial et le
niveau variable.

754. Si l'orifice $\Omega$ est très-petit, l'équation (6) se réduit à

$$U^2 = 2g\,(l + \delta),$$

ce qui donne pour U la vitesse limite que nous avons
trouvée pour $t = \infty$. La vitesse que donne l'expérience
est moindre que celle calculée par cette formule, dans le
rapport de 0,62 à 1, rapport à peu près constant.

MOUVEMENT PERMANENT D'UN LIQUIDE

755. Il peut arriver qu'un liquide soit animé d'un
mouvement permanent, c'est-à-dire tel, qu'en un point
quelconque la pression soit toujours la même et que la
vitesse de chaque molécule qui passe par ce point soit
aussi constante en grandeur et en direction ; d'où il suit
que des molécules qui à des époques différentes occupent
une même position parcourent la même trajectoire d'une
manière identique.

Le principe de d'Alembert fournit les trois équations

$$(1) \quad \begin{cases} \dfrac{dp}{dx} = \rho\left(X - \dfrac{d^2x}{dt^2}\right), \\[2mm] \dfrac{dp}{dy} = \rho\left(Y - \dfrac{d^2y}{dt^2}\right), \\[2mm] \dfrac{dp}{dz} = \rho\left(Z - \dfrac{d^2z}{dt^2}\right), \end{cases}$$

qui expriment que les forces perdues se font équilibre dans la masse fluide; $p$ désigne la pression en un point quelconque $m$, dont les coordonnées $x, y, z$ sont considérées comme des variables indépendantes. La molécule fluide $\mu$ qui passe par ce point $m$, au bout du temps $t$, a aussi pour coordonnées $x, y, z$ à cette époque; et si l'on suit cette molécule dans son mouvement, ses coordonnées deviennent des fonctions du temps et prennent après le temps $dt$ qui succède au temps $t$ des accroissements qu'on désigne par $dx$, $dy$, $dz$. Les composantes de la force effective sont $\dfrac{d^2x}{dt^2}$, $\dfrac{d^2y}{dt^2}$, $\dfrac{d^2z}{dt^2}$, $x, y, z$ étant, comme nous le disons, fonctions de $t$ pour la molécule mobile que l'on considère, ce que nous supposerons toujours dans ce qui va suivre.

En multipliant les trois équations (1) respectivement par $dx$, $dy$, $dz$, on obtient

$$dp = \rho\left(X\,dx + Y\,dy + Z\,dz\right) - \rho\,\frac{(dx\,d^2x + dy\,d^2y + dz\,d^2z)}{dt^2}$$

ou

$$(2) \quad dp = \rho\left(X\,dx + Y\,dy + Z\,dz\right) - \frac{\rho}{2}\,dv^2$$

$v$ est la vitesse de la molécule $\mu$ à l'époque $t$ où elle passe au point $m$, et $dp$ est l'accroissement de la pression quand on passe du point $m$ au point où arrive cette molécule après le temps $dt$, la pression en un même point étant toujours indépendante du temps.

**756.** Cette équation peut s'appliquer à un liquide pesant, dont le niveau est entretenu à une hauteur constante et qui s'écoule hors du vase qui le contient par un orifice pratiqué à sa partie inférieure. On a pour le mouvement d'une molécule quelconque, en prenant l'axe des $z$ vertical et dirigé dans le sens de la pesanteur,

$$(3) \qquad dp = g\rho\, dz - \frac{1}{2}\rho\, dv^2.$$

En intégrant entre deux points quelconques de la trajectoire dont les distances au plan des $xy$ soient $z_0$ et $z$, il vient

$$(4) \qquad p - p_0 = g\rho(z - z_0) - \frac{1}{2}\rho(v^2 - v_0^2),$$

$p_0$ et $v_0$ étant la pression et la vitesse au premier point, $p$ et $v$ au second.

**757.** Supposons que la surface supérieure du liquide soit plane et soumise en tous ses points à une pression égale et constante $P_0$. Si nous faisons dans l'équation (3) $z_0 = 0$, $p_0 = P_0$, le premier des deux points que l'on considère sera pris à la surface supérieure du liquide, et l'on aura

$$p - P_0 = g\rho z - \frac{1}{2}\rho(v^2 - v_0^2).$$

Si le vase est percé d'un petit orifice à la partie inférieure à une distance $h$ au-dessous du niveau supérieur, on peut admettre que tous les points qui passent par cet orifice ont la même vitesse $v$, en sorte que pour $x = h$ il n'y ait qu'une valeur de $v$. En désignant par P la pression extérieure qui s'exerce à l'orifice, on aura

$$P - P_0 = g\rho h - \frac{1}{2}\rho(v^2 - v_0^2)$$

ou

$$v^2 - v_0^2 = 2g(h + k),$$

en posant $P_0 - P = g\rho k$, $k$ devant être positive ou négative suivant que P est plus petite ou plus grande que $P_0$.

On voit que la vitesse $v_0$ doit être la même pour toutes les molécules situées à la surface supérieure du liquide.

Soient $\omega$ l'aire de l'orifice et $\Omega$ l'aire de la section du vase par le plan du niveau supérieur : on a

$$\omega v\, dt = \Omega v_0\, dt;$$

car la quantité de liquide qui sort du vase par l'orifice $\omega$ pendant le temps $dt$ et qui a pour expression $\omega v\, dt$, la direction de la vitesse $v$ étant sensiblement verticale, est égale à une tranche de liquide située à la partie supérieure ayant pour base l'aire $\Omega$ et pour hauteur $v_0\, dt$, la vitesse $v_0$ étant aussi verticale.

On a donc

$$v_0 = \frac{\omega}{\Omega}\, v$$

et

$$v^2 \left(1 - \frac{\omega^2}{\Omega^2}\right) = 2g(h + k),$$

d'où

$$v = \sqrt{\frac{2g(h + k)}{1 - \dfrac{\omega^2}{\Omega^2}}}.$$

758. Si le rapport $\dfrac{\omega}{\Omega}$ est très-petit, on a à très-peu près

$$v = \sqrt{2g(h + k)} :$$

et si la pression est sensiblement la même à la partie supérieure du liquide et à l'orifice, on a

$$v = \sqrt{2gh},$$

en négligeant $k$.

# CINQUANTE-SEPTIÈME LEÇON.

## VIBRATIONS DES GAZ DANS LES TUYAUX CYLINDRIQUES.

Équation du mouvement. — Cas du tuyau indéfini dans les deux sens.— Tuyau fermé à une extrémité et indéfini dans un sens. — Tuyau indéfini dans un sens et ouvert dans un milieu gazeux de densité constante. — Tuyau limité ouvert à ses deux extrémités.

---

### ÉQUATION DU MOUVEMENT.

759. Dans l'état naturel d'équilibre d'un gaz, sa force élastique $\varpi$ est égale à $gmh$, $g$ étant la pesanteur, $m$ la densité du mercure et $h$ la hauteur de la colonne de mercure qui fait équilibre à la pression de ce gaz.

Nous supposons que les molécules du fluide en repos qui sont dans un même plan perpendiculaire aux arêtes du tuyau, se déplacent d'un mouvement commun parallèlement aux arêtes.

Soient $x$ et $x + dx$ les distances à un point fixe de deux plans infiniment voisins, M, M′, perpendiculaires aux arêtes, qui comprennent entre eux une tranche dont la masse est $\rho \alpha \, dx$, en

Fig. 189.

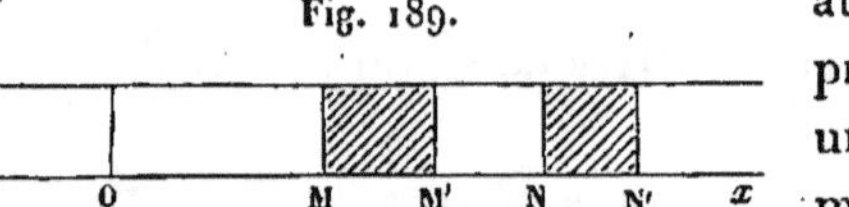

désignant par $\rho$ la densité du gaz en repos et par $\alpha$ la section transversale du tuyau. Après le temps $t$, cette tranche s'est transportée en NN′; nous désignerons par $u$ le déplacement MN des molécules qui étaient d'abord dans le plan M; $u$ sera une fonction des deux variables $x$ et $t$ qu'il faudra déterminer. L'épaisseur de la tranche MM′ est $dx$, et celle de la tranche NN′ est $dx + du$ ou $dx\left(1 + \dfrac{du}{dx}\right)$ : et comme ces tranches contiennent la même masse de gaz, les forces élastiques du gaz en M et en N doivent, d'après la loi de Mariotte, être en raison inverse des volumes des deux tranches, et par conséquent de leurs épaisseurs, ce qui donne, en appelant $p$ la force élastique ou la pression du gaz en N rapportée à l'unité de surface,

$$\frac{p}{\varpi} = \frac{dx}{dx + du} = \frac{1}{1 + \dfrac{du}{dx}}$$

ou

$$p = \varpi \left( 1 - \frac{du}{dx} \right),$$

en négligeant le carré de la *dilatation* $\dfrac{du}{dx}$ qui est très-petite.

La pression sur la face N de la tranche NN′ étant $\alpha p$ ou $\alpha \varpi \left( 1 - \dfrac{du}{dx} \right)$, on aura la pression $\alpha p'$ sur l'autre face en changeant $x$ en $x + dx$ dans l'expression de $\alpha p$, ce qui donne

$$\alpha p' = \alpha \varpi \left( 1 - \frac{du}{dx} - \frac{d^2 u}{dx^2} \, dx \right).$$

La différence de ces deux pressions $\alpha \varpi \dfrac{d^2 u}{dx^2} \, dx$ est la force motrice de la masse de gaz comprise dans la tranche NN′, masse égale à $\rho \alpha \, dx$. En divisant la force motrice par la masse, on aura pour l'expression de la force accélératrice

$$\frac{\varpi}{\rho} \frac{d^2 u}{dx^2}.$$

Si la tranche n'était pas considérée comme solide, cette force accélératrice serait celle du centre de gravité de cette tranche NN′, en y supposant toute la masse réunie. Or on peut dire que ce centre se meut comme la base N dont il est infiniment voisin.

Si la tranche est sollicitée encore par une force accélératrice étrangère, on aura pour force accélératrice $\frac{\varpi}{\rho}\frac{d^2u}{dx^2} + X$, qu'il faudra égaler à $\frac{d^2(x+u)}{dt^2}$ ou simplement à $\frac{d^2u}{dt^2}$, puisque $x$ ne varie pas avec $t$.

On a donc pour le mouvement d'une tranche l'équation

$$\frac{d^2u}{dt^2} = \frac{\varpi}{\rho}\frac{d^2u}{dx^2} + X,$$

et, s'il n'y a pas de force étrangère,

$$\frac{d^2u}{dt^2} = \frac{\varpi}{\rho}\frac{d^2u}{dx^2}$$

ou

(1)
$$\frac{d^2u}{dt^2} = a^2\frac{d^2u}{dx^2},$$

en posant

$$a^2 = \frac{\varpi}{\rho} = \frac{gmh}{\rho}.$$

CAS DU TUYAU INDÉFINI DANS LES DEUX SENS.

760. L'intégrale de l'équation (1) est

(2)
$$u = \varphi(x + at) + \psi(x - at).$$

On déterminera les fonctions $\varphi$ et $\psi$ si l'on connaît le déplacement initial $u$ pour $t = 0$ de chaque tranche à partir de sa position d'équilibre et sa vitesse initiale $\frac{du}{dt}$, qui seront des fonctions données de $x$. Mais, au lieu du déplacement $u$ pour $t = 0$, nous supposerons donnée la dilatation initiale $\frac{du}{dx}$ pour $t = 0$. Ainsi l'on doit avoir pour $t = 0$

$$\frac{du}{dx} = f(x) \quad \text{et} \quad \frac{du}{dt} = f_1(x).$$

Or la formule (2) donne

$$(3) \quad \begin{cases} \dfrac{du}{dx} = \varphi'(x + at) + \psi'(x - at), \\[2mm] \dfrac{du}{dt} = a\left[\varphi'(x + at) - \psi'(x - at)\right]. \end{cases}$$

En faisant $t = 0$, on aura

$$\varphi'(x) + \psi'(x) = f(x),$$

$$\varphi'(x) - \psi'(x) = \frac{1}{a}f_1(x),$$

et conséquemment

$$(4) \quad \begin{cases} \varphi'(x) = \dfrac{1}{2}\left[f(x) + \dfrac{1}{a}f_1(x)\right], \\[2mm] \psi'(x) = \dfrac{1}{2}\left[f(x) - \dfrac{1}{a}f_1(x)\right]. \end{cases}$$

761. Supposons que la partie primitivement ébranlée s'étende de $x = 0$ à $x = l$ seulement. Alors les fonctions $f(x)$ et $f_1(x)$, et par conséquent aussi $\varphi'(x)$ et $\psi'(x)$ sont nulles pour toutes les valeurs de $x$ non comprises entre $0$ et $l$.

Fig. 190.

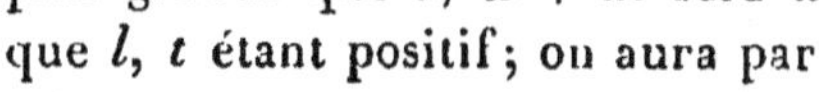

Considérons d'abord un point situé au delà de l'ébranlement initial OL du côté des $x$ positives. Son $x$ étant plus grande que $l$, $x + at$ sera *à fortiori* plus grande que $l$, $t$ étant positif; on aura par conséquent

$$\varphi'(x + at) = 0$$

et

$$\frac{du}{dx} = \psi'(x - at),$$

$$\frac{du}{dt} = -a\psi'(x - at),$$

et pour que ces valeurs de $\dfrac{du}{dx}$ et $\dfrac{du}{dt}$ ne soient pas nulles, il faut que $x - at$ soit comprise entre o et $l$, ou qu'on ait $x > at$ et $x < at + l$, c'est-à-dire qu'au bout du temps $t$ il n'y a de mouvement au delà de OL que dans une portion CD du tuyau d'une longueur égale à $l$. Cette portion, qu'on appelle *onde*, est constituée d'une manière invariable qui ne dépend que de la fonction $\psi'$. Elle s'éloigne indéfiniment de OL avec une vitesse constante $a$; il ne faut pas confondre ce déplacement de l'onde avec le mouvement d'une molécule qui ne dure que pendant le temps $\frac{l}{a}$; car il résulte de $x - at > o$ et $< l$ qu'une même molécule ne commence à se mouvoir qu'après un temps égal à $\frac{x - l}{a}$ et ne revient au repos qu'après un temps égal à $\frac{x}{a}$.

Pour une tranche quelconque de cette onde, il y a un rapport constant $a$ entre la vitesse et la dilatation, car on a la relation

$$\frac{du}{dt} = - a \frac{du}{dx}.$$

762. Pour les points à gauche de l'origine O, $x$ étant négative, on a

$$\psi'(x - at) = o$$

et

$$\frac{du}{dx} = \varphi'(x + at), \qquad \frac{du}{dt} = a\varphi'(x + at);$$

d'ailleurs $\varphi'(x + at)$ est nulle quand $x$ n'est pas comprise entre $- at$ et $- at + l$.

Le mouvement se propage donc aussi vers les $x$ négatives par une onde $C'D'$ dont la nature dépend de la fonction $\varphi'$ et qui se transporte à gauche du point O avec une vitesse uniforme égale à $a$.

Une même molécule est en mouvement pendant un intervalle de temps égal à $\frac{l}{a}$, depuis $t > \frac{-x}{a}$ jusqu'à

$t < \dfrac{l-x}{a}$. Dans chaque tranche on a la relation

$$\frac{du}{dt} = a\frac{du}{dx}.$$

763. Quant aux points situés entre O et L, $\dfrac{du}{dx}$ et $\dfrac{du}{dt}$ dépendent d'abord des deux fonctions $\varphi'(x+at)$ et $\psi'(x-at)$. Ces deux fonctions s'annulent dès que $t$ surpasse $\dfrac{l}{a}$, de sorte qu'après ce temps-là toute la partie OL reste en repos, et il y a deux ondes qui s'en éloignent à droite et à gauche, comme nous l'avons dit.

Le mouvement se propagerait par une seule de ces deux ondes, si l'ébranlement initial était tel, qu'on eût, dans la partie OL, $\varphi'(x) = 0$ ou $\psi'(x) = 0$, ce qui, d'après les formules (4), revient à supposer la relation

$$\frac{du}{dt} = -a\frac{du}{dx} \quad \text{ou} \quad \frac{du}{dt} = a\frac{du}{dx} \quad \text{pour} \quad t = 0.$$

764. Si l'ébranlement initial avait lieu dans plusieurs parties du tuyau séparées par des intervalles en repos, il suffirait de supposer les fonctions $\varphi'(x)$ et $\psi'(x)$ nulles dans ces intervalles pour rentrer dans le cas qui précède d'un ébranlement limité ; chaque partie ébranlée doit donner naissance à deux ondes qui s'en vont à droite et à gauche avec la vitesse uniforme $a$.

TUYAU FERMÉ A UNE EXTRÉMITÉ ET INDÉFINI
DANS UN SENS.

765. En prenant pour origine des $x$ l'extrémité fermée, on aura la condition $\dfrac{du}{dt} = 0$ pour $x = 0$,

Fig. 191.

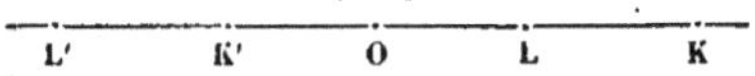

quel que soit $t$. Les fonctions $\varphi(x)$ et $\psi(x)$ ne sont données que pour les valeurs de $x$ positives.

La condition $\dfrac{du}{dt} = 0$ pour $x = 0$ donnera, quel que

soit $t$ (positif ou négatif si l'on veut que les états anté-
rieurs à l'origine du temps soient représentés aussi bien
que ceux qui suivent),

$$\varphi'(at) - \psi'(-at) = 0,$$

ou, en désignant par $z$ une variable quelconque, positive
ou négative,

$$(5) \qquad\qquad \varphi'(z) = \psi'(-z).$$

Cette équation détermine les fonctions $\varphi'$ et $\psi'$ pour les
valeurs négatives de la variable, ces fonctions étant données pour les valeurs positives.

Les valeurs (3) de $\dfrac{du}{dx}$ et de $\dfrac{du}{dt}$ ainsi déterminées pour

des valeurs quelconques de $x$ et de $t$ sont les mêmes que
si le tuyau, n'étant pas fermé en O, s'étendait indéfiniment dans les deux sens, l'état initial étant choisi du côté
où l'on prolonge le tuyau de la manière qui vient d'être
indiquée.

Dans cette hypothèse, en changeant $x$ en $-x$ dans les
formules (4), on aura, pour la dilatation et la vitesse de
la tranche qui répond à l'abscisse $-x$, en ayant égard à
la relation (5),

$$\left(\frac{du}{dx}\right)_{-x} = \varphi'(-x+at) + \psi'(-x-at)$$

$$= \psi'(x-at) + \varphi'(x+at) = \left(\frac{du}{dx}\right)_{x},$$

$$\left(\frac{du}{dt}\right)_{-x} = a\left[\varphi'(-x+at) - \psi'(-x-at)\right]$$

$$= a\left[\psi'(x-at) - \varphi'(x+at)\right] = -\left(\frac{du}{dt}\right)_{x}.$$

Ainsi dans deux sections à égales distances de l'origine O, la dilatation est la même et les vitesses sont égales
et de signes contraires.

Il suffit que cette propriété ait lieu à l'origine du temps pour qu'elle ait lieu à une époque quelconque; car pour qu'elle ait lieu quand $t = 0$, on retrouve la condition

$$\varphi'(z) = \psi'(-z).$$

766. Si l'ébranlement initial est renfermé dans un espace limité KL entre les abscisses $k$ et $k + l$, il donnera naissance à deux ondes animées des vitesses $a$ et $-a$, et, d'après ce qui précède, il y aura deux ondes symétriques de celles-ci, s'écartant à droite et à gauche de l'intervalle K'L' symétrique de KL.

Celles qui s'éloignent de l'origine O n'éprouveront aucune altération. Quant aux deux autres, elles arriveront en même temps en O, et, continuant leur route, elles se composeront en se pénétrant, de sorte que les valeurs de $\dfrac{du}{dx}$ et $\dfrac{du}{dt}$ en un même point commun aux deux ondes seront les sommes des valeurs qu'elles ont dans chaque onde; puis ces deux ondes, après s'être traversées et séparées, continueront leur marche sans altération.

On voit, d'après leur symétrie, que l'effet produit dans le tuyau réel est le même que si les diverses tranches de l'onde, qui s'approche du plan fixe O, se repliaient sur elles-mêmes en conservant la même densité et prenant une vitesse égale en sens contraire. Après que toutes ces tranches seront arrivées en O, on aura une onde se dirigeant du côté des $x$ positives, et qui ne sera autre chose que la première renversée, comme on vient de le dire. C'est en cela que consiste la réflexion du mouvement sur un plan fixe.

TUYAU INDÉFINI DANS UN SENS ET OUVERT DANS UN MILIEU GAZEUX DE DENSITÉ CONSTANTE.

767. On admet que la force élastique du gaz à l'ouverture O du tuyau est la même que celle du gaz extérieur

en repos, et par conséquent la dilatation $\dfrac{du}{dx}$ est nulle

pour $x = 0$, à cause de $p = \varpi\left(1 - \dfrac{du}{dx}\right)$.

Il en résulte, quel que soit $t$,

$$\varphi'(at) + \psi'(-at) = 0$$

ou

$$(6) \qquad \varphi'(z) + \psi'(-z) = 0.$$

En supposant le tuyau et le fluide prolongés indéfiniment à gauche de O, on aura, d'après les formules (5) et (6), pour la tranche dont l'abscisse est $-x$,

$$\left(\frac{du}{dx}\right)_{-x} = \varphi'(-x + at) + \psi'(-x - at)$$

$$= -\psi'(x - at) - \varphi'(x + at) = -\left(\frac{du}{dx}\right)_{x},$$

$$\left(\frac{du}{dt}\right)_{-x} = a\left[\varphi'(-x + at) - \psi'(-x - at)\right]$$

$$= a\left[-\psi'(x - at) + \varphi'(x + at)\right] = \left(\frac{du}{dt}\right)_{x}.$$

Ainsi, dans deux sections également distantes de l'origine, les vitesses sont égales et de même signe, et les dilatations égales et de signes contraires.

Il suit de là que si l'ébranlement initial n'a lieu que dans une étendue limitée, il y aura dans le tuyau réel une onde s'éloignant indéfiniment de l'origine, et dans le tuyau prolongé indéfiniment, deux autres ondes marchant vers l'origine, se pénétrant et se traversant sans s'altérer, de sorte que dans le tuyau réel à un instant quelconque se trouvera l'onde qui se dirigeait d'abord vers l'origine et qui s'y réfléchit ensuite de manière à former une nouvelle onde dirigée en sens contraire ; les vitesses dans les différentes sections sont les mêmes et de même sens que quand l'onde s'approchait de l'origine, tandis que la dilatation change de signe.

C'est en cela que consiste la réflexion du mouvement sur un milieu de densité constante.

TUYAU FERMÉ A SES DEUX EXTRÉMITÉS.

768. L'état du fluide dans ce tuyau fermé est toujours représenté par les formules (3) en supposant le tuyau et le fluide prolongés indéfiniment dans les deux sens. Mais ici il faut déterminer. pour les valeurs quelconques de la variable $x$, les deux fonctions $\varphi(x)$ et $\psi(x)$, qui ne sont connues que pour les valeurs de $x$ comprises entre o et $l$, $l$ étant la longueur du tuyau fermé.

Il faut exprimer que la vitesse $\dfrac{du}{dt}$ est nulle pour $x = 0$ et pour $x = l$, quel que soit $t$, ce qui donne, en faisant $at = z$,

$$\varphi'(z) = \psi'(-z), \quad \varphi'(l+z) = \psi'(l-z).$$

On connaît $\psi'(l-z)$, $z$ étant entre o et $l$; donc on connaît aussi $\varphi'(l+z)$. Ainsi $\varphi'(z)$ est connue pour les valeurs de $z$ plus petites que $2l$.

En changeant $z$ en $l+z$ dans la seconde équation, elle donne

$$\varphi'(2l+z) = \psi'(-z),$$

et comme on a aussi

$$\varphi'(z) = \psi'(-z),$$

il s'ensuit

$$\varphi'(z) = \varphi'(2l+z).$$

La fonction $\varphi'(z)$ reprend donc la même valeur, quand la variable $z$ augmente de $2l$. Il en est de même de $\psi'(-z)$, car la formule

$$\varphi'(z) = \psi'(-z)$$

donne

$$\psi'(-z-2l) = \varphi'(z+2l) = \varphi'(z) = \psi'(-z).$$

Il suit de la périodicité des fonctions $\varphi'$ et $\psi'$ que la dilatation et la vitesse redeviennent les mêmes en un même point du tuyau à des époques distantes les unes des autres d'un intervalle $T = \dfrac{2l}{a}$.

769. On peut encore établir ce fait en considérant que l'ébranlement initial donne naissance à deux ondes qui marchent en sens inverse et vont successivement se réfléchir aux deux extrémités suivant les lois qui ont été expliquées précédemment.

Après avoir subi deux réflexions et parcouru des chemins égaux à deux fois la longueur du tuyau, elles viennent, au bout d'un intervalle de temps égal à $\dfrac{2l}{a}$, reproduire, en se composant, l'état initial ; et cet effet se répétera de nouveau indéfiniment.

### TUYAU LIMITÉ OUVERT A SES DEUX EXTRÉMITÉS.

770. On doit avoir, quel que soit $t$, $\dfrac{du}{dx} = 0$ pour $x = 0$ et $x = l$, ce qui donne, quel que soit $z$,

$$\varphi'(z) + \psi'(-z) = 0, \quad \varphi'(l+z) + \psi'(l-z) = 0.$$

$\varphi'(z)$ et $\psi'(z)$ sont données pour les valeurs de $z$ comprises entre $0$ et $l$. Donc $\varphi'(l+z)$ est connue pour ces mêmes valeurs, d'après la deuxième équation. Et par conséquent $\varphi'(z)$ est connue depuis $z = 0$ jusqu'à $z = 2l$. En changeant $z$ en $z + l$, cette deuxième équation donne

$$\varphi'(2l+z) + \psi'(-z) = 0,$$

et comme on a aussi

$$\varphi'(z) + \psi'(-z) = 0,$$

il en résulte

$$\varphi'(z) = \varphi'(2l+z);$$

et de même

$$\psi'(-z) = \psi'(-2l-z).$$

L'état du tuyau est donc encore périodique et redevient le même après chaque intervalle de temps égal à $\frac{2l}{a}$, conclusion qu'on peut déduire aussi de la réflexion des ondes.

## TUYAU LIMITÉ OUVERT A UNE EXTRÉMITÉ ET FERMÉ A L'AUTRE.

**771.** On doit avoir, quel que soit $t$, $\frac{du}{dx} = 0$ pour $x = 0$, et $\frac{du}{dt} = 0$ pour $x = l$; ce qui donne

$$\varphi'(z) + \psi'(-z) = 0, \quad \varphi'(l+z) - \psi'(l-z) = 0,$$

quel que soit $z$.

Ces équations déterminent les fonctions $\varphi'(z)$ et $\psi'(z)$ pour toutes les valeurs positives et négatives de $z$, quand on les connaît pour les valeurs positives plus petites que $l$.

La seconde équation donne

$$\varphi'(2l+z) = \psi'(-z)$$

et la première

$$\psi'(-z) = -\varphi'(z).$$

Donc

$$\varphi'(2l+z) = -\varphi'(z);$$

de sorte que la fonction $\varphi'(z)$ change de signe quand la variable augmente de $2l$ : par conséquent si $z$ augmente de $4l$, la fonction reprendra sa première valeur; car on aura

$$\varphi'(4l+z) = -\varphi'(2l+z) = \varphi'(z).$$

La fonction $\psi'(z)$ aura la même période $4l$, puisque

$$\varphi'(z) + \psi'(-z) = 0.$$

Ainsi l'état du tuyau ne redevient le même qu'après un intervalle de temps égal à $\frac{4l}{a}$.

On arriverait à la même conclusion en considérant le mouvement des deux ondes qui proviennent de l'ébranlement initial, leurs réflexions successives aux deux extrémités du tuyau et leur retour aux parties primitivement ébranlées, après avoir parcouru des chemins égaux à $4l$ dans un temps égal à $\dfrac{4l}{a}$.

**FIN DU COURS DE MÉCANIQUE.**

# NOTES.

## NOTE I.

MÉMOIRE (*) SUR QUELQUES PROPOSITIONS DE MÉCANIQUE<br>RATIONNELLE.

Le théorème de Carnot sur la perte de force vive qui a lieu dans un système dont certaines parties dénuées d'élasticité changent brusquement de vitesse en se choquant, a été étendu par quelques auteurs à tous les changements brusques de vitesse produits par des causes quelconques. La démonstration de Carnot n'étant pas fondée sur la considération des actions mutuelles développées entre les molécules dans le choc, semblait se prêter à cette extension de son principe. Mais, après un examen plus approfondi, plusieurs géomètres ont été conduits à juger cette démonstration de Carnot insuffisante, et à restreindre considérablement la généralité de son théorème. On savait déjà qu'il n'avait pas lieu dans le choc des corps élastiques : on a cru devoir le borner au cas des changements brusques de vitesse dus au choc proprement dit entre des corps dépourvus d'élasticité, en observant que pour ce cas même il ne donne qu'une partie de la perte de force vive du système, quand il y a frottement entre les corps en contact : qu'il faut d'ailleurs que les vitesses des points en contact dans le sens de la normale commune aux surfaces des deux corps qui se touchent soient les

---

(*) On n'a pas trouvé de rédaction suivie de ce Mémoire dans les papiers de M. Sturm, mais seulement des parties détachées, couvertes de ratures. On a réuni ici tous ces fragments, en s'aidant, pour les coordonner et les compléter, de l'analyse du Mémoire donnée par l'Auteur dans les *Comptes rendus des séances de l'Académie des Sciences*, t. XIII, p. 1046

mêmes à la fin du choc, et qu'enfin les conditions ou liaisons géométriques auxquelles les points du système sont assujettis ne doivent pas changer de nature avec le temps. M. Poisson a remarqué qu'une explosion ou une production subite de forces qui séparerait brusquement des corps d'abord en contact, doit toujours donner lieu à une augmentation de forces vives dont l'expression est analogue à celle de la perte dans le théorème de Carnot.

S'il est certain que ce théorème ne peut pas s'appliquer à tous les changements très-rapides de vitesse, quelles qu'en soient les causes, il ne doit pas cependant être limité exclusivement au cas du choc des corps non élastiques. Le présent Mémoire a pour objet principal de faire voir qu'il a lieu dans d'autres circonstances qu'il est utile de connaître.

Considérons un système de points matériels en mouvement, sollicités par des forces quelconques et assujettis à des liaisons exprimées par des équations entre leurs coordonnées, qui ne renferment pas le temps explicitement. Soient $m$, $m'$, $m''$, . . . , les masses de ces points; $x$, $y$, $z$, les coordonnées du point $m$ au bout du temps $t$; $x'$, $y'$, $z'$, celles du point $m'$, etc. : ces coordonnées se rapportant à trois axes rectangulaires fixes dans l'espace. Désignons par $v$ la vitesse du point $m$ au bout du temps $t$, et par $a$, $b$, $c$ les composantes de cette vitesse parallèles aux axes fixes des $x$, $y$, $z$; soient de même $v'$ la vitesse du point $m'$ et $a'$, $b'$, $c'$ ses composantes, et ainsi de suite. Enfin soient

$$L = 0, \quad M = 0, \quad N = 0, \ldots,$$

les équations qui ont lieu à chaque instant, pendant le temps $t$, entre les coordonnées $x$, $y$, $z$, $x'$, . . . , des points du système, sans contenir le temps explicitement.

Imaginons maintenant qu'à un instant donné, au bout d'un temps $t$, on établisse entre les points du système de nouvelles liaisons exprimées par les équations

$$L_1 = 0, \quad M_1 = 0, \quad N_1 = 0. \ldots,$$

et parmi lesquelles pourraient se trouver comprises les liaisons

$$L = 0, \quad M = 0, \quad N = 0, \ldots,$$

qui avaient lieu précédemment ou seulement quelques-unes d'entre elles.

A l'instant où l'on assujettit le système à ces nouvelles conditions, la vitesse de chaque point du système changera brusquement soit en grandeur, soit en direction. Désignons par $v_1$ la nouvelle vitesse que prendra le point $m$ qui avait auparavant la vitesse $v$, et par $a_1, b_1, c_1$ les composantes de $v_1$. Il résulte du principe de d'Alembert qu'à l'instant où commence le nouvel état du système, les quantités de mouvement telles que $mv_1$ que prennent les différents points étant considérées comme des forces et prises en sens contraire, doivent faire équilibre aux quantités de mouvement $mv$ que ces points possédaient auparavant : de sorte qu'on a l'équation

$$(h) \quad \sum m[(a - a_1)\delta x + (b - b_1)\delta y + (c - c_1)\delta z] = 0,$$

en désignant par $\delta x, \delta y, \delta z, \delta x', \ldots$, les projections sur les axes des déplacements virtuels des points $m, m', \ldots$, compatibles avec les liaisons nouvelles

$$L_1 = 0, \quad M_1 = 0, \ldots.$$

Ainsi l'on peut donner à $\delta x, \delta y, \ldots$ toutes les valeurs qui satisfont aux équations simultanées

$$(i) \quad \begin{cases} \dfrac{dL_1}{dx}\delta x + \dfrac{dL_1}{dy}\delta y + \dfrac{dL_1}{dz}\delta z + \dfrac{dL_1}{dx'}\delta x' + \ldots = 0, \\[2mm] \dfrac{dM_1}{dx}\delta x + \dfrac{dM_1}{dy}\delta y + \dfrac{dM_1}{dz}\delta z + \dfrac{dM_1}{dx'}\delta x' + \ldots = 0, \\[2mm] \ldots\ldots\ldots\ldots\ldots\ldots\ldots\ldots\ldots\ldots\ldots\ldots\ldots \end{cases}$$

En différentiant les mêmes équations $L_1 = 0, M_1 = 0, \ldots$ par rapport au temps $t$, puis remplaçant $\dfrac{dx}{dt}, \dfrac{dy}{dt}, \dfrac{dz}{dt}, \ldots$

· par leurs valeurs actuelles $a_1$, $b_1$, $c_1$, ..., on aura

$$(k) \begin{cases} \dfrac{d\mathrm{L}_1}{dx}\, a_1 + \dfrac{d\mathrm{L}_1}{dy}\, b_1 + \dfrac{d\mathrm{L}_1}{dz}\, c_1 + \dfrac{d\mathrm{L}_1}{dx'}\, a'_1 + \ldots = 0, \\[2ex] \dfrac{d\mathrm{M}_1}{dx}\, a_1 + \dfrac{d\mathrm{M}_1}{dy}\, b_1 + \dfrac{d\mathrm{M}_1}{dz}\, c_1 + \dfrac{d\mathrm{M}_1}{dx'}\, a'_1 + \ldots = 0, \\[2ex] \cdots\cdots\cdots\cdots\cdots\cdots\cdots\cdots\cdots\cdots\cdots \end{cases}$$

Au moyen des équations $(i)$ on éliminera de l'équation $(h)$ une partie des variations $\delta x$, $\delta y$, ..., puis on égalera à zéro les quantités multipliées par chacune des variations restantes. Les équations qu'on obtiendra, jointes aux équations connues $(k)$, fourniront la valeur des $3n$ inconnues $a_1$, $b_1$, $c_1$...., qui n'y entrent que sous forme linéaire. On peut aussi combiner l'équation $(h)$ avec les équations $(i)$ par les équations

$$m\,(a_1 - a) = \lambda\, \frac{d\mathrm{L}_1}{dx} + \mu\, \frac{d\mathrm{M}_1}{dx} + \ldots,$$

$$m\,(b_1 - b) = \lambda\, \frac{d\mathrm{L}_1}{dy} + \mu\, \frac{d\mathrm{M}_1}{dy} + \ldots,$$

$$\cdots\cdots\cdots\cdots\cdots\cdots\cdots\cdots\cdots\cdots$$

dont le nombre est triple du nombre $n$ des points $m$, $m'$, .... Ces équations et celles qui précèdent $(k)$ donneront les valeurs des $3n$ inconnues $a_1$, $b_1$, $c_1$, ..., et en outre celles des facteurs $\lambda$, $\mu$, ... qui font connaître les percussions que les liens du système éprouvent par le changement brusque des vitesses.

Les équations de condition

$$\mathrm{L}_1 = 0, \quad \mathrm{M}_1 = 0, \quad \mathrm{N}_1 = 0; \ldots$$

étant par hypothèse indépendantes du temps, on voit que le mouvement effectif du système pendant l'instant $dt$ qui succède au temps $t$ est l'un des mouvements virtuels que les liaisons données lui permettent de prendre. En effet, les équations $(i)$ sont vérifiées si l'on prend $\delta x$,

$\delta y$, $\delta z$.... proportionnelles aux composantes $a_1$, $b_1$, $c_1$, $a'_1$,... des vitesses réelles. On peut donc remplacer dans l'équation générale $\delta x$, $\delta y$, $\delta z$,... par $a_1$, $b_1$, $c_1$;.... On a ainsi l'équation

$$\sum m \left[(a - a_1) a_1 + (b - b_1) b_1 + (c - c_1) c_1\right] = 0,$$

qu'on peut mettre sous la forme

$$\sum m \left(a^2 + b^2 + c^2\right)$$

$$= \sum m (a_1^2 + b_1^2 + c_1^2) + \sum m \left[(a - a_1)^2 + (b - b_1)^2 + (c - c_1)^2\right];$$

et comme $a - a_1$, $b - b_1$, $c - c_1$ sont les composantes de la vitesse perdue par le point $m$, quand on décompose sa vitesse $v$ en $v_1$ et $u_1$, cette formule devient

$$\sum m v^2 = \sum m v_1^2 + \sum m u_1^2.$$

Elle signifie que *si les liaisons d'un système de points en mouvement sont changées à un instant donné, la somme des forces vives acquises avant cet instant surpasse celle qui a lieu immédiatement après, d'une quantité égale à la somme des forces vives correspondant aux vitesses perdues dans le passage du premier état du système au second* (*).

Quoique la formule précédente soit semblable à celle du théorème de Carnot sur la perte de force vive dans le choc des corps dénués d'élasticité, les deux propositions reposent sur des considérations assez différentes pour être distinguées l'une de l'autre. Les conséquences suivantes feront mieux ressortir cette différence.

---

(*) Ce théorème a été démontré par M. Duhamel dans une Note présentée à l'Académie des Sciences en 1832 et imprimée en 1835 dans le tome XV du *Journal de l'École Polytechnique.*

D'autres démonstrations ont été données en 1843 par M. Combes dans la lithographie de ses Leçons de Mécanique faites à l'École des Mines, et par M. Bertrand, dans les *Comptes rendus* de l'année 1856 (t. XLIII, p. 1108).

Rien n'empêche de supposer qu'à l'instant même où l'on établit les liaisons $L_1 = o$, $M_1 = o\ldots$, le système soit mis en mouvement par des percussions, c'est-à-dire par des forces d'une très-grande intensité agissant pendant un temps inappréciable sur les différents points $m$, $m'$,..., et capables de leur imprimer, *s'ils étaient libres,* les vitesses $v$, $v'$,..., qui se changent en $v_1$, $v'_1$,... par l'effet des liaisons $L_1 = o$, $M_1 = o$,.... Chaque vitesse $v$ se décomposant en $v_1$ et $u_1$, on aura toujours

$$\sum mv^2 = \sum mv_1^2 + \sum mu_1^2.$$

Considérons de nouveau un système de points en mouvement, $m$, $m'$,..., assujettis à des liaisons $L = o$, $M = o$,... indépendantes du temps ; supposons qu'à un instant donné pour lequel ces points ont les vitesses $v$, $v'$,... on établisse de nouvelles liaisons exprimées par les équations $L_1 = o$, $M_1 = o$,..., et parmi lesquelles se trouvent comprises toutes les anciennes liaisons. Appelons $v_1$ la vitesse que prendra le point $m$, qui avait auparavant la vitesse $v$. En décomposant cette vitesse $v$ en $v_1$ et $u_1$, on a trouvé

$$\sum mv^2 - \sum mv_1^2 = \sum mu_1^2$$

ou

$$\sum mv^2 - \sum mv_1^2 = \sum m\left[(a - a_1)^2 + (b - b_1)^2 + (c - c_1)^2\right].$$

On déduit immédiatement des propositions qui précèdent quelques propriétés de mouvement déjà connues, qu'on avait démontrées par des calculs plus ou moins simples. Par exemple, si l'on considère un corps solide en mouvement autour d'un point fixe, la somme des forces vives de tous les points de ce corps à une époque quelconque de son mouvement est toujours plus grande que celle qu'on obtiendrait si, en conservant à chaque molécule sa vitesse actuelle, on fixait un point quelconque de ce corps situé hors de cet axe instantané ou, en d'autres termes, si l'on forçait le corps à tourner autour d'un axe différent de son axe instantané. Il en est de même pour un mouvement initial. Si un corps solide retenu par un point fixe est mis en mouvement par des percussions, l'axe instantané autour duquel il commencera à tourner sera, parmi tous les axes passant par le point fixe qu'on peut imaginer dans le corps, celui pour lequel la somme des forces vives initiales est un maximum, c'est-à-dire que cette somme sera plus grande que celle que produiraient les mêmes percussions, si l'on assujettissait le corps à tourner autour d'un axe différent de l'*axe spontané*. Euler et Lagrange avaient dit que la somme des forces vives du corps tournant autour de son axe spontané, devait être un maximum ou un minimum. M. Delaunay a prouvé, par l'application de la méthode générale des maxima et minima, que cette force vive est toujours un maximum. Au reste, on obtient aisément cette proposition et une autre encore plus précise par la considération de la surface que M. Poinsot a nommée l'*ellipsoïde central*.

Le principe général donne de même, sans aucun calcul, cet autre théorème dû à M. Coriolis.

La somme des forces vives d'un système de points matériels à une époque quelconque de son mouvement est égale à la somme des forces vives que prendraient ces points, si, étant animés de leurs vitesses actuelles, ils venaient à former à cet instant un système de figure invariable assujetti aux mêmes conditions qu'auparavant, plus la somme des forces vives qu'auraient ces points en vertu des seules vitesses relatives par lesquelles ils s'écartent des positions qu'ils occuperaient dans le système solidifié.

La somme des forces vives dans le mouvement que prendrait le système s'il venait à être solidifié dans l'état où il se trouve à un instant quelconque, et que M. Coriolis appelle son *mouvement moyen* pour cet instant, peut elle-même se décomposer en deux parties dont l'une est la force vive qu'aurait la masse totale du système animée de la vitesse du centre de gravité, et dont l'autre est la somme des forces vives qu'auraient les molécules dans le mouvement relatif ou apparent du système solidifié autour du centre de gravité considéré comme fixe.

Soit un système de points matériels en mouvement assujettis à des liaisons quelconques qui peuvent ici contenir le temps explicitement (*). Considérons ce système à un instant donné et supposons qu'à cet instant et pour cette même position du système, on lui donne un autre mouvement quelconque différent du mouvement réel, mais toutefois compatible avec les liaisons données. Cet autre mouvement sera, si l'on veut, purement fictif. On pourra décomposer la vitesse $v$ de chaque point $m$ dans le premier mouvement en deux vitesses, dont l'une $v_1$ soit la vitesse de ce point dans le second mouvement, l'autre composante $\omega$ sera la vitesse *perdue* ou *relative* avec laquelle le point devrait s'écarter de la position qu'il occuperait dans le mouvement fictif (après l'instant $dt$) pour arriver à celle qu'il occupe dans le mouvement réel : le produit $\omega\,dt$ de cette vitesse perdue ou relative par l'élément du temps peut être appelé le déplacement *relatif* du point $m$, $v\,dt$ étant le déplacement réel, et $v_1\,dt$ le déplacement fictif.

Cela posé, la demi-somme des forces vives $\dfrac{1}{2}\sum m\omega^2$ correspondantes aux vitesses relatives $\omega$, prendra dans chaque instant $dt$ un accroissement égal à la somme des quantités

---

(*) Dans un système de liaisons L = o, M = o, N = o,..., fonctions du temps, on peut toujours supposer qu'une seule renferme $t$ explicitement, en éliminant $t$ entre elle et les autres. Mais l'équation des forces vives devient

$$d.\sum mv^2 = 2 \sum (X\,\delta x + Y\,\delta y + Z\,\delta z) - \lambda \frac{d\,\mathrm{L}}{dt}\,dt.$$

($\lambda$ n'est pas le même que si l'on conservait toutes les liaisons fonctions du temps.) *(Note de M. Sturm.)*

de travail élémentaire $P \omega\, dt \cos(P, \omega)$, dues aux forces extérieures P qui agissent sur les points du système et à leurs déplacements relatifs, plus les quantités de travail $Q \omega\, dt \cos(Q, \omega)$ qu'on obtient en considérant les forces Q égales et contraires à celles qui donneraient à chaque point supposé libre et d'abord animé de la vitesse fictive $\nu_1$, le mouvement fictif qu'on a supposé, et multipliant ces nouvelles forces Q par les mêmes déplacements relatifs $\omega\, dt$ projetés sur les directions des forces : en sorte qu'on a, pour un temps quelconque,

$$\sum m \omega^2 - \sum m \omega_0^2$$
$$= 2 \int \sum P \cos \omega\, dt \cos(P, \omega) + 2 \int \sum Q \omega\, dt \cos(Q, \omega),$$

$\omega_0$ étant la valeur initiale de $\omega$ à l'origine du temps.

Pour démontrer ce théorème (*), nommons $\alpha$, $6$, $\gamma$ les composantes de la vitesse $\omega$, $a_1$, $b_1$, $c_1$, celles de la vitesse fictive, $a$, $b$, $c$ celles de la vitesse réelle, et X, Y, Z celles de la force motrice P. En conservant les notations déjà employées, on a

$$\sum \left[ \left( X - m \frac{da}{dt} \right) \delta x + \left( Y - m \frac{db}{dt} \right) \delta y + \left( Z - m \frac{dc}{dt} \right) \delta z \right] = 0,$$

ou, à cause de $a = a_1 + \alpha$, $b = b_1 + 6, \ldots$,

$$(l) \quad \left\{ \begin{aligned} &\sum (X \delta x + Y \delta y + Z \delta z) - \sum m \left[ \left( \frac{da_1}{dt} + \frac{d\alpha}{dt} \right) \delta x \right. \\ &\left. + \left( \frac{db_1}{dt} + \frac{d6}{dt} \right) \delta y + \left( \frac{dc_1}{dt} + \frac{d\gamma}{dt} \right) \delta z \right] = 0. \end{aligned} \right.$$

Mais l'équation de condition $L = 0$ donne

$$\frac{dL}{dt} + \frac{dL}{dx} a + \frac{dL}{dy} b + \frac{dL}{dz} c + \frac{dL}{dx'} a' + \ldots = 0,$$

---

(*) Ce théorème a été aussi démontré par M. Combes (*Cours de Mécanique professé à l'École des Mines*). Dans l'exemplaire qu'il possédait, M. Sturm avait ajouté en marge sa démonstration, que nous reproduisons ici.

puisque $\dfrac{dx}{dt} = a$, $\dfrac{dy}{dt} = b, \ldots$, et

$$\frac{d\mathrm{L}}{dt} + \frac{d\mathrm{L}}{dx} a_i + \frac{d\mathrm{L}}{dy} b_i + \frac{d\mathrm{L}}{dz} c_i + \frac{d\mathrm{L}}{dx'} a'_i + \ldots = 0,$$

puisque les vitesses $a_i$, $b_i, \ldots$, sont compatibles avec les liaisons du système à l'époque $t$.

Donc, en retranchant les deux équations précédentes, on aura

$$\frac{d\mathrm{L}}{dx} (a - a_i) + \frac{d\mathrm{L}}{dy} (b - b_i) + \ldots = 0,$$

ou

$$\frac{d\mathrm{L}}{dx} \alpha + \frac{d\mathrm{L}}{dy} \beta + \ldots = 0.$$

Donc on peut prendre pour vitesses virtuelles $\alpha\,dt$, $\beta\,dt, \ldots$, c'est-à-dire faire

$$\delta x = \alpha\,dt, \quad \delta y = \beta\,dt, \ldots,$$

et l'équation $(l)$ devient

$$\sum (\mathrm{X}\alpha + \mathrm{Y}\beta + \mathrm{Z}\gamma)\,dt - \sum m \left( \frac{da_i}{dt}\alpha + \frac{db_i}{dt}\beta + \frac{dc_i}{dt}\gamma \right) dt$$
$$= \sum m (\alpha\,d\alpha + \beta\,d\beta + \gamma\,d\gamma).$$

Le second membre est égal à $\dfrac{1}{2} d \sum m\omega^2$ et les composantes de la force $\mathrm{Q}$ étant $-\,\mathrm{Q}\dfrac{da_i}{dt}$, $-\,\mathrm{Q}\dfrac{db_i}{dt}$, $-\,\mathrm{Q}\dfrac{dc_i}{dt}$, la formule précédente revient à

$$d \sum m\omega^2 = 2 \sum \mathrm{P}\omega\,dt \cos(\mathrm{P},\omega) + 2 \sum \mathrm{Q}\omega\,dt \cos(\mathrm{Q},\omega),$$

ce qui démontre le théorème énoncé.

On peut encore supposer dans cette formule que les forces $\mathrm{Q}$ soient des forces égales et contraires à celles qui seraient capables de produire le mouvement fictif à l'aide des liaisons données ; car on aurait, d'après le principe de d'Alembert,

$$\sum m\left(\frac{da_1}{dt}\,\alpha + \frac{db_1}{dt}\,\beta + \frac{dc_1}{dt}\,\gamma\right) dt = - \sum Q\,\omega\,dt\cos(Q,\omega),$$

sans avoir

$$m\,\frac{da_1}{dt} = Q\cos(Q,\,x)\cdots$$

*Autrement.* On a les deux équations

$$\sum\left[\left(X - m\frac{da}{dt}\right)\delta x + \left(Y - m\frac{db}{dt}\right)\delta y + \left(Z - m\frac{dc}{dt}\right)\delta z\right] = 0,$$

$$\sum\left[\left(X_1 - m\frac{da_1}{dt}\right)\delta x + \left(Y_1 - m\frac{db_1}{dt}\right)\delta y + \left(Z_1 - m\frac{dc_1}{dt}\right)\delta z\right] = 0,$$

en appelant $X_1, Y_1, Z_1$ les composantes des forces $-Q$ qui donneraient aux points le mouvement fictif. De là

$$\sum\left[(X - X_1)\delta x - m\left(\frac{da}{dt} - \frac{da_1}{dt}\right)\delta x + \ldots\right] = 0,$$

ou

$$\sum\left[\left(X - X_1 - m\frac{d\alpha}{dt}\right)\delta x + \ldots\right] = 0.$$

Mais on peut prendre $\delta x = \alpha\,dt$, $\delta y = \beta\,dt, \cdots$, Donc... (*).

Cette proposition comprend le beau théorème que M. Coriolis a donné pour l'extension du principe des forces vives ou de la transmission du travail aux mouvements relatifs en vertu desquels les points d'un système animés de leurs vitesses acquises à chaque instant s'écarteraient des positions infiniment voisines qu'ils prendraient dans le système solidifié. M. Coriolis a fait des applications importantes de son théorème : il en a donné

---

(*) *Application.* — Prendre le mouvement d'une planète pour le mouvement réel et le mouvement elliptique pour le mouvement fictif.

(Note de M. Sturm.)

un autre analogue pour estimer la force vive dans le mouvement fictif, et qui peut aussi être généralisé, comme l'exprime la formule suivante :

$$d \sum m v_1^2 = 2 \sum P v_1 \, dt \cos(P, v_1) - 2 \sum Q \omega \, dt \cos(Q, \omega),$$

qui suppose, toutefois, les liaisons indépendantes du temps. Dans cette hypothèse, en ajoutant les valeurs précédentes de $d \sum m \omega^2$ et de $d \sum m v_1^2$, on retrouve l'équation ordinaire des forces vives.

Dans la démonstration de ces formules, on observe qu'en décomposant le mouvement réel de chaque point en un mouvement fictif quelconque satisfaisant à toutes les conditions du système, et en un mouvement relatif, ce dernier peut toujours être pris pour un mouvement virtuel quelconque compatible avec toutes les liaisons données, quand bien même elles dépendraient du temps explicitement. Cette remarque suffit pour déduire de la formule générale de dynamique toutes les équations du mouvement relatif du système, en supposant connu le mouvement fictif à chaque instant.

*Note sur le théorème de la page* 353. — La vitesse du point $m$ ne peut varier d'une manière continue depuis $v$ jusqu'à $v_1$ pendant le temps $\theta$ si les nouvelles liaisons $L = o$, $M = o, \ldots$ sont indépendantes du temps ; car pour $t = o$ on a

$$(1) \quad \begin{cases} \dfrac{d L}{dx} a + \dfrac{d L}{dy} b + \ldots \gtrless o, \\[2ex] \dfrac{d M}{dx} a + \dfrac{d M}{dy} b + \ldots \gtrless o, \\[2ex] \ldots\ldots\ldots\ldots\ldots\ldots\ldots, \end{cases}$$

puisque les vitesses $v$ sont incompatibles avec les liaisons $L = o$, $M = o$, .., ou $dL = o$, $dM = o, \ldots$

Mais dans l'instant suivant $t'$, la vitesse devient $v'$ et doit être compatible avec $L = o$, $M = o, \ldots$, puisque ces liaisons doivent par hypothèse subsister depuis $t = o$ jusqu'à $t = \theta$ et au delà. On a donc pour $t = t'$

$$(2) \qquad \frac{d\mathrm{L}}{dx}\, a' + \frac{d\mathrm{L}}{dy}\, b' + \ldots = o.$$

Mais, dans les formules (1) et (2), $\dfrac{d\mathrm{L}}{dx}$, $\dfrac{d\mathrm{L}}{dy}, \ldots$ ont sensiblement les mêmes valeurs, puisque les points ne sont pas sensiblement déplacés. D'ailleurs la vitesse variant d'une manière continue, $v'$ diffère infiniment peu de $v$, $a'$ de $a$, $b'$ de $b$ et $c'$ de $c$. Donc $\dfrac{d\mathrm{L}}{dx}\, a + \dfrac{d\mathrm{L}}{dy}\, b + \ldots$ diffère infiniment peu de $\dfrac{d\mathrm{L}}{dx}\, a' + \dfrac{d\mathrm{L}}{dy}\, b' + \ldots$, c'est-à-dire de zéro, ce qui est faux, puisque les vitesses initiales $a$, $b$, $c$ sont arbitraires, et que par conséquent $\dfrac{d\mathrm{L}}{dx}\, a + \dfrac{d\mathrm{L}}{dx}\, b + \ldots$ peut avoir une valeur quelconque différente de zéro. Mais il n'y a plus aucune absurdité si l'on suppose que les liaisons $L = o$, $M = o, \ldots$ contiennent le temps pendant le temps $\theta$ et deviennent ensuite indépendantes du temps; car la liaison $L = o$ peut être exprimée par $\varphi(x, y, z, x', \ldots) = t$ ou $\psi(t)$, $\psi(t)$ étant très-petit pendant le temps $\theta$ et nul après ce temps, tandis que $\psi'(t)$ a une valeur finie qui s'évanouit après $\theta$.

En supposant, par exemple,

$$\mathrm{L} = x^2 + y^2 + z^2 - k^2 + 2t - \frac{t^2}{\theta} - \theta = o,$$

on aura pour un temps quelconque (depuis zéro jusqu'à $\theta$)

$$\frac{d\mathrm{L}}{dt} + \frac{d\mathrm{L}}{dx}\frac{dx}{dt} + \frac{d\mathrm{L}}{dy}\frac{dy}{dt} + \ldots = o,$$

d'où, pour $t = o$,

$$\frac{d\mathrm{L}}{dt} + \frac{d\mathrm{L}}{dx}\, a + \frac{d\mathrm{L}}{dy}\, b + \ldots = o.$$

Ici $\frac{dL}{dt} = 2 - \frac{2t}{\theta}$, et pour $t = 0$ on a $\frac{dL}{dt} = 2$. Les valeurs de $x$, $y$, $z$ et celles de $\frac{dL}{dx}$, $\frac{dL}{dy}$, ... ne varient pas
sensiblement pendant l'intervalle de temps $\theta$. Mais $\frac{dL}{dt}$
décroît depuis 2 jusqu'à zéro et au delà de $\theta$ reste nul,
puisque L ne contient plus $t$.

Pour $t \gtreqless \theta$, on a

$$\frac{dL}{dt} = 0, \quad \frac{dM}{dt} = 0, \ \ldots$$

On a pour un temps $t$ quelconque

$$\frac{dL}{dx}\, \delta x - \frac{dL}{dy}\, \delta y + \ldots = 0,$$

$$\frac{dM}{dx}\, \delta x + \frac{dM}{dy}\, \delta y + \ldots = 0,$$

$$\ldots \ldots \ldots \ldots \ldots \ldots \ldots$$

et comme $\frac{dL}{dx}$, $\frac{dL}{dy}$, ... restent sensiblement constants,
$\delta x$, $\delta y$, $\delta z$ sont constants pendant le temps $\theta$ et les
mêmes qu'à la fin du temps $\theta$. On peut donc prendre
$\delta x = a_1\, dt$, $\delta y = b_1\, dt$, ..., puisqu'on a ainsi

$$\frac{dL}{dx}\, a_1 + \frac{dL}{dy}\, b_1 + \ldots = 0,$$

à cause de $\frac{dL}{dt} = 0$, c'est-à-dire prendre pour déplacement virtuel pendant tout le temps $\theta$ le déplacement réel
qui a lieu à la fin de ce temps quand L est devenu indépendant du temps. Or on a, en faisant abstraction des
forces extérieures,

$$\sum m \left( \frac{d^2 x}{dt^2}\, \delta x + \ldots \right) = 0.$$

Intégrant, en supposant $\delta x$, $\delta y$, ... constants depuis

$t = 0$ jusqu'à $t = \theta$,

$$\sum m \left[ \left( \frac{dx_1}{dt} - \frac{dx_0}{dt} \right) \delta x + \ldots \right] = 0,$$

ou

$$\sum m \left[ (a_1 - a) \delta x + \ldots \right] = 0.$$

Il est permis de prendre $\delta x = a_1\, dt$, $\delta y = b_1\, dt, \ldots$; alors

$$\sum m \left[ (a_1 - a) a_1 + \ldots \right] = 0 \quad (^*).$$

*Vérification, méthode inverse.* — Appliquons au point $m$, *supposé libre* et animé de la vitesse initiale $v$ pour $t = 0$, les forces $\lambda \dfrac{d\mathrm{L}}{dx}$, $\lambda \dfrac{d\mathrm{L}}{dy}, \ldots, \mu \dfrac{d\mathrm{M}}{dx}, \ldots$. On a

$$m \frac{d^2 x}{dt^2} = \lambda \frac{d\mathrm{L}}{dx} + \mu \frac{d\mathrm{M}}{dx} + \ldots.$$

Supposons que pour un temps $t$, entre zéro et $\theta$, $x, y, z$ restent à peu près constants, ainsi que $\dfrac{d\mathrm{L}}{dx}, \dfrac{d\mathrm{M}}{dx}, \ldots,$ quoique L contienne $t$. En intégrant l'équation précédente, on aura

$$m(a_1 - a) = \frac{d\mathrm{L}}{dx} \int_0^\theta \lambda\, dt + \frac{d\mathrm{M}}{dx} \int_0^\theta \mu\, dt + \ldots.$$

Supposons $\dfrac{d\mathrm{L}}{dx} \delta x + \dfrac{d\mathrm{L}}{dy} \delta y + \ldots = 0$ : $\delta x, \delta y, \ldots$ resteront constants. On aura

$$m \left[ (a_1 - a) \delta x + \ldots \right]$$
$$= \left( \frac{d\mathrm{L}}{dx} \delta x + \frac{d\mathrm{L}}{dy} \delta y + \ldots \right) \int_0^\theta \lambda\, dt + \ldots = 0,$$
$$m(a_1 - a) a_1 + \ldots = 0.$$

---

(*) Cette équation est la première de la page 353. On en déduit comme plus haut le théorème énoncé. La démonstration précédente avait été indiquée par M. Sturm à M. l'abbé Jullien. Voir *Problèmes de Mécanique rationnelle*. Paris, 1855, t. II, p. 255.

Autrement et plus brièvement on a

$$\sum \left( m\, \frac{d^2 x}{dt^2}\, \delta x + \ldots \right) = 0.$$

Intégrant, on a, puisque $\delta x$, $\delta y$, $\delta z$, ... ne varient pas avec le temps,

$$\sum \left( m\, \frac{dx}{dt}\, \delta \dot{x} + \ldots \right) = 0,$$

et entre les limites zéro et $\theta$

$$\sum \left[ m\,(a_1 - a)\,\delta x + \ldots \right] = 0.$$

---

# NOTE II.

### SUR LE MOUVEMENT DU PENDULE SIMPLE, EN AYANT ÉGARD AU MOUVEMENT DE LA TERRE.

(Leçon faite par M. Sturm à la Faculté des Sciences, en Juin 1851.) (*)

Soient X, Y, Z les coordonnées, rapportées à trois axes rectangulaires fixes, de l'extrémité M du pendule : le point M est sollicité par deux forces dont l'une est la résultante des attractions des diverses parties de la terre, tandis que l'autre provient de l'attraction du soleil et des autres corps célestes.

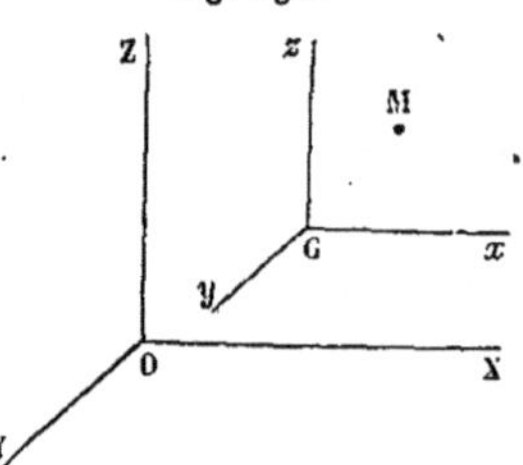


Nommons $g$ et $f$ ces deux forces rapportées à l'unité de masse et désignons par $g_x$, $g_y$, $g_z$, $f_x$, $f_y$, $f_z$ leurs composantes parallèles aux axes. En appelant $\delta X$, $\delta Y$, $\delta Z$ les variations des coordonnées X, Y, Z -

---

(*) Nous devons à l'obligeance de M. Puiseux. la rédaction de cette Leçon, sur laquelle nous n'avons trouvé, dans les papiers de M. Sturm, que des Notes incomplètes.

qui résultent d'un déplacement virtuel quelconque du point M, on aura l'équation

$$\left(\frac{d^2X}{dt^2} - g_x - f_x\right)\delta X + \left(\frac{d^2Y}{dt^2} - g_y - f_y\right)\delta Y$$
$$+ \left(\frac{d^2Z}{dt^2} - g_z - f_z\right)\delta Z = 0.$$

Appelons $\alpha$, $\beta$, $\gamma$ les coordonnées du centre de gravité G de la terre et $x, y, z$ celles du point M par rapport à trois axes parallèles aux axes fixes menés par le centre de gravité. On aura

$$X = \alpha + x, \quad Y = \beta + y, \quad Z = \gamma + z,$$

et si l'on observe que les composantes $f_x$, $g_x \ldots$, peuvent aussi bien être représentées par $f_x$, $g_x$, $\ldots$, on remplacera l'équation précédente par celle-ci

$$\left(\frac{d^2\alpha}{dt^2} + \frac{d^2x}{dt^2} - g_x - f_x\right)\delta x + \left(\frac{d^2\beta}{dt^2} + \frac{d^2y}{dt^2} - g_y - f_y\right)\delta y$$
$$+ \left(\frac{d^2\gamma}{dt^2} + \frac{d^2z}{dt^2} - g_z - f_z\right)\delta z = 0.$$

Mais si l'on admet, comme nous le ferons, que la force $f$ soit la même en grandeur et en direction pour tous les points de la terre, et si l'on nomme $\mu$ la masse d'un point de celle-ci et M sa masse entière, les principes généraux de la dynamique nous donneront l'équation

$$M\frac{d^2\alpha}{dt^2} = \sum \mu f_x = f_x \sum \mu = M f_x, \quad \text{ou} \quad \frac{d^2\alpha}{dt^2} = f_x.$$

On aura de même

$$\frac{d^2\beta}{dt^2} = f_y, \quad \frac{d^2\gamma}{dt^2} = f_z.$$

Par suite l'équation établie ci-dessus deviendra

$$\left(\frac{d^2x}{dt^2} - g_x\right)\delta x + \left(\frac{d^2y}{dt^2} - g_y\right)\delta y + \left(\frac{d^2z}{dt^2} - g_z\right)\delta z = 0;$$

ainsi le mouvement du pendule sera le même que si, le

centre de gravité étant immobile, le point M n'était soumis qu'à l'attraction de la terre.

Supposons que l'axe $Gz$ passant par le centre de gravité soit l'axe de rotation de la terre (*). Soit P le point
de suspension du pendule PM; abaissons du point P sur
l'axe la perpendiculaire PK que nous désignerons par $r$;
appelons $n$ la vitesse angulaire
de rotation de la terre et comptons le temps $t$ à partir du moment où la droite PK se trouvait
dans le plan $Gyz$; les coordonnées du point P relativement à
l'origine G seront

Fig. 193.

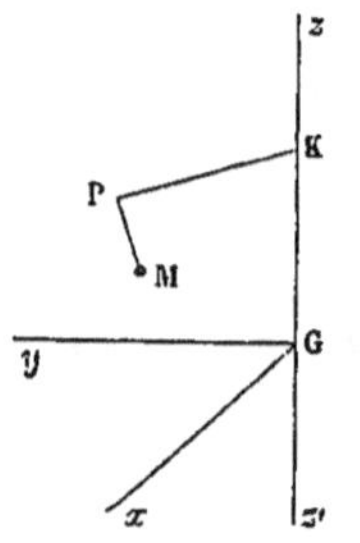

$$x = r\sin nt,$$
$$y = r\cos nt,$$
$$z = k,$$

$k$ désignant une constante. Si l'on prend la seconde sidé-
rale pour unité de temps, le nombre $n$ est égal à $\dfrac{2\pi}{86400}$
ou environ $\dfrac{1}{13713}$; on voit que c'est une petite fraction.

Regardons maintenant le point P comme l'origine de
trois nouveaux axes de coordonnées $Px_1$, $Py_1$, $Pz_1$ que
nous supposerons emportés avec la terre. Nommons $a, b, c$
les cosinus des angles que $Gx$ fait avec ces nouveaux
axes, $a'$, $b'$, $c'$ ceux des angles que fait $Gy$, et $a''$, $b''$, $c''$
ceux des angles que fait avec les mêmes axes le prolon-
gement $Gz'$ de $Gz$. On aura

$$x = r\sin nt + ax_1 + by_1 + cz_1,$$
$$y = r\cos nt + a'x_1 + b'y_1 + c'z_1,$$
$$z = k - (a''x_1 + b''y_1 + c''z_1).$$

La quantité $g_x\,\delta x + g_y\,\delta y + g_z\,\delta z$ exprimant le mo-

---

(*) Et que les $z$ positives soient dirigées vers le pôle boréal; admettons
de plus que la rotation se fasse de $Gy$ vers $Gz$.

ment virtuel de la force $g$, conserve la même valeur quels que soient les axes des coordonnées ; l'équation

$$\left(\frac{d^2x}{dt^2} - g_x\right)\delta x + \left(\frac{d^2y}{dt^2} - g_y\right)\delta y + \left(\frac{d^2z}{dt^2} - g_z\right)\delta z = 0$$

peut donc s'écrire

$$\frac{d^2x}{dt^2}\delta x + \frac{d^2y}{dt^2}\delta y + \frac{d^2x}{dt^2}\delta z = g_{x_i}\delta x_i + g_{y_i}\delta y_i + g_{z_i}\delta z_i.$$

Mais on a

$$\delta x = a\,\delta x_i + b\,\delta y_i + c\,\delta z_i,$$
$$\delta y = a'\delta x_i + b'\delta y_i + c'\delta z_i,$$
$$\delta z = -(a''\delta x_i + b''\delta y_i + c''\delta z_i).$$

D'un autre côté, menons par le point P les droites P$\xi$, P$\eta$, PS respectivement parallèles à G$x$, G$y$, G$z$, et dans le plan P$\xi\eta$ perpendiculaire à G$z$, menons PE perpendiculaire à la droite KPF, dans le sens de la rotation. Les angles des droites PE, PF avec P$x_i$, P$y_i$, P$z_i$ ne varieront pas avec le temps, et l'angle FP$\eta$ étant égal à $nt$, on aura (*)

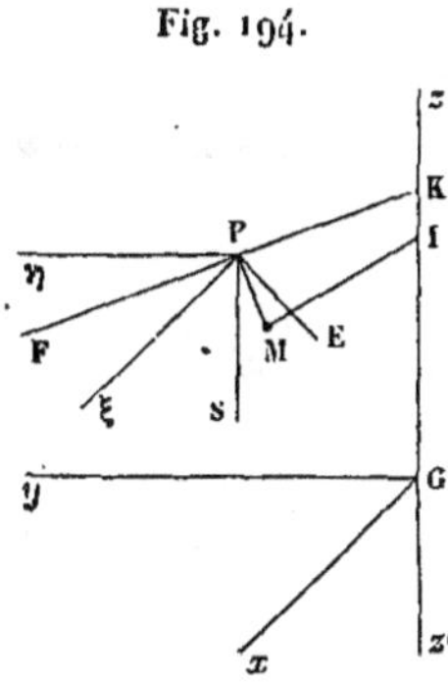

Fig. 194.

$$a = \cos x_i\,P\xi = \cos nt\cos EP\,x_i + \sin nt\cos FP\,x_i,$$
$$b = \cos y_i\,P\xi = \cos nt\cos EP\,y_i + \sin nt\cos FP\,y_i,$$
$$c = \cos z_i\,P\xi = \cos nt\cos EP\,z_i + \sin nt\cos FP\,z_i,$$
$$a' = \cos x_i\,P\eta = -\sin nt\cos EP\,x_i + \cos nt\cos FP\,x_i,$$
$$b' = \cos y_i\,P\eta = -\sin nt\cos EP\,y_i + \cos nt\cos FP\,y_i,$$
$$c' = \cos z_i\,P\eta = -\sin nt\cos EP\,z_i + \cos nt\cos FP\,z_i:$$

$a''$, $b''$, $c''$ sont indépendants du temps.

---

(*) La première de ces équations, par exemple, s'obtient en prenant sur P$\xi$ une longueur égale à l'unité ; en la projetant sur $ox_i$, on a $a$ ; mais on peut aussi projeter, au lieu de P$\xi$, ses composantes suivant PE et PF. Ce qui donne

$$\cos nt\cos EP\,x_i + \sin nt\cos FP\,x_i.$$

On conclut de ces formules

$$\frac{da}{dt} = na', \qquad \frac{db}{dt} = nb', \qquad \frac{dc}{dt} = nc',$$

$$\frac{da'}{dt} = -na, \qquad \frac{db'}{dt} = -nb, \qquad \frac{dc'}{dt} = -nc.$$

L'équation

$$x = r \sin nt + ax_1 + by_1 + cz_1,$$

nous donne par suite

$$\frac{dx}{dt} = nr \cos nt + a\frac{dx_1}{dt} + b\frac{dy_1}{dt} + c\frac{dz_1}{dt} + na'x_1 + nb'y_1 + nc'z_1,$$

$$\frac{d^2x}{dt^2} = -n^2 r \sin nt + a\frac{d^2x_1}{dt^2} + b\frac{d^2y_1}{dt^2} + c\frac{d^2z_1}{dt}$$

$$+ 2na'\frac{dx_1}{dt} + 2nb'\frac{dy_1}{dt} + 2nc'\frac{dz_1}{dt} - n^2ax_1 - n^2by_1 - n^2cz_1.$$

On aura pareillement

$$\frac{d^2y}{dt^2} = -n^2 r \cos nt + a'\frac{d^2x_1}{dt^2} + b'\frac{d^2y_1}{dt^2} + c'\frac{d^2z_1}{dt^2}$$

$$- 2na\frac{dx_1}{dt} - 2nb\frac{dy_1}{dt} - 2nc\frac{dz_1}{dt} - n^2a'x_1 - n^2b'y_1 - n^2c'z_1,$$

et de plus

$$\frac{d^2z}{dt^2} = -a''\frac{d^2x_1}{dt^2} - b''\frac{d^2y_1}{dt^2} - c''\frac{d^2z_1}{dt^2}.$$

Observons maintenant que les coordonnées $x_1, y_1, z_1$ du point mobile M doivent vérifier l'équation

$$x_1^2 + y_1^2 + z_1^2 = l^2,$$

$l$ désignant la longueur du pendule : il en résulte

$$\frac{x_1}{l}\delta x_1 + \frac{y_1}{l}\delta y_1 + \frac{z_1}{l}\delta z_1 = 0.$$

Ajoutons cette équation multipliée par un facteur indéterminé $\lambda$ à l'équation

$$\frac{d^2x}{dt^2}\,\delta x + \frac{d^2y}{dt^2}\,\delta y + \frac{d^2z}{dt^2}\,\delta z - g_{x_i}\,\delta \dot{x}_i - g_{y_i}\,\delta y_i - g_{z_i}\,\delta z_i = 0,$$

et remplaçons $\delta x$, $\delta y$, $\delta z$, $\dfrac{d^2x}{dt^2}$, $\dfrac{d^2y}{dt^2}$, $\dfrac{d^2z}{dt^2}$ par les valeurs

qu'on vient de trouver. Nous aurons

$$\left( a\frac{d^2x_i}{dt^2} + b\frac{d^2y_i}{dt^2} + c\frac{d^2z_i}{dt^2} + 2na'\frac{dx_i}{dt} + 2nb'\frac{dy_i}{dt} + 2nc'\frac{dz_i}{dt} \right.$$
$$\left. - n^2ax_i - n^2by_i - n^2cz_i - n^2r\sin nt \right)$$
$$\times (a\,\delta x_i + b\,\delta y_i + c\,\delta z_i)$$
$$+ \left( a'\frac{d^2x_i}{dt^2} + b'\frac{d^2y_i}{dt^2} + c'\frac{d^2z_i}{dt^2} - 2na\frac{dx_i}{dt} - 2nb\frac{dy_i}{dt} - 2nc\frac{dz_i}{dt} \right.$$
$$\left. - n^2a'x_i - n^2b'y_i - n^2c'z_i - n^2r\cos nt \right)$$
$$\times (a'\,\delta x_i + b'\,\delta y_i + c'\,\delta z_i)$$
$$+ \left( a''\frac{d^2x_i}{dt^2} + b''\frac{d^2y_i}{dt^2} - c''\frac{d^2z_i}{dt^2} \right)(a''\,\delta x_i + b''\,\delta y_i + c''\,\delta z_i)$$
$$+ \frac{\lambda.x_i}{l}\,\delta x_i + \frac{\lambda y_i}{l}\,\delta y_i + \frac{\lambda z_i}{l}\,\delta z_i - g_{x_i}\delta x_i - g_{y_i}\delta y_i - g_{z_i}\delta z_i = 0.$$

Nous pouvons maintenant dans cette équation égaler sé-
parément à zéro les coefficients de $\delta x_1$, $\delta y_1$, $\delta z_1$, et si
nous avons égard aux relations connues

$$a^2 + a'^2 + a''^2 = 1,$$
$$b^2 + b'^2 + b''^2 = 1,$$
$$c^2 + c'^2 + c''^2 = 1,$$
$$bc + b'c' + b''c'' = 0,$$
$$ac + a'c' + a''c'' = 0,$$
$$ab + a'b' + a''b'' = 0,$$
$$bc' - cb' = a'', \quad ca' - ac' = b'', \quad ab' - ba' = c'',$$

et aussi aux formules

$$a\sin nt + a'\cos nt = \cos FP x_i,$$
$$b\sin nt + b'\cos nt = \cos FP y_i,$$
$$c\sin nt + c'\cos nt = \cos FP z_i,$$

nous trouverons

$$\frac{d^2x_1}{dt^2} + 2nc'' \frac{dy_1}{dt} - 2nb'' \frac{dz_1}{dt} - n^2 x_1$$

$$+ n^2 a''(a'' x_1 + b'' y_1 + c'' z_1) - n^2 r \cos FP.x_1 + \frac{\lambda x_1}{l} - g_{x_1} = 0,$$

$$\frac{d^2 y_1}{dt^2} - 2nc'' \frac{dx_1}{dt} + 2na'' \frac{dz_1}{dt} - n^2 y_1$$

$$+ n^2 b''(a'' x_1 + b'' y_1 + c'' z_1) - n^2 r \cos FP.y_1 + \frac{\lambda y_1}{l} - g_{y_1} = 0,$$

$$\frac{d^2 z_1}{dt^2} + 2nb'' \frac{dx_1}{dt} - 2na'' \frac{dy_1}{dt} - n^2 z_1$$

$$+ n^2 c''(a'' x_1 + b'' y_1 + c'' z_1) - n^2 r \cos FP.z_1 + \frac{\lambda z_1}{l} - g_{z_1} = 0.$$

Ces équations ne diffèrent de celles du mouvement d'un point libre que par les termes $\frac{\lambda x_1}{l}$, $\frac{\lambda y_1}{l}$, $\frac{\lambda z_1}{l}$ qui pris en signes contraires expriment les composantes parallèles aux axes $Px_1$, $Py_1$, $Pz_1$ d'une force $\lambda$ dirigée dans le sens MP suivant le fil qui supporte le point M. La tension de ce fil est donc égale à $\lambda$.

Il est aisé de reconnaître que dans les trois équations du mouvement obtenues tout à l'heure les termes en $n^2$, pris en signes contraires, représentent les composantes de la force centrifuge du point M due à la vitesse de rotation $n$. En effet, soit I la projection du point M sur l'axe de rotation $Gz$ ; le quadrilatère PMIK projeté sur l'axe $Px_1$ nous donnera

$$KP \cos FP.x_1 + PM \cos MP.x_1$$
$$+ MI \cos(MI, x_1) + IK \cos(IK, x_1) = 0,$$

ou bien, en observant que l'angle $(IM, x_1)$ est le supplément de $(MI, x_1)$,

$$MI \cos(IM, x_1) = r \cos FP.x_1 + x_1 - a''(a'' x_1 + b'' y_1 + c'' z_1),$$

et par suite

$$n^2\, \mathrm{MI} \cos(\mathrm{IM}, x_\iota)$$
$$= n'r \cos \mathrm{FP}.x_\iota + n^2 x_\iota - n^2 a''(a'' x_\iota + b'' y_\iota + c'' z_\iota).$$

Or le premier membre est la composante suivant $\mathrm{P}x_\iota$ de la force centrifuge du point M due à la vitesse de rotation $n$ : les termes

$$- n^2 x_\iota + n^2 a''(a'' x_\iota + b'' y_\iota + c'' z_\iota) - n^2 r \cos \mathrm{FP}\, x_\iota,$$

qui se trouvent dans l'équation en $\dfrac{d^2 x_\iota}{dt^2}$ expriment donc cette même composante prise en signe contraire.

Appelons $f$ la force centrifuge pour le point M et $f_{x_\iota}, f_{y_\iota}, f_{z_\iota}$ ses trois composantes parallèlement aux axes $\mathrm{P}x_\iota$, $\mathrm{P}y_\iota$, $\mathrm{P}z_\iota$ ; nos trois équations pourront s'écrire

$$\frac{d^2 x_\iota}{dt^2} + \frac{\lambda x_\iota}{l} + 2nc'' \frac{dy_\iota}{dt} - 2nb'' \frac{dz_\iota}{dt} - f_{x_\iota} - g_{x_\iota} = 0,$$

$$\frac{d^2 y_\iota}{dt^2} + \frac{\lambda y_\iota}{l} - 2nc'' \frac{dx_\iota}{dt} + 2na'' \frac{dz_\iota}{dt} - f_{y_\iota} - g_{y_\iota} = 0,$$

$$\frac{d^2 z_\iota}{dt^2} + \frac{\lambda z_\iota}{l} + 2nb'' \frac{dx_\iota}{dt} - 2na'' \frac{dy_\iota}{dt} - f_{z_\iota} - g_{z_\iota} = 0.$$

Les quantités $f_{x_\iota} + g_{x_\iota}$, $f_{y_\iota} + g_{y_\iota}$, $f_{z_\iota} + g_{z_\iota}$ sont les composantes de la pesanteur apparente au point M, c'est-à-dire de la résultante de l'attraction de la terre et de la force centrifuge. Désignons-les par $p_{x_\iota}$, $p_{y_\iota}$, $p_{z_\iota}$, et les trois équations précédentes deviendront

$$\frac{d^2 x_\iota}{dt^2} + \frac{\lambda x_\iota}{l} + 2nc'' \frac{dy_\iota}{dt} - 2nb'' \frac{dz_\iota}{dt} - p_{x_\iota} = 0,$$

$$\frac{d^2 y_\iota}{dt^2} + \frac{\lambda y_\iota}{l} - 2nc'' \frac{dx_\iota}{dt} + 2na'' \frac{dz_\iota}{dt} - p_{y_\iota} = 0,$$

$$\frac{d^2 z_\iota}{dt^2} + \frac{\lambda z_\iota}{l} + 2nb'' \frac{dx_\iota}{dt} - 2na'' \frac{dy_\iota}{dt} - p_{z_\iota} = 0.$$

Jusqu'à présent nous n'avons pas déterminé les directions des axes des $x_1$, $y_1$, $z_1$ : supposons maintenant qu'on fasse coïncider l'axe des $z_1$ avec la position d'équilibre $Pm$ du pendule (*). Les équations précédentes doivent être vérifiées lorsqu'on suppose le pendule en repos dans cette position ; si l'on observe qu'alors on a $x_1 = 0$, $y_1 = 0$, $z_1 = 0$, et si l'on appelle P la valeur correspondante de $\lambda$, on aura pour le pendule en équilibre

$$p_{x_1} = 0, \quad p_{y_1} = 0, \quad p_{z_1} = P.$$

On voit par là que la tension P du fil dans la position d'équilibre se confond avec la pesanteur apparente $p$ au point $m$. Si maintenant on néglige les variations que cette pesanteur apparente éprouve en grandeur et en direction dans l'étendue des excursions du pendule, on pourra dans les équations du mouvement remplacer $p_{x_1}$ par zéro, $p_{y_1}$ par zéro et $p_{z_1}$ par $p$ : elles deviendront, à ce degré d'approximation,

$$\frac{d^2 x_1}{dt^2} + \frac{\lambda x_1}{l} + 2 n c'' \frac{dy_1}{dt} - 2 n b'' \frac{dz_1}{dt} = 0,$$

$$\frac{d^2 y_1}{dt^2} + \frac{\lambda y_1}{l} - 2 n c'' \frac{dx_1}{dt} + 2 n a'' \frac{dz_1}{dt} = 0,$$

$$\frac{d^2 z_1}{dt^2} + \frac{\lambda z_1}{l} + 2 n b'' \frac{dx_1}{dt} - 2 n a'' \frac{dy_1}{dt} - p = 0.$$

La pesanteur apparente est, comme on l'a dit, la résultante de l'attraction de la terre et de la force centrifuge. Si l'on regarde la première force comme constante en grandeur et en direction dans l'étendue des excursions du pendule (et en effet, ignorant la constitution

---

(*) *Nota.* On doit remarquer que la direction $Pm$ du pendule en équilibre est celle de la verticale ou de la pesanteur apparente au point $m$, mais qu'elle est généralement différente de la direction de la verticale au point de suspension P. L'écart de ces deux verticales explique la déviation entre l'est et le sud qu'on observe dans la chute des corps qui tombent d'une grande hauteur.

intérieure de la terre, nous ne savons pas apprécier les variations que cette force éprouve); mais qu'on veuille tenir compte des variations qu'éprouve la force centrifuge dans les mêmes limites, on pourra encore regarder $g_{x_i}$, $g_{y_i}$, $g_{z_i}$ comme ayant toujours les mêmes valeurs que dans la position d'équilibre, mais cela ne sera plus permis pour $f_{x_i}$, $f_{y_i}$, $f_{z_i}$.

Pour nous débarrasser des quantités $g_{x_i}$, $g_{y_i}$, $g_{z_i}$, écrivons que les équations du mouvement, telles que nous les avons obtenues d'abord, sont vérifiées lorsqu'on y suppose à $x_i$, $y_i$, $z_i$ les valeurs constantes $x_i = 0$, $y_i = 0$, $z_i = l$. Il nous viendra

$$n^2 a'' c'' l - n^2 r \cos \mathrm{FP} x_i - g_{x_i} = 0,$$
$$n^2 b'' c'' l - n^2 r \cos \mathrm{FP} y_i - g_{y_i} = 0,$$
$$\mathrm{P} - n^2 l + n^2 c''^2 l - n^2 r \cos \mathrm{FP} z_i - g_{z_i} = 0.$$

Tirons de là les valeurs de $g_{x_i}$, $g_{y_i}$, $g_{z_i}$, et regardons-les comme convenant à une position quelconque du point M : alors nous pourrons les substituer dans les équations du mouvement, et elles deviendront

$$\frac{d^2 x_i}{dt^2} + \frac{\lambda x_i}{l} + 2 n c'' \frac{dy_i}{dt} - 2 n b'' \frac{dz_i}{dt}$$
$$- n^2 x_i + n^2 a'' \left[ a'' x_i + b'' y_i + c'' (z_i - l) \right] = 0,$$

$$\frac{d^2 y_i}{dt^2} + \frac{\lambda y_i}{l} - 2 n c'' \frac{dx_i}{dt} + 2 n a'' \frac{dy_i}{dt}$$
$$- n^2 y_i + n^2 b'' \left[ a'' x_i + b'' y_i + c'' (z_i - l) \right] = 0,$$

$$\frac{d^2 z_i}{dt^2} + \frac{\lambda z_i}{l} + 2 n b'' \frac{dx_i}{dt} - 2 n a'' \frac{dy_i}{dt}$$
$$- n^2 (z_i - l) + n^2 c'' \left[ a'' x_i + b'' y_i + c'' (z_i - l) \right] - \mathrm{P} = 0.$$

En négligeant les termes en $n^2$, on retrouverait les équations qu'on a obtenues tout à l'heure en négligeant les variations de la force centrifuge.

Concevons le plan passant par la position d'équilibre

P$m$ du pendule et par une parallèle à l'axe de rotation de la terre ; c'est ce qu'on appelle le *plan du méridien* pour le point $m$. Prenons l'axe des $x_1$ perpendiculaire à ce plan, on aura $a'' = 0$, et si l'on fait

$$b'' = \cos\gamma, \quad c'' = \sin\gamma,$$

l'angle $\gamma$ sera la latitude du point $m$. Les équations précédentes deviendront, en supprimant les indices des lettres $x$, $y$, $z$,

$$\frac{d^2x}{dt^2} + \frac{\lambda x}{l} + 2n\sin\gamma\frac{dy}{dt} - 2n\cos\gamma\frac{dz}{dt} + \text{des termes en } n^2 = 0,$$

$$\frac{d^2y}{dt^2} + \frac{\lambda y}{l} - 2n\sin\gamma\frac{dx}{dt} \qquad\qquad + \text{des termes en } n^2 = 0,$$

$$\frac{d^2z}{dt^2} + \frac{\lambda z}{l} - P + 2n\cos\gamma\frac{dx}{dt} \qquad\qquad + \text{des termes en } n^2 = 0,$$

et en négligeant les termes en $n^2$ ou les variations de la force centrifuge,

$$\frac{d^2x}{dt^2} + \frac{\lambda x}{l} + 2n\sin\gamma\frac{dy}{dt} - 2n\cos\gamma\frac{dz}{dt} = 0,$$

$$\frac{d^2y}{dt^2} + \frac{\lambda y}{l} - 2n\sin\gamma\frac{dx}{dt} = 0,$$

$$\frac{d^2z}{dt^2} + \frac{\lambda z}{l} - P + 2n\cos\gamma\frac{dx}{dt} = 0.$$

Bornons-nous à ces dernières équations ; si la terre était immobile, de sorte qu'on eût $n = 0$, elles se réduiraient à

$$\frac{d^2x}{dt^2} + \frac{\lambda x}{l} = 0, \quad \frac{d^2y}{dt^2} + \frac{\lambda y}{l} = 0, \quad \frac{d^2z}{dt^2} + \frac{\lambda z}{l} - P = 0.$$

Admettons de plus que le pendule s'écarte peu de sa position d'équilibre, et regardons $x$ et $y$ comme de très-petites quantités du premier ordre ; en vertu de l'équation

$$x^2 + y^2 + z^2 = l^2,$$

$z$ ne différera de $l$ que de quantités du second ordre, et en

les négligeant la troisième des équations ci-dessus nous
donnera $\lambda = P$ ; par suite les deux autres deviendront

$$\frac{d^2 x}{dt^2} + \frac{P x}{l} = 0, \quad \frac{d^2 y}{dt^2} + \frac{P y}{l} = 0.$$

Ne supposons plus maintenant $n = 0$, mais regardons $n$
comme une petite fraction ; nous allons montrer qu'on a
encore deux équations semblables aux précédentes, mais
par rapport à des axes qui tourneraient uniformément
autour de la verticale $P m$ du point $m$. En effet, la troisième équation du mouvement nous donne

$$\lambda = P - 2n \cos\gamma \frac{dx}{dt} ;$$

portons cette valeur dans les deux autres et négligeons-y
les termes du second ordre ; elles deviendront

$$\frac{d^2 x}{dt^2} + \frac{P x}{l} + 2n \sin\gamma \frac{dy}{dt} = 0,$$

$$\frac{d^2 x}{dt^2} + \frac{P y}{l} - 2n \sin\gamma \frac{dx}{dt} = 0.$$

Imaginons maintenant dans le plan $P x_1 y_1$ deux droites
rectangulaires mobiles $P \xi$, $P \eta$ tournant autour du
point P avec la vitesse angulaire constante $n \sin\gamma = k$ : si
nous appelons $\xi$, $\eta$, $z$ les coordonnées de l'extrémité du
pendule par rapport aux axes $P \xi$, $P \eta$, $P z$, nous aurons

$$x = \xi \cos kt - \eta \sin kt, \quad y = \xi \sin kt + \eta \cos kt,$$

et en substituant ces valeurs dans les équations précédentes, puis supprimant les termes qui contiennent le
produit de $n^2$ ou de $k^2$ par des quantités du premier
ordre, il viendra

$$\left( \frac{d^2 \xi}{dt^2} + \frac{P \xi}{l} \right) \cos kt - \left( \frac{d^2 \eta}{dt^2} + \frac{P \eta}{l} \right) \sin kt = 0,$$

$$\left( \frac{d^2 \xi}{dt^2} + \frac{P \xi}{l} \right) \sin kt + \left( \frac{d^2 \eta}{dt^2} + \frac{P \eta}{l} \right) \cos kt = 0,$$

d'où

$$\frac{d^2\xi}{dt^2} + \frac{P\xi}{l} = 0, \qquad \frac{d^2\eta}{dt^2} + \frac{P\eta}{l} = 0,$$

équations pareilles à celles qu'on avait trouvées dans la supposition de la terre immobile. Ainsi en supposant l'amplitude des oscillations très-petite, la projection horizontale de l'extrémité du pendule se mouvra sensiblement par rapport aux axes mobiles $P\xi$, $P\eta$ comme elle le ferait par rapport aux axes $Px_1$, $Py_1$ si la terre était en repos. Si donc chaque oscillation est à peu près plane, le plan dans lequel elle paraîtra s'accomplir tournera autour de la verticale avec la vitesse angulaire $n \sin\gamma$.

---

# NOTE III.

ÉQUATIONS GÉNÉRALES DU MOUVEMENT RELATIF,

Par M. A. DE SAINT-GERMAIN.

Le mouvement relatif d'un point matériel, par rapport à un système d'axes ou de points de repère dont le mouvement est bien connu, peut toujours se déterminer comme un mouvement absolu, à condition d'adjoindre aux forces qui sollicitent réellement le mobile certaines forces fictives, dites *forces apparentes,* dont nous allons donner, d'une manière générale, la grandeur et la direction. Cherchons d'abord l'accélération totale d'un point, connaissant le mouvement relatif du point et le mouvement du système de comparaison, qu'on appelle *mouvement d'entraînement.*

Soient, à une époque $t$, $x$, $y$, $z$ les coordonnées absolues d'un point M; $x_1$, $y_1$, $z_1$ ses coordonnées relatives à trois axes rectangulaires $O_1x_1$, $O_1y_1$, $O_1z_1$, que je prends pour lignes de repère. Les premières ont en fonction des secondes des expressions de forme connue :

$$x = \alpha + ax_1 + by_1 + cz_1,$$
$$y = \beta + a'x_1 + b'y_1 + c'z_1,$$
$$z = \gamma + a''x_1 + b''y_1 + c''z_1.$$

$\alpha, \beta, \gamma, a, b, \ldots$ sont des fonctions connues du temps qui définissent la position des axes mobiles. La vitesse $v$ du point M a pour projection sur l'axe des $x$

$$(1) \quad \begin{cases} \dfrac{dx}{dt} = \dfrac{d\alpha}{dt} + x_1 \dfrac{da}{dt} + y_1 \dfrac{db}{dt} + z_1 \dfrac{dc}{dt} \\[2ex] \qquad + a \dfrac{dx_1}{dt} + b \dfrac{dy_1}{dt} + c \dfrac{dz_1}{dt}. \end{cases}$$

Les trois derniers termes représentent les projections des composantes, parallèles aux axes mobiles, de la vitesse relative $v_1$ ; leur somme est donc la projection de $v_1$. Quant aux quatre premiers termes, leur somme est égale à la projection de ce que deviendrait $v$ si $x_1, y_1, z_1$ étaient constants, c'est-à-dire de la vitesse d'un point qui coïnciderait avec M à l'époque $t$, mais ne bougerait pas par rapport aux axes de comparaison ; cette vitesse s'appelle *vitesse d'entraînement*.

Les projections de la vitesse absolue sur les axes des $y$ et des $z$ peuvent se décomposer d'une manière analogue à la précédente ; cette vitesse se déduit de la vitesse relative et de la vitesse d'entraînement comme la résultante de deux forces se déduit de ces forces ; suivant l'expression adoptée en Géométrie dans un sens général, la vitesse absolue est la résultante de la vitesse relative et de la vitesse d'entraînement. Il suffit de considérer le triangle dont les trois côtés représentent ces vitesses pour voir que la vitesse relative est la résultante de la vitesse absolue et de la vitesse d'entraînement changée de sens.

Le mouvement des axes mobiles peut être regardé

($\S$ 659) comme résultant de deux autres : un mouvement de translation, dont la vitesse est à chaque instant celle du point $O_1$, et un mouvement de rotation, qui se fait à l'époque $t$ avec une vitesse $\omega$ autour d'un axe instantané $O_1 I$. La vitesse d'entraînement peut être regardée comme la résultante de deux vitesses dues à ce double mouvement : la première, dont les projections sont

$$\frac{d\alpha}{dt}, \ \frac{d\beta}{dt}, \ \frac{d\gamma}{dt},$$

correspond au mouvement de translation ; la seconde a pour projections

$$(2) \quad \begin{cases} x_1 \dfrac{da}{dt} + y_1 \dfrac{db}{dt} + z_1 \dfrac{dc}{dt}, \\[2ex] x_1 \dfrac{da'}{dt} + y_1 \dfrac{db'}{dt} + z_1 \dfrac{dc'}{dt}, \\[2ex] x_1 \dfrac{da''}{dt} + y_1 \dfrac{db''}{dt} + z_1 \dfrac{dc''}{dt}; \end{cases}$$

c'est la vitesse que la rotation $\omega$ donnerait à un point coïncidant avec M et lié au système $O_1 x_1 y_1 z_1$. Rappelons qu'on a trouvé ($\S$ 649), pour ses projections sur les axes mobiles,

$$(3) \qquad q z_1 - r y_1, \quad r x_1 - p z_1, \quad p y_1 - q x_1,$$

$p, q, r$ étant les composantes de la rotation instantanée $\omega$.

La projection de l'accélération $\varphi$ sur l'axe des $x$ s'obtient en différentiant l'équation (1) ;

$$\frac{d^2 x}{dt^2} = \frac{d^2 \alpha}{dt^2} + x_1 \frac{d^2 a}{dt^2} + y_1 \frac{d^2 b}{dt^2} + z_1 \frac{d^2 c}{dt^2}$$
$$+ a \frac{d^2 x_1}{dt^2} + b \frac{d^2 y_1}{dt^2} + c \frac{d^2 z_1}{dt^2}$$
$$+ \left( \frac{dx_1}{dt} \frac{da}{dt} + \frac{dy_1}{dt} \frac{db}{dt} + \frac{dz_1}{dt} \frac{dc}{dt} \right).$$

En se reportant à ce qui a été dit pour $\frac{dx}{dt}$, on voit que la somme des quatre premiers termes représente la projection de l'accélération d'un point coïncidant avec M à l'époque $t$, mais lié invariablement à $O_1 x_1 y_1 z_1$ : c'est l'accélération d'entraînement ; la somme des trois suivants est égale à la projection de l'accélération relative ; nous dirons que le trinôme final, qui est multiplié par 2, représente la projection d'une accélération complémentaire. M. Gilbert a remarqué que ce trinôme se déduit de la première des quantités ( 2 ) en y remplaçant $x_1$, $y_1$, $z_1$ par $\frac{dx_1}{dt}$, $\frac{dy_1}{dt}$, $\frac{dz_1}{dt}$ ; c'est donc la projection de la vitesse que la rotation $\omega$ imprimerait à un point H dont les coordonnées par rapport à $O_1 x_1$, $O_1 y_1$, $O_1 z_1$ seraient $\frac{dx_1}{dt}$, $\frac{dy_1}{dt}$, $\frac{dz_1}{dt}$ ; on voit que $O_1 H$ représente la vitesse relative de M.

Les projections de $\varphi$ sur les deux autres axes donnent lieu à des résultats analogues ; donc l'accélération totale est la résultante de l'accélération d'entraînement, de l'accélération relative et de l'accélération complémentaire ; celle-ci est égale à $2 \omega v_1 \sin IO_1 H$, perpendiculaire à l'axe instantané et à la vitesse relative ; enfin elle est dirigée dans le sens où la rotation tend à entraîner le point H, c'est-à-dire vers la droite de $O_1 H$ pour un observateur dirigé suivant l'axe de la rotation instantanée.

Le polygone qui permet de construire l'accélération totale à l'aide de ses composantes montre que l'accélération relative $\varphi_1$ est la résultante de $\varphi$ et des accélérations d'entraînement et complémentaire prises en sens contraires ; ces accélérations ainsi changées de sens s'appellent *accélération d'inertie d'entraînement* et *accélération centrifuge composée ;* désignons-les par $\varphi'$ et $\varphi''$.

La dernière, perpendiculaire à $IO_1H$, est dirigée à gauche de $O_1H$ par rapport à l'axe de la rotation instantanée ; ses projections sur les axes mobiles se déduisent des formules (3) en y remplaçant $x_1, y_1, z_1$ par $\dfrac{dx_1}{dt}, \dfrac{dy_1}{dt}, \dfrac{dz_1}{dt}$, changeant les signes et multipliant par 2. Les projections de $\varphi'$ ne peuvent se calculer d'une manière générale.

Supposons maintenant que le point M soit un point matériel de masse $m$ ; pour lui donner un mouvement absolu tel que ses coordonnées par rapport à des axes fixes soient à chaque instant égales aux fonctions de $t$ que nous avons appelées $x_1, y_1, z_1$, il faut faire agir sur lui une force égale à $m\varphi_1$ et placée par rapport aux axes fixes dont il vient d'être question comme $\varphi_1$ l'est par rapport à $O_1x_1y_1z_1$. Construisons un polygone dont les côtés soient parallèles à $\varphi, \varphi_1, \varphi', \varphi''$ et égaux à ces accélérations multipliées par $m$ ; la force $m\varphi_1$, qui donnerait au point M un mouvement absolu identique à son mouvement relatif, est la résultante de trois autres : 1° une force parallèle à $\varphi$ et égale à $m\varphi$ : c'est la résultante F des forces qui agissent réellement sur M ; 2° une force F' parallèle à $\varphi'$ et égale à $m\varphi'$ : c'est la *force d'inertie d'entraînement*, égale et de sens contraire à celle qu'il faudrait appliquer à la masse $m$ pour qu'elle ne bougeât point par rapport à $O_1x_1y_1z_1$ ; 3° une force $F'' = m\varphi''$, parallèle à $\varphi''$, appelée *force centrifuge composée*. En supposant que M soit sollicité, outre la force F, par F' et F'', dites *forces apparentes*, on peut déterminer son mouvement relatif comme un mouvement absolu ; cet important théorème est dû à Coriolis.

Soient $X_1, Y_1, Z_1$ les composantes de F suivant $O_1x_1$, $O_1y_1$, $O_1z_1$ ; $X'_1, Y'_1, Z'_1$ celles de F' ; les composantes de F'' se déduisent de celles de $\varphi''$ en les multipliant par $m$, et l'on a, pour les équations générales du mouvement relatif,

$$m \frac{d^2 x_1}{dt^2} = X_1 + X'_1 + 2m \left( r \frac{d y_1}{dt} - q \frac{d x_1}{dt} \right),$$

$$m \frac{d^2 y_1}{dt^2} = Y_1 + Y'_1 + 2m \left( p \frac{d z_1}{dt} - r \frac{d x_1}{dt} \right),$$

$$m \frac{d^2 z_1}{dt^2} = Z_1 + Z'_1 + 2m \left( q \frac{d x_1}{dt} - p \frac{d y_1}{dt} \right).$$

La force centrifuge composée s'annule quand le point M est en équilibre relatif. Or, pour maintenir un point pesant en équilibre apparent à la surface de la Terre, il faut lui appliquer une force dirigée suivant la verticale ascendante et égale à son poids : c'est dire que l'attraction de la Terre et la force d'inertie d'entraînement ont pour résultante la force que nous appelons le *poids* du corps, et, pour étudier les mouvements apparents des corps à la surface du globe, il suffit d'exprimer qu'ils sont soumis à la pesanteur, aux forces particulières qui agissent dans les cas considérés, enfin à la force centrifuge composée. Prenons pour axe des $x_1$ la tangente au méridien dirigée vers le nord, pour axe des $y_1$ la tangente au parallèle dirigée vers l'est, pour axe des $z_1$ la verticale montante ; soient $\lambda$ la latitude du lieu, $n$ la vitesse de rotation de la Terre, $\frac{2\pi}{86164} = 0,000073$, dont l'axe est dirigé vers le sud ; $p$, $q$, $r$ sont respectivement égaux à $- n\cos\lambda$, $0$, $- n\sin\lambda$. Si $X_1$, $Y_1$, $Z_1$ désignent les composantes de la force qui sollicite le point, indépendamment de son poids, les équations du mouvement apparent à la surface terrestre sont

$$m \frac{d^2 x_1}{dt^2} = X_1 - 2mn \sin\lambda \frac{d y_1}{dt},$$

$$m \frac{d^2 y_1}{dt^2} = Y_1 + 2mn \left( \sin\lambda \frac{d x_1}{dt} - \cos\lambda \frac{d z_1}{dt} \right),$$

$$m \frac{d^2 z_1}{dt^2} = Z_1 - mg + 2mn \cos\lambda \frac{d y_1}{dt}.$$

On en déduit la déviation vers l'est des corps aban-
donnés à leur poids et le mouvement du pendule exposé
dans la Note précédente.

# NOTE IV.

ÉQUATIONS DE LAGRANGE. — ÉQUATIONS CANONIQUES ([1]).

Par M. A. DE SAINT-GERMAIN,
Professeur à la Faculté des Sciences de Caen.

## *Équations de Lagrange.*

On a vu dans la XXXVIe Leçon que le mouvement
d'un système de $k$ points matériels sollicités par des
forces données peut être déterminé, en vertu du principe
de d'Alembert, par l'équation générale

$$(1) \quad \begin{cases} \sum m \left( \frac{d^2 x}{dt^2} \delta x + \frac{d^2 y}{dt^2} \delta y + \frac{d^2 z}{dt^2} \delta z \right) \\ = \sum (X \delta x + Y \delta y + Z \delta z); \end{cases}$$

$\delta x$, $\delta y$, $\delta z$ sont les projections d'un déplacement virtuel
quelconque compatible avec les liaisons du système, que
je suppose exprimées par $\mu$ équations de condition

$$(2) \qquad L = 0, \quad M = 0, \quad N = 0, \quad \dots$$

Souvent le moyen le plus simple de faire connaître à
un certain instant la position des divers points du système n'est pas de donner leurs $3k$ coordonnées rectilignes; mais on peut considérer $n$ variables, $q_1, q_2 \dots,$

---

([1]) Ces questions, récemment introduites dans le programme de la
Licence, forment un complément immédiat à la Leçon XXXVI de Sturm.

$q_n$, dont les valeurs déterminent d'une façon plus claire l'état du système. Il faudra que les anciennes coordonnées puissent s'exprimer en fonction des nouvelles inconnues par des relations de la forme

$$(3) \quad x = f(t, q_1, q_2, \ldots, q_n), \quad y = f_1(t, q_1, \ldots), \quad \ldots;$$

$q_1, q_2, \ldots, q_n$ seront liés par $n - (3k - \mu)$ équations de condition telles que, si l'on en tient compte après avoir remplacé dans les équations $(2)$ $x, y, z, \ldots$ par leurs valeurs $(3)$, on ait des identités. Généralement $n$ est égal à $3k - \mu$, les variables $q$ sont indépendantes et constituent les coordonnées qui définissent de la manière la plus simple la position du système considéré.

Il s'agit de voir d'une manière générale comment se transforme l'équation $(1)$ lorsqu'aux coordonnées $x, y, z, \ldots$ on substitue $q_1, q_2, \ldots, q_n$. Cette transformation est effectuée très heureusement dans le Livre II de la *Mécanique analytique*; je ne reproduirai cependant pas exactement les calculs de Lagrange, parce qu'ils sont faits dans l'hypothèse où les fonctions $(3)$ ne dépendent pas explicitement du temps et parce que je ne veux pas invoquer les principes du Calcul des variations, dont Sturm n'a pas fait usage dans ses Leçons. Représentons par des lettres accentuées les dérivées prises par rapport au temps et par $\partial$ la caractéristique des dérivées partielles; considérons, avec Lagrange, la demi-force vive du système

$$T = \sum \frac{1}{2} m (x'^2 + y'^2 + z'^2);$$

nous en tirerons

$$m\, x' = \frac{\partial T}{\partial x'}, \quad m \frac{d^2 x}{dt^2} = m x'' = \frac{d}{dt} \frac{\partial T}{\partial x'}, \quad \ldots,$$

ce qui permettra d'écrire l'équation $(1)$ sous la forme

suivante :

$$4)\quad \begin{cases} \sum\left(\delta x\,\dfrac{d}{dt}\,\dfrac{\partial T}{\partial x'}+\delta y\,\dfrac{d}{dt}\,\dfrac{\partial T}{\partial y'}+\delta z\,\dfrac{d}{dt}\,\dfrac{\partial T}{\partial z'}\right) \\[2mm] =\sum\left(X\delta x+Y\delta y+Z\delta z\right). \end{cases}$$

Pour effectuer notre changement de variables, nous tirerons des équations (3), en traitant $t$ comme une constante,

$$\delta x=\frac{\partial x}{\partial q_1}\,\delta q_1+\frac{\partial x}{\partial q_2}\,\delta q_2+\ldots+\frac{\partial x}{\partial q_n}\,\delta q_n,$$
$$\delta y=\frac{\partial y}{\partial q_1}\,\delta q_1+\ldots,$$
$$\delta z=\frac{\partial z}{\partial q_1}\,\delta q_1+\ldots.$$

Si l'on remplace $\delta x$, $\delta y$, $\ldots$ par ces valeurs dans le second membre de l'équation (4), et si dans les expressions de X, Y, Z on substitue à $x$, $y$, $z$ leurs valeurs (3), on trouve sans artifice particulier la nouvelle expression du travail élémentaire virtuel :

$$(5)\quad \sum\left(X\delta x+Y\delta y+Z\delta z\right)=Q_1\delta q_1+Q_2\delta q_2+\ldots+Q_n\delta q_n.$$

Le premier membre de l'équation (4) devient

$$\sum_{i=1}^{i=n}\delta q_i\sum\frac{\partial x}{\partial q_i}\,\frac{d}{dt}\,\frac{\partial T}{\partial x'},$$

le second $\Sigma$ s'étendant aux $3k$ coordonnées rectilignes. Calculons le coefficient de $\delta q_i$,

$$\sum\frac{\partial x}{\partial q_i}\,\frac{d}{dt}\,\frac{\partial T}{\partial x'}=\frac{d}{dt}\sum\frac{\partial x}{\partial q_i}\,\frac{\partial T}{\partial x'}-\sum\frac{\partial T}{\partial x'}\,\frac{d}{dt}\,\frac{\partial x}{\partial q_i},$$

les $\Sigma$ s'étendant toujours aux $3k$ coordonnées. Les deux parties du second membre vont se simplifier grâce aux valeurs de $\dfrac{\partial x}{\partial q_i}$ et de sa dérivée par rapport au temps. Différentions les équations (3) par rapport à cette variable :

$$(6) \qquad x' = \frac{\partial x}{\partial t} + \frac{\partial x}{\partial q_1}\, q'_1 + \frac{\partial x}{\partial q_2}\, q'_2 + \ldots + \frac{\partial x}{\partial q_n}\, q'_n, \quad \ldots$$

Comme les fonctions $f$ et leurs dérivées partielles ne contiennent pas les $q'$, il en résulte que $x'$ est fonction linéaire de ces quantités et que

$$\frac{\partial x'}{\partial q'_i} = \frac{\partial x}{\partial q_i}.$$

T, fonction des $x'$, $y'$, $z'$, devient, quand on remplace ces dérivées par leurs valeurs (6), fonction des $q$ et des $q'$, et l'on a

$$(7) \qquad \sum \frac{\partial T}{\partial x'}\, \frac{\partial x}{\partial q_i} = \sum \frac{\partial T}{\partial x'}\, \frac{\partial x'}{\partial q'_i} = \frac{\partial T}{\partial q'_i}.$$

Prenons les dérivées des deux membres de l'équation (6) par rapport à $q_i$ :

$$\frac{\partial x'}{\partial q_i} = \frac{\partial^2 x}{\partial t\, \partial q_i} + \frac{\partial^2 x}{\partial q_1\, \partial q_i}\, q'_1 + \ldots + \frac{\partial^2 x}{\partial q_n\, \partial q_i}\, q'_n.$$

En intervertissant l'ordre des dérivations, on a

$$\frac{\partial x'}{\partial q_i} = \frac{\partial^2 x}{\partial q_i\, \partial t} + \frac{\partial^2 x}{\partial q_i\, \partial q_1}\, q'_1 + \ldots + \frac{\partial^2 x}{\partial q_i\, \partial q_n}\, q'_n.$$

Le second membre est la dérivée par rapport à $t$ de $\dfrac{\partial x}{\partial q_i}$ supposé exprimé en fonction de $q_1, q_2, \ldots, q_n$ et $t$ ; donc

$$\sum \frac{\partial T}{\partial x'}\, \frac{d}{dt}\, \frac{\partial x}{\partial q_i} = \sum \frac{\partial T}{\partial x'}\, \frac{\partial x'}{\partial q_i} = \frac{\partial T}{\partial q_i}.$$

Cette relation, jointe à l'équation (7), nous donne la valeur du coefficient de $\delta q_i$ dans la transformée du premier membre de l'équation (4) ; si nous tenons compte de l'équation (5), qui transforme le second membre en fonction des $q_i$, nous pourrons écrire l'équation cherchée, en faisant tout passer dans le premier membre, sous la forme définitive

$$(8) \qquad \sum \left( \frac{d}{dt} \frac{\partial T}{\partial q_i'} - \frac{\partial T}{\partial q_i} - Q_i \right) \delta q_i = 0.$$

On tirera des équations auxquelles satisfont $q_1, q_2, \ldots$ les valeurs de quelques-unes de leurs variations en fonction des autres, on les substituera dans l'équation précédente, et l'on égalera à zéro les coefficients des variations qui restent et qui sont indéterminées. Le plus ordinairement, $q_1, q_2, \ldots, q_n$ sont des variables indépendantes, et l'on doit égaler à zéro le coefficient de chaque variation dans l'équation (8) ; le mouvement du système est déterminé par $n$ équations simultanées qu'on appelle les *équations de Lagrange* :

$$(9) \qquad \begin{cases} \dfrac{d}{dt} \dfrac{\partial T}{\partial q_1'} - \dfrac{\partial T}{\partial q_1} - Q_1 = 0, \\[2mm] \dfrac{d}{dt} \dfrac{\partial T}{\partial q_2'} - \dfrac{\partial T}{\partial q_2} \cdots Q_2 = 0, \\[2mm] \cdots\cdots\cdots\cdots\cdots\cdots\cdots, \\[2mm] \dfrac{d}{dt} \dfrac{\partial T}{\partial q_n'} - \dfrac{\partial T}{\partial q_n} - Q_n = 0. \end{cases}$$

Quand on aura choisi les inconnues les plus propres à définir l'état du système à un instant quelconque, on formera l'expression de T, puis celle de $Q_1, Q_2, \ldots, Q_n$, et l'on aura un procédé uniforme pour mettre en équation un problème quelconque de Dynamique ; on ne s'occupe pas des forces qui représenteraient l'effet des liaisons, mais ces forces se calculent aisément, une fois le mouvement connu.

Il arrive souvent que la somme des travaux virtuels $\Sigma(\mathrm{X}\partial x + \mathrm{Y}\partial y + \mathrm{Z}\partial z)$ est la variation exacte d'une fonction U des coordonnées des points mobiles; si dans U on remplace $x$, $y$, $z$, ... par leurs valeurs (3), cette fonction, dite *fonction des forces*, dépendra de $t$ et de $q_1$, $q_2$, ..., $q_n$; sa variation, prise en traitant $t$ comme une constante, sera égale à $Q_1 \partial q_1 + \dots$. Donc on aura, dans ce cas,

$$Q_1 = \frac{\partial \mathrm{U}}{\partial q_1}, \quad Q_2 = \frac{\partial \mathrm{U}}{\partial q_2}, \quad \dots$$

On obtiendra $Q_1$, $Q_2$, ... en différentiant la valeur de U exprimée au moyen de $t$ et des $q$, sans être obligé de transformer directement $\Sigma(\mathrm{X}\partial x + \dots)$, et les équations de Lagrange deviendront

$$(10) \quad \begin{cases} \dfrac{d}{dt}\dfrac{\partial \mathrm{T}}{\partial q'_1} - \dfrac{\partial \mathrm{T}}{\partial q_1} - \dfrac{\partial \mathrm{U}}{\partial q_1} = 0, \\[2mm] \dfrac{d}{dt}\dfrac{\partial \mathrm{T}}{\partial q'_2} - \dfrac{\partial \mathrm{T}}{\partial q_2} - \dfrac{\partial \mathrm{U}}{\partial q_2} = 0, \\[2mm] \dots\dots\dots\dots\dots\dots\dots \end{cases}$$

Nous allons montrer qu'en supposant les liaisons indépendantes du temps, c'est-à-dire les fonctions (3) indépendantes de $t$, ces équations donnent l'équation des forces vives. Ajoutons-les après les avoir multipliées respectivement par $dq_1$, $dq_2$, ..., $dq_n$, et nous aurons

$$\sum q'_i\, d\,\frac{\partial \mathrm{T}}{\partial q'_i} - \sum \frac{\partial \mathrm{T}}{\partial q_i}\, dq_i - \sum \frac{\partial \mathrm{U}}{\partial q_i}\, dq_i = 0$$

ou

$$\sum d\left(q'_i\,\frac{\partial \mathrm{T}}{\partial q'_i}\right) - \sum \frac{\partial \mathrm{T}}{\partial q'_i}\, dq'_i - \sum \frac{\partial \mathrm{T}}{\partial q_i}\, dq_i - \sum \frac{\partial \mathrm{U}}{\partial q_i}\, dq_i = 0.$$

Mais, puisque $\dfrac{\partial x}{\partial t}$, $\dfrac{\partial y}{\partial t}$, ... sont nuls dans l'hypothèse admise, en se reportant aux valeurs (6) de $x'$, $y'$, ..., on

voit que T est une fonction homogène du second degré
des $q'$, et le théorème des fonctions homogènes nous
donne

$$\sum q'_i \frac{\partial \mathrm{T}}{\partial q'_i} = 2\,\mathrm{T}.$$

La dernière équation équivaut, on le voit sans peine, à

$$2\,d\mathrm{T} - d\mathrm{T} - d\mathrm{U} = 0\,;$$

l'intégrale est celle des forces vives, $\mathrm{T} - \mathrm{U} = \mathrm{const.}$

Nous allons appliquer les équations de Lagrange à la
résolution de quelques problèmes particuliers.

### *Pendule conique.*

Reprenons la question traitée dans la XLIVe Leçon
sur le mouvement d'un point pesant soutenu par un fil
ou par une tige inextensible et sans masse qui l'oblige
à rester sur la surface d'une sphère de rayon $l$. Les coordonnées rectangulaires du pendule sont assujetties à la
condition

$$(2\ bis) \qquad\qquad x^2 + y^2 + z^2 = l^2.$$

On peut définir la position du pendule par l'angle $\theta$
de sa tige avec la verticale et par l'angle $\psi$ que le plan
vertical contenant cette tige fait avec un plan vertical
fixe. Les variables $q$ de la théorie générale se réduisent
à deux, $\theta$ et $\psi$. Une transformation de coordonnées bien
connue donne $x, y, z$ en fonction de $\theta$ et $\psi$ :

$$(3\ bis) \quad x = l\sin\theta\cos\psi, \quad y = l\sin\theta\sin\psi, \quad z = l\cos\theta.$$

On vérifiera que ces valeurs satisfont identiquement à
l'équation $(2\ bis)$. On obtient la demi-force vive T en
calculant $x', y', z'$ par la différentiation des équations
$(3\ bis)$ ou en se rappelant l'expression de la vitesse en

coordonnées polaires; si l'on suppose la masse du pendule égale à l'unité, on trouve

$$T = \frac{1}{2}\left(l^2\theta'^2 + l^2\sin^2\theta\,\psi'^2\right).$$

On forme les dérivées partielles

$$\frac{\partial T}{\partial \theta'} = l^2\theta', \qquad \frac{\partial T}{\partial \theta} = l^2\sin\theta\cos\theta\,\psi'^2,$$

$$\frac{\partial T}{\partial \psi'} = l^2\sin^2\theta\,\psi', \qquad \frac{\partial T}{\partial \psi} = 0.$$

La fonction des forces U existe : elle est égale à

$$gz = gl\cos\theta;$$

donc

$$\delta U = -\,gl\sin\theta\,\delta\theta, \qquad \frac{\partial U}{\partial \theta} = -\,gl\sin\theta, \qquad \frac{\partial U}{\partial \psi} = 0.$$

Nous avons tous les éléments pour former les équations (10) du paragraphe précédent, et nous trouvons

$$\frac{d}{dt}\,l^2\theta' - l^2\sin\theta\cos\theta\,\psi'^2 + gl\sin\theta = 0,$$

$$\frac{d}{dt}\,l^2\sin^2\theta\,\psi' = 0.$$

La seconde donne $l^2\sin^2\theta\,\psi' = C$; si l'on en tire $\psi$ pour le substituer dans la première, celle-ci devient

$$l^2\frac{d\theta'}{dt} - \frac{C^2}{l^2}\frac{\cos\theta}{\sin^3\theta} + gl\sin\theta = 0.$$

En multipliant par $2\,d\theta$, on peut intégrer et l'on trouve

$$l^2\theta'^2 + \frac{C^2}{l^2\sin^2\theta} - 2gl\cos\theta = C',$$

$$dt = \frac{\pm\,l^2\sin\theta\,d\theta}{\sqrt{C'\,l^2\sin^2\theta + 2gl^2\cos\theta\sin^2\theta - C^2}}.$$

Il serait avantageux d'étudier le mouvement en cherchant comment varie $\theta$; mais, si dans la formule précédente on remplace $l\cos\theta$ par $z$, $l\sin\theta\, d\theta$ par $-dz$, $l^2\sin^2\theta$ par $l^2-z^2$, et $C'$ par $2g(h_0-z_0)$, on retombe sur l'équation (5) du § 578, dont les conséquences ont été développées dans le texte de Sturm.

### *Mouvement d'un point à l'intérieur d'un tube.*

Nous nous proposons de déterminer le mouvement d'une très-petite sphère placée dans un tube rectiligne parfaitement poli, dont le diamètre est égal à celui de la sphère, et qui tourne uniformément autour d'un axe horizontal.

Nous n'avons encore qu'un seul point mobile, mais il est assujetti à une liaison qui change avec le temps, puisqu'il doit rester sur une droite qui se déplace suivant une loi donnée. Soient $a$ la longueur de la perpendiculaire commune OA au tube et à l'axe de rotation, $\varphi$ l'angle de ces deux droites. A un moment quelconque on connaît la position du tube, et, pour déterminer la position du mobile M, il suffirait de connaître aussi sa distance AM au pied de la perpendiculaire OA; je désigne cette distance par $q$. Prenons trois axes rectangulaires, OX coïncidant avec l'axe de rotation, OZ dirigé en sens contraire de la pesanteur, OY perpendiculaire au plan ZOX, et supposons qu'à l'origine du temps OA soit dirigé suivant OZ et que la portion du tube dans lequel $q$ est positif soit du même côté que OY par rapport à ZOX; à l'époque $t$, OA ainsi que la projection du tube sur YOZ ont tourné d'un angle $\omega t$, et, en projetant le contour OAM sur les trois axes, on obtient les coordonnées rectangulaires de M en fonction de $q$ :

$$x = q\cos\varphi,$$
$$y = -a\sin\omega t + q\sin\varphi\cos\omega t,$$
$$z = a\cos\omega t + q\sin\varphi\sin\omega t.$$

On calcule sans peine $x'$, $y'$, $z'$, et l'on trouve, en supposant la masse de M égale à l'unité, la demi-force vive

$$T = \frac{1}{2}(q'^2 - 2a\omega q' \sin\varphi + q^2\omega^2 \sin^2\varphi + a^2\omega^2).$$

La pesanteur est la seule force qui agisse en dehors
des liaisons, et son travail virtuel

$$\delta U = - g\delta z = - g\sin\varphi \sin\omega t\,\delta q.$$

Nous avons tous les éléments nécessaires pour former
l'équation unique dont nous avons besoin :

$$\frac{d}{dt}\frac{\partial T}{\partial q'} - \frac{\partial T}{\partial q} - \frac{\partial U}{\partial q} = 0.$$

Cette équation peut s'écrire

$$(\text{I})\qquad \frac{d^2 q}{dt^2} - \omega^2 q \sin^2\varphi + g\sin\varphi \sin\omega t = 0.$$

Le moyen le plus commode pour intégrer cette équation est de chercher une intégrale particulière de la
forme $q = \lambda \sin\omega t$; en substituant, on voit qu'une pareille expression satisfait à l'équation (I) en prenant

$$\lambda = \frac{g\sin\varphi}{\omega^2(1 + \sin^2\varphi)}.$$

On pose alors

$$q = u + \frac{g\sin\varphi \sin\omega t}{\omega^2(1 + \sin^2\varphi)};$$

on porte cette valeur dans l'équation (I), qui donne

$$\frac{d^2 u}{dt^2} - \omega^2 u \sin^2\varphi = 0.$$

L'intégrale générale de cette équation linéaire sans
second membre est bien connue; en l'ajoutant à l'intégrale particulière qu'on a trouvée d'abord, on obtient

l'intégrale générale de (I) :

$$q = C e^{\omega t \sin\varphi} + B e^{-\omega t \sin\varphi} + \frac{g \sin\varphi \sin\omega t}{\omega^2(1 + \sin^2\varphi)}.$$

La vitesse de glissement de M le long du tube est

$$\frac{dq}{dt} = \omega \sin\varphi \left[ C e^{\omega t \sin\varphi} - B e^{-\omega t \sin\varphi} + \frac{g \cos\omega t}{\omega^2(1 + \sin^2\varphi)} \right].$$

On déterminera C et B à l'aide des valeurs initiales de $q$ et de $\frac{dq}{dt}$, car les équations précédentes deviennent, pour $t = 0$,

$$q_0 = C + B, \quad q'_0 = (C - B)\omega \sin\varphi + \frac{g \sin\varphi}{\omega(1 + \sin^2\varphi)}.$$

En général, C n'est pas nul; les termes qui le contiennent finissent par être bien supérieurs aux autres dans l'expression de $q$ et de $q'$, et le mobile finit par s'éloigner indéfiniment du point A; si C est nul, le mouvement tend à devenir oscillatoire. Il est remarquable, dans tous les cas, que ce mouvement ne dépende point de la grandeur de $a$.

### *Pendule double.*

Je désignerai ainsi le système de deux points pesants A et B attachés en deux points d'un fil flexible, inextensible et sans masse dont une extrémité est fixée en un point O. Je suppose que, les deux portions OA, AB du fil restant toujours tendues, les points A et B aient été écartés de leurs positions d'équilibre et animés de vitesses initiales données, mais de telle sorte qu'ils ne sortent pas du plan vertical qui contient d'abord OA et AB : il s'agit de chercher le mouvement du système.

On connaît les longueurs $a$ et $b$ des droites OA et AB; il suffira d'avoir les angles $\varphi$ et $\psi$ de ces deux lignes.

avec la verticale pour déterminer la position des points A et B. Les inconnues de Lagrange se réduisent à deux, $\varphi$ et $\psi$. En prenant pour axe des $x$ l'horizontale menée en O dans le plan où se meut le pendule, pour axe des $y$ la verticale du point O, les coordonnées de A et B sont respectivement

$$x = a\sin\varphi, \qquad y = a\cos\varphi,$$
$$x = a\sin\varphi + b\sin\psi, \quad y = a\cos\varphi + b\cos\psi.$$

Soient $m$ et $n$ les masses des deux points; on trouve la demi-force vive

$$T = \frac{1}{2}\,ma^2\varphi'^2 + \frac{1}{2}\,n\left[a^2\varphi'^2 + b^2\psi'^2 + 2ab\varphi'\psi'\cos(\psi - \varphi)\right],$$

et le travail de la pesanteur pour un déplacement virtuel du système

$$\delta U = -\,ma\sin\varphi\,\delta\varphi - n(a\sin\varphi\,\delta\varphi + b\sin\psi\,\delta\psi).$$

Le lecteur formera sans peine les deux équations de Lagrange qui font connaître le mouvement cherché, et qui sont, après quelques réductions,

$$(m + n)a\frac{d^2\varphi}{dt^2} + nb\cos(\psi - \varphi)\frac{d^2\psi}{dt^2}$$
$$-\,nb\sin(\psi - \varphi)\frac{d\psi^2}{dt^2} + (m + n)g\sin\varphi = 0,$$

$$a\cos(\psi - \varphi)\frac{d^2\varphi}{dt^2} + b\frac{d^2\psi}{dt^2} - a\sin(\psi - \varphi)\frac{d\varphi^2}{dt^2} + g\sin\psi = 0.$$

On a l'intégrale des forces vives, mais on n'aperçoit pas d'autre intégrale rigoureuse; aussi nous bornerons-nous au cas où les angles $\varphi$ et $\psi$ restent très-petits. Suivant un principe général, les dérivées de ces angles par rapport au temps doivent être des quantités très-petites du même ordre; si donc on néglige les petites quantités du troisième ordre dans les équations du mouvement, celles-ci se réduisent à la forme linéaire

$$(1) \quad \begin{cases} (m+n)a\dfrac{d^2\varphi}{dt^2} + nb\dfrac{d^2\psi}{dt^2} + (m+n)g\varphi = 0, \\ \\ a\dfrac{d^2\varphi}{dt^2} + b\dfrac{d^2\psi}{dt^2} + g\psi = 0. \end{cases}$$

La méthode la plus rapide pour intégrer ces équations simultanées consiste à chercher deux intégrales particulières de la forme

$$\varphi = e^{rt}, \quad \psi = \lambda e^{rt};$$

en substituant, on voit que les constantes $\lambda$ et $r$ doivent donner

$$(m+n)ar^2 + b\lambda r^2 + (m+n)g = 0, \quad (a+b\lambda)r^2 + g\lambda = 0,$$

d'où l'on tire

$$(2) \qquad (m+n)(ar^2+g)(br^2+g) = abnr^4,$$

$$\lambda = -\frac{ar^2}{g+br^2}.$$

L'équation (2) donne pour $r^2$ deux valeurs négatives entre lesquelles sont comprises $-\dfrac{g}{a}$ et $-\dfrac{g}{b}$; les quatre racines de l'équation (2) sont donc de la forme $\pm r'\sqrt{-1}$, $\pm r''\sqrt{-1}$; à chacune d'elles correspond un couple d'intégrales particulières du système (1); en ajoutant ces intégrales multipliées par des constantes, on obtiendra les deux intégrales générales

$$\varphi = Ce^{r't\sqrt{-1}} + C'e^{-r't\sqrt{-1}} + De^{r''t\sqrt{-1}} + D'e^{-r''t\sqrt{-1}},$$

$$\psi = \frac{ar'^2}{g-br'^2}\left(Ce^{r't\sqrt{-1}} + C'e^{-r't\sqrt{-1}}\right) + \dots$$

On peut donner aux arbitraires des valeurs telles que

les imaginaires disparaissent et qu'il reste

$$(3) \begin{cases} \varphi = G \cos r' t + G' \sin r' t + H \cos r'' t + H' \sin r'' t. \\[2ex] \psi = \dfrac{ar'^2}{g - br'^2}\,(G \cos r' t + G' \sin r' t) \\[2ex] \qquad + \dfrac{ar''^2}{g - br''^2}\,(H \cos r'' t + H' \sin r'' t). \end{cases}$$

Supposons que pour $t = 0$ on ait $\varphi = \alpha$, $\psi = \beta$, $\varphi' = 0$, $\psi' = 0$; en faisant ces hypothèses dans les intégrales précédentes et leurs dérivées premières prises par rapport au temps, on a des équations de condition d'où l'on tire

$$G' = H' = 0, \quad G + H = \alpha, \quad \frac{ar'^2}{g - br'^2}\,G + \frac{ar''^2}{g - br''^2}\,H = \beta.$$

En général, le mouvement des deux portions du fil résulte de deux oscillations simultanées dont la période est différente; pour que ces deux parties oscillent comme des pendules simples, il faudrait que G ou H fût nul, car les racines $r'$ et $r''$ ne peuvent devenir égales que si $n = 0$, et alors on n'a qu'un pendule simple. Admettons que H soit nul; on aura $G = \alpha$, et

$$\frac{ar'^2}{g - br'^2}\,\alpha = \beta,$$

d'où

$$r'^2 = \frac{g\beta}{a\alpha + b\beta}.$$

Exprimons que cette valeur de $r'^2$ satisfait à l'équation (2); il en résulte

$$(m + n)\,a\alpha^2 + (m + n)(b - a)\,\alpha\beta - mb\beta^2 = 0.$$

Cette équation montre qu'on peut réaliser le cas particulier considéré en donnant à l'écart initial $\beta$ une valeur de même signe que $\alpha$, mais plus grande en valeur abso-

luc, ou bien de signe contraire et $> \dfrac{a\,\alpha}{b}$ en valeur absolue. Dans l'un ou l'autre cas les intégrales (3) deviennent,
en tenant compte des valeurs des paramètres qui y entrent,

$$\varphi = \alpha \cos t \sqrt{\dfrac{g}{b + \dfrac{a\,\alpha}{\beta}}}, \qquad \psi = \beta \cos t \sqrt{\dfrac{g}{b + \dfrac{a\,\alpha}{\beta}}}.$$

OA et AB exécutent des oscillations concordantes, mais
d'amplitudes différentes; la longueur du pendule synchrone est comprise entre $b$ et $b + a$, si $\alpha$ et $\beta$ sont de
même signe; elle est $< b$ si $\alpha$ et $\beta$ sont de signes contraires.

Si $r''$ était double de $r'$, condition facile à exprimer,
OA et AB auraient un mouvement plus compliqué que
celui de la tige d'un pendule simple, mais ce mouve-
ment serait encore périodique et la période serait $\dfrac{2\pi}{r'}$.

### Équations canoniques.

Nous supposerons expressément, dans les questions
dont nous allons nous occuper, qu'on puisse écrire l'intégrale des forces vives, ce qui exige, nous l'avons vu,
que les équations de liaison entre les coordonnées des
points mobiles ne renferment pas le temps explicitement
et que le travail virtuel $\Sigma(X\,\partial x + Y\,\partial y + Z\,\partial z)$ soit la
variation exacte d'une fonction U appelée *fonction des
forces;* dans ces questions, qui comprennent les principaux problèmes de la Mécanique rationnelle, on peut
déduire des équations de Lagrange un système d'équations remarquables, que Poisson a nommées *canoniques,*
mais qui ont été pour la première fois étudiées par
Hamilton.

Admettons qu'on ait exprimé la demi-force vive T au

moyen des $n$ variables indépendantes $q_1, q_2, \ldots, q_n$ et de leurs dérivées, et posons

$$\frac{\partial T}{\partial q'_1} = p_1, \quad \frac{\partial T}{\partial q'_2} = p_2, \quad \ldots, \quad \frac{\partial T}{\partial q'_n} = p_n.$$

Si de ces équations on tire les valeurs de $q'_1, q'_2, \ldots, q'_n$ pour les substituer dans l'expression de T, la demi-force vive deviendra fonction de $q_1, q_2, \ldots, q_n$ et de $p_1, p_2, \ldots, p_n$. Nous allons chercher comment se transforment les équations de Lagrange quand au lieu des variables $q'_i$ on introduit $p_1, p_2, \ldots, p_n$.

Nous conserverons la caractéristique $\partial$ pour désigner les dérivées partielles quand les variables indépendantes seront les $q_i$ et les $q'_i$, et nous reviendrons à la caractéristique $d$ dans le cas où on prendra pour variables indépendantes les $q_i$ et les $p_i$. Il s'agit de trouver les relations qui existent entre les deux systèmes de dérivées partielles de la demi-force vive. La différentielle totale de cette fonction peut s'exprimer de deux manières, selon le système de variables indépendantes qu'on envisage :

$$(1) \quad d\mathrm{T} = \sum \frac{\partial T}{\partial q_i} dq_i + \sum \frac{\partial T}{\partial q'_i} dq'_i = \sum \frac{\partial T}{\partial q_i} dq_i + \sum p_i dq'_i,$$

$$(2) \quad d\mathrm{T} = \sum \frac{dT}{dq_i} dq_i + \sum \frac{dT}{dp_i} dp_i.$$

D'autre part, nous avons vu que, dans les cas que nous considérons, T est une fonction homogène du second degré des $q'_i$, et qu'on a par conséquent

$$2\mathrm{T} = \sum q'_i \frac{\partial T}{\partial q'_i} = \sum p_i q'_i;$$

prenant les différentielles totales,

$$2 d\mathrm{T} = \sum p_i dq'_i + \sum q'_i dp_i.$$

Si l'on ajoute les équations (1) et (2), et qu'on en retranche la précédente, il reste

$$\sum \left( \frac{\partial T}{\partial q_i} + \frac{dT}{dq_i} \right) dq_i + \sum \left( \frac{dT}{dp_i} - q_i' \right) dp_i = 0.$$

Les $2n$ différentielles $dq_i$ et $dp_i$ sont arbitraires; le coefficient de chacune d'elles doit être nul, et l'on a, pour toutes les valeurs de $i$,

$$(3) \qquad \frac{\partial T}{\partial q_i} = - \frac{dT}{dq_i},$$

$$(4) \qquad q_i' = \frac{dq_i}{dt} = \frac{dT}{dp_i}.$$

La fonction U, ne contenant pas les $q_i'$ et par suite les $p_i$, est indifférente au changement de variable que nous faisons, et l'on a

$$(5) \qquad \frac{\partial U}{\partial q_i} = \frac{dU}{dq_i}, \quad \frac{dU}{dp_i} = 0.$$

En vertu de la première de ces relations, de l'équation (3) et de la définition des $p_i$, on a identiquement

$$\frac{d}{dt} \frac{\partial T}{\partial q_i'} - \frac{\partial T}{\partial q_i} - \frac{\partial U}{\partial q_i} = \frac{dp_i}{dt} + \frac{dT}{dq_i} - \frac{dU}{dq_i}.$$

Nous voyons ainsi comment se transforment les équations de Lagrange; mais introduisons, avec Hamilton, la fonction

$$H = U - T,$$

et remarquons que l'équation (4) donne, eu égard à la seconde relation (5),

$$\frac{dq_i}{dt} = \frac{dT}{dp_i} - \frac{dU}{dp_i} = - \frac{dH}{dp_i};$$

les $n$ équations renfermées dans la précédente et les trans-
formées des équations de Lagrange constituent le système des $2n$ équations canoniques

$$(6) \begin{cases} \dfrac{dp_1}{dt} = \dfrac{dH}{dq_1}, & \dfrac{dp_2}{dt} = \dfrac{dH}{dq_2}, & \ldots, & \dfrac{dp_n}{dt} = \dfrac{dH}{dq_n}, \\[2ex] \dfrac{dq_1}{dt} = -\dfrac{dH}{dp_1}, & \dfrac{dq_2}{dt} = -\dfrac{dH}{dp_2}, & \ldots, & \dfrac{dq_n}{dt} = -\dfrac{dH}{dp_n}. \end{cases}$$

H est une fonction connue que l'on devra commencer
par calculer. Soit

$$(7) \qquad H = \psi(q_1, q_2, \ldots, q_n, p_1, p_2, \ldots, p_n).$$

Les $2n$ équations simultanées admettent $2n$ intégrales
renfermant autant d'arbitraires qui entreront avec le
temps $t$ dans la valeur des inconnues du problème, $q_1$,
$q_2, \ldots, q_n$.

Le système canonique n'a pas encore pu être intégré
d'une manière générale, mais il a fourni aux géomètres
l'occasion de recherches très-importantes qui ne peuvent
trouver place ici ; toutefois, j'exposerai, en me restrei-
gnant au cas qui nous intéresse directement, un théorème
de Jacobi qui constitue, je crois, l'indication la plus
utile pour intégrer les équations canoniques.

### *Équation aux dérivées partielles de Jacobi.*

Soit $\lambda$ la constante des forces vives, en sorte qu'on
ait

$$T - U = -H = \lambda;$$

prenons la fonction $(7)$ qui donne la valeur de H, rem-
plaçons-y les $p_i$ par $\dfrac{dS}{dq_i}$, et égalons l'expression ainsi

formée à $-\lambda$; nous aurons

$$(8) \quad \psi\left(q_1, q_2, \ldots, q_n, \frac{dS}{dq_1}, \frac{dS}{dq_2}, \ldots, \frac{dS}{dq_n}\right) + \lambda = 0;$$

c'est une équation aux dérivées partielles qui peut déterminer une inconnue S en fonction de $q_1, q_2, \ldots, q_n$. Cela posé, voici en quoi consiste le théorème de Jacobi :

*Si l'on a trouvé une valeur de* S *satisfaisant à l'équation* (8) *et renfermant* $n - 1$ *arbitraires autres que celle qu'on peut introduire par simple addition, soit*

$$S_1 = F(q_1, q_2, \ldots, q_n, \alpha_1, \alpha_2, \ldots, \alpha_{n-1}, \lambda),$$

*on pourra écrire immédiatement les intégrales du système canonique* (6) *sous la forme*

$$(9) \quad \frac{dS_1}{d\alpha_1} = \beta_1, \quad \ldots, \quad \frac{dS_1}{d\alpha_{n-1}} = \beta_{n-1}, \quad \frac{dS_1}{d\lambda} = t + \varepsilon,$$

$$(10) \quad \frac{dS_1}{dq_1} = p_1, \quad \frac{dS_1}{dq_2} = p_2, \quad \ldots, \quad \frac{dS_1}{dq_n} = p_n,$$

$\beta_1, \beta_2, \ldots, \beta_{n-1}, \varepsilon$ *étant* $n$ *nouvelles arbitraires.*

L'ensemble des équations (9) et (10) renferme bien les $2n$ constantes que doivent contenir les intégrales générales du système canonique; il reste à vérifier que les intégrales proposées conduisent aux équations (6). Différentions les équations (9) par rapport au temps; nous aurons $n$ relations

$$\sum \frac{d^2 S_1}{d\alpha_1\, dq_i} \frac{dq_i}{dt} = 0,$$

$$\ldots\ldots\ldots\ldots\ldots\ldots,$$

$$\sum \frac{d^2 S_1}{d\alpha_{n-1}\, dq_i} \frac{dq_i}{dt} = 0,$$

$$\sum \frac{d^2 S_1}{d\lambda\, dq_i} \frac{dq_i}{dt} = 1;$$

intervertissant l'ordre des dérivations,

$$(11) \quad \begin{cases} \sum \dfrac{d^2 S_1}{dq_i\, d\alpha_1}\, \dfrac{dq_i}{dt} = 0, \\ \dots\dots\dots\dots\dots, \\ \sum \dfrac{d^2 S_1}{dq_i\, d\alpha_{n-1}}\, \dfrac{dq_i}{dt} = 0, \\ \sum \dfrac{d^2 S_1}{dq_i\, d\lambda}\, \dfrac{dq_i}{dt} = 1. \end{cases}$$

D'autre part, si l'on substitue dans l'équation (8) la valeur de $S_1$, on obtient une identité; la dérivée prise par rapport à une des constantes $\alpha_1, \dots, \alpha_{n-1}, \lambda$ sera nulle, ce qui nous donnera $n$ identités,

$$\sum \dfrac{d\psi}{d\left(\dfrac{dS_1}{dq_i}\right)}\, \dfrac{d^2 S_1}{dq_i\, d\alpha_1} = 0, \quad \dots, \quad \sum \dfrac{d\psi}{d\left(\dfrac{dS_1}{dq_i}\right)}\, \dfrac{d^2 S_1}{dq_i\, d\lambda} + 1 = 0.$$

Mais, si l'on a égard aux équations (10), la fonction $\psi$ redeviendra celle qui entre dans l'équation (7); ses dérivées partielles par rapport à $\dfrac{dS_1}{dq_i}$ deviendront $\dfrac{d\psi}{dp_i}$, c'est-à-dire $\dfrac{dH}{dp_i}$; les $n$ relations précédentes seront

$$\sum \dfrac{d^2 S_1}{q_i\, d\alpha_1}\, \dfrac{dH}{dp_i} = 0,$$
$$\dots\dots\dots\dots\dots,$$
$$\sum \dfrac{d^2 S_1}{dq_i\, d\alpha_{n-1}}\, \dfrac{dH}{dp_i} = 0,$$
$$\sum \dfrac{d^2 S_1}{dq_i\, d\lambda}\, \dfrac{dH}{dp_i} = -1.$$

Ce système de $n$ équations ne diffère du système (11) que par le changement des $\dfrac{dq_i}{dt}$ en $-\dfrac{dH}{dp_i}$; on peut regarder ces deux groupes de quantités comme satisfaisant à un même système d'équations linéaires; elles doivent être égales deux à deux : c'est dire que le second groupe des équations (6) est vérifié.

Pour obtenir les valeurs de $\frac{dp_1}{dt}$ et des dérivées analogues, telles que l'impose le premier groupe des équations (6), je différentie la première équation (10) :

$$\frac{dp_1}{dt} = \sum \frac{d^2 S_1}{dq_1 dq_i} \frac{dq_i}{dt} = \sum \frac{d^2 S_1}{dq_i dq_1} \frac{dq_i}{dt}.$$

Nous avons déjà vérifié que

$$\frac{dq_i}{dt} = -\frac{dH}{dp_i};$$

donc

$$\frac{dp_1}{dt} = -\sum \frac{dH}{dp_i} \frac{d^2 S_1}{dq_i dq_1}.$$

Mais, si l'on différentie par rapport à $q_1$ l'identité obtenue en remplaçant S par $S_1$ dans l'équation (8), il vient

$$\frac{d\psi}{dq_1} + \sum \frac{d\psi}{d\left(\frac{dS_1}{dq_i}\right)} \frac{d^2 S_1}{dq_i dq_1} = 0;$$

en remplaçant encore dans la fonction $\psi$ les $\frac{dS_1}{dq_i}$ par leurs valeurs (10), cette fonction devient H et l'égalité précédente donne

$$\frac{dH}{dq_1} = -\sum \frac{dH}{dp_i} \frac{d^2 S_1}{dq_i dq_1};$$

par conséquent, la valeur de $\frac{dp_1}{dt}$ est bien égale à $\frac{dH}{dq_1}$, et l'on trouverait $n$ égalités analogues.

L'intégration du système canonique est ramenée à la recherche d'une intégrale complète d'une équation aux dérivées partielles du premier ordre, mais non linéaire ;

on n'a pas de méthode générale pour trouver une telle intégrale, mais on y parvient quelquefois en scindant l'équation (8), comme on le voit dans les deux exemples qui suivent.

### *Application au mouvement d'un point pesant.*

Nous appliquerons d'abord les théories précédentes à une question excessivement simple, mais qui nous permettra de former sans peine toutes les équations que nous avons rencontrées et d'y lire des résultats connus. Il s'agit de déterminer le mouvement d'une petite masse $m$, soumise uniquement à l'action de la pesanteur. En admettant comme démontré que le point $m$ ne sortira pas du plan vertical qui passe par sa vitesse initiale, la position de ce point sera déterminée par ses distances à deux axes, l'un horizontal, l'autre vertical. Si l'on appelle $q_1$, $q_2$ ces distances, on a la demi-force vive

$$T = \frac{1}{2}\, m(q_1'^2 + q_2'^2).$$

Introduisons les dérivées partielles $p_1$, $p_2$ : on aura

$$p_1 = mq_1', \quad p_2 = mq_2', \quad T = \frac{1}{2m}(p_1^2 + p_2^2).$$

On a une fonction des forces $U = mgq_1$, et l'on peut écrire la fonction d'Hamilton

$$(7\ bis) \qquad H = U - T = mgq_1 - \frac{1}{2m}(p_1^2 + p_2^2).$$

Les équations canoniques sont

$$\frac{dp_1}{dt} = mg, \quad \frac{dp_2}{dt} = 0, \quad \frac{dq_1}{dt} = \frac{p_1}{m}, \quad \frac{dq_2}{dt} = \frac{p_2}{m}.$$

Il est bien facile de trouver et d'interpréter les intégrales de ce système; mais voyons celles que fournit la méthode de Jacobi. L'équation en S est

$$mgq_1 - \frac{1}{2m}\left[\left(\frac{dS}{dq_1}\right)^2 + \left(\frac{dS}{dq_2}\right)^2\right] + \lambda = 0,$$

$$\left(\frac{dS}{dq_1}\right)^2 + \left(\frac{dS}{dq_2}\right)^2 = 2m^2 gq_1 + 2m\lambda.$$

Cherchons une intégrale renfermant une arbitraire et de la forme

$$S_1 = f(q_1) + \varphi(q_2);$$

il suffit d'avoir, en désignant par $\alpha$ une constante,

$$f'^2(q_1) = 2m^2 g(q_1 + \alpha), \quad \varphi'^2(q_2) = 2m(\lambda - mg\alpha).$$

De simples quadratures font connaître $f(q_1)$ et $\varphi(q_2)$, et l'on trouve

$$S_1 = \frac{2}{3}m\sqrt{2g}(q_1 + \alpha)^{\frac{3}{2}} + q_2\sqrt{2m(\lambda - mg\alpha)}.$$

Les intégrales du mouvement, représentées en général par les équations (9) et (10), seront ici

$$m\sqrt{2g(q_1 + \alpha)} - \frac{m^2 g q_2}{\sqrt{2m(\lambda - mg\alpha)}} = \beta,$$

$$\frac{q_2\sqrt{m}}{\sqrt{2(\lambda - mg\alpha)}} = t + \varepsilon,$$

$$m\sqrt{2g(q_1 + \alpha)} = p_1, \quad \sqrt{2m(\lambda - mg\alpha)} = p_2.$$

La première fait connaître la trajectoire, la deuxième la loi du mouvement, et les deux autres donnent les composantes de la vitesse; les constantes $\alpha$, $\beta$, $\varepsilon$ et $\lambda$ se déduisent des circonstances initiales. On peut vérifier que la valeur (7 *bis*) de H se réduit à $-\lambda$, ce qui permet d'avoir directement la valeur de cette constante.

*Mouvement d'un point attiré vers deux centres fixes.*

Soit à déterminer le mouvement d'un point M attiré vers deux centres fixes F, $F_1$ avec des intensités qui varient en raison inverse de la distance ; on suppose la vitesse initiale dirigée dans le plan qui passe par $FF_1$ et par la position initiale A du point M.

Le mobile ne sortira pas du plan $AFF_1$, et sa position serait déterminée à chaque instant par deux coordonnées rectangulaires $x$, $y$, l'axe des $x$ étant dirigé suivant $FF_1$ et l'axe des $y$ étant la perpendiculaire au milieu de $FF_1$.

Mais on pourra bien plus facilement trouver les intégrales du problème en définissant la position du point M par les longueurs $q$ et $q_1$ des demi-axes focaux de l'ellipse et de l'hyperbole qui ont pour foyers F et $F_1$ et qui passent en M ; ces deux coniques, on le sait, se coupent orthogonalement, et, si l'on pose $FF_1 = 2c$ ; on a entre les coordonnées $x$, $y$ d'une part et $q$, $q_1$ de l'autre les relations

$$\frac{x^2}{q^2} + \frac{y^2}{q^2 - c^2} = 1, \qquad \frac{x^2}{q_1^2} - \frac{y^2}{c^2 - q_1^2} = 1,$$

d'où l'on déduit

$$x^2 = \frac{q^2 q_1^2}{c^2}, \qquad y^2 = \frac{(q^2 - c^2)(c^2 - q_1^2)}{c^2},$$

$$(I) \qquad ds^2 = dx^2 + dy^2 = \frac{q^2 - q_1^2}{q^2 - c^2}\, dq^2 + \frac{q^2 - q_1^2}{c^2 - q_1^2}\, dq_1^2.$$

En prenant la masse de M égale à l'unité, on a, pour la demi-force vive et ses dérivées,

$$T = \frac{1}{2} \frac{q^2 - q_1^2}{q^2 - c^2}\, q'^2 + \frac{1}{2} \frac{q^2 - q_1^2}{c^2 - q_1^2}\, q_1'^2,$$

$$\frac{\partial T}{\partial q'} = p = \frac{q^2 - q_1^2}{q^2 - c^2}\, q', \qquad \frac{\partial T}{\partial q_1'} = p_1 = \frac{q^2 - q_1^2}{c^2 - q_1^2}\, q_1';$$

on tire des deux dernières équations $q'$ et $q'_1$, et on les substitue dans la valeur de T, qui devient

$$T = \frac{1}{2} \frac{q^2 - c^2}{q^2 - q_1^2} p^2 + \frac{1}{2} \frac{c^2 - q_1^2}{q^2 - q_1^2} p_1^2.$$

Soient $\mu$, $\mu_1$ les attractions de F et de $F_1$ à l'unité de distance, $r$, $r_1$ les longueurs MF, $MF_1$ ; le travail correspondant à un déplacement virtuel du point M sera

$$\delta U = \left( \mu \frac{c - x}{r^3} - \mu_1 \frac{c + x}{r_1^3} \right) \delta x - \left( \frac{\mu y}{r^3} + \frac{\mu_1 y}{r_1^3} \right) \delta y :$$

le second membre est une différentielle exacte, et, en intégrant, on aura la fonction des forces

$$U = \frac{\mu}{r} + \frac{\mu_1}{r_1}.$$

Les propriétés fondamentales des rayons vecteurs donnent

$$r + r_1 = 2q, \quad r - r_1 = \mp 2q_1,$$

d'où

$$r = q \mp q_1, \quad r_1 = q \pm q_1,$$

$$U = \frac{\mu}{q \mp q_1} + \frac{\mu_1}{q \pm q_1}.$$

On a supposé que F était sur la partie positive de l'axe des $x$, $F_1$ sur la partie négative ; dans ce cas, si l'$x$ du point M est positif, on prendra les signes supérieurs, et, s'il est négatif, les signes inférieurs ; mais on peut toujours conserver les signes supérieurs en convenant que, quand l'abscisse sera négative, on prendra aussi pour $q_1$ une valeur négative, de sorte que cette coordonnée pourra varier entre $-c$ et $+c$. Cela posé, nous avons les deux parties de la fonction d'Hamilton

$$H = U - T = \frac{\mu}{q - q_1} + \frac{\mu_1}{q + q_1}$$

$$- \frac{1}{2} \frac{q^2 - c^2}{q^2 - q_1^2} p^2 - \frac{1}{2} \frac{c^2 - q_1^2}{q^2 - q_1^2} p_1^2.$$

Nous n'avons pas besoin d'écrire les quatre équations canoniques, mais nous chercherons leurs intégrales à l'aide du théorème de Jacobi; l'équation aux dérivées partielles qu'il faut considérer est

$$\frac{\mu}{q - q_1} + \frac{\mu_1}{q + q_1} - \frac{1}{2}\frac{q^2 - c^2}{q^2 - q_1^2}\left(\frac{dS}{dq}\right)^2$$
$$- \frac{1}{2}\frac{c^2 - q_1^2}{q^2 - q_1^2}\left(\frac{dS}{dq_1}\right)^2 + \lambda = 0$$

ou, en chassant les dénominateurs,

$$(q^2 - c^2)\left(\frac{dS}{dq}\right)^2 + (c^2 - q_1^2)\left(\frac{dS}{dq_1}\right)^2$$
$$= 2\lambda(q^2 - q_1^2) + 2\mu(q + q_1) + 2\mu_1(q - q_1).$$

Nous allons encore chercher une intégrale renfermant une constante et de la forme $S_1 = f(q) + \varphi(q_1)$; il suffit d'avoir

$$(q^2 - c^2)f'^2(q) = \quad 2\lambda q^2 + 2(\mu + \mu_1)q - 2\alpha,$$
$$(c^2 - q_1^2)\varphi'^2(q_1) = -2\lambda q_1^2 + 2(\mu - \mu_1)q_1 + 2\alpha.$$

Les fonctions $f$ et $\varphi$ sont données par de simples quadratures au moyen d'intégrales elliptiques, et l'intégrale complète $S_1$ peut s'écrire

$$S_1 = \int \frac{\sqrt{2\lambda q^2 + 2(\mu + \mu_1)q - 2\alpha}}{\sqrt{q^2 - c^2}}\,dq$$
$$+ \int \frac{\sqrt{2\alpha + 2(\mu - \mu_1)q_1 - 2\lambda q_1^2}}{\sqrt{c^2 - q_1^2}}\,dq_1.$$

L'époque à laquelle le mobile arrive à une position déterminée est donnée par la formule

$$\frac{dS_1}{d\lambda} = t + \varepsilon.$$

L'équation de la trajectoire, $\dfrac{dS_1}{d\alpha} = \beta$, se formera en prenant par rapport à $\alpha$ la dérivée des quantités placées sous les signes $\int$ dans la valeur de $S_1$; mais, pour étudier la trajectoire, il vaut mieux prendre les différentielles des deux membres de l'équation obtenue, ce qui donne, en mettant en évidence les doubles signes des radicaux,

$$(\text{II}) \quad \left\{ \begin{aligned} & \frac{\pm\, dq}{\sqrt{(q^2 - c^2)[\lambda q^2 + (\mu + \mu_1)q - \alpha]}} \\ & = \frac{\pm\, dq_1}{\sqrt{(c^2 - q_1^2)[\alpha + (\mu - \mu_1)q_1 - \lambda q_1^2]}} \end{aligned} \right.$$

Les constantes $\lambda$ et $\alpha$ se déduisent des circonstances initiales. Je désigne par des lettres surmontées d'un trait les valeurs initiales des quantités que ces lettres représentent en général. L'intégrale des forces vives, $H = -\lambda$, qui est vérifiée dans tous ces problèmes, va nous donner $\lambda$:

$$(\text{III}) \qquad \lambda = -\bar{H} = \frac{1}{2}\bar{v}^2 - \frac{\mu}{\bar{r}} - \frac{\mu_1}{\bar{r}_1}.$$

Pour calculer $\alpha$, considérons la position $M'$ du mobile, infiniment voisine de $M$ et définie par les coordonnées $q + dq$, $q_1 + dq_1$; entre les deux ellipses et les deux hyperboles qui se coupent en $M$ et en $M'$ est compris un rectangle infiniment petit dont les côtés sont donnés par l'expression générale (I) de $ds$, dans laquelle on ferait tour à tour $dq_1 = 0$ ou $dq = 0$; ces côtés sont

$$dq\sqrt{\frac{q^2 - q_1^2}{q^2 - c^2}}, \quad dq_1\sqrt{\frac{q^2 - q_1^2}{c^2 - q_1^2}};$$

leur rapport est égal à la tangente de l'angle $\omega$ que la vitesse en $M$ fait avec l'ellipse de demi-axe $q$ qui y passe

$$\tang\omega = \sqrt{\frac{c^2 - q_1^2}{q^2 - c^2}}\,\frac{dq}{dq_1}.$$

Mais on peut tirer de l'équation (II) le rapport de $dq$ à $dq_1$, et il vient

$$\tan\omega = \pm\sqrt{\frac{\lambda q^2 + (\mu + \mu_1)q - \alpha}{\alpha + (\mu - \mu_1)q_1 - \lambda q_1^2}}.$$

Il suffit d'appliquer cette formule à l'instant initial pour déterminer $\alpha$ en fonction de $\overline{q}, \overline{q}_1, \overline{\omega}$ et $\lambda$, qui est déjà connu.

Revenons à l'équation (II). On ne doit donner à $q$ et $q_1$ que des valeurs telles que les quantités soumises aux deux radicaux aient le même signe, et je dis que ce signe est nécessairement le signe $+$. En effet, d'après la nature de l'ellipse et de l'hyperbole, $q^2 - c^2$ et $c^2 - q_1^2$ sont $> 0$; les deux autres facteurs sous les radicaux ont pour somme

$$\lambda(q^2 - q_1^2) + \mu(q + q_1) + \mu_1(q - q_1)$$
$$= (q^2 - q^2)\left(\lambda + \frac{\mu}{r} + \frac{\mu_1}{r_1}\right) = \frac{1}{2}(q^2 - q_1^2)v^2;$$

cette somme est positive : donc si les deux facteurs ont le même signe, ils seront positifs. La trajectoire peut affecter un grand nombre de formes suivant les valeurs de $q$ et $q_1$ qui annulent les radicaux; elle n'a des branches infinies que si $\lambda$ est positif, ce qui permet de prendre $q$ infini.

Cherchons quelles doivent être les circonstances initiales pour que la trajectoire se réduise à une conique ayant pour foyers $F, F_1$ et, pour fixer les idées, à une ellipse; il faut que le trinôme $\lambda q^2 + (\mu + \mu_1)q - \alpha$ soit négatif pour toute valeur de $q$ différente de $\overline{q}$, ce qui exige, en se reportant à la théorie élémentaire des trinômes du second degré,

$$\lambda < 0, \quad \mu + \mu_1 = -2\lambda\overline{q}, \quad -\alpha = \lambda\overline{q}^2;$$

la troisième condition fait connaître $\alpha$ ; la deuxième, qui entraîne la première, donne, après avoir divisé par $\overline{q}$, remplacé $\lambda$ par sa valeur (III) et transposé quelques termes,

$$\overline{v}^{2} = \frac{2\,\mu}{\overline{r}} - \frac{\mu}{\overline{q}} + \frac{2\,\mu_1}{\overline{r_1}} - \frac{\mu_1}{\overline{p}}.$$

Cette valeur de $\overline{v}^{2}$ est égale à la somme des carrés des vitesses initiales qu'il faut donner au point M pour qu'il décrive l'ellipse proposée en vertu de l'attraction du foyer F seul, ou du foyer $F_1$ ; ces vitesses initiales satisfont respectivement aux deux conditions

$$\overline{v}^{2} = \frac{2\,\mu}{\overline{r}} - \frac{\mu}{\overline{q}}, \quad \overline{v}^{2} = \frac{2\,\mu_1}{\overline{r_1}} - \frac{\mu_1}{\overline{q}} ;$$

Nous avons un cas particulier d'un théorème dû à Legendre : *On se donne la position initiale d'un mobile et la direction de sa vitesse en ce point, et l'on suppose que le mobile décrive une courbe déterminée : 1° s'il est soumis à une force F et possède une vitesse initiale a ; 2° s'il est soumis à une force F' et possède une vitesse initiale a' ; 3° s'il est soumis à une force F'' et possède une vitesse initiale a'', etc. ; le mobile, étant soumis à la fois aux forces F, F', F'', ..., suivra la trajectoire proposée si le carré de sa vitesse initiale est* $a^{2} + a'^{2} + a''^{2} + \dots$. Ce théorème se démontre sans peine en cherchant quelle serait la réaction exercée par la courbe proposée sur le mobile en le supposant obligé de se mouvoir le long de cette courbe sous les actions simultanées de F, F', ... ; on reconnaît que cette réaction est nulle.

# TABLE

## DES DÉFINITIONS, DES PROPOSITIONS ET DES FORMULES PRINCIPALES

CONTENUES

### DANS LE SECOND VOLUME DU COURS DE MÉCANIQUE.

---

## VINGT-SEPTIÈME LEÇON.

### TRANSFORMATION ET COMPOSITION DES COUPLES.

**339. TRANSLATION D'UN COUPLE DANS UN PLAN PARALLÈLE AU SIEN.** — Le *bras de levier* d'un couple est la perpendiculaire commune menée entre les directions des forces. On nomme *moment* d'un couple le produit de l'une de ses forces par le bras de levier.

**340, 341.** *Un couple peut être transporté parallèlement à lui-même dans son plan ou dans tout plan parallèle et tourné comme on voudra dans ce plan sans que son action sur le corps auquel il est appliqué soit changée, pourvu qu'on suppose le nouveau bras de levier invariablement fixé au premier.*

**342. ÉQUIVALENCE DES COUPLES QUI ONT LE MÊME MOMENT.** — *Un couple peut être remplacé par un autre couple, de bras de levier différent, pourvu que leurs moments soient égaux.*

**343.** Pour connaître le sens d'un couple, il faut supposer fixé le milieu du bras de levier et examiner dans quel sens chaque force tend à faire tourner ce bras de levier dans son plan. Il ne faut pas confondre cette rotation fictive avec celle du corps auquel le couple est supposé appliqué.

**344. COMPOSITION DES COUPLES SITUÉS DANS UN MÊME PLAN OU DANS DES PLANS PARALLÈLES.** — *Deux couples situés dans un même plan ou dans des plans parallèles se composent en un seul, situé dans un plan parallèle à celui des couples proposés, et dont le moment est égal à la somme ou à la différence des moments des couples* *composants, suivant qu'ils tendent à faire tourner leur plan dans le même sens ou en sens contraires.*

**345, 346.** *Des couples en nombre quelconque, situés dans un même plan ou dans des plans parallèles, se composent en un seul situé dans un plan parallèle à ceux des couples proposés, et dont le moment est égal à la somme algébrique des moments de ces derniers.*

**347. COMPOSITION DES COUPLES SITUÉS DANS DES PLANS QUELCON-**

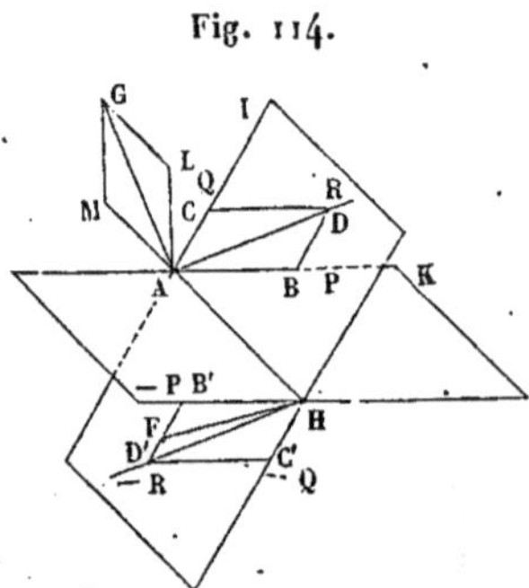

Fig. 114.

**QUES.** — *Si l'on mène dans les plans des deux couples donnés deux droites AB, AC, perpendiculaires à l'intersection de ces plans et proportionnelles aux moments de ces couples, la diagonale AD du parallélogramme ABCD, construit sur ces deux droites, représentera en grandeur le moment du couple résultant, dont le plan passera par cette diagonale et par l'intersection AH.*

**348. AUTRE MANIÈRE DE PRÉSENTER LA COMPOSITION DES COUPLES.** — Par un point O pris à volonté sur le bras de levier, soit menée

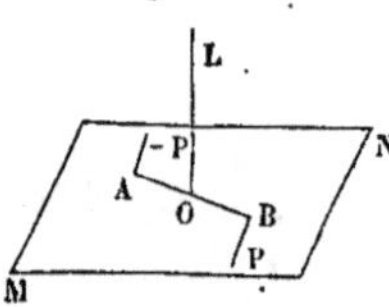

Fig. 115.

une droite OL, perpendiculaire au plan du couple $(P, -P)$, et dont la grandeur représente le moment du couple, cette droite étant dirigée d'un côté de ce plan tel, qu'un observateur placé sur cette perpendiculaire, les pieds sur le plan et l'œil au point L, verrait tourner ce plan dans un sens convenu, par exemple de sa gauche vers sa droite. Nous appellerons cette droite le *moment linéaire* du couple.

**349.** *Le moment linéaire du couple résultant de plusieurs couples situés dans des plans parallèles est égal à la somme algébrique des moments linéaires des couples composants.*

**350.** *Deux couples situés dans des plans différents se composent en un seul dont le moment linéaire est la diagonale du parallélogramme qui a pour côtés les moments linéaires des deux couples composants.*

351. Les couples se composent comme des forces qui seraient représentées en grandeur et en direction par leurs moments linéaires, et qui passeraient par un même point.

---

# VINGT-HUITIÈME LEÇON.

### COMPOSITION ET ÉQUILIBRE DES FORCES APPLIQUÉES A UN SYSTÈME INVARIABLE.

352. RÉDUCTION DES FORCES APPLIQUÉES A UN SYSTÈME INVARIABLE. — *Toutes les forces appliquées à un corps solide peuvent se réduire à une force unique* R, *résultante des forces transportées parallèlement à elles-mêmes en un point arbitraire* O *et à un couple unique* (S, — S).

353. *Quand un système de forces est en équilibre, les forces transportées parallèlement à elles-mêmes en un point quelconque se font équilibre autour de ce point, et les couples résultant de la translation de ces forces doivent aussi se faire équilibre.* Ces conditions sont d'ailleurs suffisantes.

354. Si le système admet une résultante unique, la force R est parallèle au plan du couple résultant. Cette condition est suffisante.

355. *Un nombre quelconque de forces appliquées à un système invariable peuvent se réduire à deux forces* S *et* T *qui sont, en général, dans des plans différents, et dont l'une passe par un point* O, *entièrement arbitraire.* Cette réduction peut s'opérer d'une infinité de manières.

356. Réciproquement, deux forces T et S, non situées dans le même plan, peuvent toujours se ramener à une force et à un couple.

357. ÉQUILIBRE D'UN SYSTÈME DE FORCES PARALLÈLES SITUÉES DANS UN MÊME PLAN. — En nommant P, P′, P″,... les forces données, $x$, $x'$, $x''$,... leurs distances à un axe des $y$ qui leur est parallèle, on a

$$P + P' + P'' + \ldots = 0,$$
$$P x + P' x' + P'' x'' + \ldots = 0.$$

358. Si les forces données ne se font pas équilibre, elles auront une résultante unique R, appliquée à un point dont $x_1$ sera l'abscisse :

$$R = P + P' + P'' + \ldots;$$
$$x_1 = \frac{P x + P' x' + P'' x'' + \ldots}{P + P' + P'' + \ldots}.$$

359. Si la force R était nulle, le système se réduirait à un couple.

360, 361. COMPOSITION ET ÉQUILIBRE D'UN SYSTÈME DE FORCES SITUÉES DANS UN MÊME PLAN. — 1° *La somme des moments des forces par rapport à un point quelconque de leur plan doit être nulle; 2° les sommes des composantes, suivant deux axes quelconques, doivent être nulles séparément.*

362, 363. Si les forces données ne se font pas équilibre, elles se réduiront à une force R et à un couple (.S, — S) qui auront une résultante unique, si R n'est pas nul. On aura

$$R = P + p' + p'' + \ldots,$$
$$Rr = Pp + P'p' + \ldots.$$

Pour obtenir la direction suivant laquelle agit la résultante unique, soient $x_1$, $y_1$ les coordonnées d'un point quelconque de cette droite, et $X_1$, $Y_1$ les composantes de la force R parallèles aux axes; en posant

$$G = Xy - Yx + X'y' - Y'x' + \ldots;$$

on aura

$$- X_1 y_1 + Y_1 x_1 + G = 0.$$

364. ÉQUATIONS GÉNÉRALES DE L'ÉQUILIBRE. — Soit un système quelconque de forces P', P'',... appliquées à des points A $(x, y, z)$, A'$(x', y', z')$, A'' $(x'', y'', z'')$,.... liés entre eux d'une manière invariable. Décomposons la force P en trois autres X, Y, Z parallèles à trois axes rectangulaires. On ramène le système proposé à plusieurs forces dirigées suivant les axes et à un certain nombre de couples (X, — X), (Y, — Y), situés dans les plans coordonnés. En appelant $X$, $Y$, $Z$, les résultantes des forces dirigées suivant les axes et L, M, N les moments résultants obtenus en composant les couples situés dans chacun des plans coordonnés, on aura

Fig. 123.

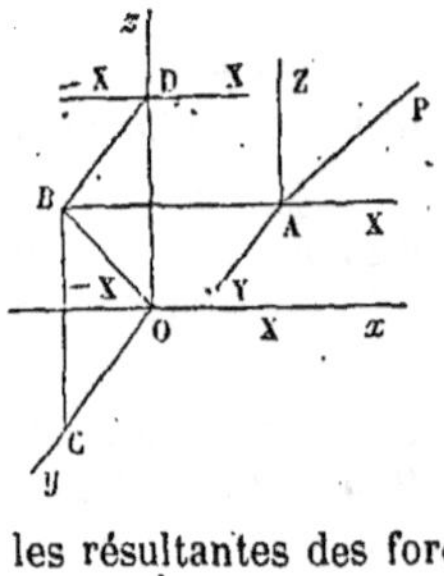

$$X = X + X' + X'' + \ldots,$$
$$Y = Y + Y' + Y'' + \ldots,$$
$$Z = Z + Z' + Z'' + \ldots,$$
$$L = Zy - Yz + Z'y' - Y'z^i + \ldots,$$
$$M = Xz - Zx + X'z' - Z'x' + \ldots,$$
$$N = Yx - Xy + Y'x' - X'y' + \ldots.$$

365, 366. Quand il y a équilibre, on a

$$X = o, \quad Y = o, \quad Z = o,$$
$$L = o, \quad M = o, \quad N = o,$$

ou bien, en introduisant les intensités des forces P, P′, P″,..., et les angles $\alpha$, $\beta$, $\gamma$, $\alpha'$, $\beta'$, $\gamma'$,..., que leurs directions font avec les axes,

$$P \cos\alpha + P' \cos\alpha' + \ldots = o,$$
$$P \cos\beta + P' \cos\beta' + \ldots = o,$$
$$P \cos\gamma + P' \cos\gamma' + \ldots = o,$$

et

$$P\,(y\cos\gamma - z\cos\beta) + P'\,(y'\cos\gamma' - z'\cos\beta') + \ldots = o,$$
$$P\,(z\cos\alpha - x\cos\gamma) + P'\,(z'\cos\alpha' - x'\cos\gamma') + \ldots = o,$$
$$P\,(x\cos\beta - y\cos\alpha) + P'\,(x'\cos\beta' - y'\cos\alpha') + \ldots = o.$$

367. On appelle moment d'une force par rapport à un axe le produit de la projection de cette force sur un plan perpendiculaire à l'axe multipliée par la plus courte distance entre cet axe et cette projection. *Si un système de forces appliquées à un corps solide est en équilibre, la somme des moments des forces, par rapport à trois axes rectangulaires menés par un même point, doit être nulle pour chacun de ces axes.*

368. Les six équations

$$X = o, \quad Y = o, \quad Z = o,$$
$$L = o, \quad M = o, \quad N = o,$$

sont vérifiées dans l'état d'équilibre d'un système quelconque de forces. Mais ces conditions ne sont plus suffisantes pour assurer l'équilibre, et il faut y joindre de nouvelles équations qui dépendent du mode de liaison des différentes parties du système.

———

# VINGT-NEUVIÈME LEÇON.

### SUITE DE LA COMPOSITION ET DE L'ÉQUILIBRE DE FORCES APPLIQUÉES A UN SYSTÈME DE FORME INVARIABLE.

369. CAS D'UNE RÉSULTANTE UNIQUE. — Quand il y a une résultante unique, on a

$$XL + YM + ZN = o.$$

Cette équation exprime que les forces se réduisent à une force unique pourvu que $X$, $Y$, $Z$ ne soient pas nulles à la fois, sans quoi le système se réduirait à un couple, et il n'y aurait pas de résultante unique.

370. La droite suivant laquelle agit la résultante est représentée par deux des équations suivantes :

$$Yz - Zy + L = 0,$$
$$Zx - Xz + M = 0,$$
$$Xy - Yx + N = 0.$$

371, 372. CAS D'UN POINT FIXE. — La pression qu'éprouve le point fixe est égale à la résultante de toutes les forces transportées parallèlement à elles-mêmes en ce point. Les conditions d'équilibre sont

$$L = 0, \quad M = 0, \quad N = 0.$$

373. CAS D'UN AXE FIXE. — Quand il y a un axe fixe $Oz$, ou, ce qui revient au même, deux points O et H, la seule condition d'équilibre est

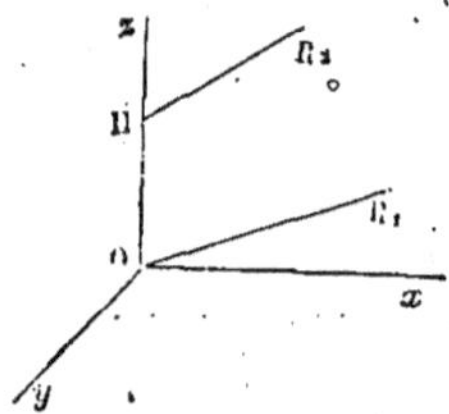


$$N = 0.$$

*La somme des moments des forces par rapport à l'axe fixe doit être nulle.*

374. Si le corps peut glisser le long de l'axe, on a deux équations d'équilibre

$$Z = 0, \quad N = 0.$$

375, 376. Pour qu'un nombre quelconque de forces appliquées à un corps solide soit en équilibre autour d'un point fixe, il faut et il suffit qu'elles le soient autour de trois axes passant par le point fixe.

377, 378. ÉQUILIBRE D'UN CORPS QUI REPOSE SUR UN PLAN FIXE. — Si un corps M repose par un de ses points sur un plan, il faut que les forces P, P′, P″,... aient une résultante unique, normale au plan et passant par le point d'appui.

379. On est conduit à une conséquence analogue, quand le corps M repose par différents points sur plusieurs plans ou surfaces fixes.

380. Les équations d'équilibre dans le cas d'un corps pressé contre un plan $xOy$ sont

$$X = 0, \quad Y = 0,$$
$$L = 0, \quad M = 0, \quad N = 0.$$

On devra y joindre l'inégalité

$$Z < 0.$$

**381.** Si le corps repose sur le plan $xOy$ par deux points, les équations d'équilibre sont

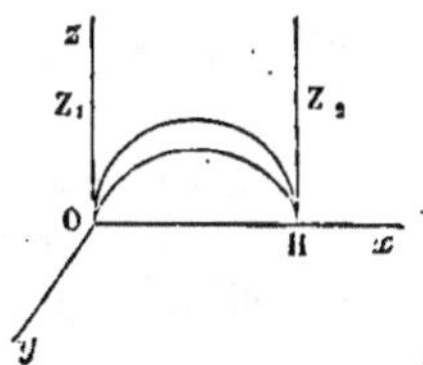

Fig. 129.

$$X = 0,$$
$$Y = 0,$$
$$L = 0,$$
$$N = 0.$$

**382.** Si le corps repose sur le plan $xOy$ par un nombre quelconque de points d'appui A $(x_1, y_1)$, B $(x_2, y_2)$, C, D, etc., la résistance du plan en ces divers points équivaudra à des forces normales $Z_1$, $Z_2$, $Z_3$,... qui y seraient appliquées; il faut qu'il y ait une résultante unique et tombant dans l'intérieur du polygone ABCDA.

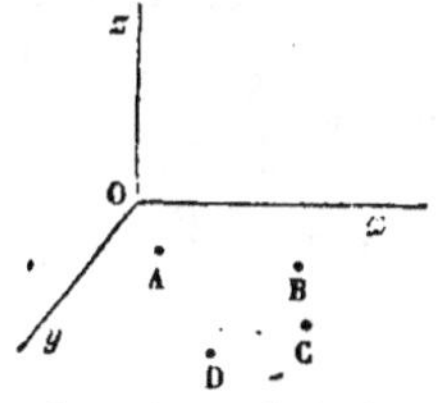

Fig. 130.

Les équations générales se réduisent à

$$X = 0, \quad Y = 0, \quad N = 0.$$

# TRENTIÈME LEÇON.

### ÉQUILIBRE DES FORCES APPLIQUÉES A DES CORDONS.

**383.** ÉQUILIBRE DES FORCES APPLIQUÉES A DES CORDONS QUI PASSENT PAR UN MÊME POINT. — Soient P et Q deux forces qui agissent aux extrémités d'une corde supposée flexible et inextensible. Si ces forces se font équilibre, la corde doit être tendue en ligne droite; et ces forces doivent être égales et contraires. La valeur commune des deux forces est ce qu'on appelle *la tension du fil*.

**384.** Si trois forces P, Q, R, agissent sur un point A, par l'intermédiaire de trois cordons qui se réunissent en ce point, et si elles se font équilibre, ces trois cordons sont dans un même plan, et chaque force peut être représentée en grandeur par le sinus de l'angle formé par les directions des deux autres.

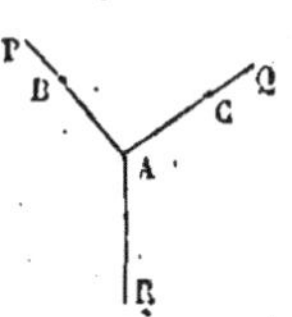

Fig. 131.

**385.** Supposons qu'on fixe un point B du cordon AP. La pression que supporte le point B est égale et contraire à la résultante des forces Q et R. Si l'on fixe à la fois un point B du cordon AP et un point C du cordon AQ, la pression que supporte le point C sera égale et contraire à Q.

**386, 387. CAS OÙ L'UNE DES CORDES PEUT GLISSER DANS UN ANNEAU.** — Si les deux forces P et Q sont appliquées aux extrémités d'une corde PAQ, qui passe dans un anneau retenu par une troisième force R, P = Q est la condition nécessaire et suffisante pour qu'il y ait équilibre.

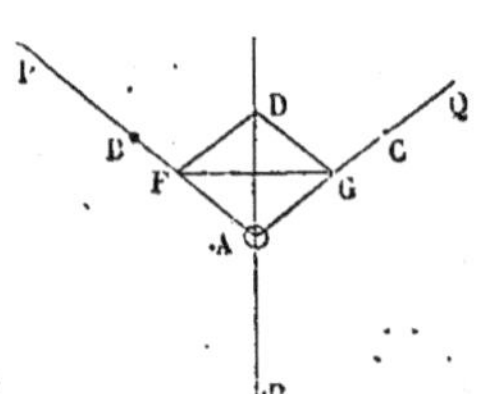

Fig. 132.

388. Si l'on désigne par α l'angle BAC, on a

$$R = 2\,P \cos \frac{1}{2}\alpha.$$

R représente également la pression supportée par le point A, quand on fixe l'anneau.

389. **ÉQUILIBRE DU POLYGONE FUNICULAIRE.** — Soit un polygone funiculaire ABCDEF. Le premier et le dernier cordon, AB et EF, sont sollicités par des forces H et K dirigées nécessairement suivant les prolongements de ces cordons, sans quoi il n'y aurait pas équilibre. Aux différents sommets B, C, D, E sont appliquées des forces quelconques P, P', P'', P''', agissant par l'intermédiaire de cordons qui se réunissent en ces points. Il est inutile de supposer plus de trois cordons réunis au même sommet.

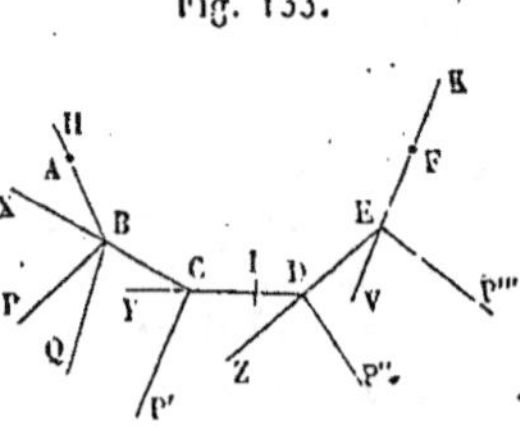

Fig. 133.

390. *Dans l'état d'équilibre, chaque cordon, tel que CD, doit être tiré par deux forces égales et contraires qu'on peut supposer appliquées à ses deux extrémités.*

391 à 397. Ce principe conduit aux conditions d'équilibre du polygone funiculaire.

*Toutes les forces immédiatement appliquées au polygone funiculaire, transportées parallèlement à elles-mêmes en un point quel-*

*conque, se font équilibre autour de ce point, et la tension de chaque cordon est la résultante de toutes les forces qui agissent d'un même côté de ce cordon.*

*Réciproquement, si les forces sont telles, que, transportées parallèlement à elles-mêmes en un point quelconque, elles s'y fassent équilibre, il y aura toujours une figure d'équilibre.*

398. Cas où il y a des anneaux. — Si tous les sommets portent des anneaux, les tensions de tous les cordons sont égales, d'où résulte

$$H = K,$$

$$P = 2H \cos \frac{1}{2} B; \quad P' = 2H \cos \frac{1}{2} C, \ldots$$

399. Si l'on se donnait la figure du polygone, on connaîtrait par là en grandeur et en direction les forces qu'il faudrait appliquer à chaque sommet pour le tenir en équilibre.

400, 401. Supposons que les cordes extrêmes AB, EF soient dans un même plan. Pour avoir la tension des cordons extrêmes, il suffit de décomposer suivant leurs directions la résultante de toutes les forces transportées parallèlement à elles-mêmes au point de rencontre de ces cordons.

402. Cas où il y a plusieurs cordons a un même sommet du polygone. — Il faut, pour l'équilibre, que l'une quelconque des forces qui sollicitent les cordons soit égale et directement contraire à la résultante de toutes les autres. Si l'on fixe un point sur chacun des cordons, excepté sur un seul, les pressions que la force P exerce sur les points fixes, s'il n'y a que trois cordons, non situés dans le même plan, s'obtiendront en décomposant la force P en trois autres agissant suivant les prolongements des cordons. S'il y a plus de trois cordons, le problème devient indéterminé.

---

# TRENTE ET UNIÈME LEÇON.

### ÉQUILIBRE D'UN FIL FLEXIBLE.

403. Direction de la tension dans un fil en équilibre. — Soit AMB un fil flexible, d'une très-petite épaisseur, attaché par ses extrémités à deux points fixes A et B, et dont tous les points sont sollicités par de très-petites forces.

Soit M un point quelconque de ce fil. Les deux parties AM, MB exercent l'une sur l'autre, dans l'état d'équilibre, des actions mo-

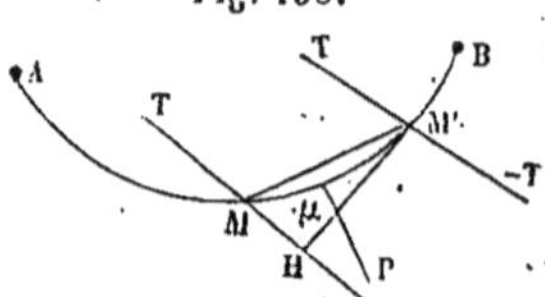
Fig. 136.

léculaires égales et contraires. On admet que toutes les forces qui proviennent de AM agissant sur MB, se réduisent à une force unique T appliquée au point M, et de même que la partie MB exerce sur AM une action qui se réduit à une force égale et contraire à T. La valeur commune de ces deux forces est ce qu'on appelle *la tension du fil* au point M.

**404.** *La tension s'exerce suivant la tangente au point M à la courbe que forme le fil.*

**405, 406. ÉQUILIBRE D'UN FIL SOLLICITÉ PAR DE PETITES FORCES.** — Soient $\varepsilon$ le produit de la section normale par la densité au point M,

Fig. 137.

P la force qui agit en ce point, X, Y, Z ses composantes parallèles à trois axes $Ox$, $Oy$, $Oz$, et T la tension. Les équations de l'équilibre sont :

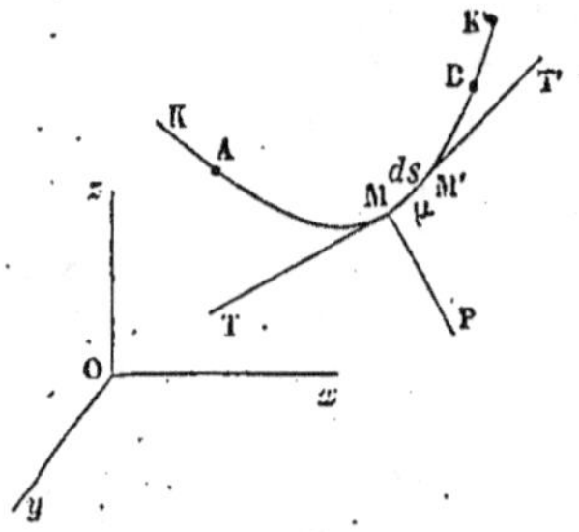

$$(1) \quad \begin{cases} d\left(T\dfrac{dx}{ds}\right) + X\varepsilon\,ds = 0, \\[2mm] d\left(T\dfrac{dy}{ds}\right) + Y\varepsilon\,ds = 0, \\[2mm] d\left(T\dfrac{dz}{ds}\right) + Z\varepsilon\,ds = 0. \end{cases}$$

**407. INTÉGRATION DES ÉQUATIONS (1).** — Soient $e, f, g$; $e', f', g'$ les angles que les tangentes à la courbe aux points A et B font avec les axes : on a

$$K\cos e + K'\cos e' + \int_0^l X\varepsilon\,ds = 0;$$

*la somme algébrique des composantes parallèles à l'axe $Ox$, de toutes les forces qui agissent sur le fil, est nulle.*

**408.** On déduit des mêmes équations

$$K(a\cos f - b\cos e) + K'(a'\cos f' - b'\cos e')$$
$$+ \int_0^l (Yx - Xy)\varepsilon\,ds = 0;$$

*la somme des moments de toutes les forces qui agissent sur le fil,
par rapport à $Oz$, est nulle.*

409. Soient $\alpha$, $\beta$, $\gamma$ les angles que la tangente au point M fait
avec les axes et $\lambda$. $\mu$, $\nu$ les angles que le rayon de courbure $\rho$ fait
avec les mêmes axes : les équations (1) peuvent s'écrire

$$d\mathrm{T}\cos\alpha + \frac{\mathrm{T}\,ds}{\rho}\cos\lambda + \mathrm{X}\varepsilon\,ds = 0,$$

$$d\mathrm{T}\cos\beta + \frac{\mathrm{T}\,ds}{\rho}\cos\mu + \mathrm{Y}\varepsilon\,ds = 0,$$

$$d\mathrm{T}\cos\gamma + \frac{\mathrm{T}\,ds}{\rho}\cos\nu + \mathrm{Z}\varepsilon\,ds = 0.$$

Le plan osculateur à la courbe contient la force P.

410. Valeur de la tension. — On a

$$d\mathrm{T} = -\varepsilon(\mathrm{X}\,dx + \mathrm{Y}\,dy + \mathrm{Z}\,dz).$$

411. *Quand* $\varepsilon(\mathrm{X}\,dx + \mathrm{Y}\,dy + \mathrm{Z}\,dz)$ *est une différentielle exacte,
l'accroissement de tension, quand on passe d'un point à un autre,
est indépendant de la figure du fil.*

412. Lorsque toutes les forces qui sollicitent le fil lui sont normales, *la force motrice est en raison inverse du rayon de courbure
et dirigée suivant le prolongement de ce rayon.*

413. Lorsqu'un fil est tendu sur une surface S par deux forces
qui le tirent à ses extrémités $m$ et $m'$, *ce fil trace sur la surface la
ligne la plus courte entre deux quelconques de ses points.*

414. Courbe formée par le fil. — Cette courbe est donnée par
les équations

$$\frac{dx}{\mathrm{A} + \int \mathrm{X}\varepsilon\,ds} = \frac{dy}{\mathrm{B} + \int \mathrm{Y}\varepsilon\,ds} = \frac{dz}{\mathrm{C} + \int \mathrm{Z}\varepsilon\,ds}.$$

415. On obtient encore les équations de la courbe en éliminant T
entre les équations

$$\frac{\mathrm{X}\,dy - \mathrm{Y}\,dx}{ds}\varepsilon = \mathrm{T}\left(\frac{dx}{ds}\,d\frac{dy}{ds} - \frac{dy}{ds}\,d\frac{dx}{ds}\right),$$

$$\frac{\mathrm{X}\,dz - \mathrm{Z}\,dx}{ds}\varepsilon = \mathrm{T}\left(\frac{dz}{ds}\,d\frac{dx}{ds} - \frac{dx}{ds}\,d\frac{dz}{ds}\right),$$

$$d\mathrm{T} = -\varepsilon(\mathrm{X}\,dx + \mathrm{Y}\,dy + \mathrm{Z}\,dz).$$

# TRENTE-DEUXIÈME LEÇON.

### CHAÎNETTE. — COURBE DES PONTS SUSPENDUS.

**416. ÉQUATION DIFFÉRENTIELLE DE LA CHAÎNETTE.** — La courbe ABC, formée par un fil pesant et homogène, suspendu à deux points fixes A et C, a reçu le nom de *chaînette*.

Fig. 138.

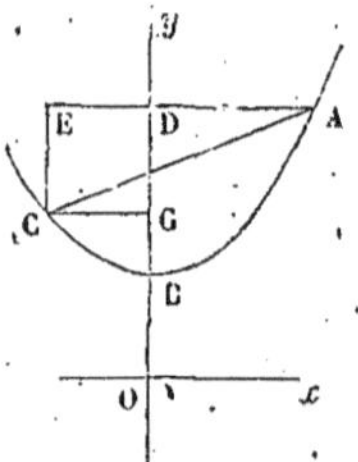

Cette courbe est contenue dans le plan vertical passant par les points A et C. Prenons ce plan vertical pour plan des $xy$ et traçons deux axes rectangulaires $Ox$ et $Oy$, le premier horizontal et le second vertical et dirigé de bas en haut.

**417.** Le fil étant supposé homogène, si $\varpi$ est le poids de l'unité de longueur, on aura

$$d\left(T\,\frac{dx}{ds}\right) = 0, \quad d\left(T\,\frac{dy}{ds}\right) = \varpi\,ds.$$

**418.** Appelons $\varpi h$ la tension au point le plus bas de la courbe, tension qui s'exerce horizontalement. On aura

$$T = \varpi h\,\frac{ds}{dx}, \quad ds = h d\,\frac{dy}{dx}.$$

**419, 420. ÉQUATION DE LA CHAÎNETTE EN TERMES FINIS.** — On prend pour axe des $y$ la verticale qui passe par le point B le plus bas de la courbe et pour origine un point tel que $OB = h$ :

$$y = \frac{h}{2}\left(e^{\frac{x}{h}} + e^{-\frac{x}{h}}\right).$$

**421, 422. PROPRIÉTÉS DE LA CHAÎNETTE.** — La chaînette est symétrique par rapport à l'axe des $y$. La projection MK de l'ordonnée de la courbe sur la normale MN est constante et égale à $h$. La projection MI de l'ordonnée sur la tangente MT est égale à l'arc BM, compté à partir du point le plus bas de la courbe. La longueur désignée par $h$, l'arc MB et l'ordonnée $y$ forment un triangle rectangle dont l'ordonnée est l'hypoténuse.

Fig. 139.

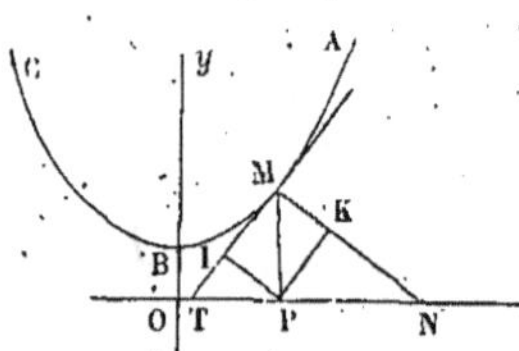

423. La courbe, lieu des points I tels que MI = arc BM, est une développante de la chaînette. La droite IP est tangente à cette courbe au point I, et la longueur IP de cette tangente comprise entre le point I et l'axe des $x$ est constante et égale à $h$.

424. *Le rayon de courbure de la chaînette est égal à la normale MN, mais dirigé en sens contraire.*

425, 426. DE LA TENSION EN UN POINT DE LA CHAÎNETTE.

$$T = \varpi y.$$

*La tension de la chaînette en chaque point est proportionnelle à l'ordonnée de ce point.*

427 à 431. CONSTRUCTION DE LA CHAÎNETTE. — Menons la verticale CE et les horizontales AE et CG qui rencontrent l'axe des $y$ en D et G (*fig.* 138). Posons

$$AE = a, \quad CE = b, \quad ABC = l,$$
$$AD = k, \quad DE = k', \quad OB = h, \quad BD = f.$$

On a pour déterminer les inconnues $h$, $k$, $k'$, $f$ les équations suivantes :

$$\sqrt{l^2 - b^2} = h\left(e^{\frac{a}{2h}} - e^{-\frac{a}{2h}}\right),$$
$$l + b = h\left(1 - e^{-\frac{a}{h}}\right)e^{\frac{k}{h}},$$
$$k' = a - k,$$
$$h + f = \frac{h}{2}\left(e^{\frac{k}{h}} + e^{-\frac{k}{h}}\right).$$

432. REMARQUE SUR LE CENTRE DE GRAVITÉ DE LA CHAÎNETTE. — De toutes les courbes d'une longueur donnée, tracées sur un plan entre deux points donnés, la chaînette est celle dont le centre de gravité est le plus bas.

433 à 438. COURBE DES PONTS SUSPENDUS. — La courbe formée par la chaîne est une parabole verticale. En appelant T la tension au point $x$, $y$, $z$, $\varpi$ la force totale qui sollicite une portion de la chaîne dont la projection horizontale est égale à l'unité de longueur, $\varpi h$ la tension au point le plus bas, on a

$$T = \varpi \sqrt{h^2 + x^2}.$$

# TRENTE-TROISIÈME LEÇON.

## PRINCIPE DES VITESSES VIRTUELLES.

**439. DÉFINITION DE LA VITESSE VIRTUELLE.** — Soient A, A′, A″, …, des points matériels quelconques soumis à de certaines conditions. Le système étant transporté dans une position infiniment voisine qui satisfasse à toutes les conditions données, on appelle *vitesse virtuelle* ou déplacement virtuel de l'un quelconque de ces points la droite infiniment petite qui joint sa première position à la seconde.

**440. DÉFINITION DU MOMENT VIRTUEL.** — On appelle *moment virtuel de la force* P *le produit de la valeur absolue de cette force par la projection p du déplacement virtuel de son point d'application.*

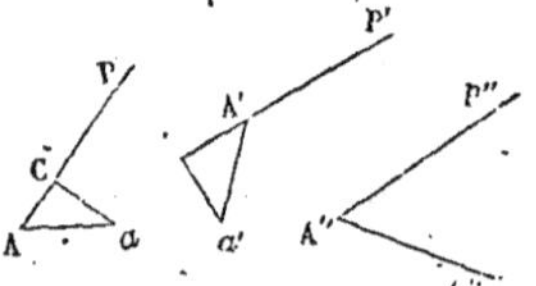

Fig. 142.

**441.** On a, si T est la composante de la force P suivant le déplacement A$a$,

$$P p = T \times A a.$$

Ainsi *le moment virtuel est égal au produit du déplacement virtuel multiplié par la composante de la force suivant la direction du déplacement.*

Le *moment virtuel* d'une force et la *quantité de travail élémentaire* ont la même expression; mais la première quantité ne suppose aucun mouvement du système dû aux forces qui le sollicitent actuellement.

**442. ÉNONCÉ DU PRINCIPE DES VITESSES VIRTUELLES.** — *Si des forces en nombre quelconque se font équilibre sur un système de points matériels assujettis à des conditions données, la somme des moments virtuels est nulle pour tout déplacement virtuel compatible avec les conditions données,* et réciproquement, *il y aura équilibre si la somme des moments virtuels est nulle pour tous les mouvements possibles du système.*

**443. ÉQUILIBRE D'UN POINT MATÉRIEL.** — Si un nombre quelconque de forces est appliqué à un même point A : *le moment virtuel de la résultante est égal à la somme des moments virtuels des composantes.*

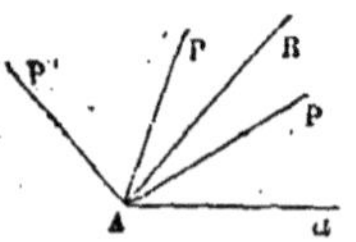

Fig. 143.

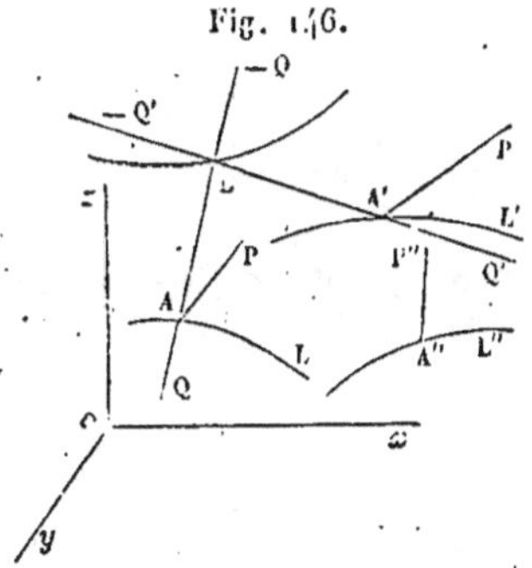

Fig. 146.



---

## TRENTE-QUATRIÈME LEÇON.

### SUITE DU PRINCIPE DES VITESSES VIRTUELLES.

**457. AUTRE FORME DE L'ÉQUATION DES VITESSES VIRTUELLES. —**

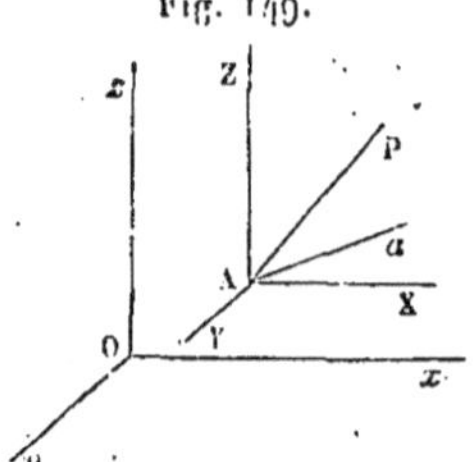


Soient X, Y, Z les composantes parallèles aux axes de la force P; $\delta x$, $\delta y$, $\delta z$ les variations des coordonnées du point A pour un déplacement virtuel compatible avec l'état du système; le moment virtuel de la force P est

$$X\,\delta x + Y\,\delta y + Z\,\delta z;$$

et l'équation des vitesses virtuelles devient

$$\sum (X\,\delta x + Y\,\delta y + Z\,\delta z) = 0.$$

**458, 459. CONDITIONS D'ÉQUILIBRE D'UN SYSTÈME.** Les liaisons qui existent entre les divers points du système étant exprimées par les équations

$$L = 0, \quad M = 0, \quad N = 0, \ldots,$$

on aura

$$\frac{d\mathrm{L}}{dx}\,\delta x + \frac{d\mathrm{L}}{dy}\,\delta y + \frac{d\mathrm{L}}{dz}\,\delta z + \frac{d\mathrm{L}}{dx'}\,\delta x' + \ldots = 0,$$

$$\frac{d\mathrm{M}}{dx}\,\delta x + \frac{d\mathrm{M}}{dy}\,\delta y + \frac{d\mathrm{M}}{dz}\,\delta z + \frac{d\mathrm{M}}{dx'}\,\delta x' + \ldots = 0,$$

$$\frac{d\mathrm{N}}{dx}\,\delta x + \frac{d\mathrm{N}}{dy}\,\delta y + \frac{d\mathrm{N}}{dz}\,\delta z + \frac{d\mathrm{N}}{dx'}\,\delta x' + \ldots = 0,$$

$$\ldots\ldots\ldots\ldots\ldots\ldots\ldots\ldots\ldots\ldots\ldots\ldots\ldots$$

Ces équations au nombre de $i$ contiennent $3n$ variations $\delta x$, $\delta y$, $\delta z, \ldots$; il y en a $3n - i$ qui sont arbitraires, et les autres, au nombre de $i$, dépendent de celles-là. Si on porte les valeurs des dernières dans l'équation

$$\sum (X\,\delta x + Y\,\delta y + Z\,\delta z) = 0,$$

celle-ci contiendra seulement $3n - i$ termes multipliés chacun par l'une des $3n - i$ variations arbitraires, dont il faudra égaler à zéro les $3n - i$ coefficients. On aura ainsi $3n - i$ équations qui, jointes aux équations (1), donneront $3n$ équations nécessaires et suffisantes pour l'équilibre.

**460.** L'élimination de $i$ variations au moyen du système (2) peut se faire par la méthode des multiplicateurs. Nous aurons les $3n$

équations suivantes :

$$X + \lambda\frac{dL}{dx} + \mu\frac{dM}{dx} + \nu\frac{dN}{dx} + \ldots = 0,$$

$$Y + \lambda\frac{dL}{dy} + \mu\frac{dM}{dy} + \nu\frac{dN}{dy} + \ldots = 0,$$

$$Z + \lambda\frac{dL}{dz} + \mu\frac{dM}{dz} + \nu\frac{dN}{dz} + \ldots = 0,$$

$$X' + \lambda\frac{dL}{dx'} + \mu\frac{dM}{dy'} + \nu\frac{dN}{dz'} + \ldots = 0.$$

. . . . . . . . . . . . . . . . . . . . . . . . . . . . .

461, 462. Réciproquement, si ces équations ont lieu, les forces se font équilibre, quand on y regarde $x$, $y$, $z$ comme seules variables.

Les conditions $L = 0$, $M = 0$, $N = 0$, ..., peuvent être supprimées pourvu que l'on applique au point A les forces

$$\lambda\frac{dL}{dx}, \quad \mu\frac{dM}{dx}, \quad \nu\frac{dN}{dx}, \ldots ;$$

$$\lambda\frac{dL}{dy}, \quad \mu\frac{dM}{dy}, \quad \nu\frac{dN}{dy}, \ldots ;$$

$$\lambda\frac{dL}{dz}, \quad \mu\frac{dM}{dz}, \quad \nu\frac{dN}{dz}, \ldots ;$$

au point A' les forces

$$\lambda\frac{dL}{dx'}, \quad \mu\frac{dM}{dx'}, \quad \nu\frac{dN}{dx'}, \ldots ;$$

$$\lambda\frac{dL}{dy'}, \quad \mu\frac{dM}{dy'}, \quad \nu\frac{dN}{dy'}, \ldots ;$$

$$\lambda\frac{dL}{dz'}, \quad \mu\frac{dM}{dz'}, \quad \nu\frac{dN}{dz'}, \ldots ;$$

et ainsi de suite.

463, 464. SUR LES DIVERS MOUVEMENTS VIRTUELS D'UN SYSTÈME. — Un mouvement virtuel quelconque se compose de $3n - i$ mouvements-virtuels particuliers et distincts.

465. En général, soient $L = 0$, $M = 0$, ... les équations de condition. On prendra $3n - i$ quantités $\varphi$, $\psi$, $\theta$, ... fonctions de $x$, $y$, $z$, $x'$, ..., et dont les variations seront toutes arbitraires. L'équation des vitesses virtuelles deviendra

$$\Phi\,\delta\varphi + \Psi\,\delta\psi + \Theta\,d\theta + \ldots = 0;$$

on aura

$$\Phi = 0, \quad \Psi = 0, \quad \Theta = 0, \ldots$$

# TRENTE-CINQUIÈME LEÇON.

### APPLICATIONS DU PRINCIPE DES VITESSES VIRTUELLES.

**466. Équilibre d'un solide invariable.** — Les conditions d'é-quilibre d'un système solide, formé de $n$ points matériels liés entre eux d'une manière invariable, sont au nombre de six.

467. On obtient les trois premières équations d'équilibre, en don-nant au corps trois mouvements de translation parallèles aux axes.

468. On obtient les trois autres équations d'équilibre en faisant tourner le corps successivement autour des trois axes, ce qui donne

$$\sum (\mathrm{Y}x - \mathrm{X}y) = 0,$$

$$\sum (\mathrm{Z}y - \mathrm{Y}z) = 0,$$

$$\sum (\mathrm{X}z - \mathrm{Z}x) = 0.$$

469. On peut déduire du principe des vitesses virtuelles les équa-tions des moments sous leur seconde forme

$$\sum \mathrm{Q}q = 0.$$

**470. Autre manière d'obtenir les conditions d'équilibre d'un système solide.** — L'équation générale

$$\sum (\mathrm{X}\delta x + \mathrm{Y}\delta y + \mathrm{Z}\delta z) = 0$$

peut être mise sous la forme

$$\delta x \sum \mathrm{X} + \delta 6 \sum \mathrm{Y} + \delta\gamma \sum \mathrm{Z} + \delta\omega \sum (\mathrm{Y}x - \mathrm{X}y)$$

$$+ \delta\varphi \sum (\mathrm{Z}y - \mathrm{Y}z) + \delta\psi \sum (\mathrm{X}z - \mathrm{Z}x) = 0.$$

Les variations $\delta x$, $\delta 6, \ldots$, étant arbitraires, cette équation ne peut avoir lieu que si les coefficients de ces variations sont nuls; on re-trouve ainsi les conditions exprimées plus haut (467, 468).

**471. Équilibre d'un système solide gêné par un obstacle.** — Si le système renferme un point fixe, il y aura seulement trois équations d'équilibre entre les forces.

472. S'il y a deux points fixes, ou, ce qui revient au même, un axe fixe, il n'y aura qu'une seule équation d'équilibre.

473 à 477. ÉQUILIBRE DU POLYGONE FUNICULAIRE.

478. SUR UNE PROPRIÉTÉ DE L'ÉQUILIBRE. — Lorsque le premier membre de l'équation

$$\sum (X\delta x + Y\delta y + Z\delta z) = 0$$

est la variation exacte d'une fonction $f(x, y, z\ldots)$ de $x, y, z, x'$, $y', z',\ldots$, considérées, soit comme des variables indépendantes, soit comme des variables liées entre elles par les équations $L = 0$, $M = 0$; alors pour la position d'équilibre, et seulement pour celle-là, la valeur correspondante de la fonction $f(x, y, z,\ldots)$ est un maximum ou un minimum, si toutefois cette fonction est susceptible d'un maximum ou d'un minimum. L'équilibre est toujours stable quand le maximum existe.

479. L'expression $\sum (X\delta x + Y\delta y + Z\delta z)$ est une variation exacte quand les forces motrices R, R', R'',... sont dirigées vers des centres fixes et fonctions des distances de leurs points d'application aux centres.

480. Si les forces R, R', R'',... supposées attractives ont pour expressions

$$R = \frac{\mu}{r^2}, \quad R' = \frac{\mu}{r'^2}, \quad R'' = \frac{\mu}{r''^2}, \cdots,$$

la fonction

$$\frac{1}{r} + \frac{1}{r'} + \frac{1}{r''} + \cdots$$

est un maximum ou un minimum quand il y a équilibre.

481. Le premier membre de l'équation générale des vitesses virtuelles est encore une différentielle exacte, quand les forces considérées proviennent des actions mutuelles des points du système, et qu'elles sont simplement fonctions des distances mutuelles des points qui agissent les uns sur les autres.

482. Dans l'équilibre d'un système de points pesants, sollicités uniquement par leurs poids, le centre de gravité est le plus haut ou le plus bas possible.

# TRENTE-SIXIÈME LEÇON.

### PRINCIPE DE D'ALEMBERT.

**483 à 485. DÉMONSTRATION DU PRINCIPE DE D'ALEMBERT.** — *Les forces motrices d'un système font à chaque instant équilibre à des forces égales et contraires aux forces qui produiraient son mouvement effectif, si tous ses points devenaient libres.*

**486. REMARQUES SUR LE PRINCIPE DE D'ALEMBERT.** — On peut présenter le principe de d'Alembert sous une autre forme, utile dans quelques cas. Chaque force étant décomposée en deux, l'une nommée *force effective* et qui produirait le mouvement du point, s'il était entièrement libre, et l'autre qu'on nomme *force perdue*, on peut dire qu'à chaque instant les forces perdues se font équilibre.

**487.** On pourrait remplacer d'une infinité de manières les forces données par d'autres susceptibles d'imprimer le même mouvement au système, non plus libre, mais assujetti aux conditions données,

**488. ÉQUATION GÉNÉRALE DU MOUVEMENT D'UN SYSTÈME.** — Soit P la force appliquée au point M, dont la masse est $m$. Nommons X, Y, Z ses composantes parallèles à trois axes rectangulaires; on a

$$(1) \quad \left\{ \sum \left[ \left( X - m\frac{d^2x}{dt^2} \right) \delta x + \left( Y - m\frac{d^2y}{dt^2} \right) \delta y + \left( Z - m\frac{d^2z}{dt^2} \right) \delta z \right] = 0. \right.$$

**489 à 492. CONSÉQUENCES DE L'ÉQUATION GÉNÉRALE.** — Les conditions

$$(2) \qquad L = 0, \quad M = 0, \quad N = 0, \dots,$$

devant être satisfaites par le système, on aura

$$\frac{dL}{dx}\delta x + \frac{dL}{dy}\delta y + \frac{dL}{dz}\delta z + \frac{dL}{dx'}\delta x' + \dots = 0,$$

$$\frac{dM}{dx}\delta x + \frac{dM}{dy}\delta y + \frac{dM}{dz}\delta z + \frac{dM}{dx'}\delta x' + \dots = 0,$$

$$\frac{dN}{dx}\delta x + \frac{dN}{dy}\delta y + \frac{dN}{dz}\delta z + \frac{dN}{dx'}\delta x' + \dots = 0,$$

$$\dots\dots\dots\dots\dots\dots\dots\dots\dots\dots$$

Si $n$ est le nombre de points du système, il y aura $3n - i$ variations arbitraires, et $i$ variations fonctions de celles-là déterminées par les $i$ équations précédentes. On portera les valeurs de ces $i$ variations dans l'équation (1), et égalant à o les coefficients des $3n - i$ variations restantes, on aura $3n - i$ équations différentielles entre le temps, les forces et les coordonnées des points du système. En y joignant les $i$ relations (2), on aura $3n$ équatious pour déterminer les $3n$ variables $x, y, z, x', y', z', \ldots$ en fonction du temps $t$. Il restera à intégrer ces équations. On peut aussi employer la méthode des multiplicateurs.

---

## TRENTE-SEPTIÈME LEÇON.

### EXTENSION ET APPLICATIONS DU PRINCIPE DE D'ALEMBERT.

**493, 494. DES FORCES INSTANTANÉES OU PERCUSSIONS.** — On appelle ainsi les forces qui agissent pendant un temps très-court avec une grande intensité.

**495 à 497. EXTENSION DU PRINCIPE DE D'ALEMBERT AUX FORCES DE PERCUSSION.** — Le principe de d'Alembert s'applique aux forces de percussion, en remplaçant ces forces par les quantités de mouvement qu'elles sont capables de produire. Considérons le système depuis le temps $t_0$ jusqu'au temps $t_0 + \theta$, pendant lequel la percussion agit. On aura

$$\sum \left[ \left( \int_{t_0}^{t_0 + \theta} X dt + m \frac{dx_0}{dt} - m \frac{dx}{dt} \right) \delta x \right.$$

$$+ \left( \int_{t_0}^{t_0 + \theta} Y dt + m \frac{dy_0}{dt} - m \frac{dy}{dt} \right) \delta y$$

$$\left. + \left( \int_{t_0}^{t_0 + \theta} Z dt + m \frac{dz_0}{dt} - m \frac{dz}{dt} \right) \delta z \right] = o,$$

les lettres affectées de l'indice o désignant les valeurs relatives à l'époque $t_0$, et les lettres sans indice les valeurs relatives à l'époque $t_0 + \theta$.

Cette équation exprime qu'*il y a équilibre entre les quantités de mouvement que les percussions communiqueraient aux différents points s'ils étaient libres, les quantités de mouvement qu'ils possèdent au moment où les percussions commencent à agir et celles qu'ils ont après leur action, ces dernières étant prises en sens contraires.* On néglige pendant le temps $\theta$ les forces ordinaires, telles que la pesanteur, qui n'ont pas une intensité très-grande.

Lorsque le système part du repos, *il y a équilibre entre les quantités de mouvement que les forces donneraient aux divers points du système s'ils étaient libres et celles qui ont lieu effectivement, et avec lesquelles ce système commence à se mouvoir, au bout du temps θ, ces dernières étant prises en sens contraire.*

498. MARCHE A SUIVRE POUR APPLIQUER LE PRINCIPE DE D'ALEMBERT DANS LE CAS DES PERCUSSIONS. — Pour appliquer le principe de d'Alembert, étendu au cas des percussions, il faut suivre la marche indiquée au n° 490.

499 à 503. MOUVEMENT DE DEUX CORPS LIÉS PAR UN FIL ET PLACÉS SUR DEUX PLANS INCLINÉS.

---

# TRENTE-HUITIÈME LEÇON.

### SUITE DES APPLICATIONS DU PRINCIPE DE D'ALEMBERT.

504 à 506. MOUVEMENT DE CORPS LIÉS PAR DES CORDONS.

507 à 510. MOUVEMENT D'UNE CHAINE SUR DEUX PLANS INCLINÉS.

511. MOUVEMENT DE DEUX POINTS ASSUJETTIS A DEMEURER SUR DEUX COURBES DONNÉES ET DONT LA DISTANCE EST INVARIABLE.

---

# TRENTE-NEUVIÈME LEÇON.

### MOMENTS D'INERTIE.

512. DÉFINITIONS. — On appelle *moment d'inertie d'un point matériel* par rapport à un axe le produit de la masse de ce point par le carré de sa distance à l'axe:

513. Le moment d'inertie d'un système de points matériels dont la forme est invariable, par rapport à un axe, est la somme des moments d'inertie de tous ces points par rapport à cet axe.

514. Les points matériels qui composent un corps n'y sont pas répandus d'une manière continue : on sait, au contraire, qu'ils sont séparés entre eux par des espaces vides qu'on appelle des *pores*. Cependant on peut, dans chaque cas, obtenir le moment d'inertie, en supposant la masse distribuée d'une manière continue dans le corps.

**515. MOMENTS D'INERTIE D'UN PARALLÉLIPIPÈDE RECTANGLE.** — En appelant M la masse du corps, et $a$, $b$, $c$ les longueurs de ses arêtes, les moments d'inertie du parallélipipède par rapport aux axes $Ox$, $Oy$, $Oz$ sont

$$\frac{M}{3}(b^2+c^2), \quad \frac{M}{3}(a^2+c^2), \quad \frac{M}{3}(a^2+b^2).$$

Le plus grand correspond à la plus petite arête et le plus petit à la plus grande.

**516 à 518. ELLIPSOÏDE HOMOGÈNE.** — Soit

$$\frac{x^2}{a^2}+\frac{y^2}{b^2}+\frac{z^2}{c^2}=1$$

l'équation d'un ellipsoïde rapporté à ses diamètres principaux. M étant la masse de l'ellipsoïde et A, B, C désignant ses moments d'inertie par rapport aux axes $Ox$, $Oy$, $Oz$, on aura

$$A=\frac{M}{5}(b^2+c^2), \quad B=\frac{M}{5}(a^2+c^2), \quad C=\frac{M}{5}(a^2+b^2).$$

**519.** $\dfrac{8\pi\rho\, r^5}{15}$ est le moment d'inertie d'une sphère par rapport à un diamètre quelconque.

$$\frac{8\pi\rho}{15}(b^5-a^5)$$

est le moment d'inertie, relativement à un diamètre quelconque, d'une couche sphérique dont les rayons intérieur et extérieur sont $a$ et $b$, et dans laquelle la densité $\rho$, supposée la même pour tous les points situés à une même distance du centre, est variable avec cette distance.

**520. SOLIDES DE RÉVOLUTION.** — Soient CD la courbe méridienne et $Ox$ l'axe de révolution. Le moment d'inertie du volume engendré par la révolution de l'aire ACDB sera

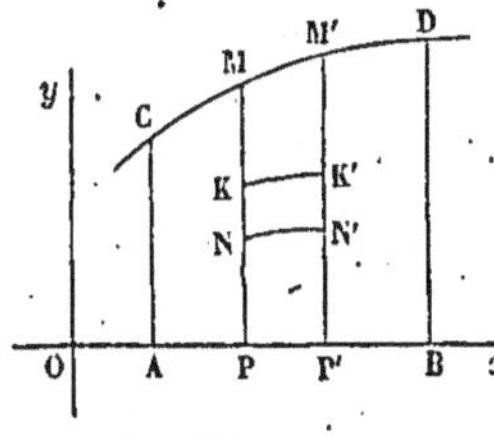

Fig. 158.

$$\frac{1}{2}\pi\rho\int_a^b y^2\,dx,$$

en désignant par $a$ et $b$ les abscisses OA et OB des extrémités de la courbe CD.

**521.** Le moment d'inertie du segment sphérique est

$$\frac{1}{2}\,\pi\rho\,b^3\left(\frac{4\,r^2}{3}+\frac{b^2}{5}-rb\right).$$

**522. Relation entre les moments d'inertie par rapport a deux axes parallèles.** — Soit O le centre de gravité, $a$ égale à la plus courte distance OA des deux droites $Oz$ et AB; $m$ égale à la masse du point M; MH $=r$, MK $=$ R. On a

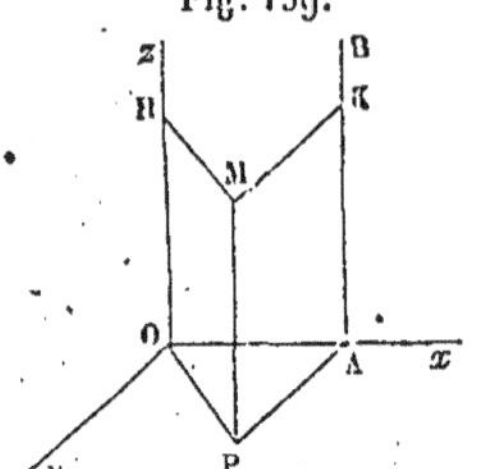

Fig. 159.

$$\sum m\,\mathrm{R}^2 = \sum m r^2 + \mathrm{M}\,a^2.$$

*Le moment d'inertie d'un système de points par rapport à un axe quelconque est égal à celui de ce système par rapport à un axe parallèle à celui-ci mené par le centre de gravité, augmenté du produit de la masse du corps par le carré de la distance des deux axes.*

*Le moment d'inertie d'un corps par rapport à un axe qui passe par son centre de gravité, est moindre que pour tout autre axe parallèle à celui-ci; ce moment est le même pour tous les axes parallèles et également éloignés du centre de gravité, et il augmente à mesure que l'axe s'éloigne de ce point.*

**523. Relation entre les moments d'inertie par rapport a différents axes qui passent par le même point.** — Soit OI un axe quelconque. Abaissons MH perpendiculaire sur OI. Soient $\alpha$, $6$, $\gamma$ les angles que OI fait avec $Ox$, $Oy$, $Oz$, $\mu$ le moment d'inertie de tout le système par rapport à l'axe OI. Posons

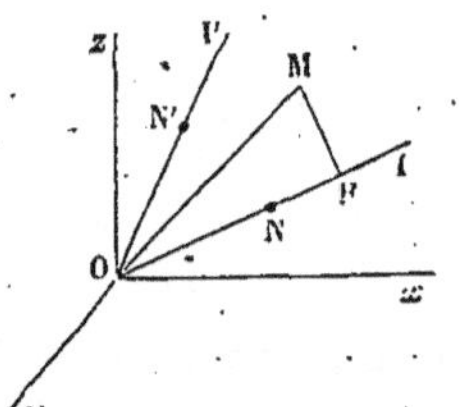

Fig. 160.

$$A = \sum m\,(y^2 + z^2), \qquad D = \sum m y z,$$

$$B = \sum m\,(x^2 + z^2), \qquad E = \sum m x z,$$

$$C = \sum m\,(x^2 + y^2), \qquad F = \sum m x y,$$

on a

$$\mu = A\cos^2\alpha + B\cos^2 6 + C\cos^2\gamma$$
$$- 2\,D\cos 6\cos\gamma - 2\,E\cos\alpha\cos\gamma - 2\,F\cos\alpha\cos 6.$$

# QUARANTIÈME LEÇON.

**SUITE DES MOMENTS D'INERTIE. — ROTATION AUTOUR D'UN AXE.**

**524. ELLIPSOÏDE CENTRAL.** — Sur la droite OI (*fig.* 160) prenons une longueur $ON = \dfrac{1}{\sqrt{\mu}}$. Si l'on a fait la même construction pour toutes les droites menées par le point O, le lieu des points N a pour équation

$$AX^2 + BY^2 + CZ^2 - 2DYZ - 2EXZ - 2FXY = 0.$$

C'est un ellipsoïde ayant le centre pour origine.

**525. AXES PRINCIPAUX.** — Quand les axes coordonnés sont dirigés suivant les axes principaux de l'ellipsoïde, on a

$$\sum myz = 0, \quad \sum mxz = 0, \quad \sum mxy = 0.$$

Ces trois axes sont appelés les *axes principaux d'inertie* du système, et les moments d'inertie correspondants sont dits *moments principaux*.

**526, 527.** Le système des axes principaux est unique, à moins que l'ellipsoïde ne soit de révolution. Dans ce cas, l'axe de révolution et deux diamètres perpendiculaires entre eux et à cet axe forment un système d'axes principaux. Si l'ellipsoïde devient une sphère, trois diamètres quelconques perpendiculaires entre eux sont des axes principaux, et les moments d'inertie par rapport à ces axes sont égaux. Le moment d'inertie le plus grand correspond au plus petit axe de l'ellipsoïde, et le plus petit correspond au plus grand.

**528.** On peut prendre des axes coordonnés tels, que deux des rectangles disparaissent dans l'équation de l'ellipsoïde et qu'elle prenne la forme

$$AX^2 + BY^2 + CZ^2 - 2FXY = 1.$$

L'axe des $z$ est alors l'un des axes principaux du corps relatifs au point O.

**529. RELATION ENTRE LES AXES PRINCIPAUX RELATIFS A DIFFÉRENTS POINTS.** — *Les axes principaux relatifs à un point quelconque d'un corps sont parallèles aux axes principaux relatifs au centre de gravité de ce corps lorsque la droite qui joint le premier point au second est un axe principal relatif au second.*

530, 531. Points pour lesquels les moments principaux d'i-
nertie d'un corps sont égaux. — Quand l'ellipsoïde relatif au
point O, centre de gravité du corps, est de révolution autour de
son petit axe, il existe sur cet axe deux points symétriques par
rapport au point O et situés à nne distance de ce point égale à

$\sqrt{\dfrac{A - B}{M}}$, qui répondent à la question.

532. Prenons pour exemple l'ellipsoïde

$$\frac{x^2}{a^2} + \frac{y^2}{b^2} + \frac{z^2}{c^2} = 1.$$

L'ellipsoïde doit être de révolution autour de son petit axe. Il y
aura deux points répondant à la question, situés sur le plus petit

axe à des distances du point O égales à $\pm \sqrt{\dfrac{b^2 - a^2}{5}}$.

533. Mouvement de rotation d'un système solide autour d'un
axe fixe. — La vitesse des points situés à une distance de l'axe
égale à l'unité est ce qu'on appelle la *vitesse angulaire* ou de rotation du système. Nous la désignerons par $\omega$. La vitesse $\dfrac{ds}{dt}$ d'un
point quelconque à une distance $r$ de l'axe est représentée par $r\omega$.

534. Un mouvement de rotation est dit *uniforme* quand la vitesse
de rotation est constante. Ce mouvement a lieu lorsque les points
du système ne sont sollicités par aucune force motrice ou par des
forces motrices qui se font équilibre autour de l'axe fixe.

---

# QUARANTE ET UNIÈME LEÇON.

## MOUVEMENT DE ROTATION AUTOUR D'UN AXE (SUITE).

535. Cas où le corps est mis en mouvement par des percussions. — Décomposons chaque force instantanée P en deux : Z, parallèle à l'axe $Oz$; Q, située dans un plan perpendiculaire à cet
axe. Soit $v$ la vitesse que cette dernière composante serait capable
d'imprimer au point $m$ s'il était libre; $\omega$ la vitesse de rotation du
système; $q$ la plus courte distance de l'axe et de la force Q ; on aura

$$\omega = \frac{\sum mvq}{\sum mr^2}.$$

536, 537. Si toutes les vitesses $v$, $v'$, $v''$,..., sont égales et parallèles; désignons par $\mu$ la somme des masses des points qui reçoivent directement cette vitesse commune $v$. Appelons $f$ la distance du centre de gravité de la masse $\mu$ à un plan passant par l'axe et parallèle à la direction des vitesses. On a

$$\omega = \frac{\mu v f}{\sum mr^2}.$$

Cette formule convient à un corps solide C mobile autour d'un axe fixe O$z$, choqué par un autre corps $C_1$ qui après le choc reste attaché en $C_2$ au prémier et dont tous les points sont animés de vitesses égales et parallèles.

538, 539. Si le corps est choqué simultanément par plusieurs masses $\mu$, $\mu'$, $\mu''$,..., animées de vitesses différentes et qui lui demeurent attaehées après tous ces chocs, on aura

$$\omega = \frac{\sum \mu v f}{\sum mr^2}.$$

540. Si le système, au lieu d'éprouver des percussions simultanées, reçoit une suite de chocs se succédant à des époques quelconques, la vitesse angulaire sera toujours donnée par la formule précédente.

541 à 543. Calcul des percussions exercées sur l'axe fixe.
— Supposons que le corps soit mis en mouvement par une force instantanée qui imprimerait une vitesse V à une certaine masse $\mu$

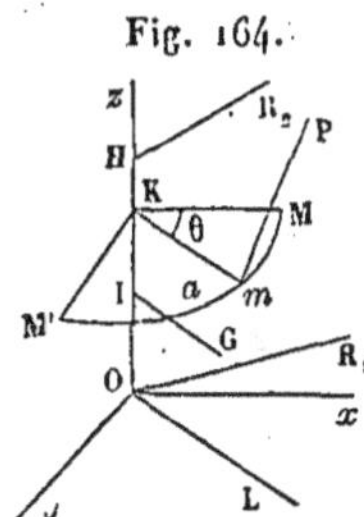


au centre de gravité de laquelle elle serait appliquée. Cette force instantanée ou percussion a pour mesure la quantité de mouvement V$\mu$.

Soient X, Y, Z les composantes de la quantité de mouvement $\mu$V, et $X_1$, $Y_1$, $Z_1$ celles de la résistance du point O; $X_2$, $Y_2$, $Z_2$ celles de la résistance du point H; enfin $m\dfrac{dx}{dt}$, $m\dfrac{dy}{dt}$, $m\dfrac{dz}{dt}$

les composantes de la quantité de mouvement effective pour le point $m$: soit OH $= h$. On aura, $x_1$ et $y_1$ désignant les coordonnées du centre de gravité du corps entier,

$$X + \omega M y_1 + X_1 + X_2 = 0,$$
$$Y - \omega M x_1 + Y_1 + Y_2 = 0,$$
$$Z + Z_1 + Z_2 = 0;$$

$$Y_2 h - Z\beta - \omega \sum mxz = 0,$$

$$- X_2 h + Z\alpha - \omega \sum myz = 0,$$

$$X\beta - Y\alpha + \omega \sum mr^2 = 0.$$

Ces équations déterminent $X_2$ et $Y_2$, $X_1$ et $Y_1$ et la somme $Z_1 + Z_2$, sans déterminer séparément $Z_1$ et $Z_2$.

544 à 546. CONDITIONS POUR QUE L'AXE N'ÉPROUVE AUCUNE PERCUSSION. — CENTRE DE PERCUSSION. — 1° La direction de la percussion doit être perpendiculaire au plan qui passe par l'axe fixe et par le centre de gravité du corps.

2° Ce plan doit être un des axes principaux pour le point où il rencontre le plan qui lui est perpendiculaire et qui contient la force instantanée.

3° Enfin la distance de cette force à l'axe doit être égale à $a + \dfrac{k^2}{a}$, $a$ étant la distance du centre de gravité du corps à l'axe et $M k^2$ le moment d'inertie du corps relativement à un axe mené par ce centre de gravité parallèlement à l'axe fixe.

547. On appelle *centre de percussion* le point auquel la percussion doit être appliquée dans le plan passant par l'axe et le centre de gravité pour qu'il n'y ait pas d'effort exercé sur l'axe fixe : la distance du centre de percussion à l'axe fixe est $a + \dfrac{k^2}{a}$.

Si l'axe passait par le centre de gravité, il éprouverait toujours une percussion.

548. Réciproquement, si le corps est en mouvement autour de l'axe, on pourra l'arrêter brusquement sans qu'il existe aucune percussion contre l'axe en appliquant au centre de percussion une force instantanée égale à $\omega M a$, perpendiculaire au plan mené par l'axe et par le centre de gravité du corps.

549. CONDITION POUR QU'IL N'Y AIT DE PERCUSSION QU'EN UN POINT DE L'AXE. — Si ce point est le point H, et si $Z = 0$, en posant

$$D = \sum myz, \quad E = \sum mxz,$$

l'équation de condition est

$$DY + EX = \omega M a.$$

Si $Oz$ est un axe principal d'inertie pour le point O, la percussion est appliquée au point O.

-----

## QUARANTE-DEUXIÈME LEÇON.

### ROTATION D'UN CORPS AUTOUR D'UN AXE (SUITE).

**550. ROTATION D'UN CORPS SOLLICITÉ PAR DES FORCES QUELCONQUES.** — Soient X, Y, Z les composantes de la force motrice P du point $m(x, y, z)$, on a

$$\frac{d\omega}{dt} = \frac{\sum (Y x - X y)}{\sum m r^2}.$$

**551 à 553. PRESSIONS SUR L'AXE.** — On applique à deux points quelconques O et H, pris sur l'axe, deux forces $R_1(X_1, Y_1, Z_1)$ et $R_2(X_2, Y_2, Z_2)$, égales et contraires aux pressions exercées sur ces deux points à chaque instant du mouvement. On aura, en posant $OH = h$, en désignant par $(x_1, y_1, z_1)$ le centre de gravité du système et par M sa masse,

$$\sum X + \frac{d\omega}{dt} M y_1 + \omega^2 M x_1 + X_1 + X_2 = 0,$$

$$\sum Y - \frac{d\omega}{dt} M x_1 + \omega^2 M y_1 + Y_1 + Y_2 = 0,$$

$$\sum Z + Z_1 + Z_2 = 0,$$

$$\sum (Z y - Y z) + \frac{d\omega}{dt} \sum m x z - \omega^2 \sum m y z - Y_2 h = 0,$$

$$\sum (X z - Z x) + \frac{d\omega}{dt} \sum m y z + \omega^2 \sum m x z + X_2 h = 0,$$

$$\sum (Y x - X y) - \frac{d\omega}{dt} \sum m r^2 = 0.$$

**554. CAS OU IL N'Y A PAS DE FORCES MOTRICES.** — Les résistances $R_1$ et $R_2$ se réduisent à deux forces perpendiculaires à l'axe, et font équilibre aux forces centrifuges de tous les points du corps qui agissent sur l'axe perpendiculairement à sa direction. La force tangentielle est nulle pour chaque point. Les résistances sont proportionnelles au carré de la vitesse constante $\omega$.

**555.** *Si un corps retenu par un seul point fixe commence à tourner autour d'un des axes principaux relatifs à ce point, il continuera à tourner uniformément autour de cet axe comme s'il était fixe.*

La pression sur le point O est dirigée dans le plan qui passe par l'axe et par le centre de gravité.

**556.** Pour que le point O ne supporte aucune pression, il faut et il suffit que le centre de gravité soit sur l'axe de rotation, et alors le mouvement ayant commencé autour de cet axe, supposé fixe, continuera uniformément autour du même axe lorsqu'on le rendra entièrement libre.

**557, 558. CAS OU LES FORCES MOTRICES SE RÉDUISENT A UN COUPLE.** — Les conséquences précédentes subsistent quand les forces motrices se réduisent à un couple situé dans un plan perpendiculaire à l'axe.

**559.** Un corps retenu par un point fixe O et sollicité par un couple ne tend pas à tourner autour d'une perpendiculaire $Oz$ au plan de ce couple, à moins que cette perpendiculaire ne soit l'un des axes principaux relatifs au point O.

**560 à 563. MOUVEMENT DU TREUIL.**

---

# QUARANTE-TROISIÈME LEÇON.

### PENDULE COMPOSÉ.

**565. PENDULE COMPOSÉ.** — **ÉQUATION DU MOUVEMENT.** — On nomme *pendule composé* un corps qui peut tourner autour d'un axe fixe horizontal.

Prenons l'axe fixe $Oz$ pour axe des $z$; pour axe des $x$ une horizontale $Ox$ perpendiculaire à $Oz$, et pour axe des $y$ une verticale $Oy$ dirigée dans le sens de la pesanteur. M étant la masse totale du corps et G le centre de gravité, abaissons GA perpendiculaire sur $Oz$, menons la verticale AD et abaissons sur cette droite la perpendiculaire GD. Soit $G_1$ la position initiale de G, $Mk^2$ le moment d'inertie par rapport à un axe passant par le point G et parallèle à $Oz$. Posons $GA = a$, $DAG = \theta$, $DAG_1 = \alpha$; on a

Fig. 166.

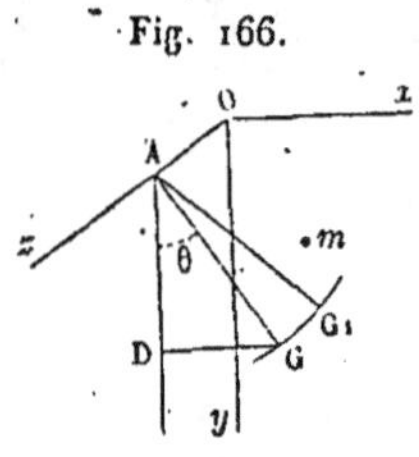

$$\frac{d^2\theta}{dt^2} + \frac{ga}{a^2 + k^2} \sin\theta = 0,$$

et l'on trouve

$$\frac{d0^2}{dt^2} = \Omega^2 + \frac{2ga}{a^2 + k^2}\,(\cos\theta - \cos\alpha),$$

$\Omega$ étant la vitesse angulaire initiale.

**566. PENDULE COMPOSÉ RAMENÉ AU PENDULE SIMPLE.** — Supposons la longueur $l$ déterminée par l'équation

$$l = a + \frac{k^2}{a}.$$

Alors le pendule composé ou plutôt la droite AG et le pendule simple de longueur $l$ auront le même mouvement angulaire, pourvu que les valeurs initiales de $\dfrac{d\theta}{dt}$ soient les mêmes.

**567. AXE D'OSCILLATION.** — *Si dans le plan passant par l'axe et par le centre de gravité du pendule on mène une droite IBI' parallèle à cet axe et à une distance de celui-ci égale à I, chaque point de cette droite se mouvra comme s'il ne faisait pas partie du corps et qu'il fût simplement lié à l'axe par une droite rigide et sans masse.*

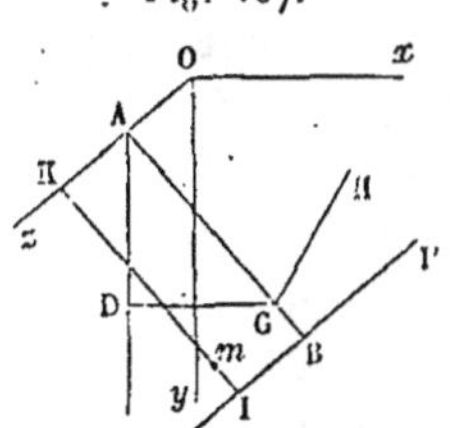

Fig. 167.

La droite IBI' est nommée l'*axe d'oscillation* du corps, correspondant à l'axe de suspension O$z$. Le point B de cette droite, situé sur la droite AG perpendiculaire à l'axe de rotation, se nomme *centre d'oscillation*. On l'obtient en prolongeant AG d'une longueur égale à $\dfrac{k^2}{a}$.

**568.** *Les axes d'oscillation et de suspension sont réciproques,* c'est-à-dire que si l'on faisait osciller le corps autour de II', l'axe de suspension primitif O$z$ deviendrait l'axe d'oscillation.

**569.** Étant donné l'axe de suspension d'un corps, on peut trouver, par l'expérience, l'axe d'oscillation correspondant.

**570.** *Il y a une infinité d'axes autour desquels les petites oscillations sont de même durée.*

**571. AXE DE LA PLUS COURTE OSCILLATION.** — L'axe de suspension est perpendiculaire à l'axe du plus petit moment d'inertie A relatif au centre de gravité. On a

$$l = 2\sqrt{\frac{A}{M}}.$$

# QUARANTE-QUATRIÈME LEÇON.

## PENDULE CONIQUE.

**572, 573. Pendule conique. — Équations du mouvement. —** Un point matériel $m$ est assujetti à se mouvoir sur la surface d'une sphère dont le centre est au point O, et dont le rayon est $l$. En désignant par N la résistance de la surface, et l'axe des $z$ étant pris dans le sens de la pesanteur, les équations du mouvement sont

$$\frac{d^2x}{dt^2} + \frac{Nx}{l} = 0, \quad \frac{d^2y}{dt^2} + \frac{Ny}{l} = 0, \quad \frac{d^2z}{dt^2} + \frac{Nz}{l} - g = 0.$$

**574 à 576. Cas où le point pesant reste dans un plan horizontal. —** Le point décrit un cercle, intersection de ce plan et de la surface sphérique.

La vitesse $v$ est constante et le mouvement circulaire est uniforme.

$$\frac{xd^2x + yd^2y}{dt^2} + \frac{dx^2 + dy^2}{dt^2} = 0.$$

On a

$$v^2 = \frac{gr^2}{k}, \quad N = \frac{gl}{k}.$$

La durée de la révolution est égale à $2\pi \sqrt{\dfrac{k}{g}}$.

**577 à 580. Intégration des équations du mouvement. —** On a

$$v^2 = 2g(z - z_0 + h_0),$$

$$dt = \frac{\pm\, ldz}{\sqrt{2g(l^2 - z^2)(z - z_0 + h_0) - C^2}}.$$

$\varepsilon$ étant l'angle que fait la direction de la vitesse $v$ avec la perpendiculaire au plan $mOz$, on a

$$C^2 = r_0^2 v_0^2 \cos^2\varepsilon_0 = 2gh_0 r_0^2 \cos^2\varepsilon_0 = 2gh_0(l^2 - z_0^2)\cos^2\varepsilon_0,$$

$$dt = \frac{\pm\, ldz}{\sqrt{2g}\sqrt{(l^2 - z^2)(z - z_0 + h_0) - (l^2 - z_0^2)h_0\cos^2\varepsilon_0}}.$$

**581. Maximum et minimum de la valeur de $z$. —** L'équation

$$(l^2 - z^2)(z - z_0 + h_0) - (l^2 - z_0^2)h_0\cos^2\varepsilon_0 = 0$$

a trois racines réelles : une première $a$ comprise entre $l$ et $z_0$, une seconde $b$ comprise entre $z_0$ et $z - h$, et une troisième négative $-c$

entre $-l$ et $-\infty$. La variable $z$ restera comprise entre $a$ sa valeur maximum et $b$ sa valeur minimum.

582 à 584. **Expression du temps employé a parcourir un arc de la trajectoire.**

---

# QUARANTE-CINQUIÈME LEÇON.

**Pendule conique (suite). — Mouvement d'une tige pesante.**

585, 586. **Calcul de l'angle $\psi$.**

587, 588. **Tension du fil.** — On a

$$N = \frac{v^2 + gz}{l} = \frac{g}{l}(3z - 2z_0 + 2h_0).$$

589. **Cas ou le pendule s'écarte peu de la verticale.** — On a à peu près $N = g$ : en posant

$$\mu = \sqrt{\frac{g}{l}},$$

$$x = \alpha \cos \mu t, \quad y = 6 \sin \mu t.$$

La projection horizontale de la courbe décrite est une ellipse dont les axes sont $2\alpha$ et $26$.

La durée de la demi-révolution est $\pi \sqrt{\dfrac{l}{g}}$, c'est-à-dire égale à celle d'un pendule de même longueur qui oscillerait dans un plan vertical.

590. La projection du pendule sur un plan horizontal décrira encore à très-peu près une ellipse si l'angle que le pendule fait avec la verticale varie très-peu.

La durée de la demi-révolution est $\pi \sqrt{\dfrac{k}{g}}$, valeur moindre que $\pi \sqrt{\dfrac{l}{g}}$.

591 à 595. **Mouvement d'une tige pesante tournant autour d'un de ses points qui est fixe.**

---

# QUARANTE-SIXIÈME LEÇON.

### PROPRIÉTÉS GÉNÉRALES DU MOUVEMENT. — MOUVEMENT DU CENTRE DE GRAVITÉ.

597. **Remarques sur les systèmes de points qui peuvent se mouvoir comme des corps solides.** — Considérons un système de points matériels $m$, $m'$, $m''$,..., sollicités respectivement par des forces P, P', P'',..., dont les composantes parallèles aux axes sont X, Y, Z; X', Y', Z';.... Si les liaisons sont telles, que les points puissent se déplacer sans que leurs distances changent, on aura

$$\sum m \frac{d^2 x}{dt^2} = \sum X, \quad \sum m \frac{d^2 y}{dt^2} = \sum Y, \quad \sum m \frac{d^2 z}{dt^2} = \sum Z.$$

598, 599. Pour que le système puisse se déplacer comme un corps solide, c'est-à-dire sans que les distances de ses points varient, il faut et il suffit que chaque équation de condition se réduise à une relation entre les distances de ses différents points.

600, 601. **Mouvement du centre de gravité.** — *Le centre de gravité de tout système libre se meut comme si les masses de tous les points matériels y étaient réunies et que les forces motrices y fussent transportées parallèlement à elles-mêmes.*

602. **Vitesse initiale du centre de gravité d'un système mis en mouvement par des forces instantanées.** — Cette vitesse est celle que prendrait un point ayant la masse M, placé au centre de gravité et qui serait sollicité par toutes les forces instantanées du système transportées parallèlement à elles-mêmes en ce point.

603, 604. **Conservation du mouvement du centre de gravité.** — Quand toutes les forces motrices transportées parallèlement à elles-mêmes en un point quelconque s'y font équilibre, le mouvement du centre de gravité est rectiligne et uniforme.

605. Si l'on considère les quantités de mouvement de toutes les molécules comme des forces et qu'on les transporte parallèlement à elles-mêmes en un même point, elles donnent une résultante de grandeur et de direction constante. Le centre de gravité se meut suivant une ligne droite parallèle à cette résultante et avec une vitesse égale à cette résultante divisée par la masse totale du système.

# QUARANTE-SEPTIÈME LEÇON.

### PROPRIÉTÉS GÉNÉRALES DU MOUVEMENT RELATIVES AUX AIRES.

**606. RELATIONS ENTRE LES QUANTITÉS DE MOUVEMENT D'UN SYSTÈME.** — Dans un ensemble de points matériels qui peuvent se déplacer comme un système solide, on a

$$\sum m\left(x\frac{d^2y}{dt^2} - y\frac{d^2x}{dt^2}\right) = \sum (Yx - Xy),$$

$$\sum m\left(z\frac{d^2x}{dt^2} - x\frac{d^2z}{dt^2}\right) = \sum (Xz - Zx),$$

$$\sum m\left(y\frac{d^2z}{dt^2} - z\frac{d^2y}{dt^2}\right) = \sum (Zy - Yz).$$

Ces équations subsistent s'il y a dans le système un point fixe, pourvu qu'il soit pris pour origine des coordonnées.

607. Lorsqu'en supposant le système solidifié, les forces qui le sollicitent se font équilibre, ou bien encore lorsqu'elles se réduisent à une force unique passant par l'origine des coordonnées, la somme des moments des quantités de mouvement des masses du système par rapport à une ligne droite quelconque est constante.

608. Si l'on considère comme des forces les quantités de mouvement qui animent les différents points du système, qu'on les compose comme si elles étaient appliquées à un corps solide, on trouvera toujours la même résultante et le même couple résultant par rapport à une même origine. Le moment de ce couple résultant est $k = \sqrt{c^2 + c'^2 + c''^2}$, et son plan, perpendiculaire à la droite qui fait avec les axes des angles ayant pour cosinus $\frac{c''}{k}$, $\frac{c'}{k}$, $\frac{c}{k}$, a pour équation

$$c''x + c'y + cz = 0,$$

$c$, $c'$, $c''$ étant les sommes des quantités de mouvement par rapport aux axes des $z$, $y$, $x$.

609. **PRINCIPE DES AIRES.** — *Quand les forces motrices appliquées à un système se font équilibre en supposant le système solidifié, ou bien quand toutes ces forces ont une résultante unique passant par l'origine des coordonnées, la somme des aires décrites par les projections du rayon vecteur sur chacun des plans coordonnés multipliées respectivement par les masses des points correspondants est proportionnelle au temps.* C'est ce qu'on appelle le *principe de la conservation des aires.*

**610.** Cette loi a lieu en particulier quand les forces motrices du système se réduisent .à des·actions mutuelles entre ses différents points ou à·des forces constamment dirigées vers un même point fixe, pourvu qu'on prenne celui-ci pour l'origine des coordonnées.

**611, 612. Du principe des aires dans le mouvement relatif.** — Prenons pour origine un point mobile avec le système $O_1$. Désignons par $x_1$, $y_1$, $z_1$ ses coordonnées par rapport à un système fixe $Ox$, $Oy$, $Oz$. Soit $m$ un point ayant pour coordonnées $x$, $y$, $z$ dans l'ancien système et $\xi$, $\eta$, $\zeta$ dans le nouveau composé. de trois axes $O_1 x_1$, $O_1 y_1$, $O_1 z_1$ parallèles aux anciens et mobiles avec le point $O_1$. On aura

$$\sum m\left(\xi \frac{d^2\eta}{dt^2} - \eta \frac{d^2\xi}{dt^2}\right) = \sum (Y\xi - X\eta),$$

$$\sum m\left(\zeta \frac{d^2\xi}{dt^2} - \xi \frac{d^2\zeta}{dt^2}\right) = \sum (X\zeta - Z\xi),$$

$$\sum m\left(\eta \frac{d^2\zeta}{dt^2} - \zeta \frac{d^2\eta}{dt^2}\right) = \sum (Z\eta - Y\zeta),$$

si $O_1$ est le centre de gravité, ou si l'on prend pour origine mobile un point qui ait dans l'espace un mouvement rectiligne et uniforme, enfin si la force accélératrice du point $O_1$ est constamment dirigée vers le centre de gravité du système.

**613.** Si l'origine des coordonnées mobiles est choisie de l'une de ces trois manières, on aura, par rapport aux axes dont l'origine est mobile, des propriétés semblables à celles qu'on a trouvées pour des axes fixes.

**614. Plan du maximum des aires.** — Dans un système de points en mouvement pour lequel le principe des aires a lieu, en prenant pour origine un point fixe ou mobile suivant les conditions établies. précédemment, *il existe un plan fixe tel, que la somme des aires décrites pendant un temps quelconque par les projections des rayons vecteurs des points mobiles sur ce plan, multipliées par leurs masses, est plus grande que pour tout autre plan de projection.* Ce plan est toujours le même, quel que soit le temps écoulé. On l'appelle *plan du maximum des aires* ou *plan invariable*. Son équation est

$$c''x + c'y + cz = 0$$

et la somme $\sum m\omega$ relative à un autre plan de projection se déduit de celle qui se rapporte au plan $\pi$, en la multipliant par le cosinus de l'angle des deux plans.

Ce plan est le même que celui du couple résultant des quantités de mouvement du système solidifié (602).

---

# QUARANTE-HUITIÈME LEÇON.

### DES FORCES VIVES DANS LE MOUVEMENT D'UN SYSTÈME.

**615 à 617. PRINCIPE DES FORCES VIVES.** — *Dans tout système dont les liaisons sont indépendantes du temps, l'accroissement de la somme des forces vives de tous les points, pendant un temps quelconque, est égal au double de la somme des travaux de toutes les forces pendant le même temps.*

**618. CONSÉQUENCES DU PRINCIPE DES FORCES VIVES.** — *Dans un système, assujetti à des conditions quelconques, mais qui ne dépendent pas explicitement du temps, s'il n'y a pas de forces motrices ou si les forces motrices se font continuellement équilibre, la somme des forces vives reste constante.*

Ce principe est connu sous le nom de *principe de la conservation des forces vives.*

**619.** Si la fonction $\sum (X\,dx + Y\,dy + Z\,dz)$ est la différentielle exacte d'une fonction $f$ des variables $x$, $y$, $z$, $x'$;..., considérées comme indépendantes ou comme liées entre elles par les équations $L = o$, $M = o$,..., *lorsque le système passe d'une position à une autre, l'accroissement de la somme des forces vives ne dépend que des coordonnées des points dans ces deux positions.*

**620.** Si les points mobiles occupent la même position à deux époques différentes $t$ et $t_0$, la somme des forces vives aura la même valeur à ces deux époques, pourvu que, les coordonnées des points reprenant les mêmes valeurs, la fonction $f(x, y, z, x',...)$ reprenne aussi la même valeur.

**621.** L'expression $\sum (X\,dx + Y\,dy + Z\,dz)$ est une différentielle exacte quand les forces motrices sont constamment dirigées vers des centres fixes, et qu'elles sont fonctions des distances de leurs points d'application aux centres. Cela arrive aussi quand les forces proviennent d'attractions ou de répulsions mutuelles entre les points du système, actions dont les intensités sont fonctions des distances des points entre lesquels elles s'exercent.

**622.** L'expression $\sum (X\,dx + Y\,dy + Z\,dz)$ n'est pas une différentielle exacte dans le cas où les points du système éprouvent des frottements ou la résistance d'un milieu.

**623. DES FORCES VIVES DANS UN SYSTÈME A LIAISONS COMPLÈTES.** — Quand un système de $n$ points est à liaisons complètes, l'équation des forces vives suffit pour déterminer le mouvement de chaque point. Exemples : pendule composé, mouvement d'un corps solide autour d'un axe.

**625. DES FORCES VIVES DANS LE MOUVEMENT RELATIF.** — *Dans un système quelconque, lors même qu'il ne serait pas entièrement libre dans l'espace, la somme des forces vives des points dans leur mouvement absolu est égale, à chaque instant, à la même somme considérée dans le mouvement relatif autour du centre de gravité, augmentée du produit de la masse totale du système multipliée par le carré de la vitesse du centre de gravité.*

**626.** Dans le mouvement relatif d'un système absolument libre, autour de son centre de gravité, la différentielle de la somme des forces vives des points du système est égale au double de la somme des quantités de travail apparent des forces motrices.

# QUARANTE-NEUVIÈME LEÇON.

### DU CHOC DES CORPS.

**627. DU CHOC DIRECT DE DEUX CORPS SPHÉRIQUES.** — Considérons deux sphères, dont les centres se meuvent sur une même droite $Ox$, dans le même sens ou en sens contraires, et dont tous les points décrivent des parallèles à cette droite.

**628.** Si les deux corps sont *mous*, c'est-à-dire dépourvus d'élasticité, après s'être comprimés jusqu'à un certain degré, ils cessent d'agir l'un sur l'autre à l'instant où les vitesses sont devenues égales, et ils continuent à se mouvoir en restant juxtaposés avec une vitesse commune et conservant la forme que la compression leur a donnée.

**629.** S'ils sont élastiques, ils tendent, au moment où la compression cesse, à reprendre leur forme primitive aussitôt que la vitesse est devenue la même, et de là naissent de nouvelles pressions qui tendent à séparer les deux corps. Si ces pressions sont égales **en**

intensité à celles qui ont lieu dans la première partie du choc et
que les deux corps quand ils se séparent soient dans le même état
qu'au moment où le choc a commencé, on dit qu'ils sont *parfaitement élastiques.*

**630. MOUVEMENT DES CENTRES DE GRAVITÉ.** — Soient $OC = x$,
$OC' = x'$; R la valeur des deux
pressions égales et contraires appliquées aux centres des deux
sphères et qui résultent des actions mutuelles de leurs molécules, $m$ et $m'$ les masses des
deux sphères. On aura

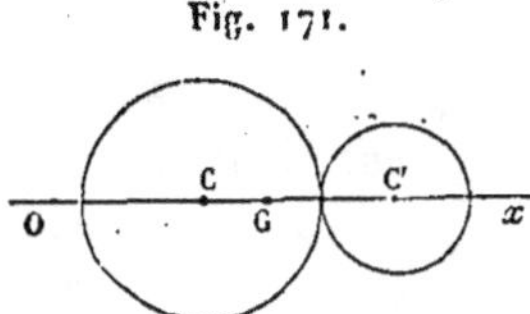

Fig. 171.

$$m \frac{dx}{dt} + m' \frac{dx'}{dt} = mv + m'v'.$$

Cette équation exprime que la somme des quantités de mouvement reste constante pendant toute la durée du choc.

**631. CHOC DE DEUX CORPS DÉPOURVUS D'ÉLASTICITÉ.** — Désignons
par $u$ la vitesse commune avec laquelle ces deux corps réunis en
un seul se mouvront après le choc. On aura

$$u = \frac{mv + m'v'}{m + m'}.$$

Si avant le choc les deux corps allaient dans le même sens, après
le choc le sens du mouvement commun sera le même: S'ils allaient
en sens contraire, la vitesse commune après le choc sera celle de
la sphère qui avait la plus grande quantité de mouvement. En particulier, si les deux corps, allant à la rencontre l'un de l'autre, avaient
des quantités de mouvement égales, le choc les réduirait au repos.

**632. ÉQUATION DES FORCES VIVES.** — On a, pendant toute la
durée du choc,

$$m \left(\frac{dx}{dt}\right)^2 + m' \left(\frac{dx'}{dt}\right)^2 = mv^2 + m'v'^2 + 2 \int R \, dr.$$

Cette équation exprime que la somme des forces vives à une
époque quelconque est égale à cette somme prise au commencement
du choc, plus le double de l'intégrale de $R\,dr$, prise à partir de la
même époque.

**633, 634. CHOC DE DEUX CORPS PARFAITEMENT ÉLASTIQUES.** —
On a

$$m \left(\frac{dx}{dt}\right)^2 + m' \left(\frac{dx'}{dt}\right)^2 = mv^2 + m'v'^2.$$

Vitesses des deux centres de gravité après le choc :

$$V = \frac{(m - m')\,v + 2\,m'v'}{m + m'},$$

$$V' = \frac{2\,mv + (m' - m)\,v'}{m + m'}.$$

635. Soit $u$ la vitesse commune aux deux centres de gravité, au moment où la compression est la plus grande. On a

$$V = 2\,u - v, \quad V' = 2\,u - v'.$$

La vitesse de chaque corps au milieu du choc est la moyenne arithmétique entre sa vitesse avant le choc et sa vitesse après le choc.

La vitesse relative avec laquelle le centre de gravité C s'éloigne de C' après le choc est égale à celle avec laquelle il s'en approchait à l'instant où le choc a eu lieu.

636. EXAMEN DE QUELQUES CAS PARTICULIERS. — Si le corps C' est en repos au moment où C vient le rencontrer, la vitesse après le choc est

$$u = \frac{mv}{m + m'}.$$

637 Si les corps sont parfaitement élastiques,

$$V = \frac{(m - m')\,v}{m + m'}, \quad V' = \frac{2\,mv}{m + m'}.$$

Si $m'$ est infiniment grande par rapport à $m$, le corps choqué demeure en repos, tandis que l'autre est réfléchi en sens contraire avec une vitesse égale à celle avec laquelle il est venu rencontrer le premier.

638. Quand les deux masses $m$ et $m'$ sont égales, si les deux corps sont mous,

$$u = \frac{v + v'}{2}.$$

Si les deux corps sont parfaitement élastiques, ils ne feront qu'échanger leur vitesse.

Si l'un des corps était en repos, l'autre restera immobile après le choc et lui transmettra sa vitesse.

639. THÉORÈME DE CARNOT. — La somme des forces vives ne change pas par l'effet du choc quand les corps sont parfaitement élastiques. Mais lorsqu'ils sont mous, elle diminue et la différence

est égale à la somme des forces vives dues aux vitesses acquises ou perdues par les deux corps :

$$mv^2 + m'v'^2 - (m + m')\, u^2 = m\,(v - u)^2 + m'\,(u - v')^2.$$

On peut encore mettre cette perte de force vive sous la forme

$$\frac{mm'}{m + m'}\,(v - v')^2.$$

**640. Mouvement du centre de gravité commun.** — La vitesse du centre de gravité commun reste constante avant, pendant et après le choc.

**641. Principe de la moindre action.** — Dans le mouvement d'un système de corps pour lequel le principe des forces vives a lieu, si l'on multiplie la vitesse de chaque point du système par sa masse et par l'élément de sa trajectoire, et qu'on intègre la somme de ces produits depuis une position donnée du système jusqu'à une autre position aussi donnée, la valeur de cette intégrale $\displaystyle\int \sum mv\,ds$ est généralement un minimum.

Quand les points mobiles ne sont soumis à aucune force, on a

$$\int_{t_0}^{t} mv^2\,dt = c\,(t - t_0),$$

Le temps du trajet est un minimum.

---

# CINQUANTIÈME LEÇON.

### PROPRIÉTÉS DU MOUVEMENT D'UN CORPS SOLIDE; APPLICATIONS.

**642.** La position d'un corps solide est déterminée par celle de trois droites $O_1 x_1$, $O_1 y_1$, $O_1 z_1$ qui lui sont liées invariablement.

**643.** Tout mouvement infiniment petit d'un solide dont les divers points décrivent des trajectoires situées dans des plans parallèles peut être regardé comme une rotation autour d'un axe instantané perpendiculaire aux plans précédents.

**644.** Le mouvement continu du même solide lui serait donné si on le liait à un cylindre roulant sans glisser sur un cylindre fixe.

**645.** Les vitesses des points d'une figure plane qui se meut dans son plan sont, à un instant donné, perpendiculaires aux droites qui joignent les points au centre instantané et proportionnelles à ces droites.

**646-647.** Les vitesses angulaires de deux manivelles réunies par une bielle sont inversement proportionnelles aux distances des centres de rotation à la bielle.

**648.** Quand on suppose que le point $O_1$ du solide coïncide toujours avec l'origine des axes fixes, les coordonnées d'un même point par rapport aux deux systèmes d'axes sont liées par les relations

$$x = a x_1 + b y_1 + c z_1,$$
$$y = a' x_1 + b' y_1 + c' z_1,$$
$$z = a'' x_1 + b'' y_1 + c'' z_1.$$

Si l'on pose

$$p = c \frac{db}{dt} + c' \frac{db'}{dt} + c'' \frac{db''}{dt}, \quad q = a \frac{dc}{dt} + \dots, \quad r = b \frac{da}{dt} + \dots,$$

les projections de la vitesse d'un point sur les axes mobiles sont

$$q z_1 - r y_1, \quad r x_1 - p z_1, \quad p y_1 - q x_1.$$

**649-650.** Le mouvement élémentaire du solide est une rotation dont l'axe passe par le point fixe; le mouvement continu s'obtient en liant le solide à un cône qui roule sur un cône fixe.

**651.** Quand les axes mobiles coïncident avec les axes fixes, on a

$$p = \frac{db''}{dt} = -\frac{dc'}{dt}, \quad q = \frac{dc}{dt} = -\frac{da''}{dt}, \quad r = \frac{da'}{dt} = -\frac{db}{dt}.$$

**652.** Si $O x_1, y_1, z_1$ sont des axes principaux d'inertie, la force vive du solide est

$$A p^2 + B q^2 + C r^2.$$

**653-654.** Les sommes des moments des quantités de mouvement par rapport aux axes mobiles sont $A p$, $B q$, $C r$ et par rapport aux axes fixes

$$\sum m \left( y \frac{dz}{dt} - z \frac{dy}{dt} \right) = A p a + B q b + C r c \dots$$

**655.** Joint universel.

**656.** Plusieurs rotations simultanées autour d'axes concourants ou parallèles donnent à un solide le même mouvement qu'une rotation unique dont les éléments s'obtiennent comme ceux de la résultante de plusieurs forces.

**657.** Les cosinus $a$, $b$, $c$, … peuvent s'exprimer en fonction de l'angle $\theta$ des plans $x O y$ et $x_1 O y_1$, et des angles $\psi$ et $\varphi$ que l'intersection de ces plans fait avec $O x$ et $O x_1$.

638.
$$p = \sin\varphi \sin\theta \frac{d\psi}{dt} + \cos\varphi \frac{d\theta}{dt},$$
$$q = \cos\varphi \sin\theta \frac{d\psi}{dt} - \sin\varphi \frac{d\theta}{dt},$$
$$r = \cos\theta \frac{d\psi}{dt} + \frac{d\varphi}{dt}.$$

659. Le mouvement élémentaire le plus général d'un solide libre est un mouvement hélicoïdal.

# CINQUANTE ET UNIÈME LEÇON.

### ROTATION D'UN CORPS SOLIDE AUTOUR D'UN POINT FIXE (SUITE). — MOUVEMENT D'UN CORPS SOLIDE LIBRE.

660, 661. ÉQUATIONS DU MOUVEMENT. — Faisant coïncider les axes fixes avec les axes principaux du corps $Ox_i$, $Oy_i$, $Oz_i$, pris dans la position qu'ils occupent au bout du temps $t$, on a

$$A \frac{dp}{dt} + (C - B)\,qr = L_i,$$

$$B \frac{dq}{dt} + (A - C)\,pr = M_i,$$

$$C \frac{dr}{dt} + (B - A)\,pq = N_i,$$

formules d'Euler : $L_i$, $M_i$, $N_i$, moments des forces motrices par rapport aux axes principaux du corps à l'époque $t$.

662 à 664. CAS OU IL N'Y A PAS DE FORCES MOTRICES.

$$Ap^2 + Bq^2 + Cr^2 = h.$$

Cette équation exprime que la force vive est constante.

$$A^2p^2 + B^2q^2 + C^2r^2 = G^2,$$

$$dt = \frac{\pm C \sqrt{AB}\,dr}{\sqrt{[G^2 - Bh + (B - C)\,Cr][Ah - G^2 + (C - A)\,Cr^2]}},$$

$$dt = \frac{ABC\,\omega\,d\omega}{\sqrt{(B+C)h - G^2 - BC\omega^2}\sqrt{(A+C)h - G^2 - AC\omega^2}\sqrt{(A+B)h - G^2 - AB\omega^2}}.$$

665. PLAN INVARIABLE. — Le couple résultant des quantités de mouvement a un moment constant.

666, 667. La perpendiculaire au plan du couple résultant des quantités de mouvement est fixe dans l'espace :

$$\omega \cos(IO, G) = \frac{Ap^2 + Bq^2 + Cr^2}{G} = \frac{h}{G},$$

quantité constante qui représente la composante de la vitesse angulaire autour de l'axe fixe du couple résultant des quantités de mouvement.

668. Le plan du couple résultant G étant pris pour plan des $xy$, on aura

$$\sin\theta \sin\varphi = \frac{Ap}{G}, \quad \sin\theta \cos\varphi = \frac{Bq}{G}, \quad \cos\theta = \frac{Cr}{G},$$

$$d\psi = - \frac{h - Cr^2}{G^2 - C^2 r^2} G\,dt.$$

669. La *vitesse angulaire* est proportionnelle au demi-diamètre qui va du centre au pôle instantané de rotation.

670. MOUVEMENT DE L'ELLIPSOÏDE CENTRAL. — Le plan tangent à l'ellipsoïde central au pôle de rotation est fixe dans l'espace. C'est un plan parallèle à celui des quantités de mouvement.

L'ellipsoïde, dont le centre est fixe, roule sans glisser sur ce plan fixe et la vitesse angulaire de rotation est proportionnelle au rayon qui va du centre au pôle instantané sur la surface de l'ellipsoïde.

La courbe décrite sur la surface de l'ellipsoïde par le pôle instantané de rotation est appelée *poloïde*.

671. LIEU DES AXES INSTANTANÉS DANS LE CORPS. — Il a pour équation

$$A(G^2 - Ah) x'^2 + B(G^2 - Bh) y'^2 + C(G^2 - Ch) z'^2 = o.$$

672, 673. LIEU DES AXES DU COUPLE RÉSULTANT. — On a

$$\frac{G^2 - Ah}{A} x''^2 + \frac{G^2 - Bh}{B} y''^2 + \frac{G^2 - Ch}{C} z''^2 = o :$$

équation du cône décrit dans le corps par l'axe fixe OG.

674. Les axes principaux relatifs au point O sont les seuls qui puissent rester immobiles avec un mouvement de rotation uniforme.

675 à 678. MOUVEMENT D'UN CORPS SOLIDE ENTIÈREMENT LIBRE. — Le mouvement d'un corps solide libre, sollicité par des forces données, sera connu quand on pourra déterminer le mouvement absolu d'un de ses points et le mouvement relatif de tout autre point du corps autour de celui-là. On pourra choisir à volonté le

point dont on considère le mouvement de translation. Mais, dans l'application, il est avantageux de prendre le centre de gravité.

*Sous l'action des forces motrices le mouvement de rotation autour du centre de gravité est le même que si ce point était fixe.*

679, 680. MOUVEMENT D'UN ELLIPSOÏDE.

---

# CINQUANTE-DEUXIÈME LEÇON.

### MOUVEMENT D'UNE CORDE VIBRANTE.

681. ÉQUATIONS DU MOUVEMENT. — Soit $\varepsilon$ le produit de la section normale de la corde par sa densité au point M, dans la position AMB, $p$ le poids de la corde, $l$ sa longueur primitive AB, T la tension au point M, $\varpi$ le poids tenseur : si l'on néglige les forces motrices, on a

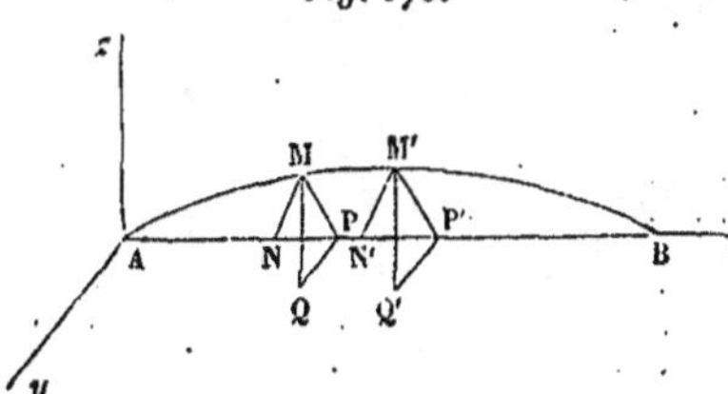


$$d.\left[T\,\frac{d(x+u)}{ds}\right] = \frac{p}{gl}\frac{d^2u}{dt^2}\,dx,$$

$$d\left(T\,\frac{dy}{ds}\right) = \frac{p}{gl}\frac{d^2y}{dt^2}\,dx,$$

$$d\left(T\,\frac{dz}{ds}\right) = \frac{p}{gl}\frac{d^2z}{dt^2}\,dx.$$

$x$ est l'abscisse primitive, $x+u$ l'abscisse pendant ce mouvement.

682 à 685. CAS DES PETITES VIBRATIONS. — $q$ étant un coefficient constant pour la même corde, on a

$$T - \varpi = q\,\frac{du}{dx},$$

et, en posant $\dfrac{glq}{p} = \alpha^2$, $\dfrac{gl\varpi}{p} = a^2$,

$$\frac{d^2u}{dt^2} = \alpha^2\,\frac{d^2u}{dx^2},$$

$$\frac{d^2y}{dt^2} = a^2\,\frac{d^2y}{dx^2},$$

$$\frac{d^2z}{dt^2} = a^2\,\frac{d^2z}{dx^2}.$$

Les mouvements des points de la corde parallèlement aux axes seront indépendants et coexisteront sans s'influencer mutuellement.

686 à 688. VIBRATIONS TRANSVERSALES. — L'équation

$$\frac{d^2y}{dt^2} = a^2 \frac{d^2y}{dx^2}$$

a pour intégrale générale

$$y = \varphi\,(x + at) + \psi\,(x - at).$$

Soit pour $t = 0$,

$$y = f(x), \quad \frac{dy}{dx} = f_,(x),$$

$$\varphi'(x) - \psi'(x) = \frac{f_,(x)}{a}.$$

Posant, pour abréger,

$$\frac{1}{a}\int f_,(x)\,dx = F(x),$$

on a

$$\varphi(x) = \frac{1}{2}\,[f(x) + F(x) + C],$$

$$\psi(x) = \frac{1}{2}\,[f(x) - F(x) - C].$$

La fonction $\varphi\,(\zeta)$ est périodique et a pour période $2l$. Comme on connaît cette fonction pour toutes les valeurs de la variable comprises entre zéro et $2l$, elle sera connue pour toutes les valeurs de $\zeta$ positives ou négatives.

689, 690. L'autre fonction $\psi$ est périodique, comme la première, et sa période est aussi $2l$.

La corde fait une suite de vibrations toutes égales et isochrones dont la durée est $\frac{2l}{a}$.

691. La résistance de l'air et la communication d'une partie du mouvement de la corde à ses deux points extrêmes A et B diminuent graduellement l'amplitude des vibrations et finissent par les anéantir, sans toutefois altérer sensiblement leur isochronisme.

692. Si l'on désigne par T la durée d'une vibration de la corde et par $n$ le nombre des vibrations dans l'unité de temps, on a

$$T = \frac{2l}{a}, \quad n = \frac{1}{2}\sqrt{\frac{g\varpi}{pl}}.$$

Pour une même corde, le nombre $n$ est proportionnel à la racine carrée de la tension $\sigma$; pour des cordes d'une même matière et d'une même épaisseur, les nombres de vibrations sont en raison inverse des longueurs. Enfin pour des cordes de même longueur et également tendues, $n$ est en raison inverse des racines carrées de leurs poids. L'expérience a confirmé ces lois.

693. Nœuds de vibration. — Il y a des cas où la corde, en raison de son état initial, se partage, pour ainsi dire, spontanément en un certain nombre de parties égales vibrant à l'unisson et dont les points de séparation, appelés *nœuds*, restent immobiles pendant la durée du mouvement. Alors le son s'élève proportionnellement au nombre de ces parties.

La corde ayant, sans vitesse initiale, la forme de la courbe $y = C \sin \dfrac{m\pi x}{l}$, si on l'abandonne à elle-même, elle effectuera une suite indéfinie de vibrations isochrones.

694. Le nombre de vibrations effectuées dans l'unité de temps sera $m \dfrac{n}{2l}$, c'est-à-dire $m$ fois celui qui correspond au son le plus grave de la corde, déterminé par la théorie générale.

695. Dans ce cas la corde se partage spontanément en $m$ parties égales qui vibrent comme si elles étaient séparées, de sorte qu'il y aura $m - 1$ nœuds de vibrations.

696, 697. Vibrations longitudinales. — Si l'on désigne par $n'$ le nombre des vibrations longitudinales effectuées dans l'unité de temps, on a

$$n' = \frac{1}{2} \sqrt{\frac{gq}{pl}}, \quad \frac{n}{n'} = \sqrt{\frac{\sigma}{q}}.$$

De deux sons les plus graves rendus par une même corde, celui qui correspond aux vibrations longitudinales est de beaucoup le plus aigu.

------

# CINQUANTE-TROISIÈME LEÇON.

### ÉQUILIBRE D'UNE MASSE FLUIDE.

698. Notions préliminaires. — L'hydrostatique a pour objet les lois de l'équilibre des fluides. Un fluide doit être considéré comme un assemblage, en apparence continu, de molécules matérielles qui cèdent au moindre effort tendant à les séparer les unes des autres.

L'hypothèse d'une mobilité parfaite pourrait conduire à des résultats peu conformes à l'expérience dans le cas d'un fluide en mouvement : mais si l'on excepte quelques liquides où la viscosité est considérable, les lois de l'équilibre auxquelles nous parviendrons en supposant les molécules parfaitement mobiles et sans aucune cohésion, s'appliqueront sans erreur sensible aux fluides naturels.

699. On distingue deux sortes de fluides, les liquides et les gaz ou fluides aériformes.

700. Pression d'un liquide sur une paroi. — La pression au point M est la limite du rapport de la pression exercée sur l'élément $\omega$ qui comprend le point M à l'aire $\omega$, quand cette aire $\omega$ tend vers zéro en comprenant toujours le point M.

701. Égalité de pression en tous sens. — On admet comme un résultat de l'expérience ou comme une conséquence de la distribution uniforme des molécules des fluides, que la direction de la pression est toujours perpendiculaire à l'élément de surface $\omega$ sur lequel elle s'exerce.

Si, en un point quelconque de l'intérieur, on suppose une paroi plane solide, il y aura sur chaque élément de cette surface une pression toujours perpendiculaire à son plan. Il y a égalité de pression en tous sens pour un même point, c'est-à-dire que si l'on considère une surface infiniment petite $\omega$ passant par un point M pris à volonté dans le fluide, la pression exercée par le fluide sur chaque face de l'élément $\omega$ sera toujours la même, quelle que soit la position que l'on donne à l'élément $\omega$, en le faisant tourner autour du point M.

702. Équilibre d'un fluide incompressible. — Supposons un liquide incompressible contenu dans un vase polyédrique ABCDE. Plusieurs parois sont percées d'ouvertures $a$, $a'$, $a''$,..., sur lesquelles sont ajoutés de petits cylindres ayant leurs arêtes perpendiculaires à ces parois. Si l'on imagine des pistons qui peuvent se mouvoir dans l'intérieur de ces cylindres, les forces P, P', P'',... nécessaires pour les maintenir, quand il y a équilibre, sont égales aux pressions exercées par le liquide contre leurs bases.

Fig. 179.

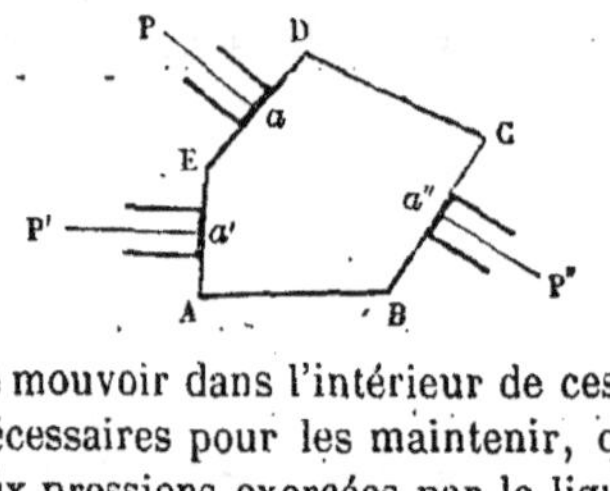

Concevons que l'on fasse mouvoir simultanément tous les pistons ; soient $h$, $h'$, $h''$,..., les espaces qu'ils parcourent, ces espaces étant regardés comme positifs ou négatifs, selon que les pistons entrent dans le vase ou en sortent. On a

$$\mathrm{P}h + \mathrm{P}'h' + \mathrm{P}''h'' + \ldots = 0,$$

ce qui est l'équation des vitesses virtuelles dans cet exemple parti-culier.

**703. ÉQUILIBRE D'UNE MASSE FLUIDE QUELCONQUE.** — Soient $\rho$ la densité du fluide au point $m$ et P la force motrice rapportée à l'unité de masse, qui sollicite la molécule $m$ de ce parallélipi-pède infiniment petit; X, Y, Z les composantes de la force P ; $p$ la pression rapportée à l'unité de surface qui s'exerce au point $m$ et qui est la même tout autour de ce point. On a

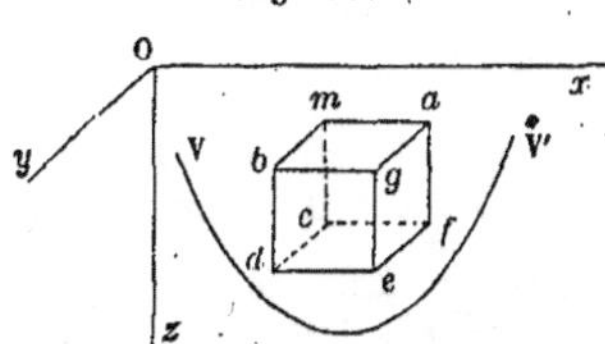

Fig. 180.

$$\frac{dp}{dx} = \rho\mathrm{X}, \quad \frac{dp}{dy} = \rho\mathrm{Y}, \quad \frac{dp}{dz} = \rho\mathrm{Z},$$

$$dp = \rho(\mathrm{X}\,dx + \mathrm{Y}\,dy + \mathrm{Z}\,dz),$$

et

$$\frac{d(\rho\mathrm{X})}{dy} = \frac{d(\rho\mathrm{Y})}{dx}, \quad \frac{d(\rho\mathrm{X})}{dz} = \frac{d(\rho\mathrm{Z})}{dx}, \quad \frac{d(\rho\mathrm{Y})}{dz} = \frac{d(\rho\mathrm{Z})}{dy},$$

$$p = f(x, y, z) + \mathrm{C}.$$

C est une constante qui sera déterminée quand on connaîtra la pression $p_0$ en un point particulier $(x_0, y_0, z_0)$.

704. S'il n'y a pas de force qui sollicite les molécules intérieures, la pression sera constante dans toute la masse du fluide, de sorte qu'une pression extérieure exercée sur une partie du fluide adja-cente à une paroi du vase doit se transmettre avec la même inten-sité sur des éléments de surface équivalents dans toute la masse et sur toutes les parois.

705. On appelle *surface de niveau* une surface dont tous les points éprouvent la même pression. Elles sont toutes comprises dans l'équation

$$f(x, y, z) = a.$$

Une couche de niveau est la masse du fluide comprise entre deux surfaces de niveau. Deux surfaces de niveau ne peuvent pas se couper.

706. La force motrice est normale à la surface du niveau en cha-cun de ses points.

**707.** Si la pression est nulle ou constante en tous les points de la surface libre d'un fluide, celle-ci est une surface de niveau.

**708.** Si $\mathrm{X}\,dy + \mathrm{Y}\,dy + \mathrm{Z}\,dz$ est la différentielle exacte d'une fonction $\varphi(x, y, z)$, en tous les points d'une surface de niveau la densité est constante.

**709.** Dans les fluides élastiques, si la température est constante dans toute l'étendue de la masse, on a

$$p = \mathrm{C}e^{\frac{\varphi}{k}}, \quad \rho = \frac{\mathrm{C}}{k}e^{\frac{\varphi}{k}}.$$

Si la température n'est pas la même dans toute la masse, on aura

$$p = \mathrm{C}e^{\int \frac{d\varphi}{k}}, \quad \rho = \frac{p}{k} = \frac{\mathrm{C}}{k}e^{\int \frac{d\varphi}{k}}.$$

Dans l'atmosphère qui enveloppe la terre, il ne peut y avoir équilibre, si la température n'est pas la même à la même distance du centre, et les surfaces de niveau doivent être des sphères ayant leur centre au centre de la terre.

---

# CINQUANTE-QUATRIÈME LEÇON.

### ÉQUILIBRE DES FLUIDES ET DES CORPS PLONGÉS DANS LES FLUIDES.

**710. FIGURE PERMANENTE D'UN FLUIDE AUTOUR D'UN AXE.** — Un fluide pesant, contenu dans un vase de forme quelconque, tourne d'un mouvement uniforme autour d'un axe vertical $Oz$. Soient $\omega$ la vitesse angulaire et $p$ la pression, en donnant à $p$ des valeurs constantes, on aura différentes surfaces de niveau. Leur équation

$$z = \mathrm{C} - \frac{p}{g\rho} + \frac{\omega^2}{2g}(x^2 + y^2)$$

représente un paraboloïde de révolution.

**711.** On déterminera la constante C en exprimant que le volume du liquide est donné. Supposons que le liquide soit contenu dans un vase cylindrique ayant pour base sur le plan $xOy$ le cercle dont le rayon est $a$; que $b$ soit la hauteur de la partie du cylindre occupée par le liquide avant le mouvement, et que la surface libre supporte la pression atmosphérique constante représentée par $\varpi$. On aura

$$\mathrm{C} = b + \frac{\varpi}{g\rho} - \frac{\omega^2 a^2}{4g}.$$

**712. PRESSION D'UN LIQUIDE SUR LE FOND DU VASE QUI LÉ REN-FERME.** — Si $b$ est l'aire de la base supposée horizontale et $h$ la hauteur du liquide, la pression totale P que supporte cette base est

$$P = g\rho bh.$$

**713.** Supposons qu'on ait deux liquides contenus dans le même vase et qu'ils ne se mélangent pas.

Leur surface de séparation sera nécessairement un plan horizontal. Soient $b$ la base, $h$ la hauteur, et $\rho$ la densité de la première couche reposant sur le fond du vase; $b'$, $h'$, $\rho'$ les quantités analogues relatives à la seconde couche. La pression exercée sur le fond du vase sera $g\,(\rho'h' + \rho h)\,b$, c'est-à-dire égale au poids d'une colonne cylindrique, dont la base serait $b$, qui contiendrait une hauteur $h$ du liquide inférieur et une hauteur $h'$ du liquide supérieur.

Théorème analogue pour un nombre quelconque de liquides contenus dans un même vase et pour un liquide dont la densité varierait d'une manière continue avec la hauteur.

**714. VASES COMMUNIQUANTS.** — Les hauteurs auxquelles deux liquides s'élèvent dans deux vases communiquants sont en raison inverse de leurs densités.

Si l'on ajoutait un nombre quelconque de liquides dans les deux vases, il faudrait que la somme des produits de leurs densités par les hauteurs de leurs tranches fût la même de part et d'autre.

**715. PRESSION D'UN LIQUIDE SUR UNE PAROI PLANE.** — La pression totale est égale au poids d'un cylindre de liquide qui aurait une base égale à la surface de la paroi et une hauteur égale à la distance du centre de gravité de cette paroi au niveau supérieur du liquide.

Le point d'application de la résultante des pressions exercées sur la surface AB est appelé *centre de pression.*

**716 à 718.** Supposons que la paroi immergée ait la forme d'un

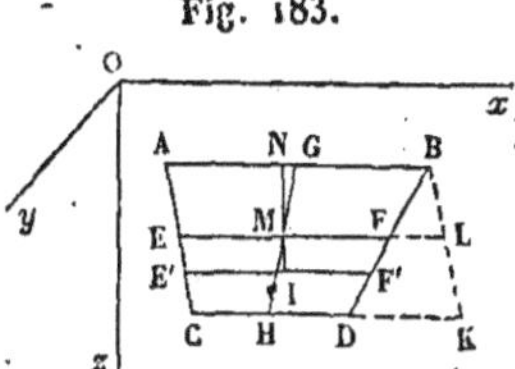

Fig. 183.

trapèze dont les côtés parallèles AB, CD soient horizontaux. Le centre de pression est sur la droite GH qui joint les milieux de ces deux côtés. En nommant $u_1$ la distance du centre de pression I à AB, $h$ la hauteur du trapèze, $\alpha$ l'angle que le plan du trapèze fait avec un plan horizontal, $c$ la distance de AB à la surface du liquide, en posant $AB = a$, $CD = b$, $EF = v$, $MN = u$, on a

$$u_1 = \frac{2hc\,(a + 2b) + h^2\,(a + 3ab)\sin\alpha}{6c\,(a + b) + 2h\,(a + 2b)\sin\alpha}.$$

Quand le trapèze est horizontal, le centre de pression coïncide avec le centre de gravité.

**719 à 723. PRINCIPE D'ARCHIMÈDE.** — *Quand un corps pesant est plongé dans un liquide, les pressions exercées sur sa surface ont une résultante unique, égale au poids du liquide déplacé et appliquée au centre de gravité de cette partie du fluide, supposée solidifiée.*

Le principe d'Archimède subsiste quand le corps n'est plongé qu'en partie dans le fluide, ou quand la densité $\rho$ n'est pas la même à toutes les profondeurs.

**724.** Quand on pèse un corps dans un fluide, si P est le poids du corps et P′ celui d'un égal volume de liquide, D et $\rho$ les densités vraie et apparente, on a

$$P = \frac{DP'}{D - \rho} \cdot$$

**725.** Le principe d'Archimède subsiste dans le cas où l'on considère un fluide contenu dans un vase. Si l'on fait une ouverture à l'une des parois latérales, le vase sera mis en mouvement en sens contraire de l'écoulement du liquide. C'est là le principe des différentes machines dites *à réaction.*

------

## CINQUANTE-CINQUIÈME LEÇON.

**CORPS FLOTTANTS. — MESURE DES HAUTEURS PAR LE BAROMÈTRE.**

**726 à 728. ÉQUILIBRE DES CORPS FLOTTANTS.** — Une section ABC perpendiculaire aux arêtes étant faite dans le prisme, DE étant le niveau du liquide, soient

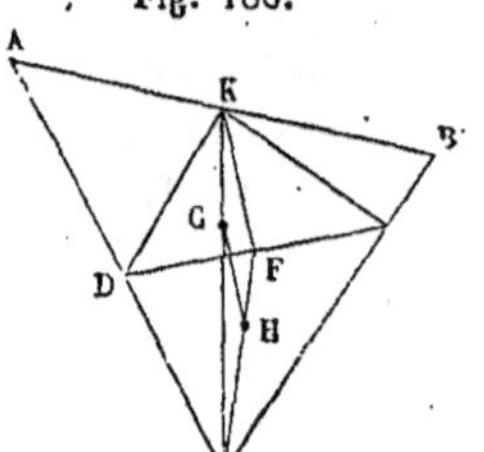


$$\frac{CDE}{ABC} = r,$$

$r$ étant le rapport de la densité du prisme à celle du liquide,

$$CA = a, \quad CB = b, \quad AB = c,$$
$$CK = h, \quad CD = x, \quad CE = y,$$

on a

$$xy = rab.$$

Si l'on nomme $\alpha$ et $6$ les angles ACK et BCK, on a

$$x^2 - 2hx \cos\alpha = y^2 - 2hy \cos 6,$$
$$x^4 - 2h \cos\alpha \cdot x^3 + 2rhab \cos 6 \cdot x - r^2 a^2 b^2 = 0.$$

Il y a au plus trois positions d'équilibre pour lesquelles le sommet seul est plongé dans le liquide.

Le problème précédent revient à mener par un point donné K une normale à une hyperbole ayant pour asymptotes CA et CB.

729. Le cas où deux sommets A et B du triangle sont immergés, se ramène au cas où un seul plonge dans le liquide.

730. STABILITÉ D'UN CORPS FLOTTANT. — Un corps solide étant

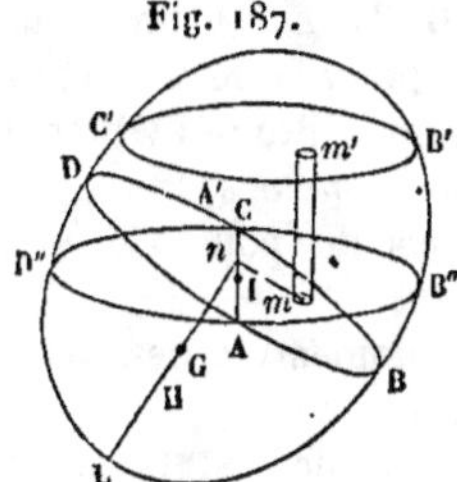

Fig. 187.

plongé dans un liquide, soit G le centre de gravité de ce corps, et H celui de la partie immergée. Supposons que l'on écarte un peu le corps de sa position d'équilibre et que tous ses points reçoivent de petites vitesses. Soit A'B'C'D' la section faite dans le corps par le nouveau plan de flottaison, le premier étant venu en ABCD.

Par le centre de gravité I de la section ABCD menons un plan AB″CD″, parallèle au plan horizontal A'B'C'D' et qui coupe ABCD suivant la droite AIC. Posons $\theta$ égal à l'angle des deux plans ABCD, AB″CD″, $\zeta$ égal à la distance du point I au plan A'B'C'D', $\rho$ égal à la densité du fluide, $u$ égal à la vitesse de la molécule $dm$, V égal au volume de la partie immergée quand le corps est en équilibre; GH $= a$; $\varepsilon$ égal à un infiniment petit du troisième ordre au moins. On a

$$\sum u^2\, dm = c - g\rho b\zeta^2 - g\rho(\mu \mp Va)\theta^2 + \varepsilon.$$

La constante $c$ peut être supposée aussi petite qu'on voudra.

731. Si le centre de gravité G du corps est au-dessous de celui du fluide déplacé H, l'équilibre est toujours stable.

732. Quand le point G est au-dessus du point H, si $\mu$ ou le moment d'inertie de l'aire ABCD par rapport à la droite AIC reste plus grand que V$a$ à toute époque, l'équilibre sera stable. Il faut et il suffit que V$a$ soit moindre que le plus petit moment d'inertie de la section ABCD, par rapport à toutes les droites qu'on peut y mener par le point I. Si $\mu$ devenait moindre que V$a$, on ne peut rien affirmer relativement à la stabilité de l'équilibre.

733. DU MÉTACENTRE. — Soit S un corps solide flottant. Lorsqu'il est en équilibre, son centre de gravité G et celui H du volume du liquide déplacé sont sur une même perpendiculaire au plan de flot-

taison ABCD. Supposons que ce corps soit symétrique par rapport à un plan vertical BLD, lequel contient alors la droite KGH. Ima-

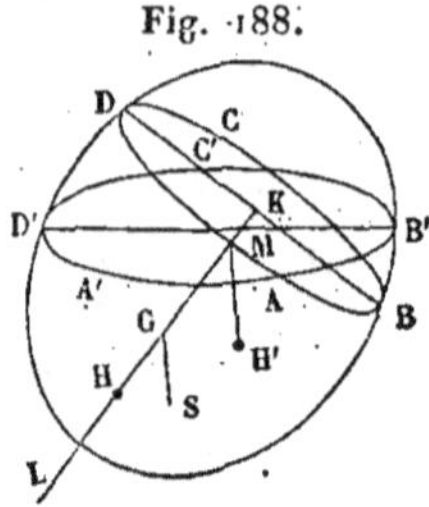

Fig. 188.

ginons qu'on dérange un peu ce solide de sa position d'équilibre, tout en maintenant vertical le plan BDG. Ce plan contiendra toujours le centre de gravité de la masse fluide dépla-cée. Le centre de gravité du fluide déplacé A'B'C'D'L est un certain point H'. Le point M où la verticale H'M rencontre la droite KGH est ce qu'on appelle le *métacentre*.

Si le métacentre reste toujours au-dessus du point G, sur la droite HGK, l'équilibre est stable.

Si, au contraire, le métacentre est constamment au-dessous du centre de gravité, l'équilibre du corps sera instable.

Enfin, si le métacentre peut être, tantôt au-dessus, tantôt au-dessous du centre de gravité, la considération seule du métacentre ne fait plus rien connaître relativement à la stabilité de l'équilibre du corps flottant.

**734. De la mesure des hauteurs par le baromètre.** — Soient $\varpi$ la force élastique de l'air, et D sa densité à la température zéro; $p$ la pression, $\rho$ la densité de l'air à la température $\theta$; en désignant par $\alpha$ le coefficient de dilatation o,oo366 pour chaque degré d'accroissement de la température, et faisant $\dfrac{\varpi}{D} = k$, on aura .

$$p = k\rho(\mathrm{1} + \alpha\theta).$$

La densité de l'air mélangé de vapeur, quand la température s'élève, la pression $\varpi$ restant la même, doit diminuer un peu plus que ne l'indiquerait la formule précédente. Pour avoir égard à cette circonstance, on augmente le coefficient $\alpha$, et l'on prend $\alpha = \mathrm{o,oo4}$.

**735.** En désignant par $z$ la hauteur d'un point quelconque de l'atmosphère au-dessus de la surface terrestre, $M = \mathrm{o,434296}$ : on a

$$\log \frac{\varpi}{p} = \frac{Mg}{k\,(\mathrm{1} + \alpha\theta)}\,\frac{z}{\mathrm{1} + \dfrac{z}{r}}.$$

**736.** Soit $h$ la hauteur de la colonne barométrique pour la station dont la hauteur verticale est $z$, et soit T la température du mercure, qui peut être différente de celle de l'air ambiant. Soient

$h_0$ et $T_0$ la hauteur et la température du mercure à la station inférieure, $r$ le rayon terrestre; on a

$$\frac{\varpi}{p} = \left(1 + \frac{z}{r}\right)^2 \frac{h_0}{H},$$

en posant, pour abréger,

$$H = h \left(1 + \frac{T_0 - T}{5550}\right).$$

H est dite la *hauteur corrigée*; c'est celle qu'aurait la colonne barométrique si la température du mercure à la station supérieure
était la même qu'à la station inférieure.

737, 738. Si l'on désigne par $\lambda$ la latitude de la station, et par G
la pesanteur à Paris, dont la latitude est de $48°50'14''$, on a

$$G = 9,80896$$

et

$$z = \frac{a(1 + 0,004\theta)}{1 - 0,002588 \cos 2\lambda} \left(1 + \frac{z}{r}\right) \left[\log \frac{h_0}{H} + 2 \log \left(1 + \frac{z}{r}\right)\right],$$

en posant

$$a = \frac{k}{MG} \left[1 - 0,002588 \cos 2 \left(48° 50' 14''\right)\right].$$

On calcule le nombre $a$ par l'équation même où l'on substitue à
la place de $z$ une ou plusieurs hauteurs mesurées par les procédés
trigonométriques. On a trouvé ainsi

$$a = 18336.$$

Lorsque $z$ n'est pas très-grande, on néglige entièrement $\frac{z}{r}$ dans
la formule; mais alors il faut augmenter le nombre $a$. M. Ramond
a conclu d'un grand nombre d'observations faites dans le midi de
la France, $a = 18393$, et il a adopté pour les latitudes peu différentes de $45°$ la formule très-simple

$$z = 18393 (1 + 0,004\theta) \log \frac{h_0}{H}.$$

---

# CINQUANTE-SIXIÈME LEÇON.

### MOUVEMENT DES FLUIDES.

739. ÉQUATIONS GÉNÉRALES DU MOUVEMENT. — Les équations
d'équilibre des fluides sont fondées sur la propriété qu'ils ont de
transmettre également en tous sens les pressions appliquées à leur

surface, et sur celle d'exercer sur chaque élément de surface autour d'un point quelconque de leur masse, en vertu des actions moléculaires, une pression égale en tous sens et normale à l'élément de surface qui le supporte. Cette dernière propriété n'a pas toujours lieu quand le fluide est en mouvement; mais on peut l'admettre quand le mouvement n'est pas très-rapide.

Soient $x$, $y$, $z$ les coordonnées d'un point $m$; $\mu$ la masse de la molécule fluide qui se trouve au point $m$ après le temps $t$; $X$, $Y$, $Z$ les composantes, rapportées à l'unité de masse, de la force qui agit sur la molécule $\mu$; $u$, $v$, $w$ les composantes de la vitesse du point, $p$ sa pression et $\rho$ sa densité.

**740.** Équations formées par le principe de d'Alembert :

$$\frac{1}{\rho}\frac{dp}{dx} = X - \frac{du}{dt} - u\frac{du}{dx} - v\frac{du}{dy} - w\frac{du}{dz},$$

$$\frac{1}{\rho}\frac{dp}{dy} = Y - \frac{dv}{dt} - u\frac{dv}{dx} - v\frac{dv}{dy} - w\frac{dv}{dz},$$

$$\frac{1}{\rho}\frac{dp}{dz} = Z - \frac{dw}{dt} - u\frac{dw}{dx} - v\frac{dw}{dy} - w\frac{dw}{dz}.$$

**741.** Équation de continuité :

$$\frac{d\rho}{dt} + \frac{d\rho u}{dx} + \frac{d\rho v}{dy} + \frac{d\rho w}{dz} = 0.$$

**742.** Si la densité du fluide est constante, l'équation précédente devient

$$\frac{du}{dx} + \frac{dv}{dy} + \frac{dw}{dz} = 0.$$

**743.** Si le fluide est incompressible, mais non homogène, l'équation de continuité revient aux deux suivantes :

$$\frac{d\rho}{dt} + u\frac{d\rho}{dx} + v\frac{d\rho}{dy} + w\frac{d\rho}{dz} = 0,$$

$$\frac{du}{dx} + \frac{dv}{dy} + \frac{dw}{dz} = 0.$$

**744.** Dans le cas d'un fluide élastique et compressible, on aura encore la relation $p = k\rho$, le coefficient $k$ ne dépendant que de la température de la masse gazeuse.

**745.** On suppose que les molécules en contact avec une paroi fixe ou mobile y restent indéfiniment et que les molécules qui appartiennent à la surface libre ne cessent jamais d'en faire partie.

Soit $f(t, x, y, z) = 0$ l'équation d'une surface sur laquelle un point du fluide doit toujours demeurer. On a

$$\frac{df}{dt} + u\frac{df}{dx} + v\frac{df}{dy} + w\frac{df}{dz} = 0.$$

Si la paroi est fixe,

$$\frac{df}{dx}u + \frac{df}{dy}v + \frac{df}{dz}w = 0.$$

La vitesse du point est à chaque instant dirigée suivant une tangente à la surface.

La surface libre du liquide étant soumise à une pression $\varpi$ qui est la même pour tous les points, mais qui peut varier avec le temps, on aura

$$\frac{dp}{dt} + u\frac{dp}{dx} + v\frac{dp}{dy} + w\frac{dp}{dz} = \frac{d\varpi}{dt}.$$

746. Si l'on veut obtenir le mouvement d'une molécule particulière, ses coordonnées $x, y, z$ cesseront d'être des variables indépendantes. Pour les connaître, il faudra intégrer les équations simultanées

$$\frac{dx}{dt} = u, \quad \frac{dy}{dt} = v, \quad \frac{dz}{dt} = w.$$

747. Lorsque $u, v, w$ sont telles, que l'on ait

$$u\,dx + v\,dy + w\,dz = d\varphi,$$
$$X\,dx + Y\,dy + Z\,dz = dV,$$

on a

$$\frac{dp}{\rho} = dV - d\frac{d\varphi}{dt} - \frac{1}{2}d\left[\left(\frac{d\varphi}{dx}\right)^2 + \left(\frac{d\varphi}{dy}\right)^2 + \left(\frac{d\varphi}{dz}\right)^2\right].$$

Les différentielles sont prises par rapport à $x, y, z$ sans faire varier $t$.

Si le fluide est homogène, on a

$$\int\frac{dp}{\rho} = P,$$

$$V - P = \frac{d\varphi}{dt} + \frac{1}{2}\left[\left(\frac{d\varphi}{dx}\right)^2 + \left(\frac{d\varphi}{dy}\right)^2 + \left(\frac{d\varphi}{dz}\right)^2\right].$$

Il faut y joindre l'équation

$$\frac{d\rho}{dt} + \frac{d\left(\rho\frac{d\varphi}{dx}\right)}{dx} + \frac{d\left(\rho\frac{d\varphi}{dy}\right)}{dy} + \frac{d\left(\rho\frac{d\varphi}{dz}\right)}{dz} = 0.$$

qui devient, pour un fluide incompressible,

$$\frac{d^2\varphi}{dx^2} + \frac{d^2\varphi}{dy^2} + \frac{d^2\varphi}{dz^2} = 0,$$

**748 à 754. Mouvement d'un fluide dans une hypothèse particulière.**

**755. Mouvement permanent d'un liquide.** — En un point quelconque la pression est toujours la même et la vitesse de chaque molécule qui passe par ce point est constante en grandeur et en direction; des molécules qui à des époques différentes occupent une même position parcourent la même trajectoire d'une manière identique. On a

$$dp = \rho\,(\mathrm{X}\,dx + \mathrm{Y}\,dy + \mathrm{Z}\,dz) - \frac{\rho}{2}\,d\,v^2.$$

$v$ est la vitesse de la molécule $\mu$ à l'époque $t$ où elle passe au point $m$, et $dp$ est l'accroissement de la pression quand on passe du point $m$ au point où arrive cette molécule après le temps $dx$

**756.** Pour un liquide pesant dont le niveau est entretenu à une hauteur constante et qui s'écoule hors du vase qui le contient par un orifice pratiqué à sa partie inférieure, on a, en prenant l'axe des $z$ vertical et dirigé dans le sens de la pesanteur,

$$p - p_0 = g\rho\,(z - z_0) - \frac{1}{2}\rho\,(v^2 - v_0^2),$$

$p_0$ et $v_0$ étant la pression et la vitesse au premier point, $p$ et $v$ au second.

**757.** Supposons que la surface supérieure du liquide soit plane et soumise en tous ses points à une pression égale et constante $\mathrm{P}_0$. En désignant par $\mathrm{P}$ la pression extérieure qui s'exerce à l'orifice, on aura

$$v^2 - v_0^2 = 2g\,(h + k),$$

en posant $\mathrm{P}_0 - \mathrm{P} = g\rho k.$

Soit $\omega$ l'aire de l'orifice et $\Omega$ l'aire de la section du vase par le plan du niveau supérieur : on a

$$v = \sqrt{\frac{2g\,(h + k)}{1 - \dfrac{\omega^2}{\Omega^2}}}.$$

**758.** Si le rapport $\dfrac{\omega}{\Omega}$ est très-petit, et si la pression est sensiblement la même à la partie supérieure du liquide et à l'orifice, on a

$$v = \sqrt{2gh},$$

en négligeant $k$.

---

# CINQUANTE-SEPTIÈME LEÇON.

### VIBRATIONS DES GAZ DANS LES TUYAUX CYLINDRIQUES.

**759. ÉQUATION DU MOUVEMENT.** — Dans l'état naturel d'équilibre d'un gaz, sa force élastique $\varpi$ est égale à $gmh$, $g$ étant la pesanteur, $m$ la densité du mercure et $h$ la hauteur de la colonne de mercure qui fait équilibre à la pression de ce gaz.

Nous supposons que les molécules du fluide en repos qui sont dans un même plan perpendiculaire aux arêtes du tuyau, se déplacent d'un mouvement commun parallèlement aux arêtes.

Nous désignerons par $u$ le déplacement MN des molécules qui

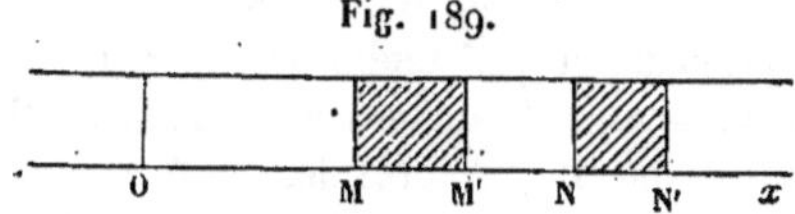

Fig. 189.

étaient d'abord dans le plan M; par $p$ la force élastique ou la pression du gaz en N rapportée à l'unité de surface, par $\rho$ la densité du gaz.

Le mouvement d'une tranche, s'il n'y a pas de force étrangère, sera donné par l'équation

$$\frac{d^2u}{dt^2} = a^2 \frac{d^2u}{dx^2},$$

en posant

$$a^2 = \frac{\varpi}{\rho}.$$

**760. CAS DU TUYAU INDÉFINI DANS LES DEUX SENS.** — L'équation du mouvement est

$$u = \varphi(x + at) + \psi(x - at).$$

En supposant pour $t = 0$,

$$\frac{du}{dx} = f(x) \quad \text{et} \quad \frac{du}{dt} = f_1(x),$$

on aura

$$\varphi'(x) = \frac{1}{2}\left[ f(x) + \frac{1}{a} f_1(x) \right],$$

$$\psi'(x) = \frac{1}{2}\left[ f(x) - \frac{1}{a} f_1(x) \right],$$

761. Supposons que la partie primitivement ébranlée s'étende de $x = 0$ à $x = l$ seulement. Cette portion, qu'on appelle *onde*, est constituée d'une manière invariable qui ne dépend que de la fonction $\psi'$. Elle s'éloigne indéfiniment de OL avec une vitesse constante $a$; il ne faut pas confondre ce déplacement de l'onde avec le mouvement d'une molécule qui ne dure que pendant le temps $\dfrac{l}{a}$.

Fig. 190.

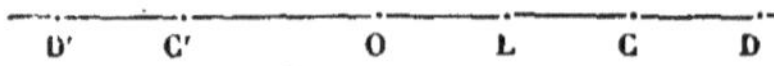

D'    C'    O    L    C    D

762. Le mouvement se propage aussi vers les $x$ négatives par une onde C'D' dont la nature dépend de la fonction $\varphi'$ et qui se transporte à gauche du point O avec une vitesse uniforme égale à $a$.

Une même molécule est en mouvement pendant un intervalle de temps égal à $\dfrac{l}{a}$, depuis $t > \dfrac{-x}{a}$ jusqu'à $t < \dfrac{l-x}{a}$.

763. Le mouvement se propagerait par une seule de ces deux ondes, si l'ébranlement initial était tel, qu'on eût, dans la partie OL, $\varphi'(x) = 0$ ou $\psi'(x) = 0$, ce qui, d'après les formules (4), revient à supposer la relation

$$\frac{du}{dt} = -a\,\frac{du}{dx} \quad \text{ou} \quad \frac{du}{dt} = a\,\frac{du}{dx} \quad \text{pour} \quad t = 0.$$

764. Si l'ébranlement initial avait lieu dans plusieurs parties du tuyau séparées par des intervalles en repos, il suffirait de supposer les fonctions $\varphi'(x)$ et $\psi'(x)$ nulles dans ces intervalles pour rentrer dans le cas qui précède d'un ébranlement limité; chaque partie ébranlée doit donner naissance à deux ondes qui s'en vont à droite et à gauche avec la vitesse uniforme $a$.

765, 766. Tuyau fermé a une extrémité et indéfini dans un sens. — Si l'ébranlement initial est renfermé dans un espace limité KL entre les abscisses $k$ et $k + l$, il donnera naissance à deux ondes animées des vitesses $a$ et $-a$: il y aura deux ondes symétriques de celles-ci, s'écartant à droite et à gauche de l'intervalle K'L' symétrique de KL.

Fig. 191.

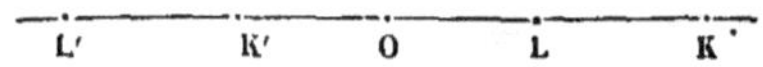

L'    K'    O    L    K

Celles qui s'éloignent de l'origine O n'éprouveront aucune altération. Quant aux deux autres, elles arriveront en même temps en O, et, continuant leur route, elles se composeront en se pénétrant;

puis ces deux ondes, après s'être traversées et séparées, continueront leur marche sans altération.

L'effet produit est le même que si les diverses tranches de l'onde,
qui s'approche du plan fixe O, se repliaient sur elles-mêmes en
conservant la même densité et prenant une vitesse égale en sens
contraire. C'est en cela que consiste la réflexion du mouvement sur
un plan fixe.

767. **Tuyau indéfini dans un sens et ouvert dans un milieu
gazeux de densité constante.** — On admet que la force élastique
du gaz à l'ouverture O du tuyau est la même que celle du gaz extérieur en repos.

Si l'ébranlement initial n'a lieu que dans une étendue limitée, il
y aura dans le tuyau réel une onde s'éloignant indéfiniment de l'o-
rigine, et dans le tuyau prolongé indéfiniment, deux autres ondes
marchant vers l'origine, se pénétrant et se traversant sans s'altérer,
de sorte que dans le tuyau réel à un instant quelconque se trouvera
l'onde qui se dirigeait d'abord vers l'origine et qui s'y réfléchit ensuite de manière à former une nouvelle onde dirigée en sens contraire; les vitesses dans les différentes sections sont les mêmes et
de même sens que quand l'onde s'approchait de l'origine, tandis
que le dilatation change de signe.

C'est en cela que consiste la réflexion du mouvement sur un milieu de densité constante.

768, 769. **Tuyau fermé a ses deux extrémités.** — L'ébranlement initial donne naissance à deux ondes qui marchent en sens
inverse et vont successivement se réfléchir aux deux extrémités.

Après avoir subi deux réflexions et parcouru des chemins égaux
à deux fois la longueur du tuyau, elles viennent, au bout d'un intervalle de temps égal à $\dfrac{2l}{a}$, reproduire, en se composant, l'état initial; et cet effet se répétera de nouveau indéfiniment.

770. **Tuyau limité ouvert a ses deux extrémités.** — L'état
du tuyau est encore périodique et redevient le même après chaque
intervalle de temps égal à $\dfrac{2l}{a}$.

771. **Tuyau limité ouvert a une extrémité et fermé a l'autre.**
— L'état du tuyau ne redevient le même qu'après un intervalle de
temps égal à $\dfrac{4l}{a}$.

FIN.

# ÉNONCÉS DE PROBLÈMES.

## STATIQUE (II<sup>e</sup> Partie).

1. Un solide étant soumis à l'action de forces données, trouver le lieu des points tels qu'en y transportant les forces parallèlement à elles-mêmes on donne naissance à un couple dont l'axe soit dirigé suivant la résultante des forces; ce lieu s'appelle *axe central*.  SG.

2. Quand trois forces se font équilibre, elles sont dans un même plan; quand quatre forces se font équilibre, elles sont sur un hyperboloïde.  SG.

3. Étant donnés deux systèmes de forces équivalents $P, P', P'', ..$ et $Q, Q', Q'', ...,$ la somme des tétraèdres qui ont pour arêtes opposées les droites représentant les forces du premier système combinées deux à deux est égale à la somme analogue que fournit le second système; il faut toutefois regarder comme négatifs les volumes de certains tétraèdres quand les forces qui en forment les arêtes opposées ont un moment négatif l'une par rapport à l'autre.  SG.

4. Quatre droites admettent en général deux transversales communes, et cinq droites n'en admettent pas; soient toutefois cinq droites $a, b, c, d, e$ rencontrant une droite $t$; $b, c, d, e$ auront une seconde transversale commune $a'$ autre que $t$; de même $c, d, e, a$ en auront une seconde $b'$, et ainsi des trois autres systèmes de quatre droites: démontrer que $a', b', c', d', e'$ ont une transversale commune.  SG.

5. Une tige pesante et homogène s'appuie par ses extrémités contre un plan horizontal et contre un plan vertical parfaitement polis; elle est perpendiculaire à l'intersection des deux plans fixes et reliée à cette intersection par un fil partant de l'un de ses points, qu'on donne, et situé dans le plan vertical de la tige : tension du fil quand il y a équilibre.  PJ.

6. Une tige pesante et homogène passe entre deux chevilles à des hauteurs différentes et s'appuie par son extrémité inférieure sur un plan horizontal : calculer les pressions exercées sur les chevilles et sur le plan. **PJ.**

7. Une porte peut tourner autour de deux gonds A, B, situés sur une droite non verticale : calculer la force qui doit agir normalement à la porte pour qu'elle fasse un angle donné avec le plan vertical qui passe par AB. **PJ.**

8. Une tige pesante peut tourner autour d'une charnière placée à son extrémité inférieure et s'appuie à l'autre extrémité contre une verticale : déterminer les pressions supportées par cette verticale et par la charnière. **PJ.**

9. On remplace un système de forces par un autre équivalent formé des forces P, Q, R, ..., qu'on peut choisir d'une infinité de manières; soient $pp'$, $qq'$, ... les droites qui représentent les forces P, Q, R, ... : la droite qui joint le centre des moyennes distances de $p$, $q$, ... au centre des moyennes distances de $p'$, $q'$, ... est parallèle à un plan fixe, pourvu que le nombre des forces P, Q, ... soit constant. **PJ.**

10. A chaque élément d'une surface fermée, $d\sigma$, on applique une force normale égale à $d\sigma$, ou à $\left( \dfrac{1}{R} + \dfrac{1}{R_1} \right) d\sigma$; on a $\dfrac{1}{RR_1} d\sigma$, R et R$_1$ étant les rayons de courbure principaux de la surface sur l'élément $d\sigma$ : montrer que dans les trois cas toutes les forces se font équilibre. **PJ.**

11. Position d'équilibre d'une droite pesante et homogène qui repose sur deux plans inclinés polis. **SG.**

12. Positions d'équilibre d'une planche elliptique, d'épaisseur constante, située dans un plan vertical et reposant sur deux chevilles à la même hauteur. **SG.**

13. Déterminer quatre forces agissant aux sommets d'un tétraèdre perpendiculairement aux faces opposées, de manière qu'elles se fassent équilibre. **SG.**

14. Déterminer les positions d'équilibre de deux poids égaux assujettis à rester sur une parabole dont l'axe est vertical et se repoussant avec une intensité inversement proportionnelle à leur distance. **SG.**

15. Entre deux plans inclinés on place deux sphères homogènes de manière qu'elles s'appuient l'une contre l'autre et que chacune touche un des plans : déterminer les conditions d'équilibre.   PJ.

16. Deux fils flexibles partent d'un même point : l'un soutient une sphère pesante, l'autre un petit poids qui pend au-dessous de la sphère sans la toucher : figure d'équilibre.   PJ.

17. Dans un cylindre mince, ouvert aux deux bouts, reposant par une de ses bases sur un plan horizontal, on introduit deux sphères égales dont le diamètre surpasse le rayon du cylindre : quel doit être au moins le poids du cylindre pour qu'il ne soit pas renversé ?   PJ.

18. Une enveloppe sphérique mince repose sur un plan incliné et contient à son intérieur un très petit poids qui est attiré vers un point du plan incliné avec une force proportionnelle à la distance : positions d'équilibre de la sphère et du point intérieur.   SG.

19. Une tige pesante est mobile autour de son extrémité A et soutenue à l'autre extrémité par un fil sans masse qui passe sur une poulie située verticalement au-dessus de A, puis sur une seconde poulie C, pour se terminer par un anneau qui soutient une chaîne pesante ; celle-ci, parfaitement flexible, a sa seconde extrémité fixée au-dessous de C : figure d'équilibre.   SG.

20. D'un point partent trois fils de même longueur portant trois sphères dont les poids et les volumes sont égaux ; sur ces trois sphères on en place une quatrième, et l'on demande les figures d'équilibre possibles en supposant les centres des trois premières dans un même plan horizontal.   SG.

21. Un segment de paraboloïde de révolution est placé en équilibre sur deux plans également inclinés à l'horizon : quelle peut être la hauteur maximum du segment pour qu'en le supposant divisé en deux parties par le plan vertical de l'intersection des deux plans fixes les moitiés ne se séparent pas ?   SG.

22. Une tige pesante et homogène s'appuie par une extrémité sur un plan horizontal dépoli, tandis que l'autre extrémité est soutenue par un fil qui passe sur une petite poulie et se termine par un poids : position du système quand la barre est près de glisser.   PJ.

23. Une barre pesante repose sur une cheville dépolie et est sollicitée à son extrémité inférieure par une force de grandeur et de

direction données : position de la tige quand elle est près de glisser. PJ.

24. Une échelle s'appuie sur un plan horizontal et sur un mur vertical dont les coefficients de frottement sont connus ; elle est perpendiculaire à l'intersection des deux plans : dans quelle position est-elle près de glisser? PJ.

25. Une planche rectangulaire située dans un plan vertical repose sur un plan dépoli perpendiculaire au premier et dont on augmente graduellement l'inclinaison : déterminer dans quelles conditions la planche se mettra à glisser ou à basculer autour de son sommet inférieur. PJ.

26. Une barre pesante est parfaitement libre de se mouvoir autour d'une de ses extrémités, qui est fixe ; l'autre bout appuie contre un mur vertical dépoli : position où la barre est près de glisser. PJ. SG.

27. Une barre homogène AB peut tourner autour de son milieu C et porte un poids à son extrémité A.; une barre pesante mobile autour d'une de ses extrémités O appuie sur l'extrémité B de la première, où se produit un frottement; la droite CO est verticale et égale à CA : quelle est l'inclinaison de AB quand le glissement est près de se produire? SG.

28. Une tige pesante et homogène AB repose en A sur une horizontale fixe OX et touche une courbe située dans le plan vertical qui contient OX; le coefficient de frottement est le même sur OX et sur la courbe : déterminer la nature de celle-ci de telle sorte que, dans toutes les positions que peut prendre AB, elle soit sur le point de glisser. SG.

29. Déterminer le coefficient du frottement du fer sur lui-même et sur le so. de manière qu'en disposant quatre boulets égaux en forme de pile triangulaire ils soient en équilibre, mais tout près de glisser. SG.

30. Deux roues égales dont les axes sont réunis par une barre homogène et pesante sont situées dans le même plan vertical et reposent sur une droite inclinée dépolie; l'une des roues est libre de rouler, mais l'autre est enrayée : calculer l'inclinaison du rail d'appui quand le chariot est près de glisser. PJ.

31. Figure d'équilibre d'un polygone plan dont les côtés sont articulés à charnières et pressés normalement, chacun en son milieu,

par une force proportionnelle à sa longueur et comprise dans le
plan du polygone. **PJ. SG.**

32. On donne un quadrilatère articulé dont les côtés ne sont pas
pesants ; les sommets opposés sont réunis par deux fils : quel est
le rapport des tensions des deux fils pour une figure d'équilibre
donnée ? **PJ.**

33. Appliquer la théorie du polygone funiculaire à la figure
d'équilibre de quatre barres pesantes, homogènes et égales, formant une ligne brisée ABCDE dans un plan vertical ; les extrémités A et E sont articulées en deux points fixes d'une même horizontale et les barres successives sont articulées entre elles; il n'y a
pas de frottement. **SG.**

34. Déterminer la forme d'un fil pesant, parfaitement flexible et
inextensible, dont les deux bouts sont fixes, et où la densité en
chaque point est inversement proportionnelle à la racine carrée de
l'arc compris entre ce point et le point le plus bas. **PJ.**

35. Un fil pesant prend la forme d'une demi-circonférence : comment varie la densité sur ce fil ? **PJ.**

36. Un fil homogène et pesant repose sur deux chevilles horizontales placées à la même hauteur ; les deux bouts, qui pendent
librement de chaque côté, sont égaux : quelle est la longueur minimum du fil compatible avec l'équilibre, et quelle est alors la pression supportée par les chevilles ? **PJ.**

37. Un fil homogène non pesant est sollicité en chacun de ses
points par une force répulsive, émanant d'une droite fixe à laquelle
elle est perpendiculaire, et proportionnelle à la distance du point
repoussé à la droite; les extrémités du fil sont fixées en des points
donnés, et l'on demande la figure d'équilibre. Cas où le fil s'écarte
peu de l'axe répulsif. **SG.**

38. Relation générale entre la forme d'équilibre d'un fil pesant
et la loi de la densité suivant ce fil. **SG.**

39. Calculer en chaque point l'épaisseur d'un câble de fer dont
le poids spécifique est 7,7 et dont les extrémités sont fixées sur
une même horizontale à 100 mètres l'une de l'autre; chaque élément du câble doit supporter, outre son poids, une charge proportionnelle à sa projection horizontale, et égale à 300 kilogrammes
pour une projection d'un mètre : on veut que la flèche de l'arc
formé par le câble soit de 10 mètres et que la tension en chaque

point du câble soit de 11 kilogrammes par millimètre carré de section.  SG.

**40.** Courbe d'équilibre d'un fil pesant et homogène posé sur la surface concave d'un cône droit à axe vertical dont le sommet est en bas; tension en chaque point.  SG.

**41.** Figure d'équilibre d'un fil non pesant dont chaque élément est sollicité par une force normale, proportionnelle à la distance de l'élément à une horizontale donnée.  SG.

**42.** Figure d'équilibre d'un fil non pesant, dont les extrémités sont fixes, et dont chaque élément est attiré vers un point fixe par une force réciproque au carré de la distance.  PJ.

**43.** Un fil inextensible et sans poids passe sur une courbe dépolie située dans un plan vertical et se termine à ses deux extrémités par deux poids : quelle relation doit-il y avoir entre ces poids et la courbure totale de l'arc embrassé par le fil pour que le glissement se produise ?  PJ.

**44.** Un fil élastique pesant, homogène à l'état naturel, repose sur une cycloïde dont l'axe est vertical ; une extrémité est attachée au sommet de la cycloïde, et l'autre arrive au point le plus bas : calculer la longueur naturelle du fil et sa tension quand il s'est allongé le long de la cycloïde.  SG.

**45.** Figure d'équilibre d'un fil élastique, pesant, homogène à l'état naturel, et dont les extrémités sont fixes.  PJ.

**46.** Déterminer à l'aide du principe des vitesses virtuelles la position d'équilibre d'un point pesant posé sur un plan incliné et attiré vers un centre fixe proportionnellement à la distance ; pression sur le plan.  SG.

**47.** Position d'équilibre d'une tige pesante reposant sur une cheville horizontale et appuyant par son extrémité inférieure contre un mur vertical ; charge des appuis.  SG.

**48.** Positions d'équilibre de trois points assujettis à rester sur un cercle horizontal poli et exerçant les uns sur les autres des répulsions proportionnelles à leurs distances.  SG.

**49.** Trois points A, B, C peuvent se mouvoir dans un plan, de manière toutefois que les angles du triangle ABC restent constants : déterminer les conditions d'équilibre de trois forces constantes appliquées aux trois points.  PJ.

50. Une barre mobile dans un plan vertical autour de son extrémité inférieure porte à l'autre bout un poids et est soutenue par un ressort dont la force varie en raison inverse de la pente de la barre : figure d'équilibre.   PJ.

51. Une barre pesante et homogène peut se déplacer tout en restant tangente à une courbe située dans un plan vertical, et vient buter contre un mur vertical ; quelle doit être la nature de la courbe pour que la barre soit en équilibre dans toutes ses positions sans qu'il y ait de frottements ?  PJ.

52. Une barre pesante peut tourner dans un plan vertical autour de son extrémité inférieure, tandis que l'autre extrémité est soutenue par un fil qui passe sur une petite poulie et se termine par un poids assujetti à glisser sur une courbe : déterminer la nature de la courbe de manière qu'il y ait équilibre quelle que soit la position du poids.  PJ.

53. Une pile triangulaire de boulets sphériques parfaitement polis a sa base retenue entre trois murs verticaux formant un prisme équilatéral : calculer la pression supportée par chacun de ces murs.  SG.

54. Position d'équilibre d'un poids attiré proportionnellement à la distance vers deux points fixes A, B qui sont à la même hauteur et obligé de rester à une distance constante du milieu de AB ; distinguer si l'équilibre est stable ou instable.  SG.

55. Un point non pesant est en équilibre au centre d'un octaèdre régulier dont les sommets l'attirent proportionnellement à la $n^{\text{ième}}$ puissance de la distance : quelles sont les valeurs de $n$ pour lesquelles l'équilibre est stable?  SG.

56. Un fil de masse négligeable passe dans un anneau et a ses extrémités attachées en deux points pris sur un côté d'une planche carrée à égale distance du milieu de ce côté : déterminer les positions de la lame qui correspondent à l'équilibre et rechercher si celui-ci est stable ou instable.  PJ.

## DYNAMIQUE (II<sup>e</sup> Partie).

**57.** Mouvement d'un point pesant placé dans un tube rectiligne qui tourne uniformément autour d'une verticale qu'il rencontre. PJ.

**58.** Mouvement d'un point pesant assujetti à rester sur un plan qui tourne uniformément autour d'une de ses horizontales. PJ.

**59.** Un point matériel est enfermé dans un tube circulaire horizontal dont le centre est fixe, mais dont le rayon augmente proportionnellement au temps : le point ayant été mis en mouvement dans le tube, déterminer sa trajectoire et la pression qu'il exerce. SG.

**60.** Deux poids égaux A et B s'attirent proportionnellement à la distance et sont assujettis à rester, A sur un plan incliné P, B sur une verticale D ; il n'y a pas de frottement : déterminer le mouvement. Cas particulier : le sinus de l'angle de P avec l'horizon est $\frac{3}{4}$ ; les positions initiales de A et de B conviennent à l'équilibre, mais on leur donne des vitesses initiales telles, que la vitesse de B est égale à la vitesse de A estimée, soit suivant une horizontale, soit suivant une ligne de plus grande pente de P. SG.

**61.** Trois points assujettis à rester dans un plan s'attirent suivant la loi newtonienne : trouver tous les cas où le mouvement de deux des points autour du troisième est identique à celui d'un point attiré vers un centre fixe suivant la loi de Newton. PJ.

**62.** Un cylindre auquel est attaché un corps pesant, symétrique par rapport à un plan perpendiculaire à l'axe du cylindre, peut rouler sans glisser sur les deux parties d'un plan horizontal séparées par un intervalle destiné à laisser passer le corps attaché au cylindre ; mouvement de ce système. PJ.

**63.** Mouvement d'une tige pesante assujettie à glisser sur deux droites fixes dans un plan vertical ; pression sur les deux guides. PJ.

**64.** Mouvement d'une chaîne pesante, mince, mais non homogène, enfermée dans un tube dont la forme est celle d'une cycloïde située dans un plan vertical avec sa base horizontale et son sommet en bas. PJ. SG.

**65.** Un fil est enroulé sur un cylindre mobile autour d'un axe horizontal et porte à ses extrémités deux points auxquels on imprime une certaine vitesse tout en laissant les fils verticaux : déterminer le mouvement du système en supposant que l'air oppose aux poids une résistance proportionnelle au carré de leur vitesse. SG.

66. Un fil inextensible et sans masse repose sur deux petites poulies A et B situées à la même hauteur et porte à ses extrémités deux poids égaux à P; au milieu de AB on pose sur le fil un poids Q et on l'abandonne sans vitesse initiale : déterminer le mouvement du système. Cas où Q est beaucoup plus petit que P. SG.

67. Une planche très mince de forme quelconque repose sur un cylindre horizontal sur lequel elle ne peut que rouler sans glisser : loi de ses oscillations quand elle est écartée de sa position d'équilibre. SG.

68. Une portion d'une chaîne homogène est pelotonnée, tandis que l'autre portion forme une ligne droite sur un plan horizontal et se termine par une masse ; on imprime à celle-ci une certaine vitesse suivant la direction de la portion de chaîne qui est déroulée, et l'on demande le mouvement du système en supposant que la chaîne se déroule sans effort. SG.

69. Une tige de masse négligeable porte à ses extrémités A et B deux poids égaux; A est libre, et B assujetti à rester sur une droite inclinée et polie : mouvement du système en supposant que AB reste toujours dans le même plan vertical; tension de AB et pression qu'elle exerce sur son guide. SG.

70. Sur un plan horizontal poli repose un parallélépipède rectangle; dans sa section verticale médiane on a creusé un canal de forme connue dans lequel peut glisser une petite bille; le prisme est d'abord immobile et la bille abandonnée sans vitesse : mouvement du système. Cas où la forme du tube et celle d'une cycloïde convexe vers le bas, et où la bille part du point de rebroussement de la cycloïde. SG.

71. On donne un système de points ayant pour masse $m$, $m_1$, $m_2$, ..., sollicités par des forces $F$, $F_1$, $F_2$, ... et assujettis à des liaisons quelconques; un second système est semblable au premier quant à la disposition de ses points et des liaisons, et le rapport de similitude est $\alpha$; les masses de ce système sont $\beta m$, $\beta m_1$, ..., et elles sont soumises aux forces $\gamma F$, $\gamma F_1$, ... parallèles à $F$, $F_1$, ... aux points homologues : démontrer que les points dans les deux sys-

tèmes décriront des courbes semblables et que le rapport des temps employés à décrire des arcs homologues sera égal à $\sqrt{\dfrac{\alpha\beta}{\gamma}}$.   **PJ.**

**72.** Une série de sphères parfaitement élastiques ont leurs centres en ligne droite ; on donne les masses des sphères extrêmes, et l'on demande de déterminer les masses des sphères intermédiaires de sorte qu'en donnant à la première sphère une vitesse connue la vitesse transmise à la dernière soit maximum.   **PJ.**

**73.** Deux sphères animées de vitesses $u$, $u'$ suivant la même droite se choquent et prennent les vitesses $v$, $v'$ : on dit que leurs coefficients d'élasticité sont $e$, $e'$ si l'on a $v' - v = ee'(u - u')$ : calculer $v$ et $v'$, ainsi que la perte de force vive produite par le choc.

                                                    **PJ.**

**74.** Trois points s'attirent suivant la loi newtonienne : chercher si l'on peut leur donner des positions et des vitesses initiales telles qu'ils soient toujours en ligne droite ; déterminer leurs trajectoires dans ce cas.   **SG.**

**75.** On donne un plan horizontal et un plan vertical parfaitement polis sur lesquels s'appuie une barre homogène, perpendiculaire à leur intersection et maintenue d'abord en repos. Un animal peut se mouvoir le long de la perche, qui lui fournit une réaction longitudinale pour accélérer au besoin son mouvement : déterminer la loi de ce mouvement de telle sorte que si l'on cesse de maintenir la perche elle reste néanmoins en repos.   **SG.**

**76.** Une tige homogène de masse $\mu$ peut tourner autour de son milieu O dans un plan horizontal ; sur cette tige peut glisser un anneau de masse $m$ attiré vers O proportionnellement à la distance : mouvement du système et réactions. Cas où $\mu = 3m$ et où l'anneau se trouve d'abord à un bout de la tige, avec une vitesse de glissement égale à zéro.   **SG.**

**77.** Un point est lié à deux autres par deux fils inextensibles et sans masse qui passent dans un même anneau très petit ; les trois points restent sur un plan horizontal poli ; on leur donne des vitesses connues et l'on demande la loi de leurs mouvements ultérieurs.   **PJ.**

**78.** Un point M est assujetti à rester sur un cône droit dont l'axe est vertical et la pointe dirigée vers le haut ; M est attaché à un fil sans masse qui passe dans un très petit trou au sommet du cône, va s'enrouler sur une poulie et se termine par un poids M'. Déterminer le mouvement du système en supposant que M' soit d'abord immobile et M animé d'une vitesse horizontale.  SG.

79. Mouvement d'une droite homogène et pesante assujettie à rester sur un hyperboloïde de révolution dont l'axe est vertical et qui ne donne lieu à aucun frottement.  SG.

80. Mouvement d'une barre pesante et homogène dont une extrémité reste sur un plan horizontal et l'autre sur une droite verticale ; la vitesse initiale de la seconde extrémité est nulle : réactions ; discussion.  SG.

81. Deux masses $m, m'$, posées sur un plan horizontal, sont reliées par un fil sans masse qui passe dans un très petit anneau sur le plan donné ; cet anneau attire $m$ en raison inverse du carré de la distance ; on imprime des vitesses connues aux deux masses, et l'on demande le mouvement qui en résulte.  SG.

82. Loi des petites oscillations d'une balance légèrement écartée de sa position d'équilibre, en supposant les plateaux réduits à de simples fils sans masse attachés aux extrémités du fléau.  PJ.

83. Un fil élastique de masse négligeable est tendu verticalement entre deux points fixes et porte deux petites masses qui partageraient le fil en trois segments égaux s'il n'était pas allongé ; on écarte les masses de leurs positions d'équilibre tout en laissant le fil vertical : loi des oscillations du système.  PJ.

84. Une barre pesante et homogène suspendue par un fil à un point fixe est écartée de sa position d'équilibre : déterminer son mouvement en supposant qu'elle reste dans un même plan vertical.
                                                          PJ.

85. Mouvement d'un cylindre droit non homogène placé sur un plan horizontal poli, en supposant la vitesse de chaque point du cylindre toujours perpendiculaire aux arêtes.  SG.

86. Pertes de travail occasionnées dans les machines par les résistances passives ; frottements dans les engrenages cylindriques et coniques, dans la vis à filets carrés, dans la vis sans fin ; pertes de travail dues à la raideur des cordes.  PJ.

87. Un tube circulaire assujetti à rester dans un plan vertical ne peut que rouler sans glisser sur une horizontale fixe et contient dans son intérieur une petite bille : mouvement du système, en le

supposant abandonné à lui-même sans que ses points aient de vitesse initiale.  SG.

88. Un fil inextensible et sans masse, attaché en un point fixe, porte deux poids à dés hauteurs différentes : déterminer le mouvement du système, en supposant qu'il reste dans le même plan vertical. SG. PJ.

89. Étudier dans un plan le mouvement d'un point matériel non pesant attiré vers deux centres fixes avec des intensités inversement proportionnelles au carré de la distance.  SG.

90. Application des équations de Lagrange et d'Hamilton à plusieurs des problèmes précédents.  SG.

91. Moment d'inertie d'un arc de cercle homogène par rapport à son axe, à une perpendiculaire à son plan menée par le centre.
SG.

92. Moment d'inertie de l'aire d'une ellipse par rapport aux deux axes, à la normale au plan menée par le centre. SG.

93. Moment d'inertie d'un ellipsoïde homogène par rapport aux axes, à une diagonale du parallélépipède rectangle circonscrit.
SG.

94. Moment d'inertie de l'aire d'un triangle par rapport à une médiane, à un côté, à la normale au plan menée par un sommet.
SG.

95. Moment d'inertie d'un tore par rapport à l'axe, à un diamètre équatorial.  S. G.

96. Moment d'inertie d'une lentille biconvexe, dont les deux calottes ont même rayon, par rapport à l'axe, à un diamètre de l'équateur.  PJ.

97. Condition pour qu'une droite soit axe principal d'inertie en l'un de ses points; application à une des arêtes d'un tétraèdre homogène. SG.

98. Les plans conjugués d'une droite par rapport aux ellipsoïdes centraux relatifs aux divers points de cette droite passent tous par une droite fixe. PJ.

99. Lieu des droites menées par un point donné d'un solide connu et qui sont principales en l'un de leurs points. PJ.

100. Lieu des points d'un solide donné où les axes principaux sont parallèles à ceux d'un point connu. PJ.

101. Connaissant la grandeur et la direction des rayons principaux de gyration relatifs au centre de gravité d'un solide, calculer le moment d'inertie autour des diverses droites qui passent par un point : les axes principaux en ce point sont les normales de trois surfaces du second degré homofocales à un ellipsoïde déterminé. Lieu des points où deux moments principaux sont égaux, où l'un des moments principaux a une valeur donnée. SG.

102. Un parallélépipède homogène et pesant est fixé par les deux extrémités d'une de ses arêtes, qui est verticale : quelle vitesse de rotation faudrait-il lui imprimer pour que la charge de l'appui inférieur fût nulle ? SG.

103. Un pendule est formé d'une sphère homogène suspendue à l'aide d'une tige rigide de masse négligeable : en quel point de cette tige faudrait-il fixer le centre d'une autre sphère donnée pour diminuer le plus possible la durée des oscillations ? PJ.

104. Une tige pesante, homogène et rigide oscille autour d'une de ses extrémités dans un plan vertical : chercher en quel point de cette tige la force qui tend à la courber exerce le plus grand effort.

PJ.

105. Avec quelle vitesse une voiture peut-elle tourner sur un plan incliné sans qu'elle cesse de s'appuyer sur ses quatre roues ?

PJ.

106. Lieu des droites passant par un point donné dans un solide et autour desquelles ce solide oscillerait dans un temps déterminé.

PJ.

107. Un cylindre de volume et d'épaisseur donnés oscille autour d'une parallèle à ses génératrices : quelle forme doit-on donner à sa base pour rendre minimum la longueur du pendule simple synchrone ? Déterminer au même point de vue la méridienne d'une surface de révolution de volume donné oscillant autour d'une droite qui coupe son axe à angle droit. SG.

108. Une planche rectangulaire homogène est fixée par les deux extrémités d'une de ses arêtes, laquelle fait un angle avec la verticale : mouvement de la planche quand on l'écarte de sa position d'équilibre; charges supportées par les gonds. SG.

109. Oscillations d'une aiguille aimantée autour d'un axe horizontal passant au centre de gravité; influence du frottement qui s'exerce sur l'axe dans le cas où l'aiguille oscille dans le plan du méridien magnétique. SG.

110. Considérons un solide tournant autour d'un point fixe sans être sollicité par des forces extérieures; on propose de démontrer les théorèmes suivants :

1° La somme des carrés des projections des trois axes de l'ellipsoïde central relatif au point fixe, sur le plan du couple résultant des quantités de mouvement, est constante.

2° Le plan tangent à l'ellipsoïde à l'extrémité de l'axe instantané intercepte sur les axes de l'ellipsoïde des longueurs telles, que la somme des inverses de leurs carrés ou de ces carrés multipliés par les moments d'inertie autour des droites considérées est constante. SG.

111. En revenant au problème précédent, trouver les courbes directrices des cônes lieux des axes instantanés de rotation dans l'espace ou relativement au solide. SG.

112. Mouvement d'un solide de révolution pesant fixé en l'un des points de son axe de figure. SG. PJ.

113. Mouvement d'une toupie dont la pointe repose sur un plan horizontal parfaitement poli. PJ.

114. Un petit anneau homogène, parfaitement mobile, a son centre au centre d'un très grand anneau fixe dont les molécules attirent celles du premier en raison inverse du carré de la distance ; on laisse immobile le centre du petit anneau, mais on donne à ce solide un mouvement connu autour de ce point : dire comment il se mouvra sous l'influence du grand anneau. SG.

115. Mouvement d'un solide pesant libre dans l'espace et dont les molécules sont attirées vers un point fixe proportionnellement à la distance. SG.

116. Mouvement d'une sphère homogène lancée sur un plan horizontal dépoli. PJ.

117. Une tige homogène est soutenue à ses extrémités par deux fils verticaux d'égale longueur et attachés tous deux à une horizontale fixe : mouvement de la barre quand on l'écarte légèrement de sa position d'équilibre, tout en la laissant horizontale. PJ.

118. Mouvement d'un cylindre pesant et homogène abandonné sans vitesse sur un plan incliné de manière que ses arêtes restent horizontales : on tient compte du frottement et de la résistance au roulement. SG.

119. On lance une sphère homogène le long d'un plan incliné dans une direction perpendiculaire à l'horizontale du plan, en même temps qu'on lui imprime une rotation de même sens que si la sphère roulait sans glisser, mais plus rapide : déterminer le mouvement en tenant compte du frottement de glissement. **PJ.**

120. Un cylindre homogène est couché sur un plan horizontal assez rugueux pour ne permettre que le roulement ; on fait tourner uniformément le plan autour de la droite suivant laquelle il était d'abord touché par le cylindre, et l'on demande le mouvement de celui-ci. **PJ.**

121. Une sphère homogène repose sur un plan horizontal sur lequel elle ne peut que rouler ; ses molécules sont attirées vers un point du plan proportionnellement à la distance : mouvement de la sphère quand on néglige la résistance au roulement. **SG.**

122. Mouvement d'une sphère sur un plan horizontal qui tourne uniformément autour d'une verticale : la sphère ne peut que rouler, et l'on néglige la résistance au roulement. **SG.**

123. Une sphère dont le centre est fixe est animée d'une grande vitesse de rotation autour d'un diamètre qui peut tourner dans un plan horizontal : mouvement que prend la sphère sous l'influence de la rotation de la Terre. **SG.**

124. Mouvement d'un solide pesant sur un plan incliné poli, en tenant compte de la rotation de la Terre. **PJ.**

125. Les liaisons d'un système en mouvement viennent à être modifiées pendant un temps très court ; la perte de force vive est égale à la somme des produits des masses par le carré des vitesses perdues, c'est-à-dire des vitesses qu'il faut composer avec les vitesses après le choc pour avoir les vitesses avant le choc. **PJ.**

126. Déterminer la percussion qu'il faudrait appliquer à un cube libre et en repos pour le faire tourner d'abord autour d'une arête.
**SG.**

127. Une barre OA est articulée en O à un point fixe et en A à une barre égale AB ; le système peut se mouvoir sans frottement sur un plan horizontal : déterminer le mouvement résultant d'une percussion appliquée perpendiculairement à AB en un de ses points ; on suppose OA et AB primitivement en ligne droite. **SG.**

128. Une barre homogène est en mouvement sur un plan horizontal poli ; le centre instantané est en un point de la barre quand

elle vient à rencontrer un obstacle fixe : déterminer la grandeur du choc et le mouvement ultérieur.   SG.

129. Une planche elliptique dont le plan est vertical est soutenue en ses deux foyers par deux chevilles ; on en retire brusquement une, et l'on demande la charge supportée par l'autre immédiatement après.   SG.

130. Une ellipse roule sans glisser sur une droite fixe : lieu décrit par un des foyers ; enveloppe de la directrice correspondante.

SG.

131. Dans un solide animé d'un mouvement quelconque, déterminer à un instant donné le lieu des points où l'accélération est tout entière tangentielle, centripète ou d'une grandeur déterminée.

SG.

## HYDROSTATIQUE ET HYDRODYNAMIQUE.

132. La pression moyenne exercée par un liquide pesant sur une surface courbe est mesurée par la hauteur du liquide au-dessus du centre de gravité de la surface.   PJ.

133. Une cavité hémisphérique fermée par une paroi plane coïncidant avec sa base est exactement pleine d'eau : comment faut-il l'orienter pour que la pression moyenne y soit maximum ou minimum ?   PJ.

134. Une porte d'écluse est formée d'un rectangle dont un côté AB est vertical et d'un quart de cercle dont un des rayons extrêmes est AB ; la porte peut tourner autour de AB comme axe : déterminer la largeur du rectangle de manière que, l'eau atteignant d'un côté le niveau supérieur de l'écluse et de l'autre côté le niveau inférieur, on puisse faire tourner la porte sans effort.   PJ.

135. Parmi tous les vases de révolution autour d'un axe vertical, de hauteur et de capacité données, quel est celui qui éprouve la plus grande pression horizontale de la part du liquide qui les remplit ?   PJ.

136. Déterminer le centre de pression pour une paroi circulaire plane dont le contour affleure le niveau du liquide, et pour l'aire elliptique comprise entre deux demi-diamètres conjugués dont l'un est à la surface libre.   PJ.

137. Un cylindre fermé à ses deux extrémités par des surfaces planes est plein de gaz comprimé ; on le suppose formé par la réunion : 1° des deux moitiés que déterminerait un plan mené perpendiculairement à l'axe par son milieu ; 2° des deux moitiés déterminées par un plan mené suivant l'axe : l'épaisseur étant constante, dans laquelle des deux hypothèses les deux parties ont-elles plus de chance de se séparer ? PJ.

138. Équilibre d'un prisme droit homogène, à base carrée, flottant sur un liquide avec ses arêtes horizontales. PJ.

139. On considère une série de plans détachant d'un solide donné des segments dont le volume est constant ; le lieu des centres de gravité de ces segments s'appelle *surface de carène* ; le plan tangent en un point de cette surface est parallèle au plan qui a déterminé le segment correspondant à ce point : démontrer ce théorème et en conclure que, pour l'équilibre d'un corps flottant, il suffit qu'une normale menée de son centre de gravité à la surface de carène soit verticale. PJ.

140. Appliquer le résultat précédent à l'équilibre d'un prisme triangulaire droit dont une base est immergée et la base opposée hors de l'eau. PJ.

141. Théorie du baromètre à balance du P. Secchi. PJ.

142. Un parallélépipède rectangle est en équilibre sur un liquide, une des faces étant horizontale ; on déplace le prisme de façon que deux côtés opposés de cette face restent horizontaux : condition de stabilité de l'équilibre primitif. PJ.

143. Condition de stabilité de l'équilibre d'un prisme droit à base de triangle isocèle, et flottant sur l'eau de manière que la face latérale répondant à la base du triangle isocèle soit horizontale et hors de l'eau : petites oscillations quand on écarte le prisme de cette position, tout en laissant les arêtes latérales horizontales.

PJ.

144. On suppose que dans l'atmosphère la pression soit proportionnelle à la puissance $\dfrac{m+1}{m!}$ de la densité, et l'on demande d'en déduire la hauteur de l'atmosphère, étant données la pression et la densité à la surface de la Terre. PJ.

145. Un vase cylindrique contenant de l'eau tourne uniformément autour de son axe, qui est vertical ; sur l'eau flotte un cy-

lindre de bois dont l'axe coïncide avec celui du vase et qui tourne
avec la même vitesse angulaire : figure du système, supposé en équilibre relativement au vase. **PJ.**

146. Une masse fluide et homogène dont les molécules s'attirent
suivant la loi de Newton et qui est animée d'un mouvement de
rotation uniforme autour d'un axe fixe peut être en équilibre quand
sa surface est un ellipsoïde de révolution aplati : déterminer l'apla-
tissement en fonction de la vitesse angulaire ; application à la Terre
supposée primitivement fluide et homogène. **PJ.**

147. Un vase a la forme d'un demi-ellipsoïde dont l'ouverture est
horizontale et coïncide avec une section principale : on demande de
le couper par un second plan horizontal de manière qu'en maintenant le vase plein d'eau jusqu'aux bords la vitesse du liquide qui
s'écoule ou le volume fourni dans un temps donné soit maximum.
**PJ.**

148. Calculer le volume de liquide qui s'écoule dans un temps
donné par un orifice circulaire de dimensions finies pratiqué dans
la paroi verticale d'un vase où le niveau est maintenu constant.
**PJ.**

149. Quand on suppose que les vitesses des molécules liquides
qui s'écoulent par un orifice est la même aux divers points d'une
tranche normale au canal suivi par le liquide, on diminue la somme
des forces vives, pourvu, bien entendu, qu'on ne change pas la dé-
pense réelle de liquide pour un temps donné. **PJ.**

150. Deux réservoirs à ciel ouvert où le niveau est constant, mais
différent pour les deux, sont mis en communication par un tuyau de
longueur et de rayon connus, sans coudes : volume de l'eau qui
s'écoule en un temps donné. **PJ.**

151. Déterminer une surface de révolution à axe vertical telle, que
si, après l'avoir remplie de liquide, on laisse celui-ci s'écouler par
un petit orifice, le niveau supérieur baisse uniformément. **PJ.**

152. Loi des oscillations d'un liquide pesant contenu dans un
siphon dont les deux branches sont verticales et réunies par un
tube horizontal de diamètre égal à celui des branches. **PJ.**

153. On connaît la hauteur et la grande base d'un tronc de
cône immergé dans un fluide qui se meut dans la direction de l'axe
déterminer la petite base de manière que la résultante des pressions

éprouvées par cette base et par la surface convexe du tronc soit minimum. PJ.

154. Déterminer une surface de révolution telle que la résultante des pressions exercées entre deux parallèles donnés par un liquide qui se meut dans le sens de l'axe soit un minimum. PJ.

155. Déterminer la forme et le mouvement d'une bulle d'air qui s'élève à travers un liquide pesant. PJ.

156. Un cylindre droit pesant repose par sa base sur un plan horizontal sur lequel il ne peut glisser : déterminer la vitesse avec laquelle un courant d'air parallèle au plan doit frapper le cylindre pour le renverser. PJ.

157. Le vent se meut avec une vitesse connue dans le sens de l'arbre d'un moulin à vent ; les ailes sont engendrées par une droite de longueur constante qui rencontre normalement l'axe de l'aile perpendiculaire à l'arbre ; déterminer la forme des ailes et leur vitesse angulaire de manière que le travail effectué par le vent dans un temps donné soit maximum. PJ.

PARIS. — IMPRIMERIE DE GAUTHIER-VILLARS, QUAI DES AUGUSTINS, 55.

www.ingramcontent.com/pod-product-compliance
Lightning Source LLC
LaVergne TN
LVHW010608180726
843502LV00001B/186